“十四五”职业教育国家规划教材

“十三五”职业教育国家规划教材
“十二五”职业教育国家规划教材
经全国职业教育教材审定委员会审

DIANZI

高职高专电子技术系列教材

电子线路CAD设计

（第2版）

Dianzi Xianlu CAD Sheji

▶ 主　编　卢庆林

▶ 副主编　杜晓岚　张　维　于海成

重庆大学出版社

内 容 提 要

本书是根据高职高专"电子线路 CAD 设计"的教学要求编写的,主要介绍电路设计仿真软件 Multisim 10 (前期版为 EWB)和电路图绘制、印制电路板设计工具 Altium Designer 15 的使用方法。

全书共 6 篇。第 1~3 篇详细介绍了 Multisim 软件的功能和基本操作方法,第 4~6 篇为 Altium Designer 内容。全书主要包括 CAD 与 EDA 的基本概念,电子设计的工作流程,使用 Multisim 10 创建电路,Multisim 10 虚拟仪器仪表使用与电路仿真分析,使用 Altium Designer 15 绘制电路原理图,使用 Altium Designer 15 设计印刷电路板和使用 Altium Designer 15 设计元件图形及其封装等内容。

本书在内容上深入浅出,注重实用,兼顾课堂教学和自学要求,条理清晰,通俗易懂。书中列举了大量应用范例,使学习者能在较短时间内掌握软件的使用方法。为方便教学,全书内容采用项目化形式展开并配有实训练习。

本书可作为高职高专电子信息类、电气工程和机电技术类等专业电子 CDA、电气 CAD 以及 EDA 技术课程的教材,亦可供从事电工、电子技术设计和应用的科技人员、大中专学生与广大电子爱好者参考。

图书在版编目(CIP)数据

电子线路 CAD 设计 / 卢庆林主编. --2 版. --重庆:
重庆大学出版社,2019.11(2024.12 重印)
高职高专电子技术系列教材
ISBN 978-7-5624-8014-3

Ⅰ.①电… Ⅱ.①卢… Ⅲ.①电子电路—计算机辅助
设计—AutoCAD 软件—高等职业教育—教材 Ⅳ.
①TN702.2

中国版本图书馆 CIP 数据核字(2019)第 267591 号

电子线路 CAD 设计
(第 2 版)

主 编 卢庆林
副主编 杜晓岚 张 维 于海成
策划编辑:杨粮菊

责任编辑:文 鹏 版式设计:杨粮菊
责任校对:刘 真 责任印制:张 策

*

重庆大学出版社出版发行
出版人:陈晓阳
社址:重庆市沙坪坝区大学城西路 21 号
邮编:401331
电话:(023)88617190 88617185(中小学)
传真:(023)88617186 88617166
网址:http://www.cqup.com.cn
邮箱:fxk@ cqup.com.cn(营销中心)
全国新华书店经销
重庆升光电力印务有限公司印刷

*

开本:787mm×1092mm 1/16 印张:23 字数:574 千
2014 年 8 月第 1 版 2019 年 11 月第 2 版 2024 年 12 月第 8 次印刷
印数:15 501—16 500
ISBN 978-7-5624-8014-3 定价:49.80 元

前 言

　　随着计算机技术的迅速发展,计算机辅助设计(CAD:Computer Aided Design)技术已渗透到电子线路设计的各个领域,包括电路图生成、逻辑模拟、电路分析、优化设计、印制板设计等等。目前发达国家和我国的许多行业、企业、研究所等,已基本上不存在电子产品的手工设计。一台电子产品的设计过程,从概念的确立,到包括电路原理图、PCB 版图、单片机程序、机内结构、外观界面、热稳定性分析、电磁兼容性分析在内的物理级设计,再到 PCB 钻孔图、自动贴片、焊膏漏印、元器件清单、总装配图等生产所需资料等等全部在计算机上完成。为保证电子线路和系统设计的速度和质量,CAD 技术已成为不可缺少的重要工具。

　　本教材属于校企合作、产教融合教材,采用项目化形式编写,突出高职教材的实践性特点。全书结合岗位技能需求,通过15 个实际案例,讲述了 CAD 技术在电子线路设计与仿真及电子电路绘图与制版领域中的应用方法和技巧。教材突出立德树人根本任务,构建三全育人新格局,紧密结合高职特色,将课程思政元素、工匠精神等有机融入、紧扣高职人才培养目标及课程教学要求,主动适应产业需要,突出应用性、针对性和可操作性,重在培养学生的工程应用能力和解决实际问题能力,使其能够在较短时间内适应电气电子类岗位技术需求。

　　本教材内容翔实,图文并茂,案例典型,实用性强,在编排上符合技术技能人才成长规律和学生认知特点,引入实际典型项目。主要包括:单管放大电路的设计与仿真、计数器与数码管显示电路的设计与仿真、多谐波振荡电路的 PCB 设计、数据采集器电路的 PCB 设计等。各项目内容相对独立,可根据实际情况进行拆分教学。每个项目后面都配套有丰富的、针对性强的"实训练习"环节,并配有详尽的设计成品供学生参考,真正让学生巩固所学、举一反三,使学生在掌握专业知识和专业技能的同时,树立远大理想和爱国主义情怀,建立正确的世界观、人生观、价值观,提高思想道德品质,提升学生综合素养,逐步建立职业道德观念,肩负起时代赋予的光荣使命。本教材秉承新形态一体化教材理念,在超星平台提供数字化教材与在线学习资料,符合信息化新时代学习者的需求,有效提升了学习者的学习效果。

本教材突出对学生四方面能力的培养,即:基本操作能力的培养,具体体现在电子 CAD 软件的操作能力;电路设计能力的培养,具体体现在会使用电子 CAD 软件进行电路搭接、参数调整、仿真实验、印刷电路板制作等;电路综合能力的培养,电子线路 CAD 技术是一门实用专业课程,只掌握软件是不够的,还应重视对学生综合知识能力的培养、创造性开发能力的培养;创造性开发能力的培养,电子 CAD 提供了一个广阔的电路设计平台,学生能通过模仿电路设计逐步培养创造性设计电路的能力。

本教材选用两个软件包进行教学:电路仿真设计部分选用 Multisim 10,电路图绘制、印制电路板设计部分选用 Altium Designer 15。全书包含 6 篇内容,共 15 个主要项目。第 1~3 篇详细介绍了 Multisim 软件的功能和对电路进行仿真分析的方法,第 4~6 篇为 Altium Designer 内容。全书涵盖的内容有 CAD 与 EDA 的基本概念、电子设计的工作流程、使用 Multisim 10 创建电路、Multisim 10 虚拟仪器仪表使用与电路仿真分析、使用 Altium Designer 15 绘制电路原理图、使用 Altium Designer 15 设计印刷电路板和使用 Altium Designer 15 设计元件图形及其封装等。两部分内容相对独立,可根据实际情况拆分教学。各项目中有较详细的图解和操作说明,使学生能快速掌握软件的使用。

本教材由卢庆林任主编,杜晓岚、张维、于海成任副主编。其中,第 1 篇、第 3 篇项目 1 和项目 2、第 6 篇项目 1 由卢庆林编写;第 6 篇项目 2 由于海成编写;第 2 篇、第 4 篇由杜晓岚编写;第 5 篇由张维编写。卢庆林负责全书的组织、修改和定稿工作,渭南科赛机电设备有限责任公司高级工程师于海成提供大量素材和案例,在此一并表示感谢。

本书可作为高职高专电子信息类、电气工程和机电技术类等专业电子 CAD、电气 CAD 以及 EDA(电子设计自动化)技术课程的教材,亦可供从事电工、电子技术设计和应用的科技人员、大中专学生与广大电子爱好者参考。

电子 CAD 技术发展迅猛,软件功能涉及面广,实用性强。加之编者时间仓促,水平有限,书中难免有不妥甚至错误之处,恳请读者批评指正。

编 者
2019 年 6 月

目录

第 3 篇　Multisim 10 虚拟仪器仪表使用与电路仿真分析

第 4 篇　使用 Altium Designer 15 绘制电路原理图

第 5 篇　使用 Altium Designer 15
设计印刷电路板

第6篇 使用 Altium Designer 15 设计元件图形及其封装

第 1 篇
电子 CAD 初识

学习目标

最终目标:

初步认识电子 CAD 相关软件以及现代电子设计的工作流程。

促成目标:

- 初步了解现代电子设计工作流程;
- 初步认识常用电子设计自动化(EDA)软件。

项目 1
CAD 技术和电子 EDA 的基本概念

1.1 CAD 和 EDA 的基本概念

电子线路设计，就是根据给定的功能和性能指标要求，通过各种方法确定采用线路的结构及各个元器件的参数值，有时还需进一步将设计好的线路转换为印刷电路板版图。要完成上述设计任务，一般需经过设计方案提出、验证和修改（若需要的话）3 个阶段，有时甚至要经历多次反复才能较好地完成设计任务。

按照上述 3 个阶段中完成任务的手段不同，可将电子线路的设计方式分为不同类型。如果方案的提出、验证和修改都是人工完成的，则称之为人工设计。这是一种传统的设计方法，其中设计方案的验证一般都采用搭试验电路的方式进行。这种方法花费高、效率低。从 20 世纪 70 年代开始，随着电子线路设计要求的提高以及计算机的广泛应用，电子线路设计也发生了根本性变革，出现了计算机辅助设计（Computer Aided Design）和电子设计自动化（Electronic Design Automation），简称 CAD 和 EDA。

1.1.1 计算机辅助设计（CAD）

计算机辅助设计（CAD）就是在电子线路设计过程中，借助于计算机来迅速、准确地完成设计任务。即由设计者根据要求进行总体设计并提出具体的设计方案，利用计算机存储量大、运算速度快的特点，对设计方案进行人工难以完成的模拟评价、设计验证和数据处理等工作，发现有错误或方案不理想时，再重复上述过程。也就是说，由人和计算机通过 CAD 这一工作模式共同完成电子线路的设计任务。

1.1.2 电子设计自动化（EDA）

CAD 是一种通用技术，在机械、建筑等各种行业中均已得到广泛应用。在电子行业中，CAD 技术不但应用面广，而且发展很快，在实现设计自动化（DA：Design Automation）方面取得了突破性的进展，并且已出现了一些电路设计自动化软件。但目前能实现设计自动化的情况并不多，还处于从 CAD 向 DA 过渡的进程中，人们将其统称为电子设计自动化（EDA）。

1.2　电子 EDA 技术的优点

1.2.1　缩短设计周期

采用 EDA 技术,用计算机模拟代替搭试验电路的方法,可以减轻设计方案验证阶段的工作量。一些自动化设计软件的出现,极大地加速了设计进程。另外,在设计印制电路板时,目前也有不少具有自动布局布线和后处理功能的印刷电路板设计软件可供采用,将人们从烦琐的纯手工布线中解放出来,进一步缩短了设计周期。

1.2.2　节省设计费用

搭试验电路费用高、效率低。采用计算机进行模拟验证可以节省研制费用。特别要指出的是,伴随着微机的迅速发展和普及,以及微机级 EDA 软件水平的不断提高,就可以在计算机硬件投资要求不大、EDA 软件费用也不太高的前提下,促进 EDA 技术的推广使用。

1.2.3　提高设计质量

传统的手工设计方法采用简化的电路及元器件模型进行电路特性的估算,通过搭实验电路板的方式进行验证,很难进行多种方案的比较,更难以进行灵敏度分析、容差分析、成品率模拟、最坏情况分析和优化设计等。采用 EDA 技术则可以采用较精确的模型来计算电路特性,而且很容易实现上述各种分析。这就可以在节省设计费用的同时提高设计质量。

1.2.4　共享设计资源

在 EDA 系统中,成熟的单元设计及各种模型和模型参数均存放在数据库文件中,用户可直接分享这些设计资源。特别是对数据库内容进行修改或增添新内容后,用户可及时利用这些最新的结果。

1.2.5　很强的数据处理能力

由于计算机具有存储量大、数据处理能力强的特点,在完成电路设计任务后,可以很方便地生成各种需要的数据文件和报表文件。随着电子技术的发展,设计的电路越来越复杂,规模也越来越大,在这种情况下,离开 EDA 技术几乎无法完成现代电子线路设计任务。

可以说,EDA 工具是软件设计师们对整个电子设计过程及相关生产实践过程潜心钻研与透彻理解的技术结晶。

项目 2
电子线路设计的工作流程

2.1 传统电子设计的工作流程

完成一个电子产品的设计,必须经过原理设计、初步验证、批量生产等几个过程。对于电子产品设计工程师而言,必须保证理论设计、初步验证两个过程完全正确,才能将电路设计图绘制成 PCB 图,并进行下一步生产。

早期电子产品设计的验证工作很多是按照设计完成的电路图在面包板或 PCB 板上进行安装,然后再用电源、信号发生器、示波器等各种测试仪表来加以验证。这种做法的最大缺点是制作测试电路板的过程既费时、费力又损失材料,如果结果有误,则要花大量精力来弄清是设计的错误还是电路制作的问题。这种方法在早期小型电路的设计中还是可以应付的,但随着电路规模越来越大、复杂度越来越高,它已经不能适应现代设计的需要。

手工设计 PCB 图也是一个比较复杂的工作,需要经过器件布局、绘制草图、修改草图,最后再绘制出需要的 PCB 图等过程。随着器件的数量增多、PCB 尺寸的减小、PCB 板的层数越来越多,手工设计已无法满足设计要求。另外,随着器件的数量增多,相互之间的干扰、耦合也就变得更加复杂,这就需要 PCB 设计者具有丰富的经验和理论水平。

2.2 现代电子设计的工作流程

随着计算机软件技术的发展及对电子器件的进一步研究,人们可以对各种器件进行数学建模,并借助计算机软件对其进行分析、计算,在计算机上可以仿真出近似于实际结果的数据及各种波形。这种由软件进行验证的设计方法克服了传统方法的缺点,解决了传统设计和调试中存在的问题,而且由于这种方式可以事先排除大部分设计上的缺陷,使设计工程师可以将大量的精力用于设计而不是调试,大大提高了设计速度,使新产品可以更快地推出,为企业产生更好的经济效益。

20 世纪 70 年代初,计算机软件设计人员就开始解决电子设计方面的另一个问题,即 PCB 设计问题,设计了多种 PCB 设计软件,从最早的仅仅将图纸上的人工布线变成借助于计算机人工布线,到现在的自动布线并且将器件之间的各种相互干扰(电磁干扰、热干扰)建立了数学模型,PCB 设计软件的性能产生了质的飞跃。由于电路板设计完成后没有必要进行实物的电磁兼容测试或热兼容测试,借助于计算机就可以模拟出来,再根据模拟结果进行调整,因此,即使不是 PCB 设计专家也可以设计出合格的 PCB 图。

20 世纪 80 年代开始出现了一类新器件 PLD,这种器件采用了大规模集成电路技术并且器件的功能由用户来设计、定义,这使将一个系统通过用户编程放置在一个芯片中成为可能。

20 世纪 90 年代末,可编程器件又出现了模拟可编程器件,用户可以通过模拟可编程器件设计各种增益的放大器、滤波器等模拟电路。

目前,在电子设计方面经常使用的电子设计自动化(EDA)技术是指通过计算机仿真的模拟软件进行原理电路的设计及验证,借助于 PCB 软件进行印刷电路板的设计以及借助于PLD 设计软件进行可编程器件设计的一种综合性电子设计技术。

电子线路设计和制作的一般程序框图如图 1.2.1 所示。

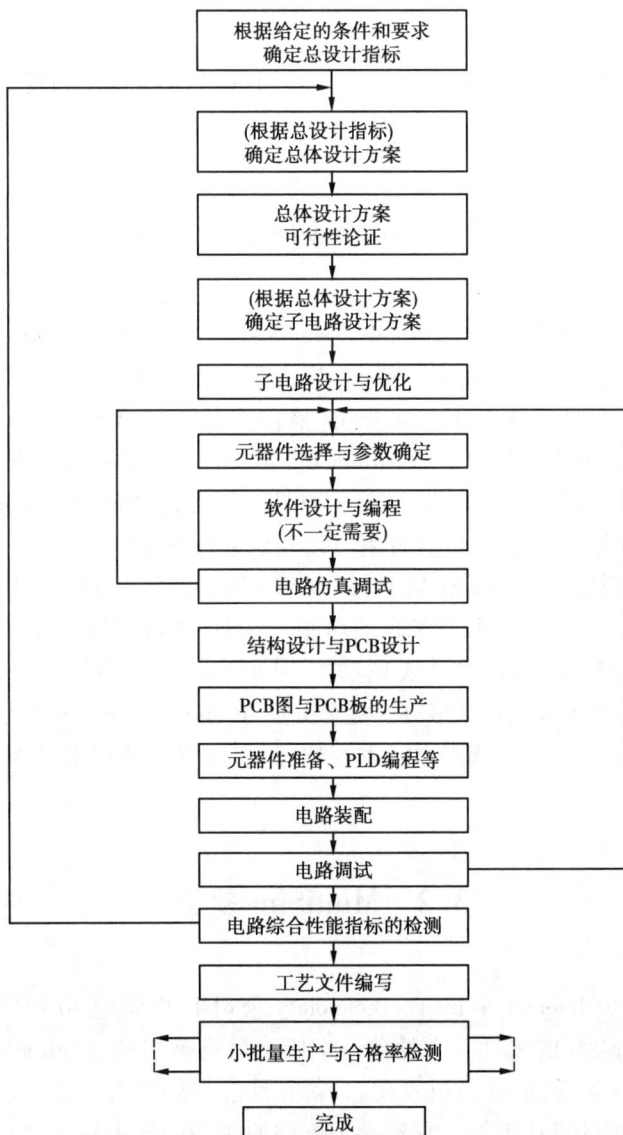

图 1.2.1　电子线路设计和制作的一般程序框图

项目 **3**
常用电子设计自动化（EDA）软件

计算机技术及相关技术的发展完善，推动了 EDA 技术的普及和发展，EDA 工具层出不穷，目前常用的并具有广泛影响的 EDA 软件有 Altium Designer、OrCad、Pspice、MultiSim 等。

3.1 Altium Designer 软件

20 世纪 80 年代末，由澳大利亚 Protel Technology 公司研制开发的电路 EDA 软件 Protel 软件包较早在我国开始使用，普及率也最高，当之无愧地排在众多 EDA 软件的前面。2001 年，Protel Technology 公司改名为 Altium 公司，整合了多家 EDA 软件公司，成为业内的巨无霸，并推出一体化的电子产品开发系统 Altium Designer。这套软件通过把原理图设计、电路仿真、PCB 绘制编辑、拓扑逻辑自动布线、信号完整性分析和设计输出等技术的完美融合，为设计者提供了全新的设计解决方案，使设计者可以轻松进行设计。

Altium Designer 除了全面继承包括 Protel 99SE、Protel DXP 在内的先前一系列版本的功能和优点外，还增加了许多改进和很多高端功能。该平台拓宽了板级设计的传统界面，全面集成了 FPGA 设计功能和 SOPC 设计实现功能，从而允许工程设计人员能将系统设计中的 FPGA 与 PCB 设计及嵌入式设计集成在一起。由于 Altium Designer 在继承先前 Protel 软件功能的基础上，综合了 FPGA 设计和嵌入式系统软件设计功能，所以对计算机的系统需求比先前的版本要高一些。

3.2 MultiSim 软件

MultiSim 是加拿大 Interactive Image Technology 公司于 20 世纪 90 年代末开发的一个专门用于电子线路仿真和设计的软件。它的前一个版本就是著名的 Electronics Workbench（简称 EWB）软件。Multisim 被美国 NI 公司收购以后，其性能得到了极大提升。Multisim 适用于板级的模拟/数字电路板的设计工作。它包含了电路原理图的图形输入、电路硬件描述语言输入方式，具有丰富的仿真分析能力，并且整个操作界面就像一个实验工作台，非常直观，未接触过它的人稍加学习就可以很熟练地使用该软件。对于电子设计者来说，它是个极好的 EDA 工具。Multisim 为用户提供了规模庞大的元件库及方便的电路输入方式，特别是大量新增的与真实元件对应的元件模型，增强了仿真电路的实用性。在众多的电路仿真软件中，MultiSim 是最容易上手的，成为至今为止使用最方便、最直观的仿真模拟软件，也是目前教学中使用得最多的仿真软件之一。

3.3　OrCad 软件

OrCad 是由 OrCad 公司于 20 世纪 80 年代末推出的 EDA 软件，是世界上使用最广的 EDA 软件之一。相对于其他 EDA 软件而言，它的功能也是最强大的。由于 OrCad 软件使用了软件狗防盗版，因此在国内并不普及。它集成了电原理图绘制、印制电路板设计、模拟与数字电路混合仿真等功能，是一个大型的电子电路 EDA 软件包。现在该套软件系统已成为闻名全球的 CAD 软件公司 Cadence 公司的一个产品系列，对 OrCad 有兴趣者可以去访问它的站点：http:// www.OrCad.com 或 HTTP://WWW.CADENCE.COM 或 HTTP://PCB.CADENCE.COM。

3.4　Pspice 软件

Pspice 是美国 MicroSim 公司于 20 世纪 80 年代中期开发的电路模拟软件，是较早出现的 EDA 软件之一，在我国国内被普遍使用。整个软件由原理图编辑、电路仿真、激励编辑、元器件库编辑、波形图等几个部分组成，使用时是一个整体，但各个部分各有各的窗口。Pspice 发展至今，已被并入 ORCAD，它在 Internet 上的网址与 ORCAD 公司相同。

本教材选用 Multisim 10 软件进行电路仿真分析与设计，选用 Altium Designer 15 软件进行电路原理图和印制电路板设计。

第 **2** 篇
使用 Multisim 10 创建电路

学习目标

最终目标：

会使用 Multisim 10 软件进行电路创建。

促成目标：

- 会对 Multisim 10 软件参数进行相关设置；
- 会调用元器件，并正确连接电路；
- 会利用总线以及子电路简化电路图；
- 会对仿真元件进行编辑与创建。

项目 1
二极管闪烁电路的建立

1.1　学习目标

1.1.1　最终目标

会用 Multisim 10 软件创建简单电路。

1.1.2　促成目标

①会进行工作窗口参数设置；
②会调用、放置元器件，并能准确设置元器件的特性；
③会对所调用的元器件进行合理布局和准确连线；
④会对文件进行打开、保存等基本操作。

1.2　工作任务

借助 Multisim 10 电路仿真软件创建如图 2.1.1 所示的"二极管闪烁电路"。
要求：
①进行软件参数设置；
②正确调用元器件并设置元件属性；
③合理布局、准确连线；
④将文件保存在"C：\Documents and Settings\Administrator\桌面\作业"目录下，命名为
"二极管闪烁电路"。

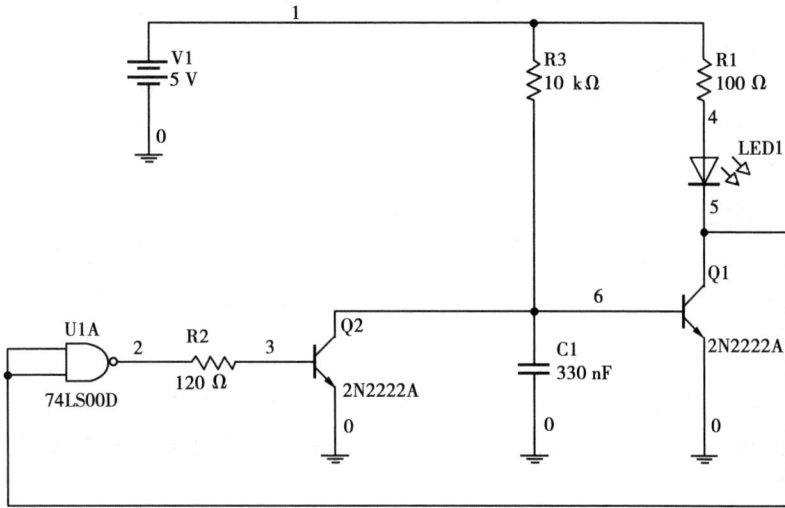

图 2.1.1　二极管闪烁电路

1.3　知 识 准 备

1.3.1　Multisim 10 的基本界面

进入 Multisim 10 后,立刻出现 Multisim 10 的主界面,如图 2.1.2 所示。界面主要由电路

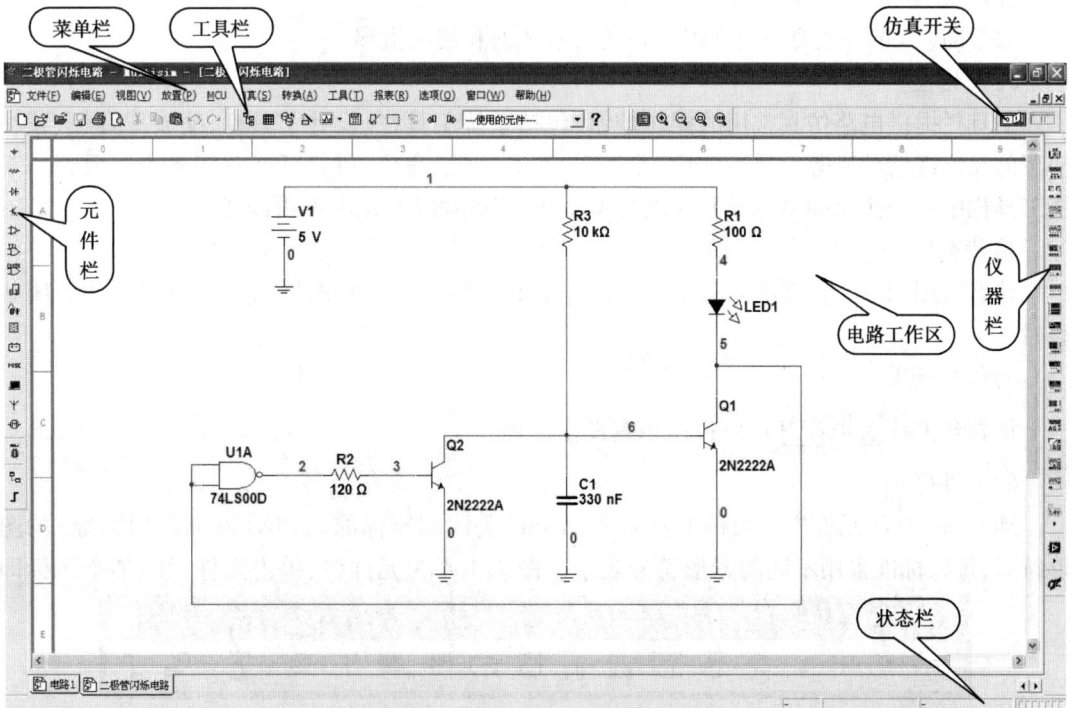

图 2.1.2　Multisim 10 的主界面

工作区、菜单栏、工具栏、状态栏、仿真开关、元件栏、仪器栏等部分组成。

1）电路工作区

电路工作区是一个对电路操作的平台,在此窗口中,可进行仿真电路图的连接、测试分析及波形数据显示等操作。

2）菜单栏

菜单栏包括电路仿真所需要的几乎所有操作命令。它包含 12 个主菜单,如图 2.1.3 所示。在每个主菜单下都有下拉菜单,用户可以从中找到各项操作功能的命令。

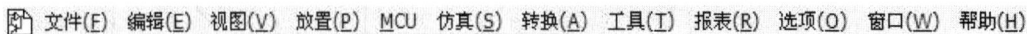

| 文件(F)　编辑(E)　视图(V)　放置(P)　MCU　仿真(S)　转换(A)　工具(T)　报表(R)　选项(O)　窗口(W)　帮助(H) |

图 2.1.3　菜单栏

①文件(File):主要用于管理所创建的电路文件,如打开、保存和打印文件等。

②编辑(Edit):主要用于电路绘制过程中,对电路和元件进行各种技术处理,如剪切、粘贴、旋转等操作。

③视图(View):用于确定仿真界面上显示的内容以及电路图的缩放和元件的查找。

④放置(Place):主要提供在电路窗口内放置元件、连接点、总线和文字等命令。

⑤MCU:提供在电路工作窗口内 MCU 的调试操作命令。

⑥仿真(Simulate):提供电路仿真设置与操作命令。

⑦转换(Transfer):提供将仿真结果传递给其他软件处理的命令。

⑧工具(Tools):主要用于编辑或管理元器件和元件库。

⑨报表(Reports):主要提供材料清单、元件详细报告等 6 个报告命令。

⑩选项(Options):提供关于电路界面和电路某些功能的设定命令。

⑪窗口(Window):提供窗口操作命令。

⑫帮助(Help):主要为用户提供在线技术帮助和使用指导。

3）工具栏

工具栏提供电路仿真常用的操作按钮,包括系统工具栏、设计工具栏、缩放工具栏、正在使用的元器件清单栏等。执行菜单"视图"→"工具栏"命令,可打开或关闭各个工具栏。系统工具栏中各个按钮的名称及其功能与 Windows 基本相同,这里不再详述。

4）状态栏

状态栏用于显示当前的状态信息。执行菜单"视图"→"状态栏"命令,可打开或关闭状态栏。

5）仿真开关

仿真开关 用以控制仿真操作进程。

6）元件栏

Multisim10 的元件栏有两种工业标准:ANSI(美国国家标准)、DIN(欧洲通用标准)的图形符号,每种标准采用不同的图形符号表示。图 2.1.4 为元件栏,单击元件栏的某个图标即

图 2.1.4　元件栏

可打开该元器件库,每个元件库放置同一类型的元件。

图中从左至右依次为:电源库、基本元件库、二极管库、晶体管库、模拟元件库、TTL 器件库、CMOS 器件库、数字器件库、混合元件库、指示器件库、功率器件库、其他器件库、显示屏库、RF 组件库、电动机库、MCU 库、层次电路、总线。

Multisim 10 提供实际元器件和虚拟元器件。实际元器件是具有实际标称值或型号的元器件。虚拟元件用墨绿色衬底表示,没有定义元器件封装形式,只能用于创建原理图,如果要输出到 PCB 软件进行制版,必须修改网络表文件中的元器件封装形式。

7)仪器栏

Multisim 10 的仪器库工具栏提供了仿真电路所需要的多种测试仪器仪表,如图 2.1.5 所示,从左至右依次为:数字万用表、函数信号发生器、功率表、示波器、四通道示波器、波特图仪、频率计、字信号发生器、逻辑分析仪、逻辑转换器、IV 分析仪、失真分析仪、频谱分析仪、网络分析仪、安捷伦函数发生器、安捷伦万用表、安捷伦示波器、泰克示波器、测量探头、LabVIEW 测试仪、电流探头。

图 2.1.5　仪器栏

1.3.2　定制用户界面

创建一个电路之前,可根据具体电路的要求和用户习惯设置一个特定的用户界面,包括工具栏、电路颜色、页边界、缩放倍数、符号系统(ANSI 或 DIN)和打印设置等。在 Multisim 10 中,用户界面的定制主要通过"表单属性(Sheet Properties)"以及"首选项(Preferences)"对话框中提供的各项选择功能来实现。

(1)图纸特性设置

执行"选项"→"Sheet Properties"命令,或单击鼠标右键选择"属性"项,即出现"表单属性"对话框,如图 2.1.6 所示。

该对话框中有 6 页,每页中包含若干个选项。通过这 6 页可对电路界面进行较为全面的设置。

1)"电路"页

"电路"页可对电路窗口内电路图型进行设置,如图 2.1.6 所示。

①"显示"区:设置元件及连线上所要显示的文字等项目。该区左边有一个设置预览窗口,可观察设置的情况(下同)。

②"颜色"区:用于设置编辑窗口内各元件和背景的颜色。通过左上方的选项栏可选择程序预置的几种配色方案,包括以下五个选项。

a.自定义:由用户设置的配色方案。

b.黑色背景:程序预置的黑底配色方案。

c.白色背景:程序预置的白底配色方案。

d.白黑:程序预置的白底黑白配色方案。

e.黑白:程序预置的黑底黑白配色方案。

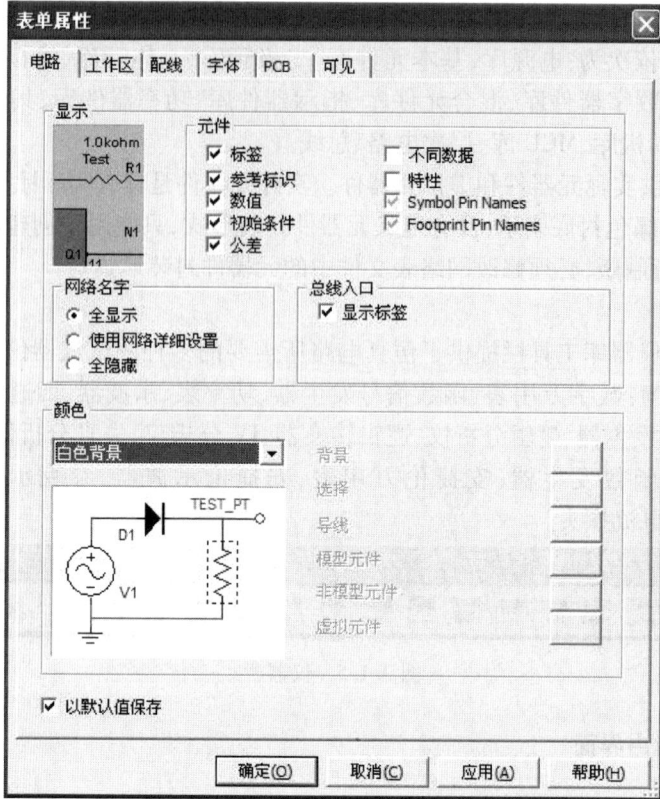

图 2.1.6 "表单属性"对话框

在"颜色"设置框中,当选择"自定义"时,用户应设置背景(编辑区的底色)、导线(元件连线的底色)、模型元件(模型元件的颜色)、非模型元件(非模型元件的颜色)、虚拟元件(虚拟元件的颜色)。可以单击所要设置颜色项目右边的按钮,打开颜色对话框选取所需的颜色。

2)"工作区"页

"工作区"页可对电路窗口中的图纸进行设置,如图 2.1.7 所示。

①"显示"区:设置窗口图纸显示格式。选项栏分别是:显示网格、显示页边界、显示边框。

②"图纸大小"区:主要用于设置窗口图纸规格大小及方向。

左上方的选项栏提供了 A、B、C、D、E、A4、A3、A2、A1 及 A0 等标准规格图纸及自定义选项。

左下方的"方向"用于设置图纸放置的方向,其中有纵向(Portrait)和横向(Landscape)。

在图纸大小中如果选择了自定义,则应在右边的"自定义大小"区设置图纸宽度(Width)和高度(Height),其中单位可选择英寸(Inches)和厘米(Centimeter)。

3)"配线"页

"配线"页用来设置电路导线的宽度与总线模式。

4)"字体"页

"字体"页用于进行文字字型方面的设置,分为 6 个区,可设置字型、字体、字型大小等参数。

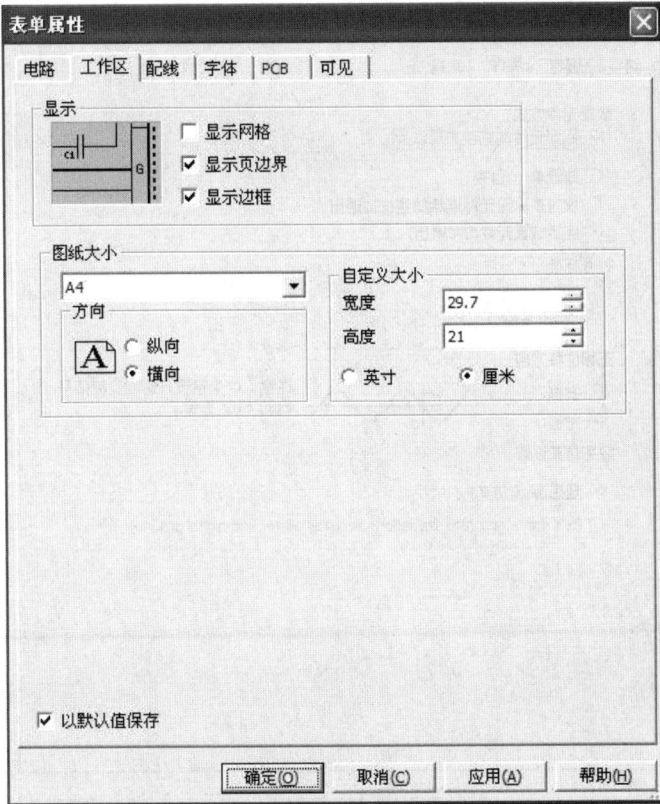

图 2.1.7　"工作区"页

5)"PCB"页

"PCB"页主要用于选择制作电路板相关的命令。

6)"可见"页

该页为可视选项页。

(2) 偏好设置

在 Multisim 10 的主窗口中执行菜单命令"选项"→"Golbal Preferences"命令,将弹出图 2.1.8 所示的对话框。

1)"路径"页

该页用于进行文件路径、语言等设置。

2)"保存"页

该页用于创建文件副本、保存仿真数据等设置。

3)"零件"页

该页用于设置元器件模式、符号标准、波形移动方向和元器件数据属性(真实/虚拟)等。其中"符号标准"用于设置元器件符号标准,有 ANSI 和 DIN 两种标准,DIN 标准比较接近我国国标。

4)"常规"页

该页用于一般设置,如选择矩形框属性、鼠标滚轮缩放功能、元器件移动时轨迹显示、自动连线和删除元器件时自动删除相应连线等。

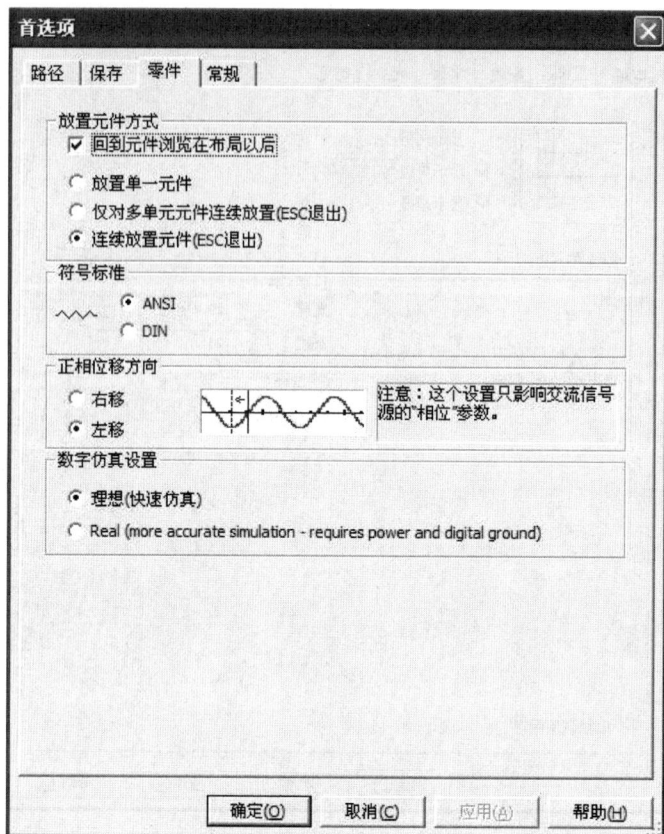

图 2.1.8　偏好设置

1.3.3　建立电路

下面以图 2.1.1 所示的"二极管闪烁电路"为例,介绍 Multisim 10 建立电路、放置元件、元件连线、运行仿真和保存电路等操作方法。

(1)建立电路文件

启动 Multisim 10,软件就自动创建一个默认标题为"电路 1"的新电路文件,如图 2.1.9 所示。

初次打开 Multisim 时,Multisim 仅提供一个基本界面,新文件的电路窗口是一片空白。建立新文件后,需要对电路窗口有关选项进行设置,这样有利于电路图的搭接和输出。电路窗口设置包括图纸大小,是否显示栅格、页边缘和标题栏,电路图选项设置和元器件符号设置等。参见定制用户界面的相关内容。

(2)元器件操作

元器件操作包括元器件调用、放置、选中以及在元器件选中状态下执行菜单命令完成元器件删除、复制、旋转和设置元器件特性等操作。

1)调用和放置元器件

用鼠标单击元器件所在的库,即可打开相应的部件箱。在打开的部件箱中找到所需要的元器件,用鼠标双击该元器件或在元器件列表中选择所需的元器件后单击"确定"按钮,此时光标上带有一个悬浮的元器件并显示在电路工作区。移动光标至合适的位置后,单击鼠标,

16

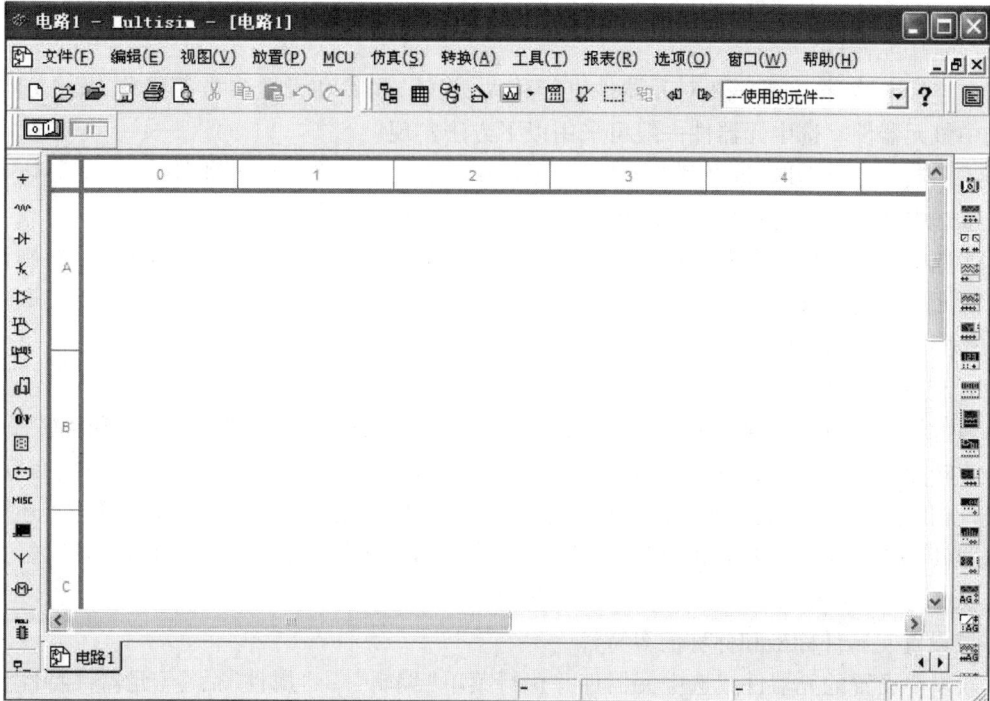

图 2.1.9　无标题新电路文件窗口

元器件就放置于工作区中,关闭部件箱即可取消操作。

如放置三极管 2N2222A,则单击三极管库,将出现图 2.1.10 所示的元器件浏览屏。用鼠

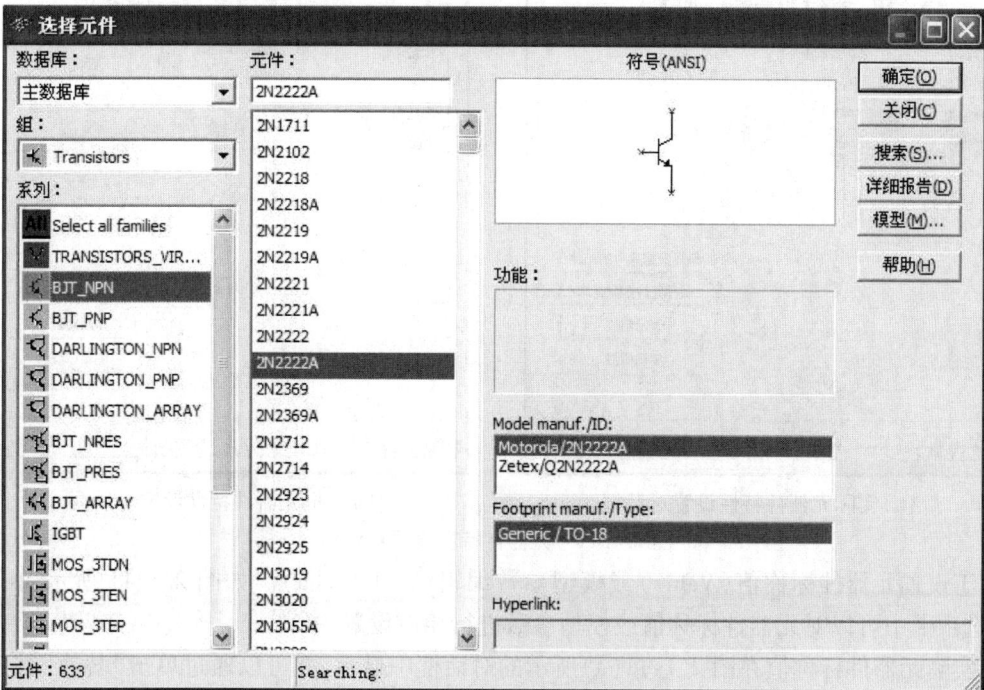

图 2.1.10　元器件浏览屏

标移动滚动条在元器件列表中选择所需要的元器件,单击"确定"按钮即可。

2)选中元器件

在连接电路时,经常需要对元器件进行移动、旋转、删除和设置参数等操作,操作前需要先选中该元器件。选中元器件一般可采用以下方法实现。

①用鼠标左键选取:选择某个元器件,可使用鼠标的左键单击该元器件。

②选中多个元器件:可在按住"Shift"键的同时,依次单击要选中的元器件。

③选中某一区域的元器件:可以在电路工作区的适当位置拖曳出一个矩形区域,则该区域内的元器件同时被选中。

若要取消元器件的选中状态,则单击工作区的空白处即可。

3)旋转和翻转元器件

为了使电路布局排列合理,避免迂回绕行的连线,常需要对元器件进行旋转和翻转操作。

旋转和翻转元器件的方法是用鼠标选中一个元器件,执行菜单"编辑"→"方向"命令,然后进行相应选择;也可选中元器件后单击鼠标右键,在快捷菜单中直接进行命令选择;还可选中选器件,按"Alt+X"键进行水平翻转,按"Alt+Y"键进行垂直翻转,按"Ctrl+R"顺时针方向旋转 90°,按"Ctrl+Shift+R"键逆时针方向旋转 90°。

4)设置元器件标号和标称值等特性

双击要设置的元器件或选中元器件并执行菜单"编辑"→"属性"命令(元器件特性),将弹出元器件特性设置对话框,如图 2.1.11 所示,此时可以进行元器件标号、标称值、显示方式和故障模拟等设置。

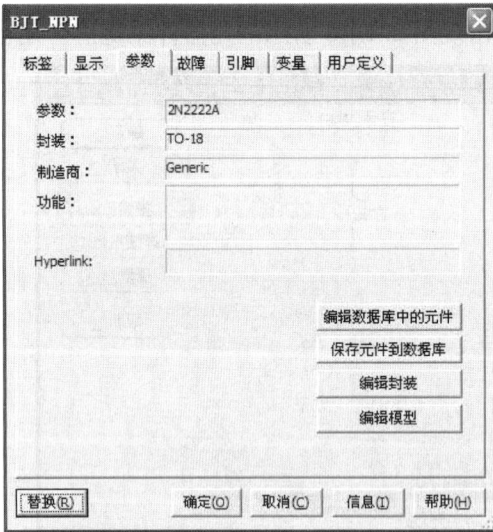

(a)实际元器件特性设置对话框　　　　(b)虚拟元器件特性设置对话框

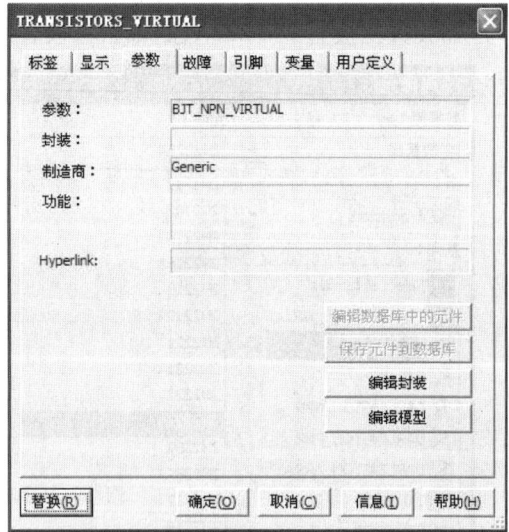

图 2.1.11　元器件特性设置对话框

①设置元器件标称值(Value)或模型参数编辑(Edit Model)。如图 2.1.11 所示,在"参数"选项卡中可以对元器件标称值或模型参数进行相应设置。

实际元器件标称值在图 2.1.11(a)所示的对话框中显示,并可以通过单击"替换"按钮进入元器件浏览屏,选择其他合适元器件代替。可单击"编辑模型"按钮后进入另一个窗口设置具体模型参数。

　　虚拟元器件标称值可在图 2.1.11(b)所示的对话框中直接设置,可单击"编辑模型"按钮后进入另一个窗口设置具体模型参数。

　　②设置元器件标号(Label)。用鼠标单击"标签"选项卡,将出现图 2.1.12 所示的对话框,"参考标识"(RefDes)和"标签"(Label)项由用户根据电路自行设定。其中,"参考标识"项中的参考编号必须是唯一的,否则 Multisim 会弹出警示对话框,提示元件编号重名,如图 2.1.13 所示。

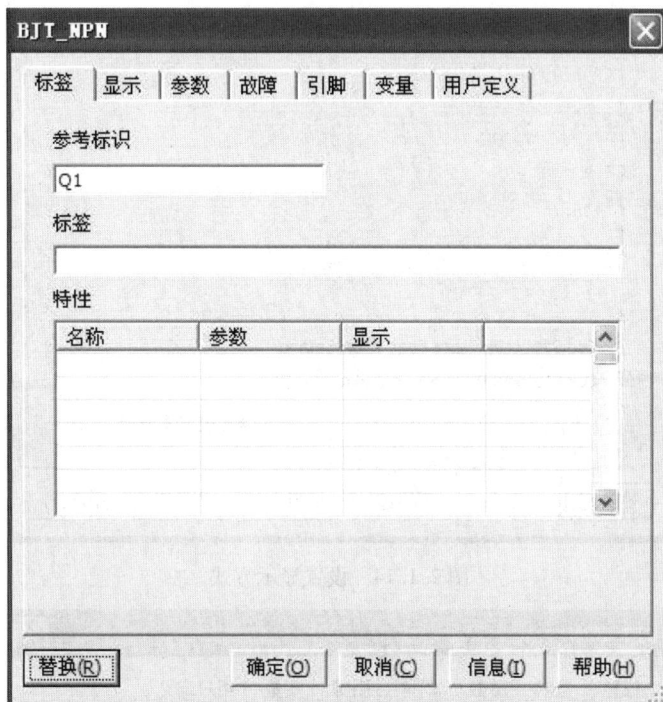

图 2.1.12　设置元器件标号

图 2.1.13　元件编号重复警示

　　"特性"(Attributes)项由用户根据实际电路自行输入或修改元器件的名称、参数、显示方式。

　　③设置显示方式(Display)。在元器件特性设置对话框中单击"显示"选项卡,将出现图 2.1.14 所示的对话框,用于设置元器件标号、标称值(或模型)、参考编号和属性等的显示方式。在框中勾选后,一般选择"使用原理图全局设置"。

　　④元器件故障设置(Fault)。"故障"选项卡用于元器件的故障模拟设置。元器件故障模拟设置有开路、短路和漏阻三种类型,当选择漏阻故障类型时,可设置其漏阻阻值大小。设置

故障时必须先选中故障类型,然后选择故障引脚,如图 2.1.15 所示,最后单击"确定"按钮即可。

图 2.1.14　设置显示方式

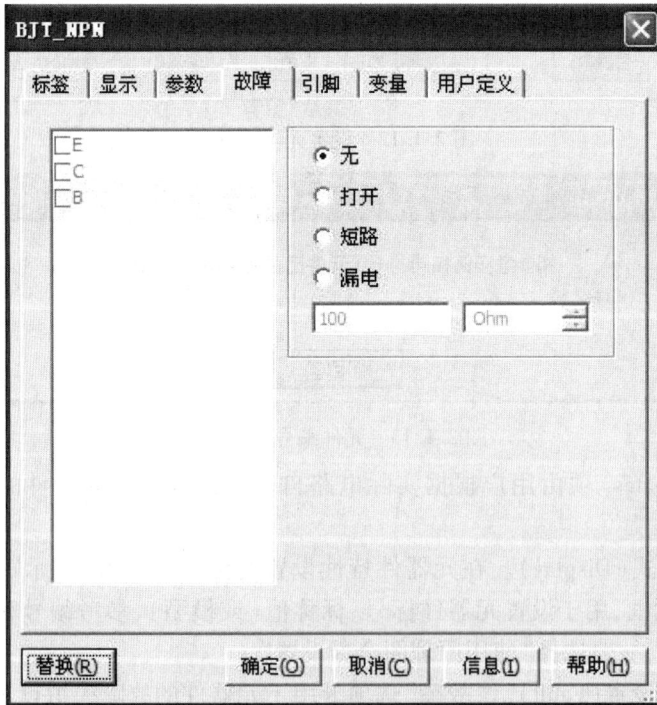

图 2.1.15　元器件故障设置

⑤其他设置。除以上这些常用的设置外,元器件属性设置中还有器件引脚属性、变量属性设置(一般采用默认状态)和用户自定义的相关属性设置等,可根据实际要求修改参数或进行设置即可。

(3)连线的操作

元器件布局完毕,就可以进行电路连接。Multisim 10 有两种连线方式:手工连线和自动连线。

1)连接导线

在元器件数目不多的情况下,可选择自动连线。自动连线是将光标指向第一个元器件的引脚上,光标变为"+"号时,单击鼠标左键开始连线,移动光标,将自动拖出一条连线;将光标移动到下一个元器件引脚处,再单击鼠标左键,程序自动产生一条连线。在光标移动过程中,若单击鼠标右键,则取消该导线连接。

为了使电路布局更加合理,有时选择手工连线。手工连线意味着可以改变导线的路径。光标移动过程中每单击一次鼠标,就可以改变一次导线路径。

2)节点的使用

在连线过程中,若需要在电路中人为添加节点,可单击鼠标右键后执行"Place Schematic"→"节点"命令,此时光标上带有一个悬浮的节点,将光标移动至适当位置单击鼠标左键,便可完成放置节点的操作。

3)设置导线

在 Multisim 10 的主窗口中执行菜单"选项"→"Sheet Properties"命令,单击"配线"选项卡,可以设置连线宽度和总线模式。

4)设置网络特性

Multisim 10 系统在连线时,对电路中每一个网络会自动分配一个网络号。双击连接导线,将弹出网络特性设置对话框,如图 2.1.16 所示。其中,网络名与电路连线操作顺序有关,用户可以进行调整;PCB 栏可以设置布线宽度;分析栏可以选择是否对瞬态分析和直流工作点分析进行相应的设置。

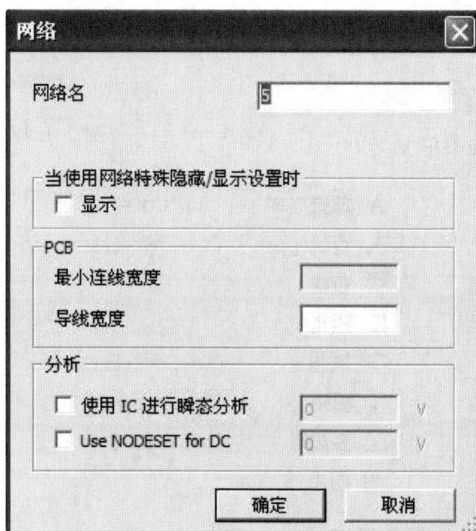

图 2.1.16　网络特性设置对话框

5）删除连线和节点

选中需要删除的元素,执行菜单命令"编辑"→"剪切"命令或按 Delete 键,可实现删除操作。当删除元器件时,与其相连的导线将自动消失。

6）修改走线

单击连线,连线上将出现很多拖动点。单击两拖动点之间的连线,光标将变成双箭头,拖动箭头可实现连线的正交修改;如果单击拖动点,可实现任意角度的走线。

（4）快捷菜单和其他操作

下面主要介绍用鼠标右键弹出的快捷菜单完成的一些操作以及其他一些操作。

1）电路图快捷菜单

在电路工作区空白处单击鼠标右键,将弹出一个菜单,如图 2.1.17 所示,使用该菜单的选项可实现创建电路图的基本操作命令。其中,"Place Component…"为放置元器件;"Place Schematic"为放置绘制原理图相关元素,如图 2.1.18 所示;"Place Graphic"为放置绘制图形的相关元素,如图 2.1.19 所示。

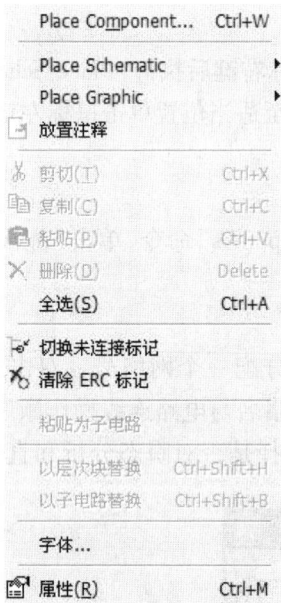

图 2.1.17　电路图快捷菜单

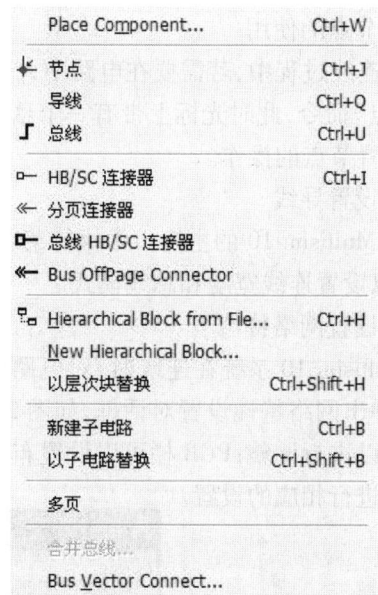

图 2.1.18　Place Schematic

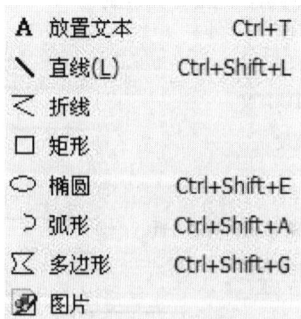

图 2.1.19　Place Graphic

2）元器件的快捷操作

在电路工作区中用鼠标右击某个元器件，将弹出一个菜单，如图2.1.20所示，使用该菜单的选项可实现元器件的剪切、复制、翻转、旋转和颜色设置等快捷操作。

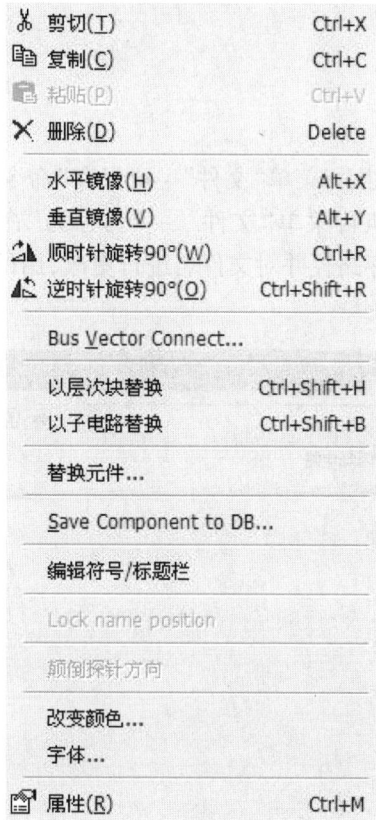

✂	剪切(T)	Ctrl+X
▤	复制(C)	Ctrl+C
▥	粘贴(P)	Ctrl+V
✕	删除(D)	Delete
	水平镜像(H)	Alt+X
	垂直镜像(V)	Alt+Y
⟳	顺时针旋转90°(W)	Ctrl+R
⟲	逆时针旋转90°(O)	Ctrl+Shift+R
	Bus Vector Connect...	
	以层次块替换	Ctrl+Shift+H
	以子电路替换	Ctrl+Shift+B
	替换元件...	
	Save Component to DB...	
	编辑符号/标题栏	
	Lock name position	
	颠倒探针方向	
	改变颜色...	
	字体...	
▦	属性(R)	Ctrl+M

图2.1.20　元器件快捷菜单

3）连线或节点的快捷操作

在电路工作区中用鼠标右击某一条连线或节点，将弹出一个菜单，如图2.1.21所示。使用该菜单的选项可实现连线的删除、颜色设置等快捷操作。

对于复杂电路图，为了便于读图和分析电路，通常将电路中某些特殊的连线及与仪器（如示波器、逻辑分析仪）的连线设置为不同颜色。要改变连线的颜色，单击"确定"按钮，即可完成连线颜色的设置。

✕	删除(D)	Delete
	改变颜色...	
	图块颜色...	
	字体...	
▦	属性(R)	Ctrl+M

图2.1.21　连线/节点快捷菜单

4）添加文字说明

在Multisim 10中，可以在电路图中任意位置添加文字说明。执行菜单"放置"→"文本"命令或者在电路工作区空白处单击鼠标右键选择"Place Graphic"→"放置文本"命令，然后在电路工作区所需要的地方单击一下，即可输入文字。在电路工作区其他任意位置单击鼠标便可结束输入。右击文字说明处，可以删除文字或设置文字颜色和字体。

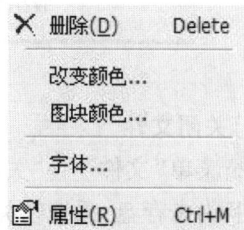

5）帮助信息

Multisim 10 提供了完整的在线帮助功能。在主窗口中执行菜单"帮助"→"Multisim 帮助"命令，会显示 Multisim 10 的操作内容，类似于用户指南手册中每章节内容，可以按目录或者按主题方式进行查阅。

1.3.4　文件存盘与退出

（1）文件存盘

在 Multisim 10 的主窗口中执行菜单"文件"→"保存"命令，可保存当前的电路图。如果是第一次对电路文件存盘，或执行菜单"文件"→"另存为"命令，将弹出一个对话框，如图 2.1.22 所示，用户可以选择保存路径并对文件名进行更改，用鼠标单击"保存"按钮即可将文件存盘。

图 2.1.22　保存文件对话框

（2）关闭文件

执行菜单"文件"→"关闭"命令，即可关闭当前的电路图。如果当前的电路图已进行过修改并且尚未存盘，系统在关闭之前将提示是否保存电路图。

（3）退出编辑

执行菜单"文件"→"退出"命令，可关闭所有打开的电路图窗口，并退出 Multisim 10 系统。如果修改过的电路图尚未保存，系统会提示是否保存电路，此时可选择保存或取消操作。

1.4   任务实施

1.4.1   定制用户界面

(1)图纸特性设置

启动"选项"→"Sheet Properties"命令,或单击鼠标右键选择"属性"项,出现"表单属性"对话框,如图 2.1.6 所示。

在"工作区"选项卡中,将图纸设置成 A4 大小,方向水平放置。其余设置采用默认状态。

(2)偏好设置

执行菜单命令"选项"→"Golbal Preferences"命令,弹出图 2.1.8 所示的对话框。

在"零件"选项卡中,将符号标准设置为 ANSI,其余设置采用默认状态。

(3)设定标题栏

1)选择标题栏类型

执行"放置"→"Title Block"命令,弹出标题栏文件选择对话框,如图 2.1.23 所示,包括10 个可选择的标题栏文件。

图 2.1.23   标题栏文件选择对话框

本任务选择 default.tb7 所提供的标题栏,如图 2.1.24 所示。打开后标题栏会跟随鼠标移动,放置在合适位置即可。

①Title:当前电路图的图名,程序会自动将文件名称设定为图名。

②Desc…:当前电路图的功能表述,可以用来说明该电路图。

③Designed by:当前电路图的设计者姓名。

④Document No:当前电路图的图号。

图 2.1.24　default.tb7 标题栏

⑤Revision：当前电路图的版本号码。

⑥Checked by：当前电路图的检查者姓名。

⑦Date：当前电路图的绘制日期。

⑧Size：当前电路图的图纸尺寸。

⑨Approved by：当前电路图的核准者姓名。

⑩Sheet..of..：Sheet 表明当前电路图为图集中的第几张图，of 表明当前电路图所述的图集总共有多少张图。

2）修改标题栏

双击鼠标可以打开标题栏设置对话框，可以编辑修改标题栏内容，编辑完毕后单击"确定"按钮即可，如图 2.1.25 所示。其中，日期、版本号（修改）等参数为软件自动生成，可以不用修改；纸张大小根据之前图纸特性设置自动生成，也不需要修改。

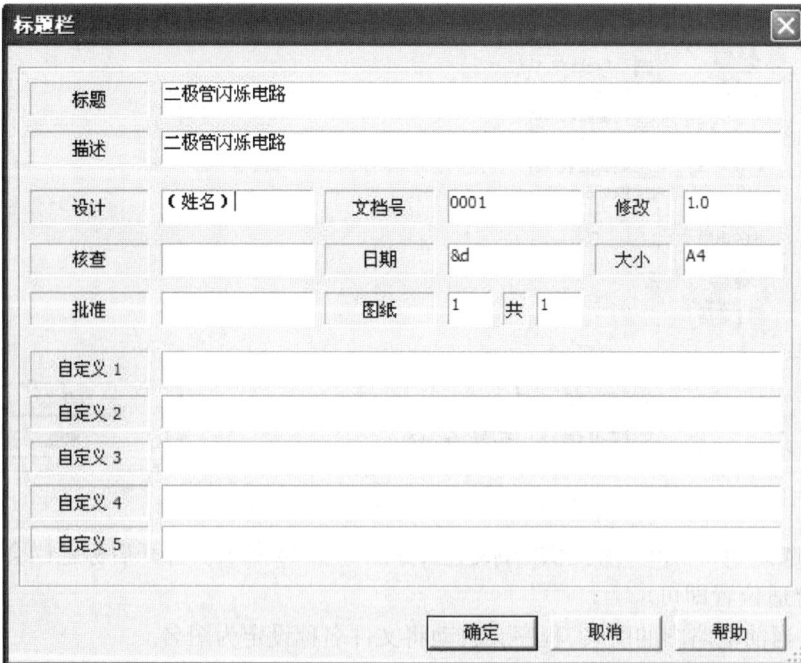

图 2.1.25　修改标题栏内容

1.4.2 放置元器件并设置元件属性

(1)放置 5 V 电源

①鼠标单击电源库 ✚ 按钮,电源工具栏显示如图 2.1.26 所示,选择直流电源"DC_POWER"。

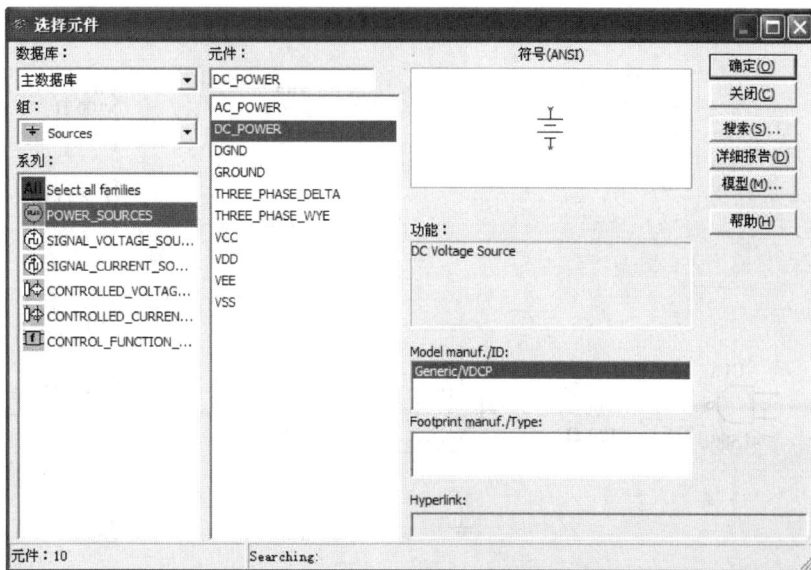

图 2.1.26 选择电源

②单击"确定"按钮,出现一个直流电压源跟随光标移动。

③将鼠标移到要放置元件的左上角位置,单击鼠标完成电源放置,利用页边界可以精确定位。

(2)修改元件属性

电源的缺省值是 12 V,根据图 2.1.1 要求,电压值需要修改为 5 V。

双击电源,打开元件特性设置对话框,在"参数"选项卡的 Voltage 一栏内将"12"改为"5",单击"确定"按钮即可。

(3)放置与非门 74LS00D

元件选取方式与电源相同。鼠标单击 TTL 库 按钮,选择 74LS 系列的 74LS00D,单击"确定"按钮。由于此元件有 4 个门,所以此刻软件弹出提示框来确认使用哪个门,如图 2.1.27 所示。4 个门相同,可任选一个使用。

图 2.1.27 提示对话框

(4)放置其他元器件

按照以上步骤放置剩余元器件,并设置好元器件参数。

①LED1:鼠标单击二极管库 中的 LED 系列,选择 LED_red 元件。

②R1、R2、R3：鼠标单击基本元件库 ⌇ 中的 RESISTOR 系列，根据阻值需求选择元件。

③C1：鼠标单击基本元件库 ⌇ 中的 CAPACITOR 系列，根据容值需求选择元件。

④Q1、Q2：鼠标单击三极管库 ⊀ 中的 BJT_NPN 系列，选择 2N2222A 元件。

⑤接地：鼠标单击电源库 ⊹ 中的 POWER_SOURCES 系列，选择 GROUND。

注意及时执行"文件"→"保存"命令或单击 🖫 按钮来保存文件，放置结果如图 2.1.28 所示。

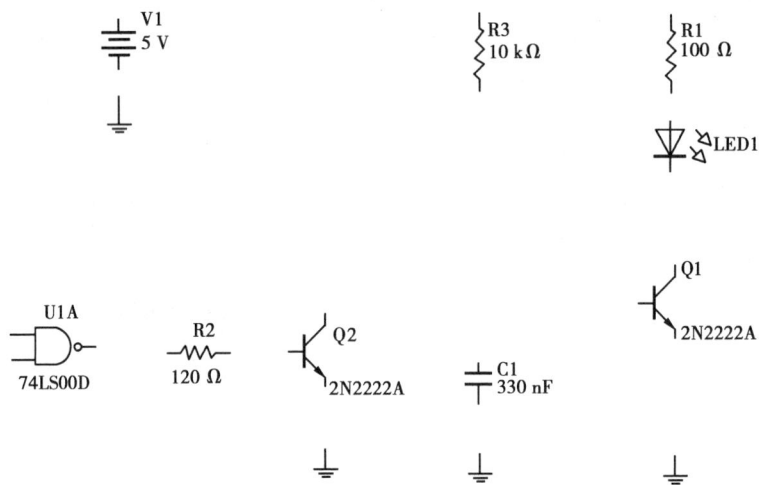

图 2.1.28　放置全部元件

1.4.3　连接电路

对图 2.1.28 所示元器件进行连线，具体操作方式可参考本项目知识准备环节。需要注意的是 U1A 元件的两个管脚要在连线上手动增加节点，才能完成和 LED1、Q1 间的连接。执行"放置"→"节点"命令，如图 2.1.29 所示。

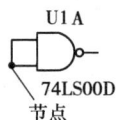

图 2.1.29　手动添加节点

1.4.4　仿真电路

单击 ⊡ 按钮进行电路仿真，若 LED1 闪烁，则元件参数及连线无误；若 LED1 不闪烁，则对照图 2.1.1 进行相应修改。

1.4.5　保存电路并退出

执行"文件"→"保存"命令，将弹出保存文件对话框。修改文件名为"二极管闪烁电路"，并保存在"C:\Documents and Settings\Administrator\桌面\作业"目录下。

执行"文件"→"退出"命令或单击软件右上角 ⊠ 按钮，退出操作环境。

1.5　实训练习

1.5.1　练习一

借助 Multisim 10 电路仿真软件创建如图 2.1.30 所示的"两级交流放大电路"。要求:

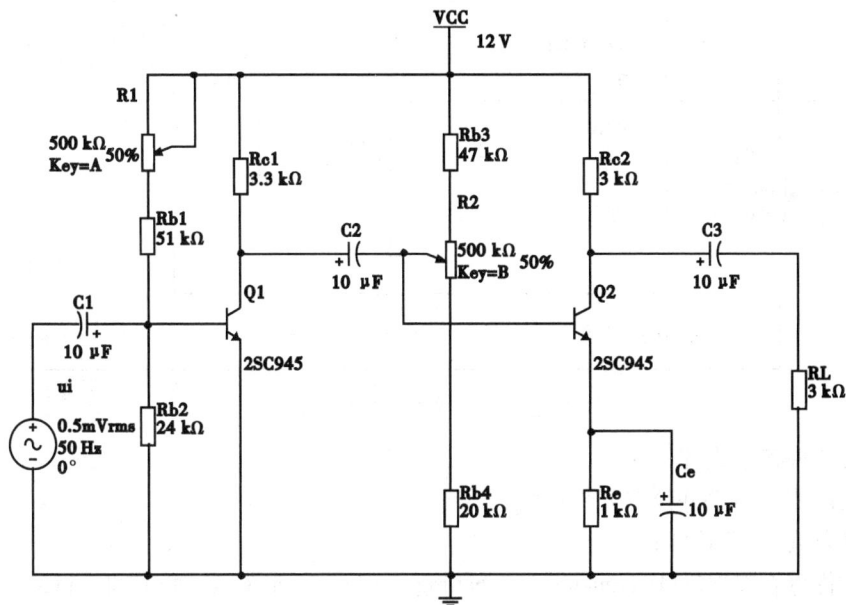

图 2.1.30　两级交流放大电路

①进行软件参数设置;
②正确调用元器件并设置元件属性;
③合理布局、准确连线;
④将文件保存在"C:\Documents and Settings\Administrator\桌面\作业"目录下,命名为"两级交流放大电路"。

1.5.2　练习二

借助 Multisim 10 电路仿真软件创建如图 2.1.31 所示的"三角波发生电路"。要求:
①进行软件参数设置;
②正确调用元器件并设置元件属性;
③合理布局、准确连线;
④将文件保存在"C:\Documents and Settings\Administrator\桌面\作业"目录下,命名为"三角波发生电路"。

1.5.3　练习三

借助 Multisim 10 电路仿真软件创建如图 2.1.32 所示的"信号灯转换控制电路"。要求:

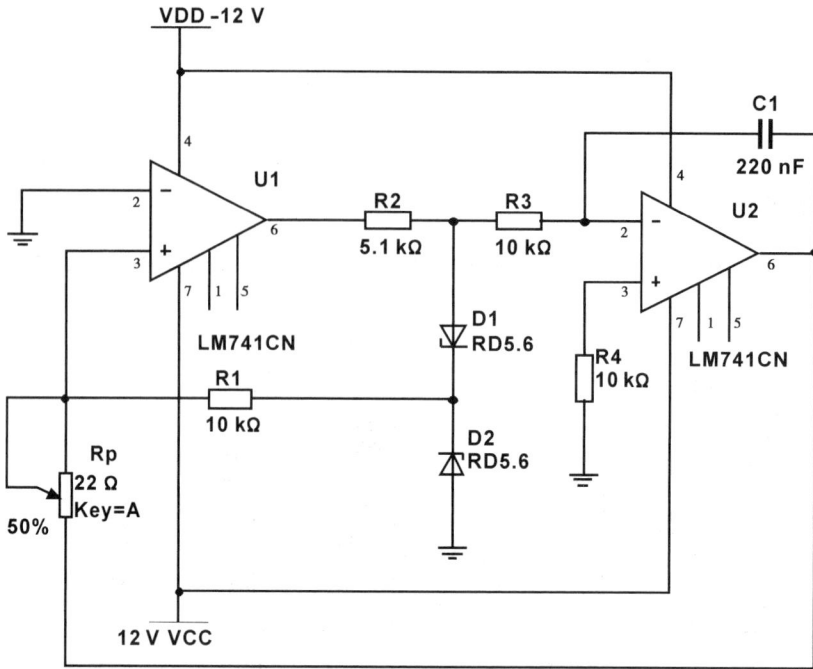

图 2.1.31　三角波发生电路

①进行软件参数设置；

②正确调用元器件并设置元件属性；

③合理布局、准确连线；

④将文件保存在"C：\Documents and Settings\Administrator\桌面\作业"目录下,命名为"信号灯转换控制电路"。

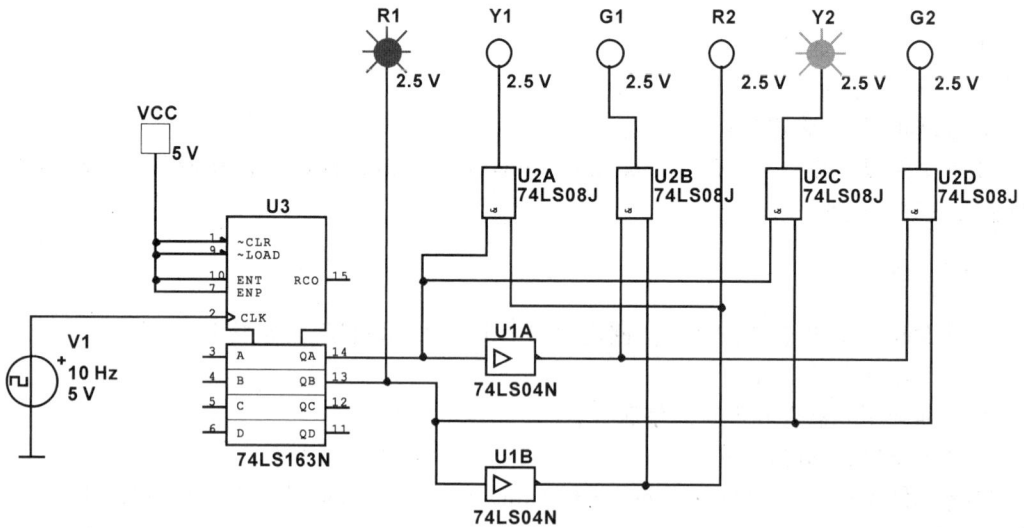

图 2.1.32　信号灯转换控制电路

1.5.4 练习四

借助 Multisim 10 电路仿真软件创建如图 2.1.33 所示的"三人表决器电路"。要求：

①进行软件参数设置；

②正确调用元器件并设置元件属性；

③合理布局、准确连线；

④将文件保存在"C：\Documents and Settings\Administrator\桌面\作业"目录下，命名为"三人表决器电路"。

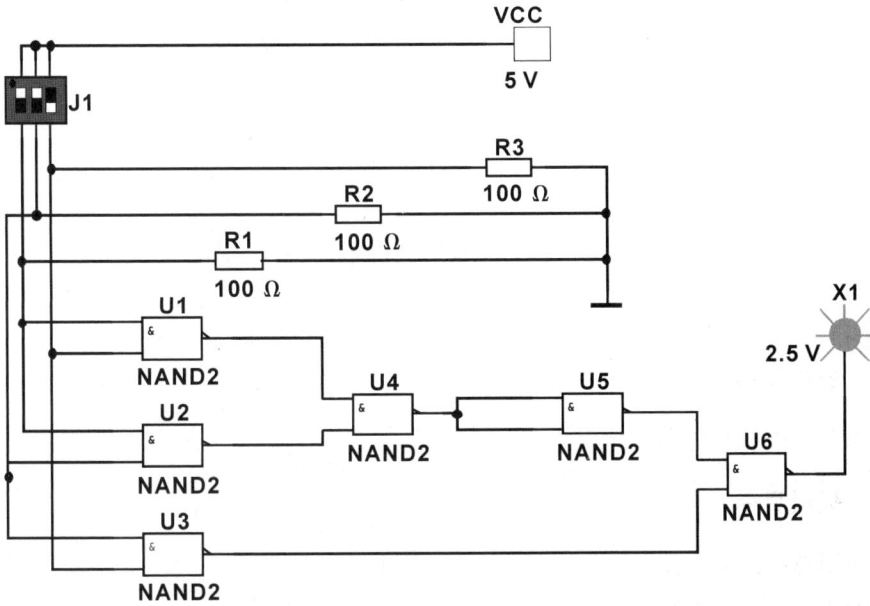

图 2.1.33 三人表决电路

项目 **2**
计数器与数码管显示器电路的建立

2.1 学习目标

2.1.1 **最终目标**

会利用总线以及子电路简化电路图。

2.1.2 **促成目标**

①会利用总线绘制电路；
②会创建并调用子电路。

2.2 工作任务

借助 Multisim 10 电路仿真软件创建如图 2.2.1 所示的"计数器与数码管显示器电路"。要求：

①使用总线绘制电路；
②正确调用元器件并设置元件属性；
③合理布局、准确连线；
④将文件保存在"C：\Documents and Settings\Administrator\桌面\作业"目录下，命名为"计数器与数码管显示器电路"。

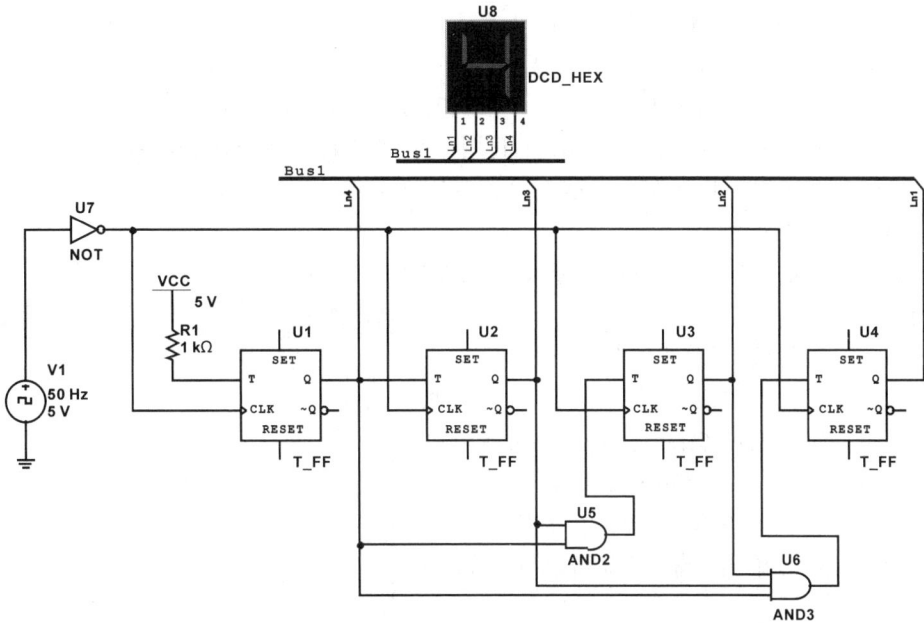

图 2.2.1　计数器与数码管显示器电路

2.3　知识准备

2.3.1　总线应用

在数字电路中,常有多条性能相同的导线按同一种方式连接的情况。图 2.2.2 所示是一

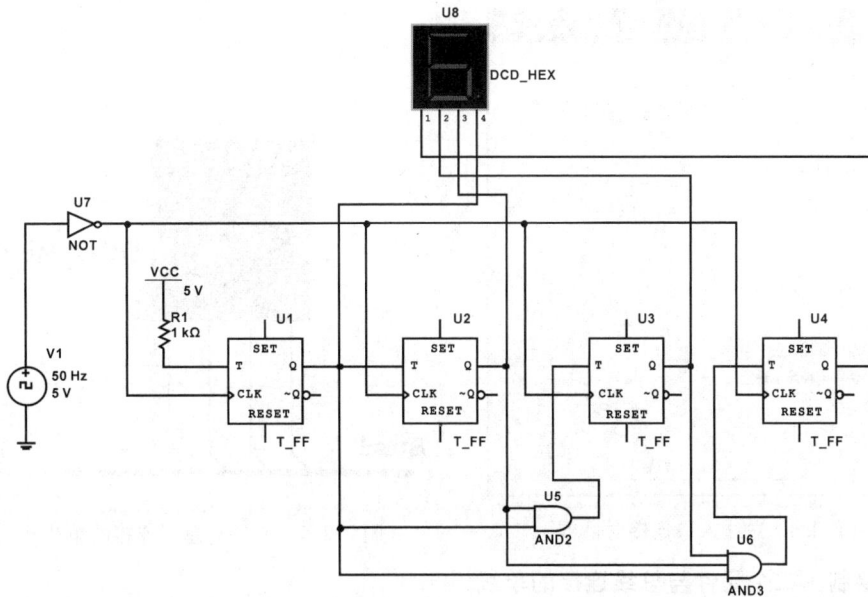

图 2.2.2　计数器与数码管显示器相连电路

个计数器与数码管显示器相连的电路,由 4 条连接线把它们彼此连接起来。

如果连线增多或距离加长,就会难以分辨。如果利用总线来连接,如图 2.2.1 所示,将两端的单线分别接入总线,构成单线—总线—单线的连接方式,那么线路就会简单得多。

总线就是将一些性质相同的线合在一起用一个共同的名称来代表的线,例如数据线、地址线等,使用总线可以简化电路。总线的绘置方法如下:

(1)进入绘制总线状态

启动"放置"菜单的"总线"命令,进入绘制总线状态,鼠标指针自动呈十字形。

(2)绘制总线

单击并拖动所要绘制总线的起点,即可拉出一条总线。如要转弯,则单击鼠标左键,到达目的地后,双击即可完成该总线绘制,系统会自动给出总线名称。如果要修改总线名称;则双击该总线,打开"总线属性"对话框,在其中"总线名"栏内输入新的总线名称,然后单击"确定"按钮,如图 2.2.3 所示。

按上述方法绘制两条总线,总线名称均为 Bus1。

(3)绘制第一个元件与总线连接的单线

单击所要连接的元件(如数码管显示器 U8)

图 2.2.3　总线名称设置

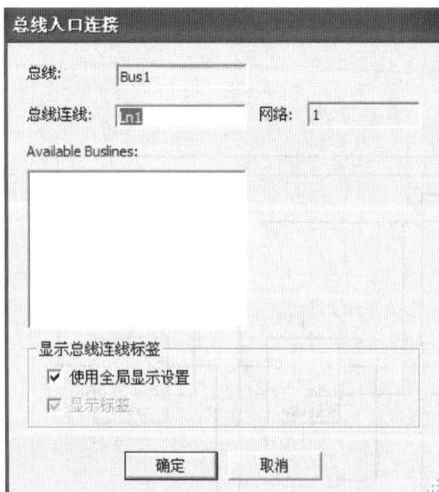

引脚,如引脚 1(或 2、3、4),然后单击并移向总线,再单击,则出现如图 2.2.4 所示的对话框。在"总线连接"栏内输入单线的名称,如 Ln1(或 Ln2、Ln3、Ln4),单击"确定"按钮关闭对话框,即可把单线名称反映到电路图上。用类似的操作将第一个元件的各引脚与总线相连,完成后如图 2.2.5 所示。

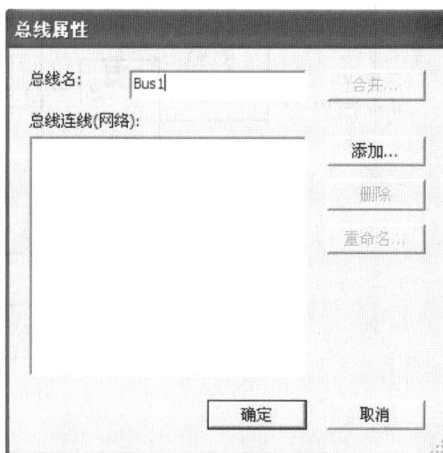

图 2.2.4　总线入口连接对话框 1

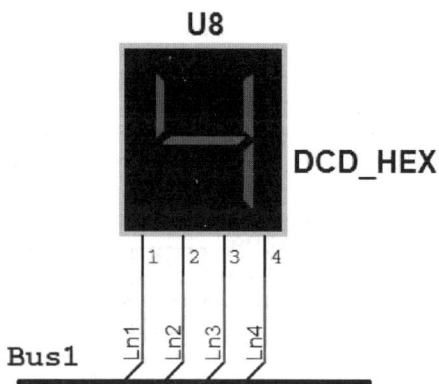

图 2.2.5　元件与总线连接的单线

(4)绘制第二个元件与总线连接的单线

单击所要连接的第二个元件(如计数器)的引脚,如 U4(或 U3、U2、U1)的 Q 端,单击并移向总线,再单击,则出现如图 2.2.6 所示的对话框。选择相对应的连接线,如 Ln1（或 Ln2、Ln3、Ln4）,单击"确定"按钮。

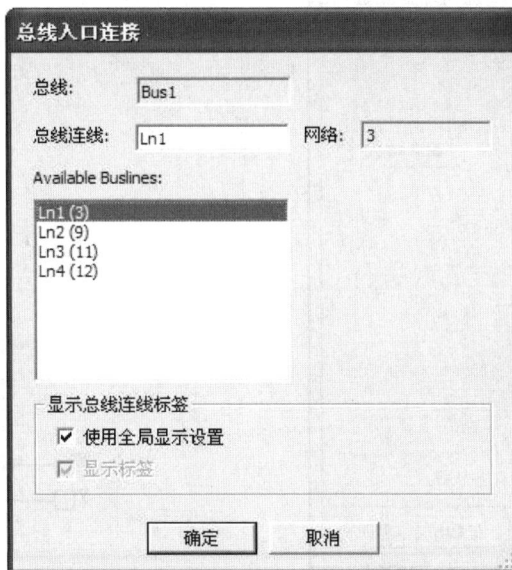

图 2.2.6　总线入口连接对话框 2

2.3.2　子电路应用

在电路图的创建过程中,经常会碰到这样两种情形:一是电路规模很大,不便于全部显示在屏幕上,但可先将电路的某一部分用一个方框图加上适当的引脚来表示;二是电路的某一部分在一个电路或多个电路中多次使用,若将其制成一个模块,使用起来会十分方便,子电路就是这样一种模块（即用一个方块图代表另一张电路图）。子电路与元器件相似,可进行剪切和复制等操作。

创建子电路的过程与一般电路的过程一致,为便于子电路与外围电路连接,需要添加输入/输出（Input/Output）端点。建立子电路的详细方法如下:

（1）创建子电路

执行"放置"→"新建子电路"命令,弹出对子电路命名的对话框,如图 2.2.7 所示。输入名称后,单击"确定"按钮,此刻会有一个子电路跟随鼠标移动,将该子电路放在图纸的合适位置,如图 2.2.8 所示。

图 2.2.7　子电路命名

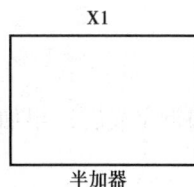

图 2.2.8　新建子电路

（2）编辑子电路

双击"半加器"子电路,弹出子电路属性设置对话框,如图 2.2.9 所示。在参考标识栏内可对子电路进行编号。单击"编辑 HB/SC"按钮,进入子电路编辑窗口,此时可以在窗口内对子电路进行编辑修改。编辑完成的半加器如图 2.2.10 所示。

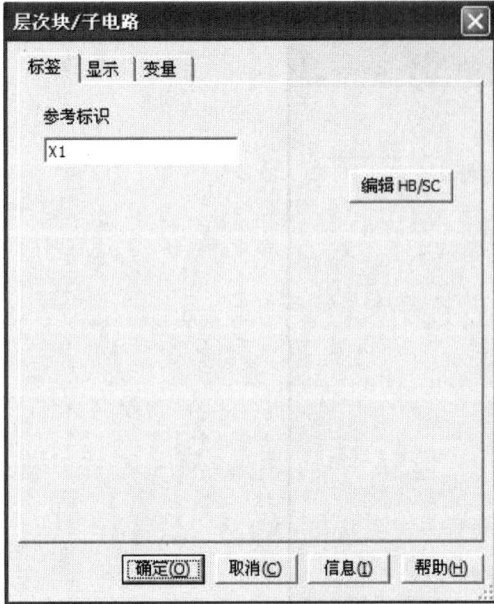

图 2.2.9　子电路属性设置

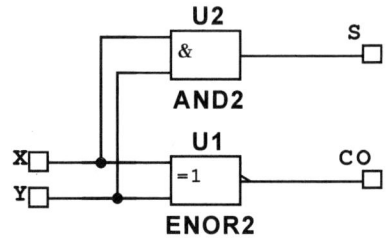

图 2.2.10　半加器电路

在子电路窗口中,除了编辑修改电路图外,也可以修改 I/O 端口名称。用鼠标双击 I/O 端口,将弹出图 2.2.11 所示的对话框,在"参考标识"栏内输入相应的 I/O 端口名称后,单击"确定"按钮,进行 I/O 端口名称修改。

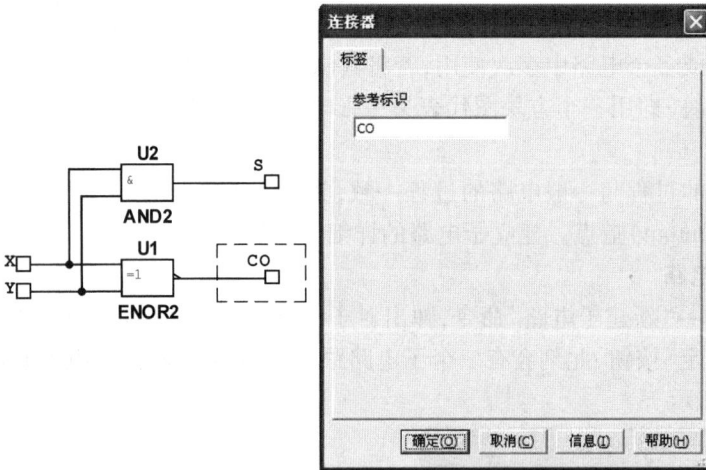

图 2.2.11　编辑子电路端口

编辑完成后,"半加器"子电路自动变为图 2.2.12。

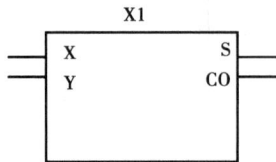

图 2.2.12　编辑完后的子电路

2.3.3　产生报告

Multisim 10 可以产生材料清单、元件详细报告和网络表报告等报告,下面重点描述如何产生材料清单。

(1)产生并打印材料清单

材料清单列出了电路所用到的元件,提供了制造电路板时所需元件的总体情况。提供的信息包括:

①每种元件的数量;

②每个元件的描述,包括元件类型(如 74LS)和元件型号(如 74LS00D);

③每个元件的参考 ID;

④每个元件的封装或管脚图。

要产生元器件材料清单,单击主菜单中的"报告"按钮,从出现的菜单中选择"材料清单",即可出现一个元器件明细表窗口,如图 2.2.13 所示。

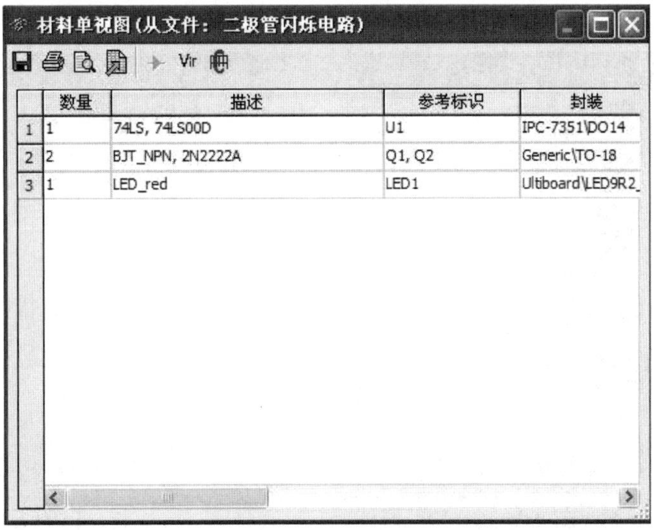

图 2.2.13　元器件明细表

显示框中列出了电路图中所用到的元件。在此上方还有几个按钮,前 4 个分别是保存、打印、打印预览和输出到 Excel 按钮。

如果要打印这张材料清单,单击窗口左上方的打印图标按钮,即出现标准打印窗口,可以选择打印机、打印份数等。

如果要以文件形式保存这张材料清单,单击窗口左上方的保存图标,出现标准的文件保存窗口,可以定义路径和文件名。

Multisim 10 的材料清单是将真实元件和虚拟元件分开显示的。单击 → 按钮,显示只包含"真实的"元件,像电源和虚拟元件等市场购买不到的元件不会显示出来。若想查看虚拟元件,可单击 Vir 按钮。

最后一个图标🔲,可以对元件清单所显示的数据种类进行设置。

(2)仿真信息输出

Multisim 10 提供了多种仿真信息输出方式,执行菜单"转换"命令,出现如图 2.2.14 所示的菜单。

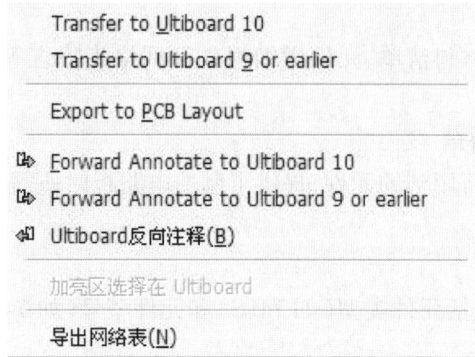

图 2.2.14　仿真信息输出方式的菜单命令

其中,Transfer to Ultiboard 10 是将电路原理图转入 Ultiboard 10 印制电路板软件;Export to PCB Layout 是将电路仿真结果输出到其他印制电路板软件,也就产生其他印制电路板格式的网络表,如图 2.2.15 所示。

图 2.2.15　原理图转化为 Protel 印制电路板网络表

2.4　任务实施

2.4.1　正确调用元器件并设置元件属性

按照图 2.2.1 所示放置元器件并设置元器件参数。电路所需元器件如下:
①U1、U2、U3、U4:杂项数字电路库 🔲 中的 TIL 系列,选择 T_FF。

②U5：杂项数字电路库 ⌨ 中的 TIL 系列，选择 AND2。

③U6：杂项数字电路库 ⌨ 中的 TIL 系列，选择 AND3。

④U7：杂项数字电路库 ⌨ 中的 TIL 系列，选择 NOT。

⑤U8：指示器库 ▦ 中的 HEX_DISPLAY 系列，选择 DCD_HEX。

⑥R1：基本元件库 ⌁ 中的 RESISTOR 系列，根据阻值需求选择元件。

⑦V1：电源库 ✚ 中的 SIGNAL_VOLTAGE_SOURCE 系列，选择 CLOCK_VOLTAGE。

⑧接地、VCC：电源库 ✚ 中的 POWER_SOURCES 系列，选择 GROUND 和 VCC。

2.4.2　连接电路

具体步骤参照本项目知识准备环节，此处不再赘述。

2.4.3　仿真电路

单击 ▦ 按钮进行电路仿真，若 U8 计数，则元件参数及连线无误；若 U8 无反应或计数有误，则对照图 2.1.1 进行相应修改。

2.4.4　保存电路并退出

执行"文件"→"保存"命令，将弹出保存文件对话框。修改文件名为"计数器与数码管显示器电路"，并保存在"C:\Documents and Settings\Administrator\桌面\作业"目录下。

执行"文件"→"退出"命令或单击软件右上角 ✖，退出操作环境。

2.5　实训练习

借助 Multisim 10 电路仿真软件，将图 2.2.16 所示的"直流稳压电源"虚线框中的环节替换为子电路形式。要求：

①子电路名称为 LOAD；

②合理布局、准确连线；

③将文件保存在"C:\Documents and Settings\Administrator\桌面\作业"目录下，命名为"直流稳压电源"。

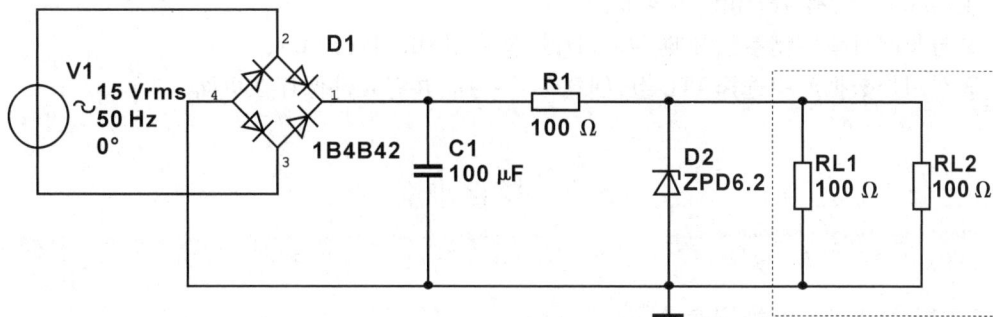

图 2.2.16　直流稳压电源

项目 **3**
仿真元件的设计

3.1　学习目标

3.1.1　最终目标

会在 Multisim 10 平台编辑与创建仿真元件。

3.1.2　促成目标

①会对已有元件进行编辑；
②会创建新的元器件；
③会删除元器件。

3.2　工作任务

借助 Multisim 10 电路仿真软件创建一个名为"74F00"的与非门。要求：
①74F00 中含有 4 个相同的与非门；
②与非门具体模型参数参照 74F00D，封装采用 DIP-14（STM）；
③在用户数据库中选择 TTL 组，创建 74F 系列，并将元件保存在里面。

3.3　知识准备

3.3.1　Multisim 10 数据库

在 Multisim 10 数据库管理器中可以对元器件进行编辑、复制、删除、导入等操作。执行

"工具"→"数据库"→"数据库管理..."命令进入数据库管理器,如图 2.3.1 所示。系统提供有三个放置元器件的数据库,分别为:

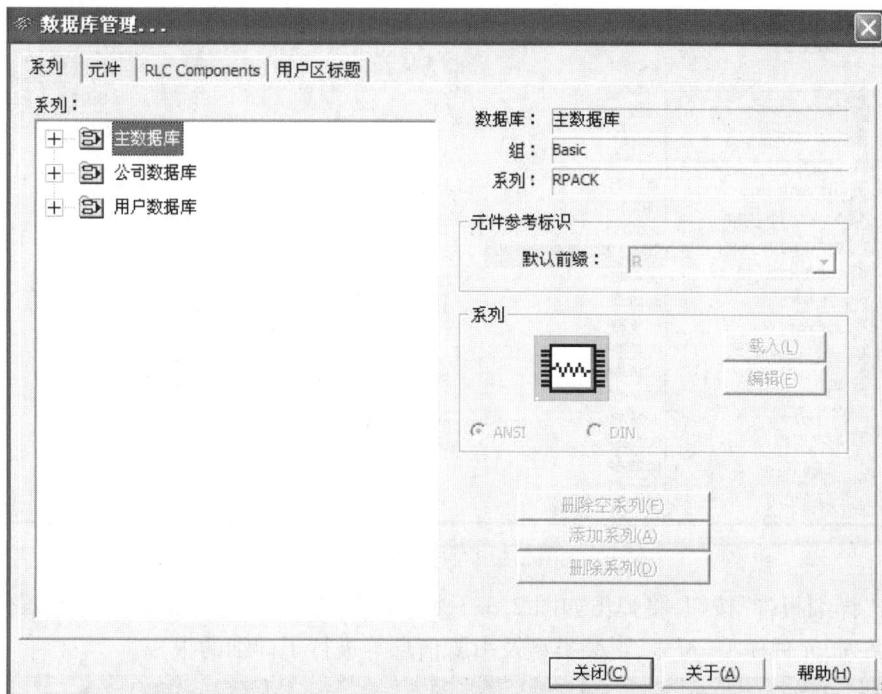

图 2.3.1 数据库管理器

(1)主数据库

主数据库用于存放元器件原始信息,包括创建原理图所需的符号、模型、元件封装形式和其他电气参数。

(2)用户数据库

用户数据库用于存放用户经常使用的元器件、用户自定义的元器件。未进行元器件设计时,用户数据库是空的。

(3)公司数据库

在网站上可以下载元器件库和升级软件包,也可以通过因特网访问公司主页,从公司主页中下载共享软件。一般将下载的元件库装入公司数据库中。

3.3.2 仿真元器件的编辑

Multisim 10 的元器件模型建立在 SPICE 模型的基础上,该模型参数可以从元器件浏览屏中查阅到,用户可以通过修改元器件参数创建新的元器件。

下面以修改三极管 2SC945 的 β 值和封装形式为例介绍元器件的编辑方法。

(1)元器件浏览屏介绍

在元件栏中单击三极管库 按钮,屏幕弹出元器件浏览屏,如图 2.3.2 所示。浏览屏左侧可以进行数据库、元件组(库)、元件系列以及元件型号的选择。在 BJT_NPN 系列中选择 2SC945。元器件浏览屏右侧显示了该元件的符号、封装、功能描述等。

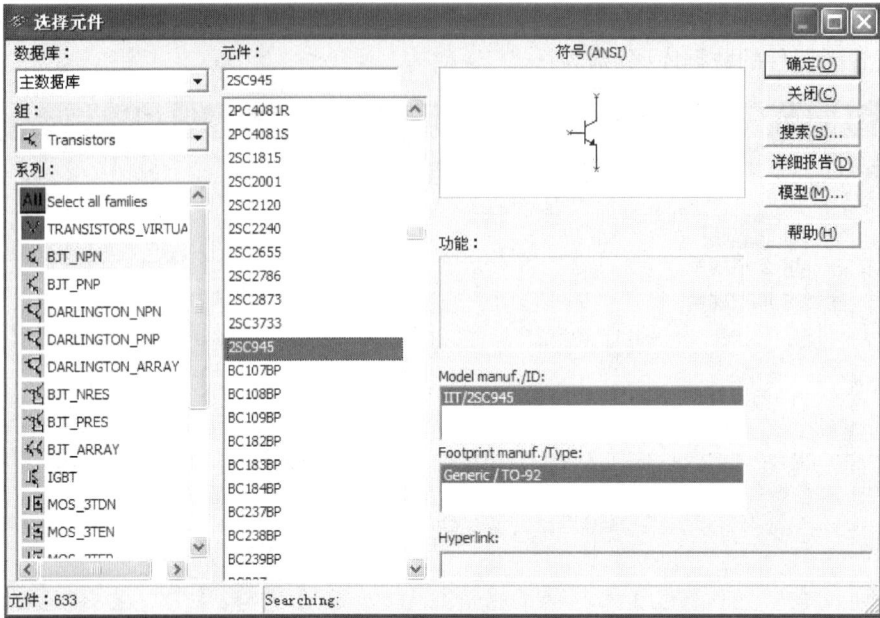

图 2.3.2　选择元器件

单击"详细报告"按钮,将弹出如图 2.3.3 所示的报告窗口,在该窗口中对元器件的所在组、所在系列、元件模型、符号、封装类型及引脚信息等进行了详细的报告。

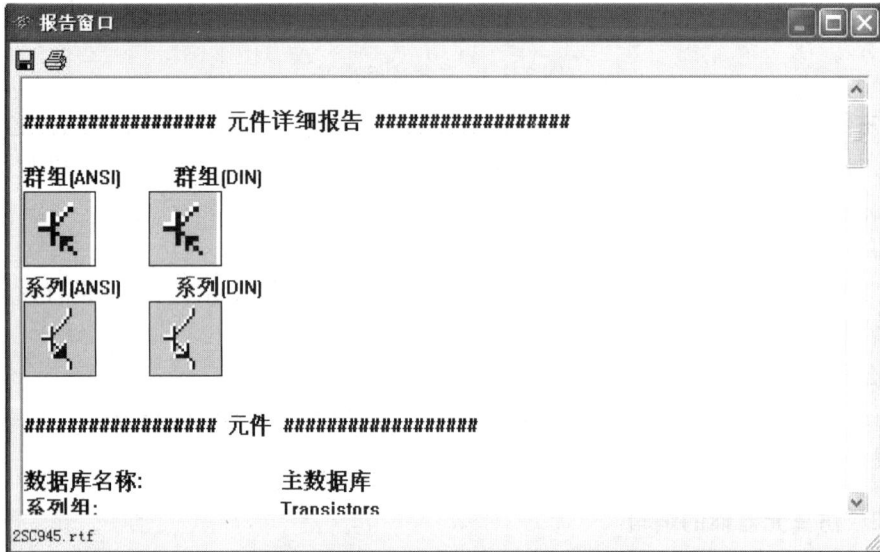

图 2.3.3　元器件详细报告窗口

单击"模型"按钮,将弹出"模型数据报告"窗口显示元件的具体参数。

(2) 编辑元器件

双击已放置的元器件 2SC945,弹出如图 2.3.4 所示的元器件特性对话框,在"参数"选项卡右下方有 4 个按钮可以对元器件的名称、符号、模型、封装等参数进行修改。

1)"编辑数据库中的元件"按钮

单击"编辑数据库中的元件"按钮,弹出"元件属性"对话框,如图 2.3.5 所示。该对话框

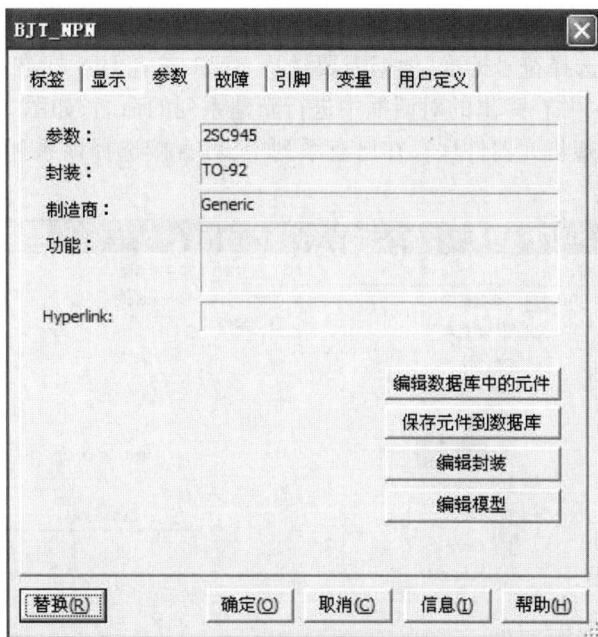

图 2.3.4 元器件特性

中有 7 个选项卡,可以分别对元件的名称、符号、模型、引脚参数、封装、电子参数等进行修改。修改符号、模型和封装等属性时,可以选择直接从数据库中复制已有参数,也可以根据实际情况自行编写。

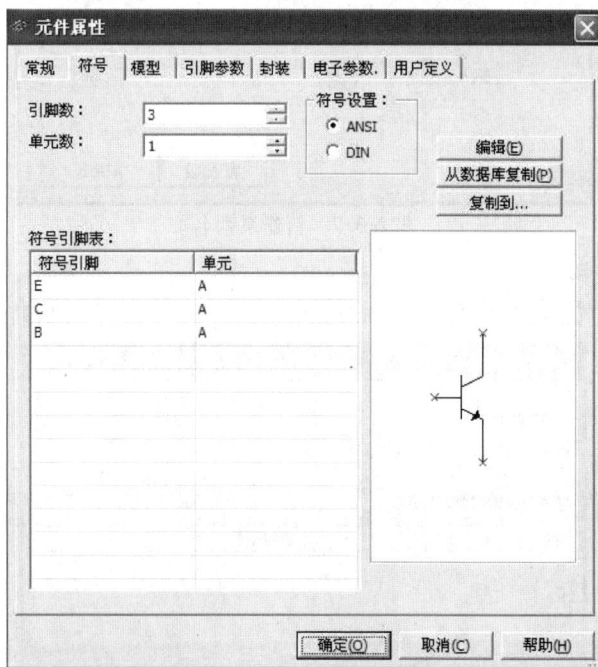

图 2.3.5 元件属性修改

2)"保存元件到数据库"按钮

单击"保存元件到数据库"按钮,弹出如图 2.3.6 所示对话框选择保存路径。系统默认提供"公司数据库"和"用户数据库"两个保存路径,选择"用户数据库"的 Transistors(三极管)组。对话框右边可以选择符号标准,根据需要选择 ANSI 或者 DIN 标准来进行保存。完成后单击"添加系列"按钮,并在弹出的对话框中进行新建系列的命名,如图 2.3.7 所示,新建名为"NPN"的系列。如果想将元器件保存在已有系列中,可直接选择该系列,单击"确定"按钮结束保存路径选择。

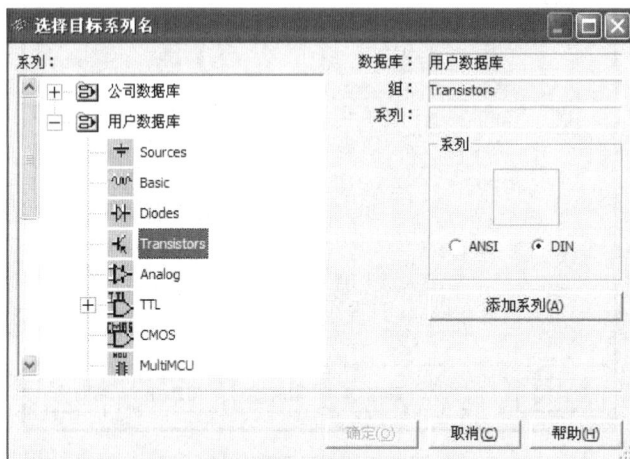

图 2.3.6　选择保存路径

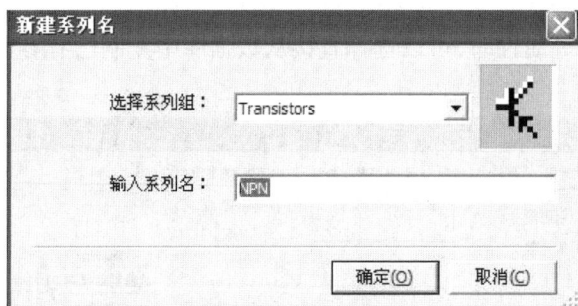

图 2.3.7　新建系列名

3)"编辑封装"按钮

单击"编辑封装"按钮,弹出如图 2.3.8 所示对话框。"符号与封装引脚对应表"中显示

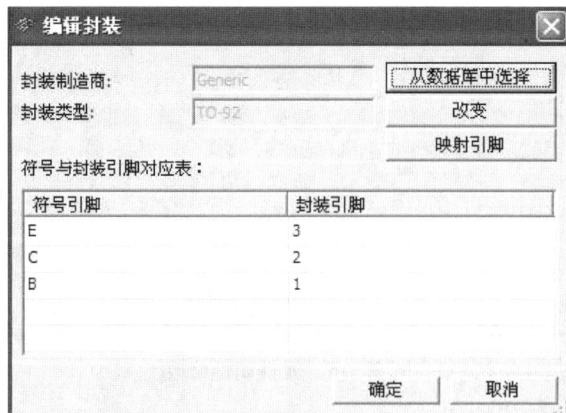

图 2.3.8　编辑元件封装

了元器件引脚名称和对应的管脚号,可以进行修改。在对话框右上角单击"从数据库中选择"按钮,将弹出"选择封装"对话框来进行封装的选择,如图 2.3.9 所示。

图 2.3.9　选择封装

4)"编辑模型"按钮

单击"编辑模型"按钮,弹出如图 2.3.10 所示"编辑模型"对话框。该对话框列出了 SPICE 模型参数,用户可根据需要直接进行修改。在这里将 BF 的参数值修改为 200,即可将 β 值修改为 200。修改完后对话框下方出现警告,提示原始模型已经被修改。

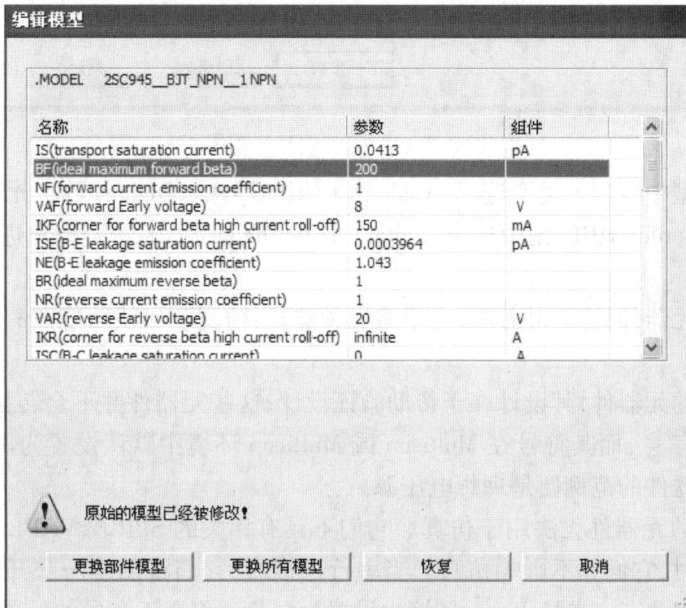

图 2.3.10　编辑元器件模型

单击"更换部件模型"按钮,参数的变更将只涉及所选择的单个元器件;单击"更换所有模型"按钮,可对原理图中所有相同型号的元器件模型参数进行全局修改。在原理图中,修改后的元器件型号后面会带"＊"号,以提示用户该元器件模型参数被修改过。

3.3.3　仿真元件的创建

编辑元器件是修改已存在的元器件参数,而创建元器件则是建立新的元器件。

Multisim 10 提供元器件创建向导,用于创建自定义元器件,它可以引导用户完成创建一个新元器件所需要的所有步骤。元器件细节包括符号、可选管脚、模型和管封装信息等因素。下面以创建图 2.3.1 所示型号为 74F00 的与非门为例来介绍具体操作方法。

（1）输入元器件信息

①执行"工具"→"元件向导"命令,启动元器件创建向导,如图 2.3.11 所示。通过这一窗口,输入初始元器件信息,例如元件名称、创建者姓名。

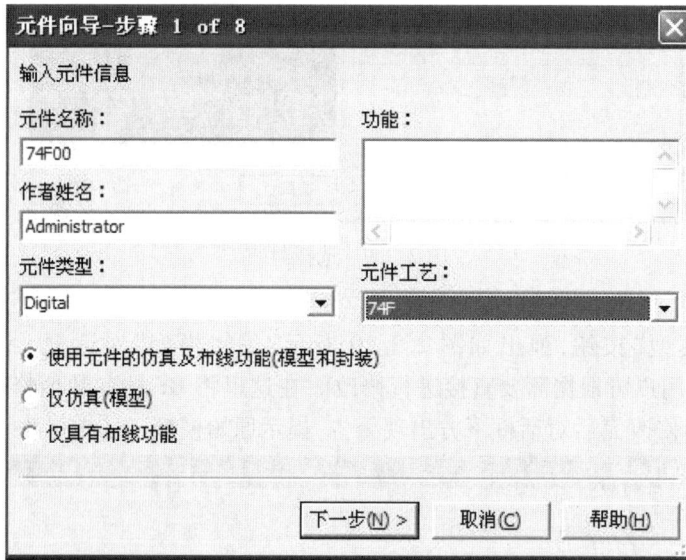

图 2.3.11　元件向导步骤 1

②在元件类型中有四种类型选择:Analog（模拟元器件）、Digital（数字元器件）、VHDL（硬件设计语言）和 Verilog HDL,图中选中 Digital。选中 Digital 后,系统会要求进行元件工艺的选择,可选择 74F。

③最后选择元器件类型和用途。这里有三种选择:仿真和布线功能兼有,仅仿真,仅用于布线。

仅用于仿真的元器件,其设计在于帮助验证设计,这些元器件并不会转换为电路板布局。它们不具有封装信息,而其符号在 Multisim 或 Multicap 环境中默认设置为黑色以方便识别。仅用于仿真的元器件的范例便是理想电压源。

仅用于布局的元器件无法用于仿真。它们不具有相关的 SPICE、VHDL 或行为模型。当与电路并行连接时,它们并不影响仿真。当串行连接时,它们将创建一个开环电路。仅用于布局的元器件在 Multisim 或 Multicap 环境中设置为绿色。仅用于布局的元器件的范例便是连接器。

（2）选择封装与元器件配置

在元件向导步骤2对话框中，可以对元器件封装信息进行编辑，如图2.3.12所示。

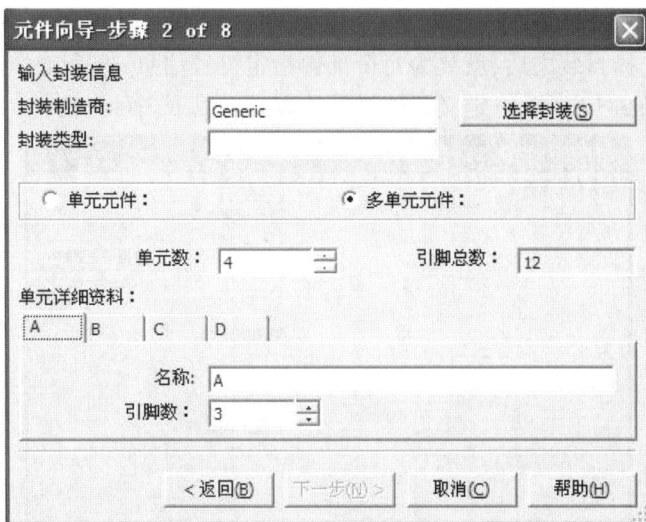

图2.3.12 元件向导步骤2

①在"输入封装信息"区域单击 选择封装(S) 按钮，弹出图2.3.13所示窗口，进行元器件封装的选择。在主数据库下找到DIP14（SMT）封装形式，单击"选择"按钮结束封装的选择。如果知道封装的名称，也可以在封装类型栏内直接输入该名称。

图2.3.13 选择封装

注意：在创建一个仅用于仿真的元器件时，封装信息栏被设置成灰色。

②定义元器件各部件的名称及其管脚数目。此例中，该元器件包括4个相同的与非门，选择"多单元元件"单选框，并在"单元数"一栏选择4，此刻"单元详细资料"区域会自动生成A、B、C、D四个部件，将每个部件的引脚数选择3，引脚总数一栏的数据会自动变为12。完成时单击"下一步"按钮。

注意:在创建多部件元器件时,管脚的数目必须与将用于该部件符号的管脚数目相匹配,
而不是与封装的管脚数目相匹配。

(3)选择或编辑元器件符号

在定义部件、选择封装之后,就要为每个部件指定符号信息,这个工作可以在元件向导步
骤 3 中完成,如图 2.3.14 所示。定义元件符号的方式有以下 3 种方法。

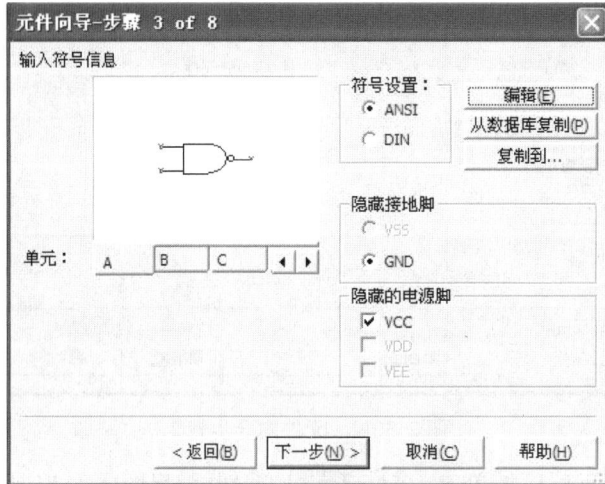

图 2.3.14　元件向导步骤 3

1)通过符号编辑器手动绘制

在元件向导步骤 3 对话框右上角单击"编辑"按钮,启动符号编辑器即可对元器件符号进
行绘制。元件符号的绘制主要包括图形的绘制和管脚的定义,如图 2.3.15 所示。

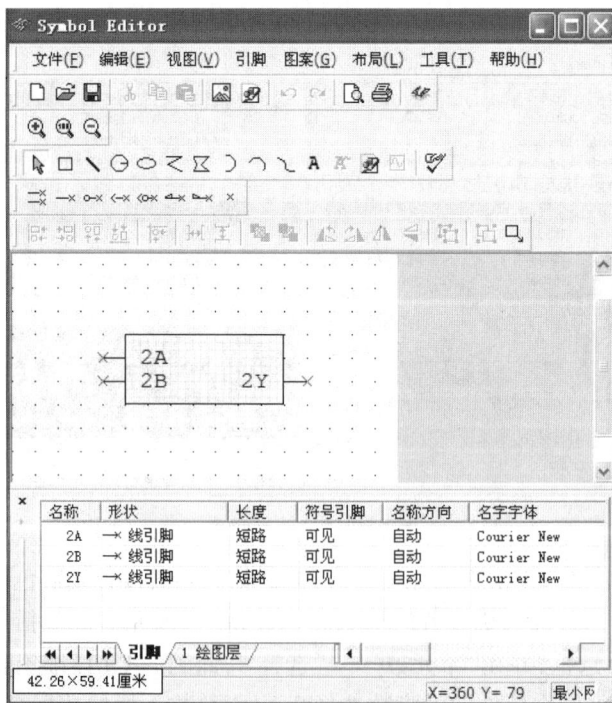

图 2.3.15　符号编辑器界面

2）从数据库中选择

在元件向导步骤 3 对话框右上角单击"从数据库复制"按钮,可以拷贝已有符号。此例中,从主数据库 TTL 元件库找到 74F 系列中的 74F00D 元件进行符号复制即可。

在创建自定义部件时,为缩短开发时间,建议在可能的情况下从数据库中拷贝现有符号,也可以将符号文件加载到符号编辑器中进行修改。

3）将已经制作好的符号复制到其他的部件中由于元件中的 B、C、D 部件符号与 A 部件符号完全一样,这里不需要重复绘制编辑,可以将 A 的符号复制到 B、C、D 中去。可单击"复制到…"按钮,在弹出的窗口中选择需要进行复制的部件即可,如图 2.3.16 所示。

注意:符号分为 ANSI 和 DIN 两种标准,进行复制时不要弄混淆。

（4）设置管脚参数

元器件的所有管脚在元件向导步骤 4 对话框中列出,这里可以对符号引脚的类型进行定义,如图 2.3.17 所示。Multisim 在运行电气规则校验时会使用管脚参数。在为数字元器件选择正确的管脚驱动器时,同样需要管脚参数。

图 2.3.16　选择复制目标

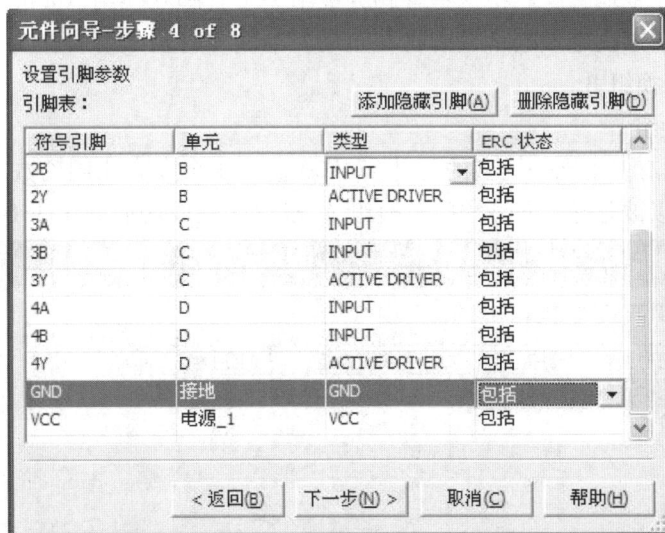

图 2.3.17　元件向导步骤 4

单击"添加隐藏管脚"按钮,可以给元器件添加隐藏管脚;单击"删除隐藏管脚"按钮,可以删除已经添加过的隐藏管脚。所谓隐藏管脚,是指那些不出现在符号中但可以被模型或封装使用的管脚。本例中添加了 GND 和 VCC 两个隐藏管脚。

（5）将符号管脚映射至封装管脚

在步骤 5 中完成可视符号管脚和隐藏管脚与 PCB 封装间的映射。需要修改的参数有封装引脚、引脚交换组和门交换组。

1)修改元器件封装引脚

根据 PCB 封装实际情况在"封装引脚"列中修改引脚号。修改完毕后,单击"映射引脚"按钮,弹出"高级引脚映射"窗口,如图 2.3.18 所示。检查无误后,单击"确定"按钮完成引脚的映射。

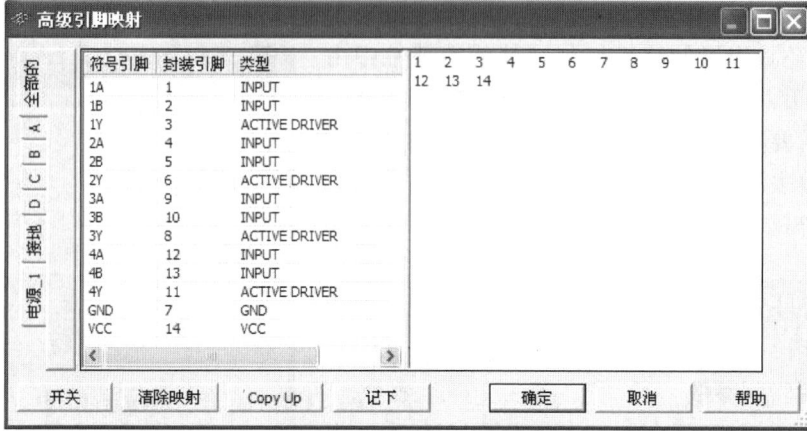

图 2.3.18　引脚的映射

2)设置引脚交换组

属于同一个管脚互换组的管脚可以在电路板布局中被自动互换,以最大化布线效率。通常,芯片会具备几个接地管脚。将这些管脚分配给一个管脚互换组,Ultiboard PCB 布局工具将给网络表做注解,以改进该电路板的物理布局。本例中将输入管脚作为引脚互换组 A,输出管脚作为引脚互换组 B。

3)设置门交换组

一些芯片会具有多个同一类型的元件(74F00 包含 4 个完全相同的数字与非门)。为改进布线,这些门可以被分配至同一个门互换组 A,步骤 5 完成后如图 2.3.19 所示。如果元器

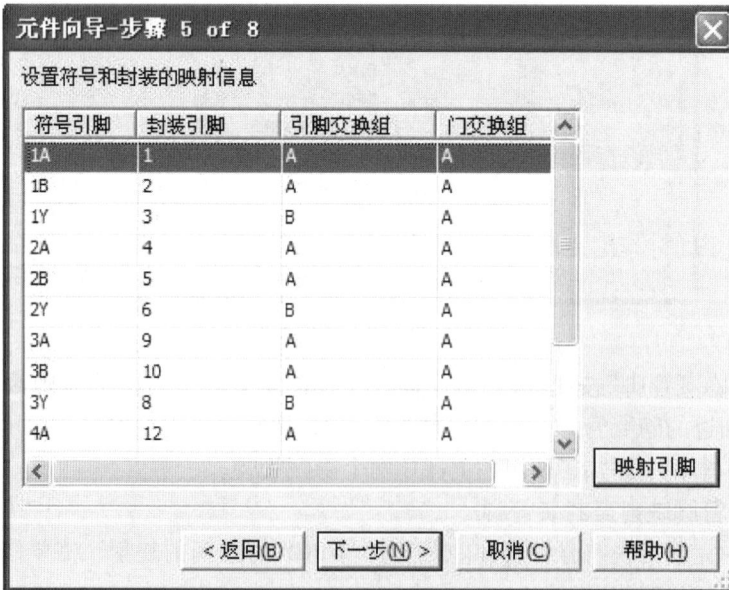

图 2.3.19　元件向导步骤 5

件 PCB 封装中没有两个管脚是重复的,也没有两个完全相同的门,管脚与门的互换信息保持空白即可。

(6)选择仿真模型

在创建一个用于仿真的元器件时,必须提供每个部件的仿真模型。元件仿真模型的设置可以在元件向导步骤 6 中完成,如图 2.3.20 所示。获取或创建新的模型可以利用以下四种方式:

1)从制造商网站或其他来源下载一个 SPICE 模型

在图 2.3.20 中单击"从文件加载"按钮,可以选择加载从网站或其他来源下载过的模型。

2)手动创建一个支电路或原始模型

在图 2.3.20 中"模型数据"区域手动填写元器件模型数据。

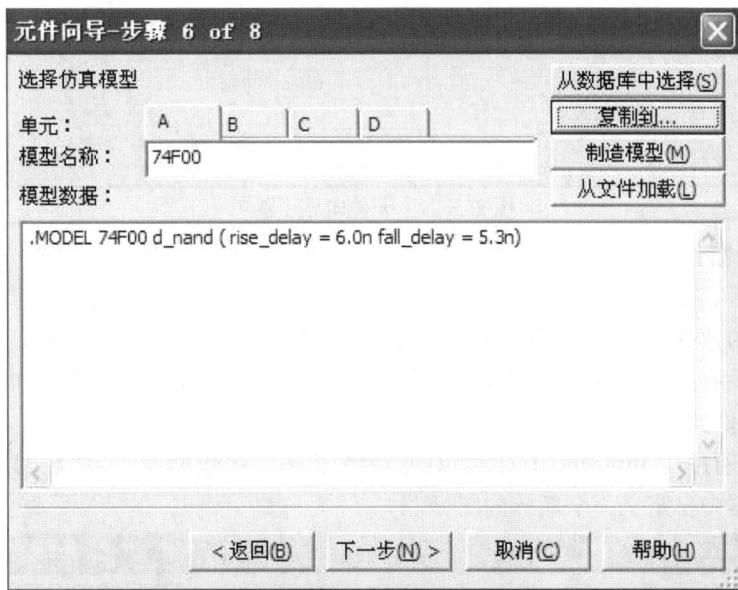

图 2.3.20　元件向导步骤 6

3)使用 Multisim 模型制造器

Multisim 提供了模型制造器(Model Maker),可以根据其产品手册数据值为若干种类的元器件创建 SPICE 模型。模型制造器可用于运算放大器、双极型晶体管、二极管以及许多其他元器件。单击"制造模型"按钮,在弹出的模型列表中选择相应的模型种类,填写具体参数即可。

4)对现有模型进行编辑

单击"从数据库中选择"按钮,导入相似的元件模型,根据需要进行修改即可,这种方式更加快捷有效。本例中 A 部件可直接导入 74F00D 元件模型,完成后单击"复制到..."按钮,将模型参数复制到 B、C、D 三个部件。

注意:创建一个仅用于布局的部件时,无须完成步骤 6 和步骤 7。

(7)将符号管脚映射至模型管脚

为确保 Multisim 可以正确仿真该元器件,必须将符号管脚映射至 SPICE 模型节点。可以在元件向导步骤 7 中进行这一操作,如图 2.3.21 所示。

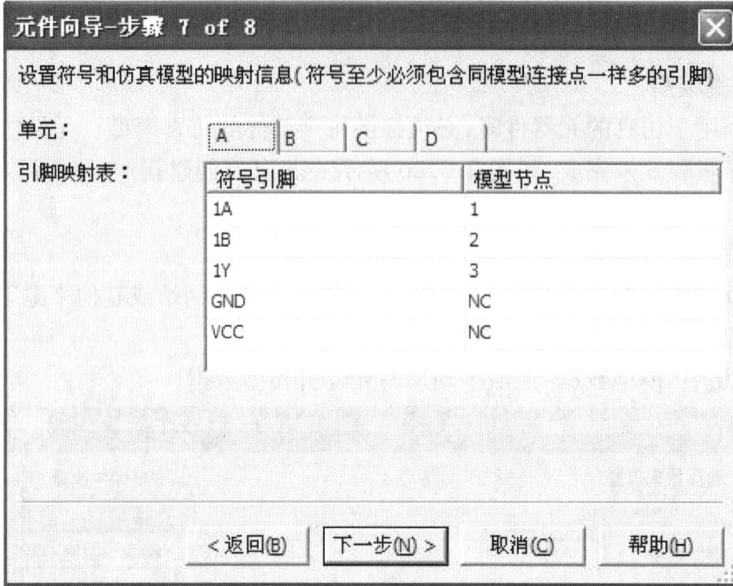

图 2.3.21 元件向导步骤 7

(8) 保存元器件

一旦完成所有前述步骤,可将元器件保存在用户数据库中。在元件向导步骤 8 中选择希望保存元器件的数据库、组和系列,将新建的元器件保存在里面,如图 2.3.22 所示。如果所选择的组当前没有系列,可以通过单击"选择添加"按钮来创建一个新的系列。单击"完成"按钮,结束元器件的创建。

注意:可以通过从 Multisim 10 主菜单中选择"工具"→"数据库"→"数据库管理"命令,在数据库管理器中自定义一个新族的图标。

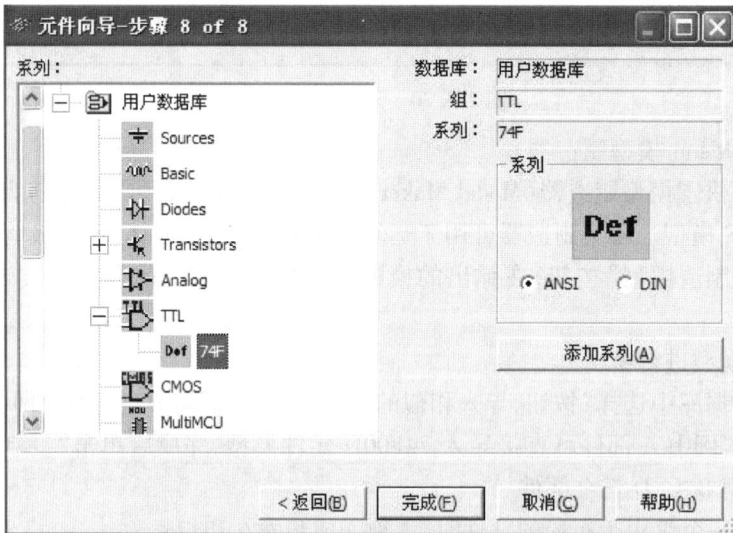

图 2.3.22 元件向导步骤 8

3.4 任务实施

3.4.1 元件向导步骤 1

执行"工具"→"元件向导"命令,进入元件向导步骤 1 界面。在"输入元件信息"栏输入 74F00,在"作者姓名"栏输入自己的姓名,元件类型选择"Digital",并选择元件既可用于仿真 也可进行布线。

3.4.2 元件向导步骤 2

单击"选择封装"按钮,将封装形式选为 DIP14(SMT)。任务要求 74F00 由 4 个相同的与 非门构成,因此选择"多单元元件","单元数"为 4,每个单元引脚数为 3。

3.4.3 元件向导步骤 3

单击"从数据库复制"按钮,将主数据库中 74F00D 元件符号复制到 A 部件。再单击"复 制到…"按钮,将 A 部件符号复制到 B、C、D 部件中。复制时,注意区别 ANSI 和 DIN 符号 标准。

3.4.4 元件向导步骤 4

按照表 2.3.1 数据,在"类型"列中设置引脚类型。单击"添加隐藏引脚"按钮,添加 GND 和 VCC 两个隐藏引脚。

表 2.3.1 74F00 引脚参数

符号引脚	单 元	类 型
1A	A	INPUT
1B	A	INPUT
1Y	A	ACTIVE DRIVER
2A	B	INPUT
2B	B	INPUT
2Y	B	ACTIVE DRIVER
3A	C	INPUT
3B	C	INPUT
3Y	C	ACTIVE DRIVER
4A	D	INPUT
4B	D	INPUT
4Y	D	ACTIVE DRIVER
GND	接地	GND
VCC	电源_1	VCC

3.4.5　元件向导步骤 5

按照表 2.3.2 的数据,先进行元件封装引脚号的设置,并单击"映射引脚"按钮,完成符号与封装间的映射,再进行引脚交换组和门交换组的设置。

表 2.3.2　74F00 引脚交换组和门交换组

符号引脚	封装引脚	引脚交换组	门交换组
1A	1	A	A
1B	2	A	A
1Y	3	B	A
2A	4	A	A
2B	5	A	A
2Y	6	B	A
3A	9	A	A
3B	10	A	A
3Y	8	B	A
4A	12	A	A
4B	13	A	A
4Y	11	B	A
GND	7		
VCC	14		

3.4.6　元件向导步骤 5

单击"从数据库中选择"按钮,将主数据库中 74F00D 元件的模型数据复制到 A 部件中。再单击"复制到..."按钮,将数据复制到 B、C、D 部件中。

3.4.7　元件向导步骤 7

步骤 7 是将符号和仿真模型进行映射,此处参数采用默认即可。

3.4.8　元件向导步骤 8

单击用户数据库,选中 TTL 组,单击"添加系列"按钮,在"输入系列名"一栏中填写 74F,单击"确定"按钮完成 74F 系列的添加,并将元器件保存在里面。单击"完成"按钮结束元器件创建。

3.5 实训练习

借助 Multisim 10 电路仿真软件创建一个一个型号为"9108"的三极管。要求：

①三极管 β 值为 150，其他参数复制元器件 2N2222A；

②封装采用 TO-92；

③在用户数据库中选择 Transistors 组，创建 NPN 系列，并将元件保存在里面。

第 **3** 篇
Multisim 10 虚拟仪器仪表使用与电路仿真分析

学习目标

最终目标：

　　会使用 Multisim 10 软件进行电路仿真及分析。

促成目标：

- 会调用与使用 Multisim 10 虚拟仪器仪表，并会设置虚拟仪器仪表的相关属性参数；
- 能灵活使用 Multisim 10 虚拟仪器仪表进行电工电子技术相关电路的仿真与分析；
- 会用 Multisim 10 电路仿真软件对所设计的电路进行静态仿真分析，并对电路进行参数调整；
- 会用 Multisim 10 电路仿真软件对所设计的电路进行动态仿真分析，并对电路进行参数调整。

项目 **1**
Multisim 10 虚拟仪器仪表在电工技术中的应用

1.1 学习目标

1.1.1 最终目标

能用虚拟仪器仪表对电工技术相关电路进行仿真。

1.1.2 促成目标：

①会正确调用电压表、电流表、数字万用表、函数信号发生器、瓦特表、示波器、频率计、波特图仪、测量探针及电流探针等虚拟仪器仪表；

②会正确设置虚拟仪器仪表的相关参数并对电路进行仿真。

1.2 工作任务

①利用虚拟仪器仪表进行基尔霍夫定律的验证及电路元件功率的测定；

②利用虚拟仪器仪表进行 RLC 串联交流电路的阻抗仿真。

1.3 知识准备

Multisim 10 提供了 20 多种虚拟仪表和虚拟仪器。虚拟仪表存放在指示器元件库(Indicators)中,分别是:电压表和电流表。虚拟仪器存放在仪器库(Instruments)中,分别是:数字万用表(Multimeter)、函数信号发生器(Function Generator)、瓦特表(Wattmeter)、双踪示波器(Oscilloscope)、四通道示波器(Oscilloscope)、波特图仪(Bode Plotter)、频率计(FreqCounter)、字信号发生器(Word Generator)、逻辑分析仪(Logic Analyzer)、逻辑转换仪(Logic Converter)、

伏安特性分析仪(IV Analyzer)、失真分析仪(Distortion Analyzer)、频谱分析仪(Spectrum Analyzer)、网络分析仪(Network Analyzer)、安捷伦万用表(Agilent Multimeter)、安捷伦函数信号发生器(Agilent Function Generator)、安捷伦示波器(Agilent Oscilloscope)、泰克示波器(Tektronix Oscilloscope)、探针(Measurement Probe)、Lab‑VIEW仪器(Lab‑VIEW Instruments)、电流探针(Current Probe)等。这些仪器既有实验室中常见的一些常见仪器,也包括一些非常昂贵的仪器及部分仪器生产厂商的高仿仪器,可用于电工、模拟、数字以及射频等电路的测试。

在Multisim 10里,虚拟仪器与实际仪器的操作方式非常相似,而且允许在同一个仿真电路调用多台相同仪器,这使Multisim 10可以模拟一个功能强大的超级实验室。

尽管虚假仪器的基本操作与现实仪器非常相似,但毕竟存在着一些区别,为了使读者更好地使用这些虚拟仪器,下面将陆续介绍各种虚拟仪器的使用方法。

1.3.1　仪器仪表的基本操作

(1)仪器的选用与连接

1)选用仪器的方法

一种是在系统菜单中的仿真项中的仪器里选择所需的仪器,然后将仪器移动到所需位置,再单击鼠标左键即可。

另一种是直接单击工具栏中的仪器按钮,在设计主窗口的左边出现仪器仪表的图标,单击所选仪器的图标,然后将仪器移动到所需位置,再单击鼠标左键即可。

2)仪器的连接

仪器图标的连接端用于将仪器连入电路。将鼠标移动到仪器上并按住鼠标的左键拖动图标,可移动仪器。当不使用仪器时,可以将仪器删除,与该仪器连接的导线将自动消失。连接时应注意各种仪器的正确使用。

(2)仪器面板操作与参数设置

双击仪器图标,即可打开仪器的属性面板,在仪表的属性面板上可进行参数设置,并可以看到仪器各连接端的功能说明。

(3)仪表的使用

Multisim 10的指示器件库中提供了电流表和电流表两种仪表。该仪表为自动转换量程、交直流两用的5位数字表,在电路图中使用不受数量限制。

1.3.2　电压表

(1)电压表的调用和图标

选用电压表可以单击器件工具栏中 ▦ 按钮,打开选择元件窗口,如图3.1.1所示,然后单击"VOLTMETER"项即可从"元件"窗口中选择出上、下、左、右4种电压元件连接的图标。电压表图标如图3.1.2所示。

(2)电压表的设置

电压表使用前,应对其内阻以及被测量电压的交直流模式进行设置。双击调入工作区的电压表图标,打开该电压表的属性对话框,如图3.1.3所示。

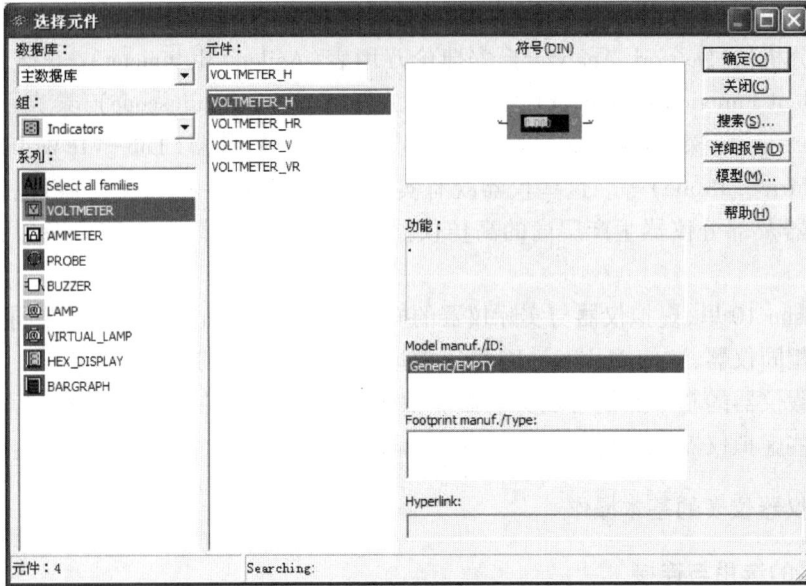

图 3.1.1 "选择元件"窗口

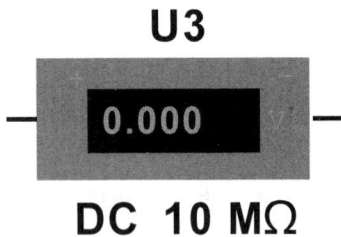

图 3.1.2 电压表图标

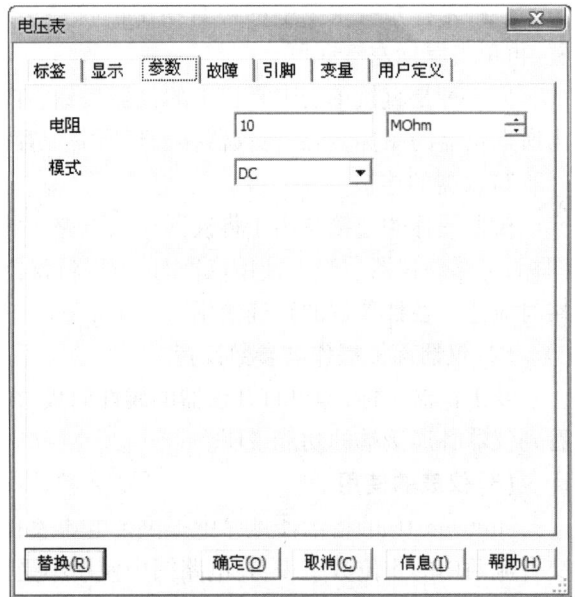

图 3.1.3 电压表属性对话框

①标号标签(Label):用于设置电压表在图中的参考编号、标号。

②参数标称值标签(Value):用于设置内阻和测量电压的交直流模式。

③其他标签:对话框中其他 5 个标签选项卡是对电压表的显示方式、故障模拟和引脚形式等进行设置,一般采用默认值即可。

(3)电压表的连接

电压表的两个接线端应并联接入被测支路的两端,并注意正负极。测量直流电压实例如图 3.1.4 所示。

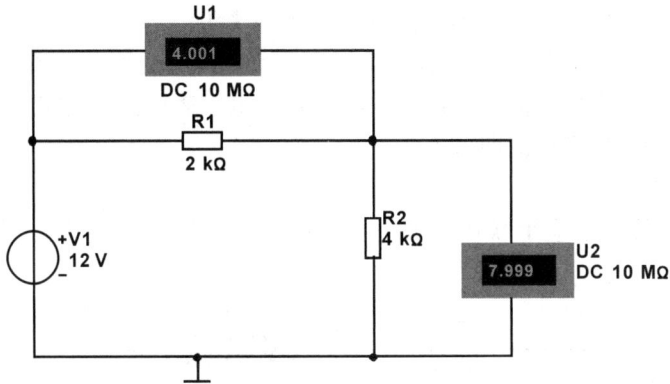

图 3.1.4　测量直流电压实例

1.3.3　电流表

(1)电流表的调用和图标

选用电流表可以单击器件工具栏中 图 按钮,打开选择元件窗口,如图 3.1.1 所示,然后单击"AMMETER"项即可从"元件"窗口中选择出上、下、左、右 4 种电流元件连接的图标。电流表图标如图 3.1.5 所示。

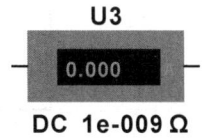

图 3.1.5　电流表图标

(2)电流表的设置

电流表使用前,应对其内阻以及被测量电流的交直流模式进行设置。双击调入工作区的电流表图标,打开该电流表的属性对话框,如图 3.1.6 所示。

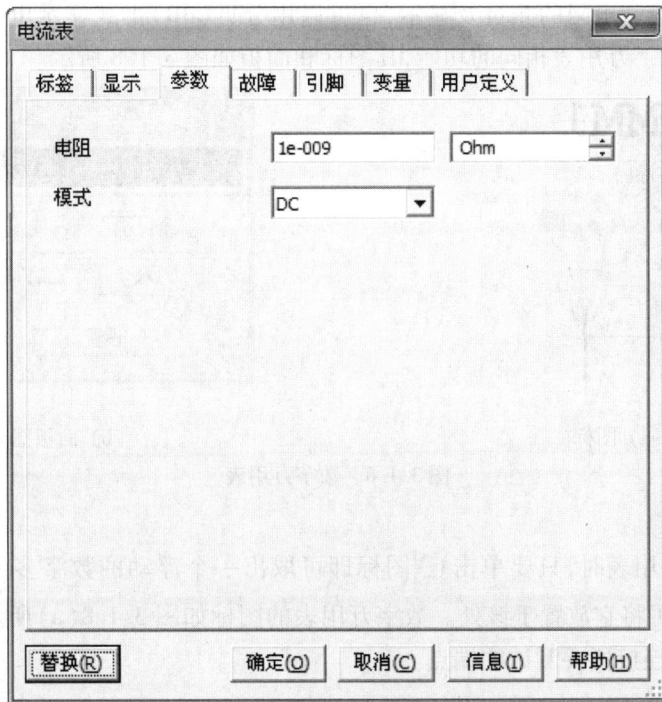

图 3.1.6　电流表的属性对话框

①标号标签(Label):用于设置电流表在图中的参考编号、标号。

②参数标称值标签(Value):用于设置内阻和测量电流的交直流模式。

③其他标签:对话框中其他 5 个标签选项卡是对电流表的显示方式、故障模拟和引脚形式等进行设置,一般采用默认值即可。

(3)电流表的连接

电流表的两个接线端应串联接入被测支路中,并注意正负极。测量直流电流实例如图3.1.7 所示。

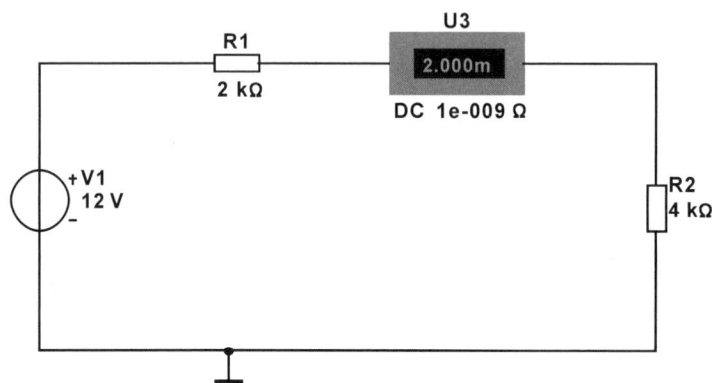

图 3.1.7　测量直流电流实例

1.3.4　数字万用表

数字万用表(Multimeter)是一种多用途的常用仪器。Multisim 10 提供的数字多用表能完成交直流电压、电流和电阻的测量及显示,也可以用分贝(dB)形式显示电压和电流,具有与实验室里使用的数字万用表相同的功能,其图标和面板如图 3.1.8 所示。

(a) 图标　　　　　　　　　　　　　　　　(b) 面板图

图 3.1.8　数字万用表

(1)连接

要调用数字多用表时,只要单击 图标即可取出一个浮动的数字多用表,移至目的地后,按鼠标左键即可将它放于该处。数字万用表的图标如图 3.1.8(a)所示,其中符号上的+、-两个端子用来连接所要测试的端点。

(2)面板操作

在使用数字多用表之前,需要双击图标符号开启如图 3.1.8(b)所示数字多用表面板进行设定,单击面板上的各按钮可进行相应的操作或设置。

① A 按钮:测量电流;

② V 按钮:测量电压;

③ Ω 按钮:测量电阻;

④ dB 按钮:测量分贝值(dB)。

⑤ ∿ 按钮:测量交流,而其测量值是有效值(RMS)。

⑥ — 按钮:测量直流,如用以测量交流,则其测量所得的值是其交流的平均值。

⑦ 设置... 按钮:对数字万用表内部的参数进行设置,单击其按钮,将出现如图3.1.9
所示的对话框。

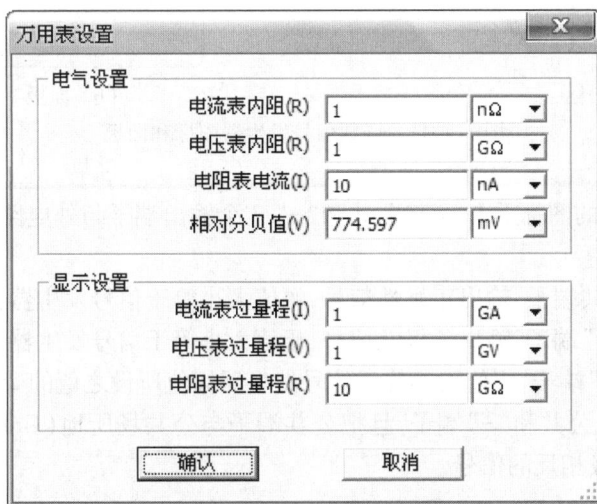

图3.1.9 数字万用表参数设置

图3.1.9主要包括电气设置与显示设置两部分。

a."电流表内阻(R)"(Ammeter resistance):用于设置与电流表并联的内阻,其大小影响电
流的测量精度。

b."电压表内阻(R)"(Voltmeter resistance):用于设置与电流表串联的内阻,其大小影响
电压的测量精度。

c."电流表电流(I)"(Ohmmeter current):是指用欧姆表测量时,流过欧姆表的电流。

例:用万用表电压挡测量图3.1.10所示电路的分压值。

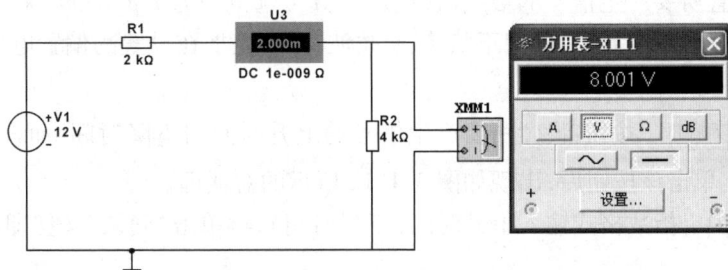

图3.1.10 万用表电压挡测量电路的分压值

1.3.5　函数信号发生器

函数信号发生器(Function Generator)是电子实验室最常用的测试信号源,可以产生正弦波、方波和三角波信号。其图标和面板如图 3.1.11 所示。

XFG1

（a）图标　　　　　　　　　　　　　　　（b）面板

图 3.1.11　函数信号发生器图标和面板

（1）连接

函数信号发生器的图标上有"+"、公共和"−" 3 个输出端子与外电路相连输出电压信号,其连接规则是:

①使用"+"和公共端子,输出正极性信号,幅值大小等于信号发生器幅值所设之值。

②使用公共和"−"端子,输出负极性信号,幅值大小等于信号发生器幅值所设之值。

③使用"+"和"−"端子,幅值大小等于信号发生器幅值所设之值的 2 倍。

④同时使用"+"、公共和"−"端子,且把公共端子与公共场所地(Ground)符号相连,则输出两个幅度相等、性极相反的信号。

（2）面板操作

在面板上的两个区可进行输出电压信号的波形类型、幅值大小、占空比或偏置电压等多项设置。

①波形区:3 个按钮 、 、 分别提供正弦波、三角波和方波三种周期性输出信号的选择。

②信号选项区:对波形区中选取的信号进行相关参数设置。

③频率:设置输出电压信号的频率,范围为 1 Hz~999 MHz。

④占空比:设置输出电压信号的占空比,设定范围为 1%~99%。

⑤振幅:设置所要产生信号的最大值(电压),其可选范围为 1 μV~999 kV。

⑥偏移:设置偏置电压值,即把正弦波、三角波、方波叠加在设置的偏置电压上输出,其可选范围为 1 μV~999 kV。

⑦ 设置上升/下降时间 按钮:设置所要产生信号的上升时间与下降时间,而该按钮只有在产生方波时有效。单击该按钮后,出现如图 3.1.12 所示的对话框。

此时,在栏中以指数格式输入上升时间(下降时间),再单击"确认"按钮即可。

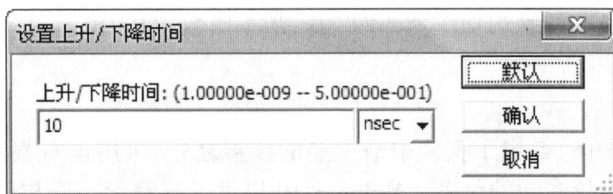

图 3.1.12　"设置上升/下降时间"对话框

1.3.6　瓦特表

瓦特表(Wattmeter)是一种测试交、直流电路功率及功率因素的仪器,其图标和仪器面板如图3.1.13所示。

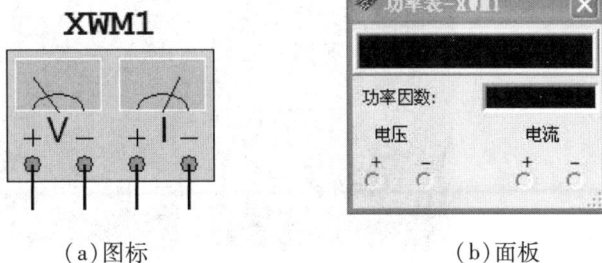

（a)图标　　　　　　　　　（b)面板

图 3.1.13　瓦特表的图标和仪器面板

(1)连接

该图标中有两组端子,Voltage 电压两个端子为电压输入端子,与所要测试电路并联;Current 电流两个端子为电流输入端子,与所要测试电路串联。

(2)面板操作

①所测得的功率将显示在最上面的栏内,该功率是平均功率,单位自动调整。

②功率因数栏内将显示功率因数,数值为0~1。

例:用瓦特表测量如图3.1.14所示电路的功率及功率因数。

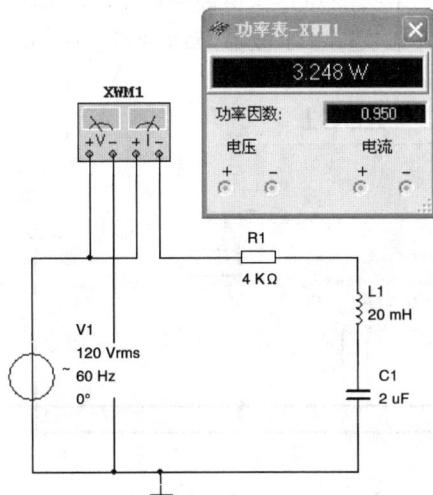

图 3.1.14　瓦特表测量交流电路负载功率及功率因数

测量结果显示：负载的平均功率为 3.248 W，功率因数为 0.950。

1.3.7　示波器

示波器(Oscilloscope)是电子实验中最主要的仪器之一，可用来观察信号波形，并可测量信号幅度、频率及周期等参数的仪器。Multisim 10 提供了双踪示波器与四通道示波器两种类型的虚拟示波器。

(1) 双踪示波器

双踪示波器的图标和面板如图 3.1.15 所示。

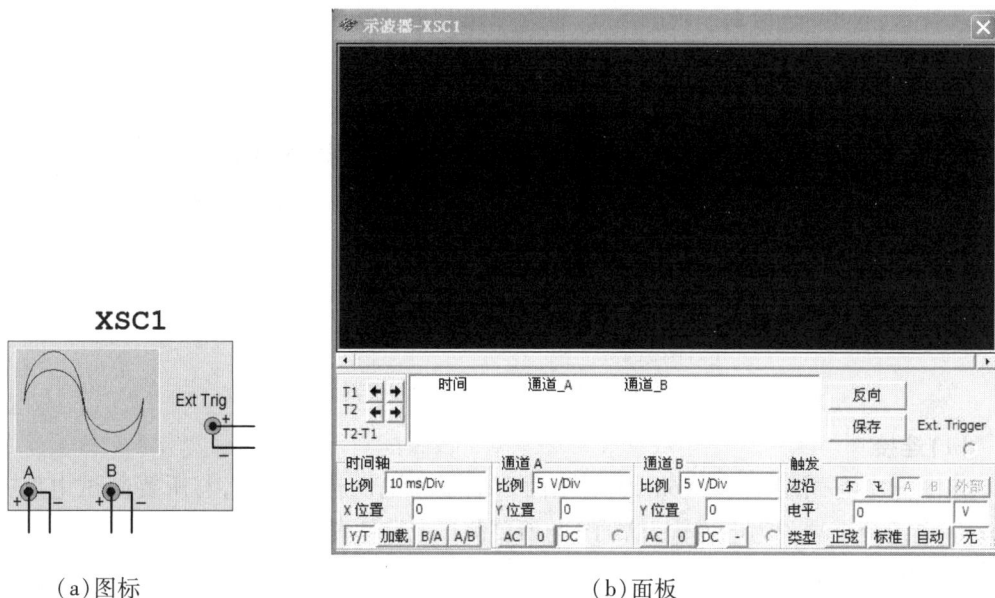

（a）图标　　　　　　　　　　　　　　　（b）面板

图 3.1.15　双踪示波器的图标和面板

1）连接

Multisim 10 中提供的是一个功能和各项指标均高于真实示波器的双踪示波器，它有 A、B 两个通道，Ext Trig 是接地与外触发端。示波器与信号源连接如图 3.1.16 所示。

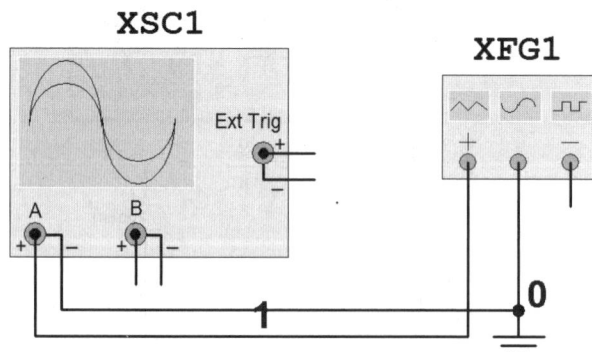

图 3.1.16　示波器与信号源连接实例

2）面板操作

示波器面板如图 3.1.17 所示，其操作如下：

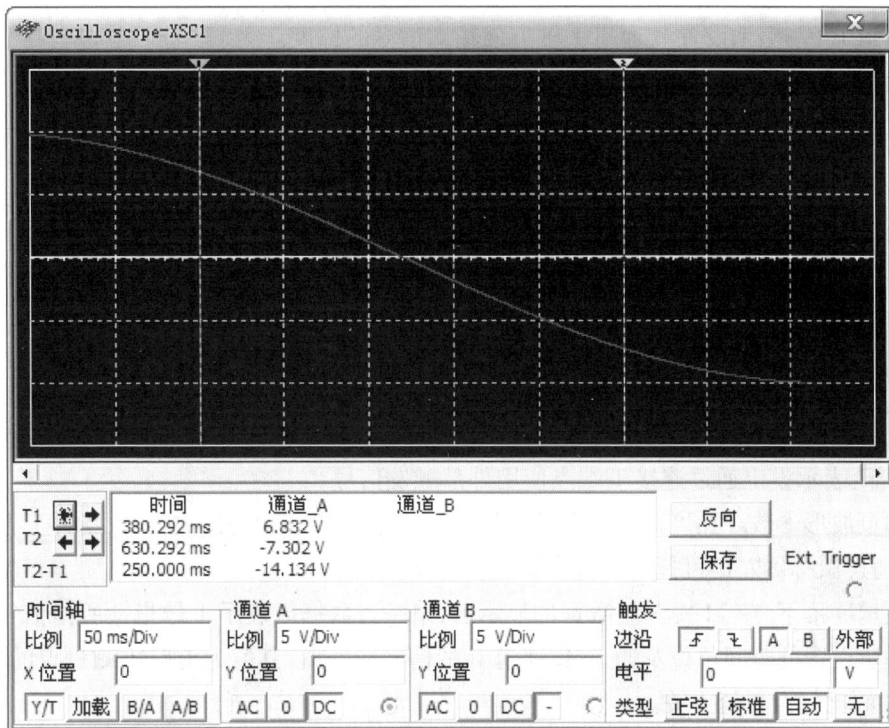

图 3.1.17 示波器面板属性设置

①时间轴区：时间轴区用来设置 X 轴方向时间基线扫描时间。

a.比例：设置 X 轴方向每一个刻度代表的时间。单击该栏后可调节该值。

b.X 位置：设置显示 X 轴方向时间基线的起始位置。

c. Y/T ：选中表示 X 轴方向显示时间基线，Y 轴方向显示 A、B 通道的输入信号，并按设置时间进行扫描。

d. Add ：选中表示 X 轴按设置时间进行扫描，而 Y 轴方向显示 A、B 通道的输入信号之和。

e. B/A ：选中表示将 A 通道信号作为 X 轴扫描信号，将 B 通道信号为 Y 轴扫描信号。

f. A/B ：选中表示将 B 通道信号作为 X 轴扫描信号，将 A 通道信号为 Y 轴扫描信号。以上这两种方面可用于观察李莎育图形。

②通道 A 区：用来设置 A 通道 Y 轴方向输入信号的标度。

a.比例：表示 A 通道 Y 轴方向每格所表示的电压数值。单击该栏后可以调节该值。

b.Y 位置：表示时间基线在显示屏幕中的上下位置。当其值大于零时，时间基线在屏幕中线上侧，反之在下侧。

c. AC ：表示测量输入信号中的交变分量（相当于实际电路中加入了隔直流电容）。

d. DC :表示测量输入信号的交直流分量全部显示。

e. 0 :表示将输入信号对地短路。

③通道 B 区:用来设置 B 通道 Y 轴方向输入信号的标度。

:选中表示 B 通道信号反相 180°显示。其设置与通道 A 区相同。

④触发区。触发区用来设置示波器触发方式。

a.边沿:表示将输入信号的上升沿 或下降沿 作为触发信号。

b.电平:用于选择触发电平的大小。

c.正弦:选择单脉冲触发。

d.标准:选择一般脉冲触发。

e.自动:表示触发信号不依赖外部信号,为自动触发模式。

f. A 或 B :表示用 A 通道或 B 通道的输入信号作为同步 X 轴时基扫描的触发信号。

g.外部:表示设定通过连接 T 端点使用外部触发信号。

⑤测量波形参数。在屏幕上有两条(黄和蓝)左右可以移动的读数指针,指针上方有三角形标志,通过鼠标器左键可拖动读数指针左右移动。

在显示屏幕下方有 1 个测量数据的显示区,第一行数据区表示 1 号指针所指信号波形的数时间轴所设置的时间单位及通道 A、通道 B 的信号幅度值,其值为电路中测量点的实际值,与 X、Y 轴的比例设置值无关。

第二行数据区表示 2 号读数指针所在位置测得的数值。T2 表示 2 号读数指针离开时基线零点的时间值。

第三行数据区中,T2-T1 表示 2 号读数指针所在位置与 1 号读数指针所在位置的时间差值,可用来测量信号的周期、脉冲信号的宽度、上升时间及下降时间等参数。

⑥设置信号波形显示颜色。只要设置 A、B 通道连接导线的颜色,则波形的显示颜色便与导线的颜色相同。方法是快速双击连接导线,在弹出的对话框中设置导线颜色即可。

⑦改变屏幕背景颜色。单击展开面板右下方的"反向"按钮,即可改变屏幕背景的颜色。如要将屏幕背景恢复为原色,再次单击"反向"按钮即可。

⑧存储读数。对于读数指针测量的数据,单击展开面板右下方保存按钮即可将其存储。数据存储格式为 ASCII 码格式。

⑨移动波形。在动态显示时,单击(暂停)按钮或按 F6 键,均可通过改变 X 位置设置,从而左右移动波形;利用指针拖动显示屏幕下沿的滚动条也可左右移动波形。

例:观察李莎育图形的电路,如图 3.1.18 所示。

若选择示波器面板时间轴区中的 B/A 按钮,即以 B 通道为横轴,A 通道为纵轴,在示波器上显示李莎育图形,如图 3.1.18 所示。

(2)四通道示波器

四通道示波器的图标和面板如图 3.1.19 所示。

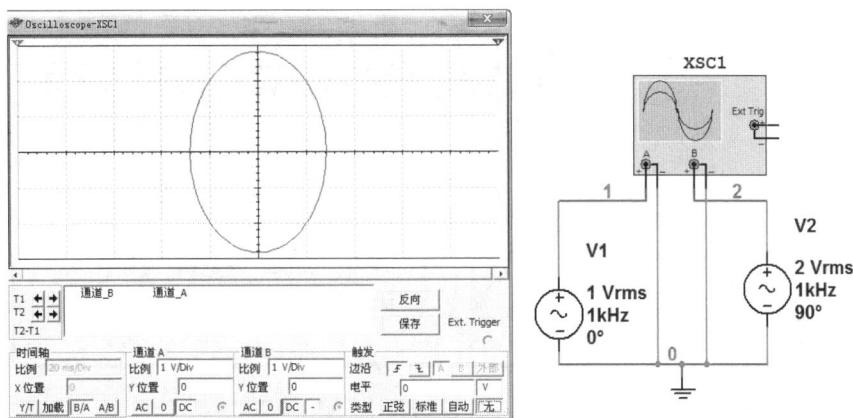

图 3.1.18 观察李莎育图形的电路

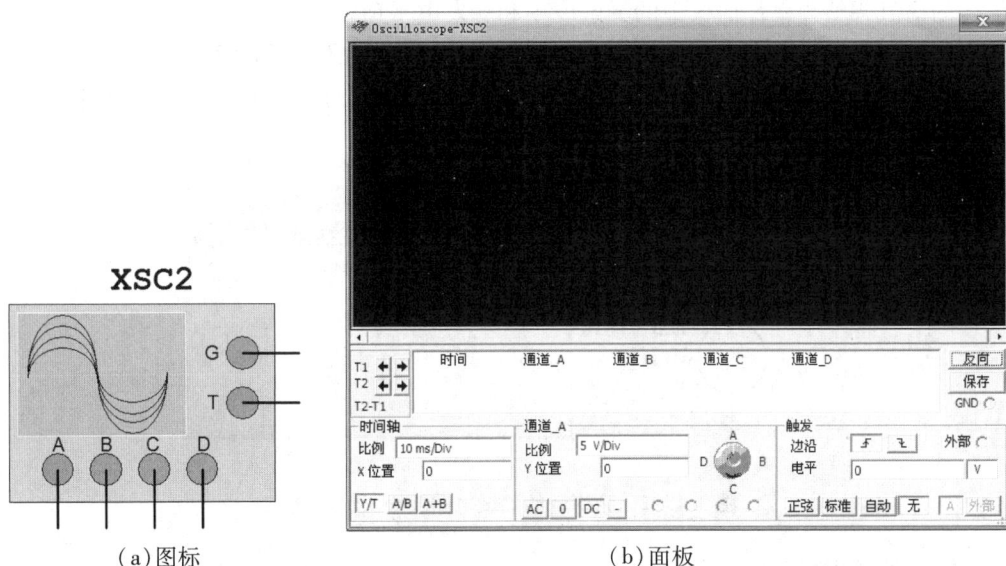

(a)图标 (b)面板

图 3.1.19 四通道示波器的图标和面板

四通道示波器与双踪示波器的使用方法和参数调整方式完全
一致,只是多了一个通道控制旋钮,如图 3.1.20 所示。当通道控制
旋钮拨到某个通道位置时,才能对该通道的 Y 轴进行调整,具体使
用参照双踪示波器,不再赘述。

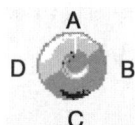

图 3.1.20 通道
旋钮控制

1.3.8 频率计

频率计主要用来测量信号的频率、周期、相位及脉冲信号的上升沿和下降沿。

（1）频率计的图标和面板

Multisim 10 提供的频率计的图标如图 3.1.21(a)所示。双击已置于工作区中的频率计图
标,即可打开频率计的面板,如图 3.1.21(b)所示。

（2）连接与使用

频率计的图标上只有一个输入端,用来连接电路的输出信号。在使用过程中,应根据输

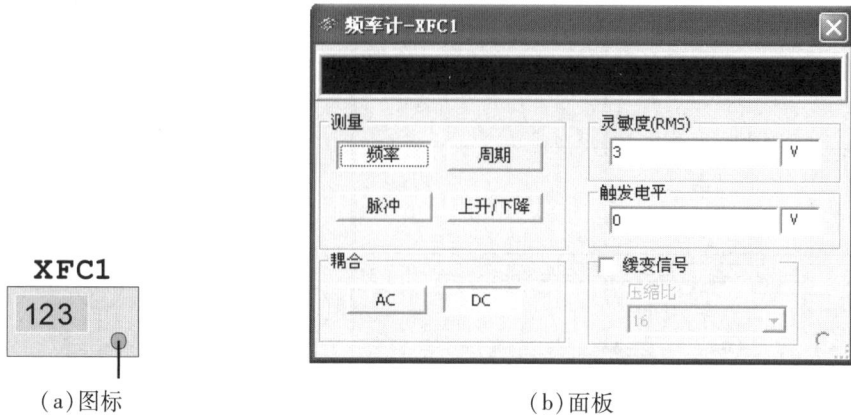

（a）图标　　　　　　　　　　　　　（b）面板

图 3.1.21　四通道示波器的图标和面板

入信号的幅值调整频率计面板中的灵敏度项和触发电平项。

　　用频率计测量函数发生器信号频率时,频率计的测试电路、面板设置及结果如图 3.1.22 所示。触发电平设置应该注意输入信号必须大于触发电平才能进行测量,测量结果与函数发生器的输出频率一致。

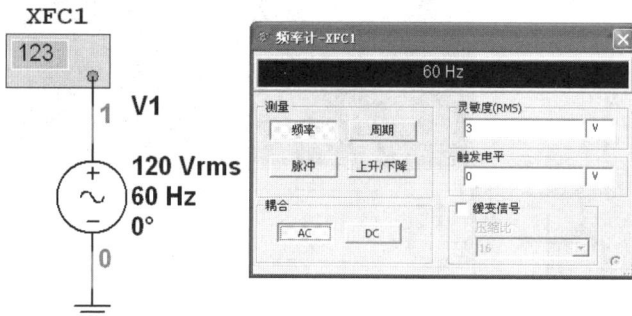

图 3.1.22　频率计的测试电路及面板设置结果

1.3.9　波特图仪

　　波特图仪(Bode Plotter)可以用来观测电路的幅频特性和相频特性,波特图仪的图标和面板如图 3.1.23。

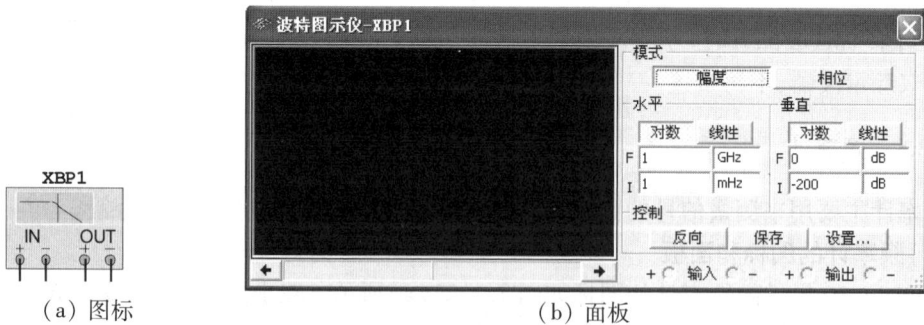

（a）图标　　　　　　　　　　　　　（b）面板

图 3.1.23　波特图仪的图标和面板

(1)连接

　　波特图仪的图标有输入和输出两对端口。输入端口中,"+、-"分别与电路输入端的正负端子相接;右边是输出端口,其"+、-"分别与电路输出端的正负端子连接。应当注意的是在使用波特图仪时,必须在电路输入端口接入一个交流信号源(或函数信号发生器),且无需对其参数进行设置。

通过对波特图仪面板中水平坐标字符下方的频率设置对话框可设置波特图仪频率的初始值 I(Initial)和最终值 F(Final)。

（2）面板操作

1）右上排按钮功能

① | 幅度 |:设置波特图仪显示幅频特性曲线。

② | 相位 |:设置波特图仪显示相频特性曲线。

③ | 保存 |:存储测量的特性曲线及设置参数。

④ | 设置... |:设置扫描的分辨率。分辨率的数值越高,扫描时间越长,默认值是 100。

2）Vertical 区

Vertical 区用于设定 Y 轴的刻度类型。

① | 对数 |:Y 轴采用对数刻度,单位是 dB(分贝)。

② | 线性 |:Y 轴是线性刻度。一般情况下采用线性刻度。

F 栏用以设置最终值,而 I 栏则用以设置初始值。

3）水平区

水平区用于确定波特图仪显示的 X 轴频率范围。

① | 对数 |:Y 轴采用对数刻度,单位是 dB(分贝)。

② | 线性 |:Y 轴是线性刻度。一般情况下采用线性刻度。

F 栏用以设置最终值,而 I 栏则用以设置初始值。

4）左下排按钮功能

① | ← |:可将游标左移;

② | → |可将游标右移。

测量读数:利用鼠标拖动(或点击读数指针移动按钮)读数指针,可测量某个频率点处的幅值或相位,其读数在面板右下方显示。

5）控制区

① | 反向 |:对测量结果背景颜色进行处理。

② | 保存 |:保存测量结果。

③ | 设置... |:设置扫描的分辨率。单击该按钮出现如图 3.1.24 所示对话框,在其中可以设置扫描的分辨率,数值越大,读数准确度越高,但将增加运行时间,默认值是 100。

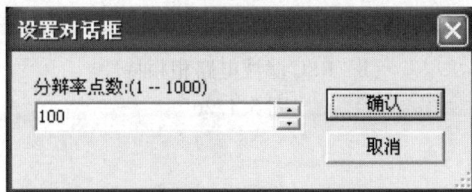

图 3.1.24　分辨率设置对话框

例:对图 3.1.25 所示的 RLC 滤波电路进行幅频特性和相频特性测量。

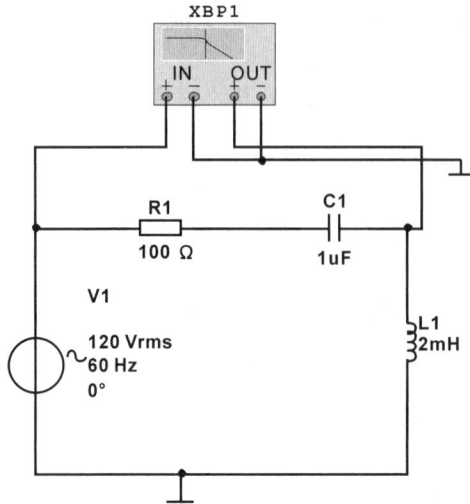

图 3.1.25　RLC 滤波电路

双击图标,打开波特图仪的面板,对面板上的各项进行适当设置,其运行结果分别如图 3.1.26(a)和(b)所示。

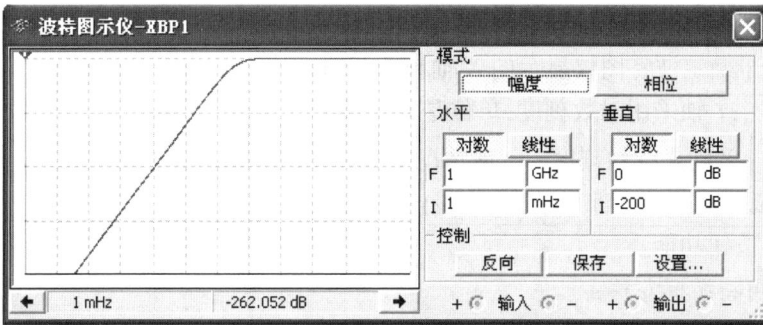

(a)RLC 滤波电路幅频特性

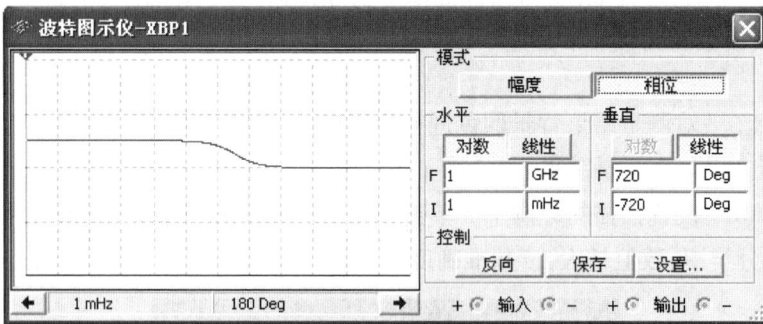

(b)RLC 滤波电路相频特性

图 3.1.26

1.3.10　测量探针

在电路仿真过程中,测量探针可以用来对电路某个点的电位、某条支路的电流或者频率等特性进行动态测试。它有动态测试和放置测试两种功能。动态测试指仿真时用测量探针移动到任何点时,会自动显示该点的电信号信息;放置测试是指在仿真前或仿真时将测量探针放置在目标位置上,仿真时该点自动显示相应的电信号信息。

　　例:在图 3.1.27 所示的测量探针测试电路中,电路左边显示的是放置测试结果,右边是动态测试结果。

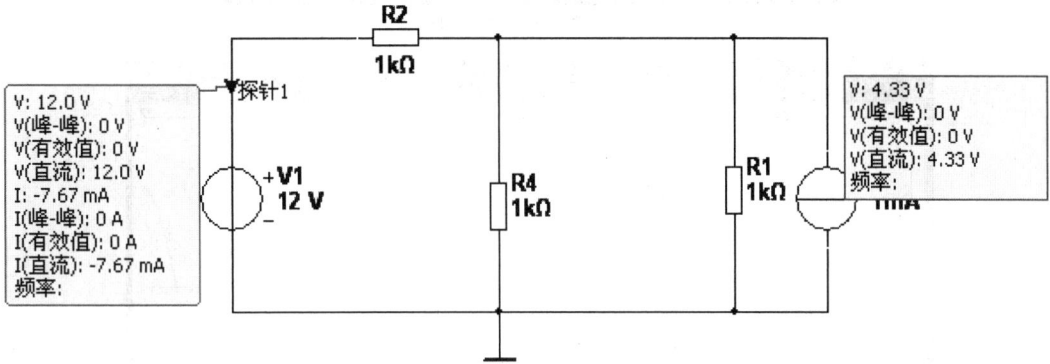

图 3.1.27　测量探针测试电路

1.3.11　电流探针

　　电流探针是仿效工业应用电流夹的动作,将电流转换为输出端口的电阻丝器件电压。其放置和使用步骤如下:

　　①在仪器工具栏中选择电流探针。

　　②将电流探针放置在目标位置(注意不能放置在节点上)。

　　③放置示波器在工作区中,并将电流探针的输出端口连接至示波器。

　　例:利用电流探针测量电流的方法,其测试电路如图 3.1.28 所示。为了能够仿效现实中的电流探针状态,默认的探针输出电压与电流的比率为 1 V/mA。用户可以通过双击电流探针属性来进行修改,电流属性对话框如图 3.1.29 所示。通过示波器测试的结果如图 3.1.30所示。

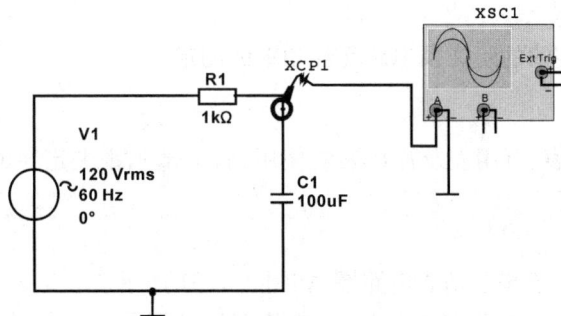

图 3.1.28　电流探针测量

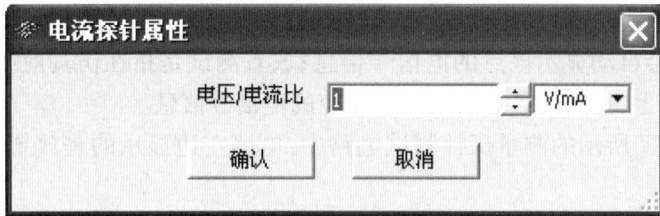

图 3.1.29　电流探针属性

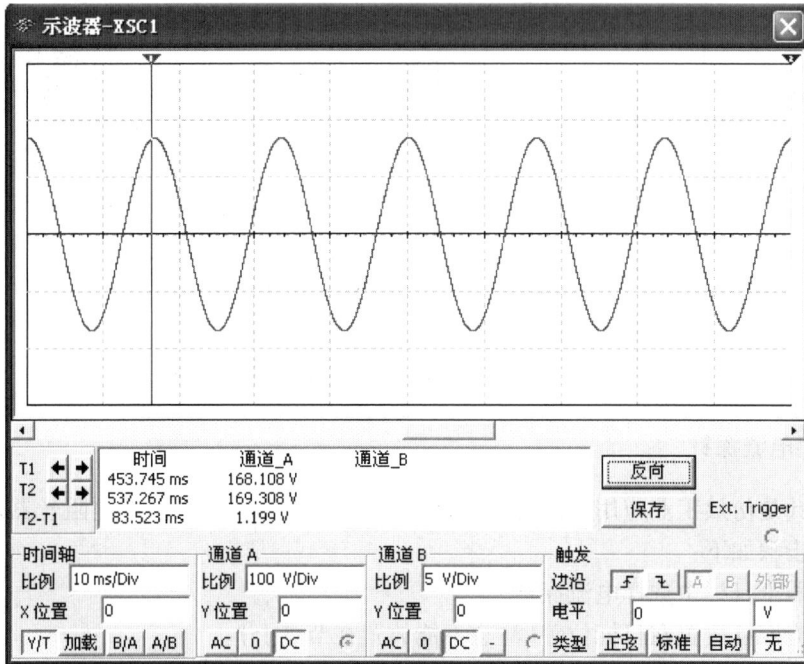

图 3.1.30　示波器结果显示

1.4　任务实施

1.4.1　基尔霍夫定律的验证及电路元件功率的测定

(1)任务目的

学习电压表、电流表、万用表及瓦特表的使用,验证基尔霍夫定律的正确性,并对电路中各元件的功率进行测定。

(2)任务步骤

①用 Multisim 10 软件搭建仿真电路图,如图 3.1.31 所示。

②单击仿真开关激活电路,通过电压表、电流表记录各元件电压、电流参数。

③利用测量的数据,验证基尔霍夫电压与电流定律。

④测量电阻的功率大小。

(3)数据分析

根据图 3.1.31 所示,因为:

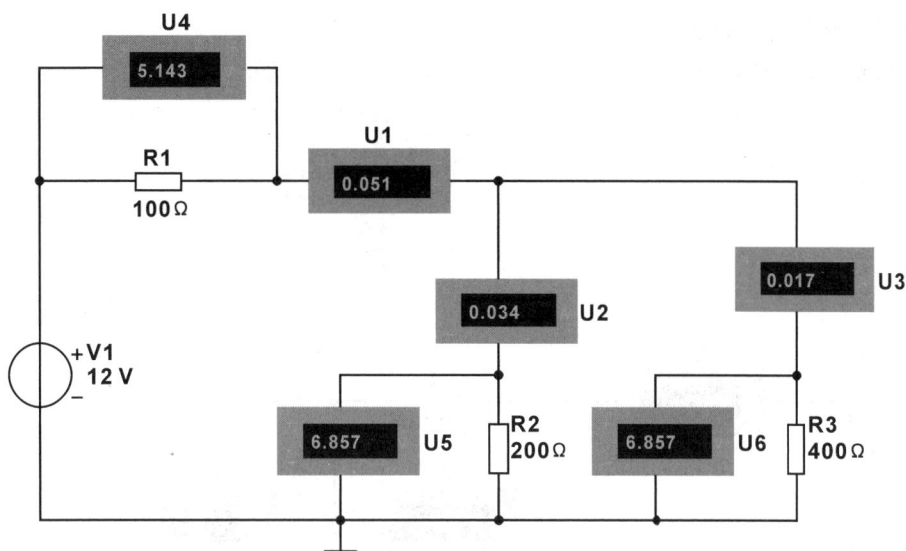

图 3.1.31　基尔霍夫定律验证原理图

$$- V_1 + U_2 + U_3 = - 12 + 5.143 + 6.857 = 0$$

故基尔霍夫电压定律是正确的。

又因为：

$$I_1 = I_2 + I_3$$

故基尔霍夫电流定律是正确的。

如图 3.1.32 所示，根据瓦特表显示的数据，可知 R_1、R_2、R_3 三个电阻消耗的功率分别为 264.490 mW，235.102 mW，117.551 mW。

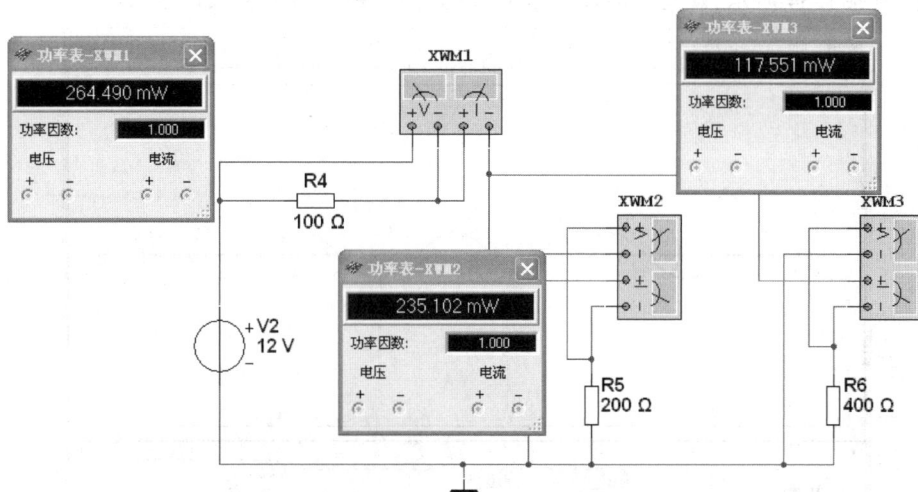

图 3.1.32　元件功耗测定

1.4.2　RLC 串联交流电路的阻抗仿真

(1)任务目的
测量串联 RLC 电路的阻抗和交流电压与电流的相位差，并比较测量值与计算值。

（2）任务步骤与仿真分析

①用 Multisim 10 软件搭建 RC 仿真电路图，如图 3.1.33 所示。

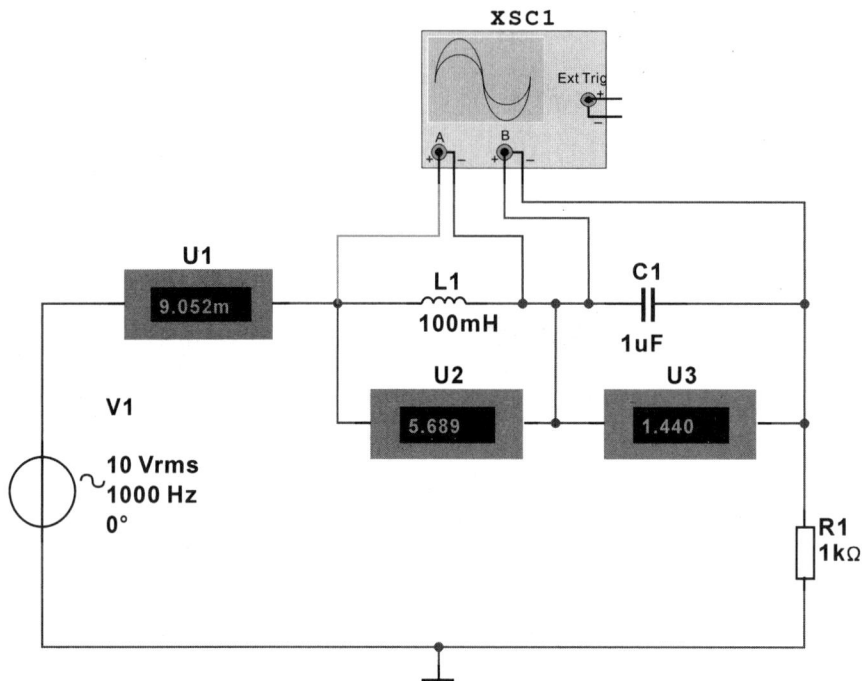

图 3.1.33　RLC 串联阻抗仿真实验

②单击仿真开关激活电路，记录交流电压表、交流电流表的读数，填至表 3.1.1 中。

③如图 3.1.34 所示，观察示波器显示的波形，记录相位差于表 3.1.1 中。

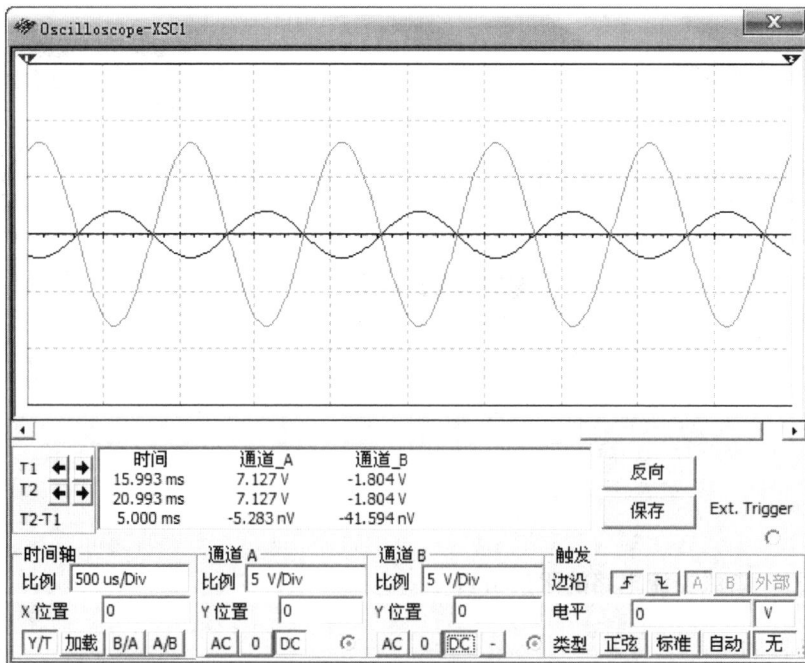

图 3.1.34　示波器面板

表 3.1.1

	U/V	I/A	Z/Ω	电容与电感电压波形相位差
理论计算值				
测量值				

1.5　实训练习

1.5.1　验证叠加定理

(1)任务目的
①学会叠加定理求解电路中某电阻两端的电压；
②掌握叠加定理仿真实验方法,并比较测量值与计算值。
(2)任务步骤与仿真分析
①搭建如图 3.1.35 所示的仿真电路。

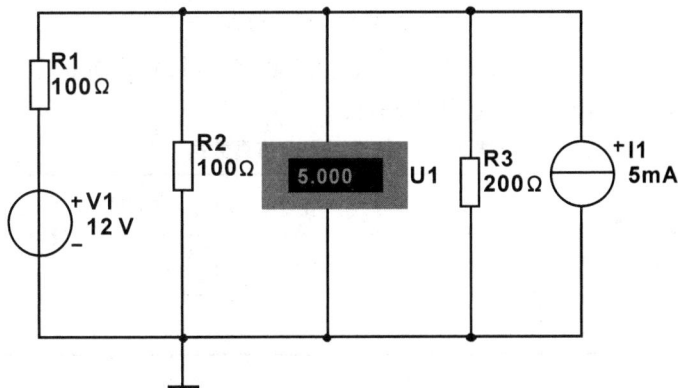

图 3.1.35　叠加定理仿真电路

　　②单击仿真开关激活电路,将电压表数据记录在表 3.1.2 中,并比较计算值与测量值,验证叠加定理的正确性。

表 3.1.2　叠加定理仿真数据

	U'_{R2}/V	U''_{R2}/V	U_{R2}/V
理论计算值			
仿真测量值			

1.5.2　验证戴维南定理

(1)任务目的

①学会用戴维南定理求解电路参数;

②掌握戴维南定理仿真实验方法,并比较测量值与计算值。

(2)任务步骤与仿真分析

①搭建如图 3.1.36 所示的仿真电路,测量流过 R_5 上的电流。

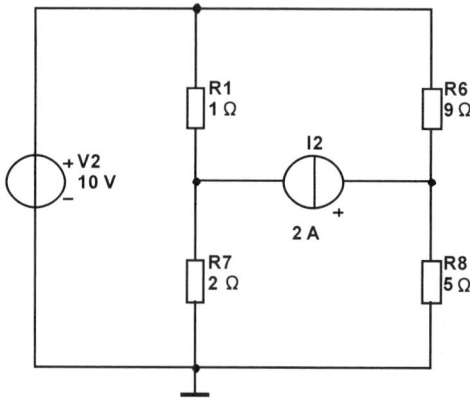

图 3.1.36　戴维南定理仿真电路

②单击仿真开关激活电路,按照戴维南定理测量相关量,将数据记录在表 3.1.3 中,并比较计算值与测量值,验证戴维南定理的正确性。

表 3.1.3　戴维南定理仿真数据

	I/A	U_{OC}/V	I_{SC}/A	R_0/Ω	$I=\dfrac{U_{\text{OC}}}{R_0+R_4}$
理论计算值					
仿真测量值					

1.5.3　交流电路功率与功率因数的仿真实验

(1)任务目的

①测定 RL 串联电路的有功功率和功率因数;

②确定 RL 串联电路提高功率因数所需要并联的电容的大小。

(2)任务步骤与仿真分析

①搭建如图 3.1.37 所示的仿真电路,测量 RL 串联电路的功率。

②单击仿真开关激活电路,记录 RL 电路两端的总电压有效值、电流有效值,电感两端的电压有效值、有功功率及功率因数,将数据记录于表 3.1.4 中。

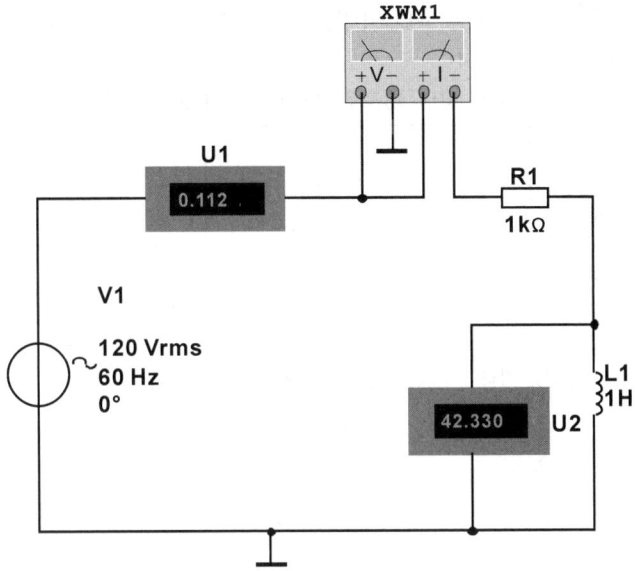

图 3.1.37　RL 串联仿真电路

表 3.1.4　RL 串联仿真电路仿真数据

	U/V	I/A	U_L/V	P/W	$\cos \varphi$
理论计算值					
仿真测量值					

③功率因数校正电路仿真。

a.搭建如图 3.1.38 所示的仿真电路。

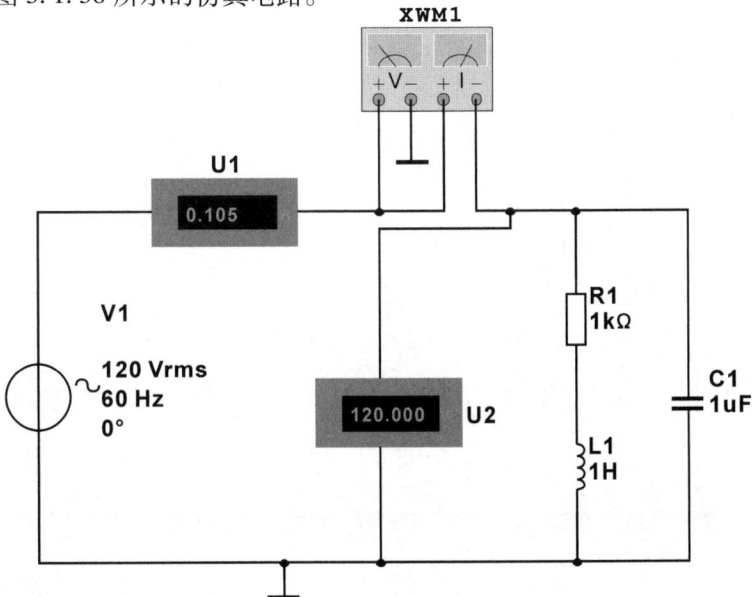

图 3.1.38　功率因数校正电路

b.单击仿真开关激活电路,记录 RLC 电路两端的总电压有效值、电流有效值、有功功率及功率因数,将数据记录于表 3.1.5 中。

表 3.1.5　RLC 功率因数校正仿真电路仿真数据

	U/V	I/A	P/W	$\cos\varphi$
理论计算值				
仿真测量值				

c.根据测量数据,计算使功率因数接近与 1 所需要的电容 C 的大小。

项目 2
Multisim 10 虚拟仪器仪表在电子技术中的应用

2.1 学习目标

2.1.1 最终目标

能使用 Multisim 10 虚拟仪器仪表对电子技术相关电路进行仿真。

2.1.2 促成目标

①会正确调用字信号发生器、逻辑分析仪、逻辑转换仪、伏安特性分析仪、失真分析仪、安捷伦信号发生器、安捷伦数字万用表及安捷伦示波器等虚拟仪器仪表；
②会正确设置虚拟仪器仪表的相关参数并对电路进行仿真。

2.2 工作任务

①利用虚拟仪器仪表进行反相比例运算放大器的仿真实验；
②利用虚拟仪器仪表进行译码器功能仿真实验。

2.3 知识准备

2.3.1 字信号发生器

字信号发生器(Word Generator)是在数字电实验路中用来产生逻辑信号的测试信号源，也称为数字逻辑信号源，它最多能够产生 32 路(位)同步逻辑信号。其图标和面板如图 3.2.1 所示。

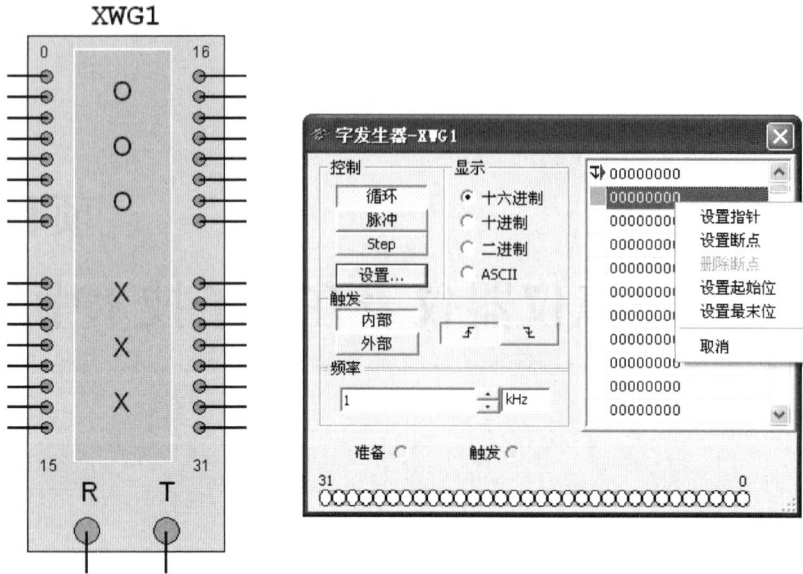

(a)图标　　　　　　　　　　　　(b)面板

图 3.2.1　字信号发生器的图标和面板

(1)连接

字信号发生器图标的左右两边各有 16 个端子,编号为 0~31 共 32 个端子是该字信号发生器所产生的信号输出端,其中每一个端子都可接入测试电路的输入端。下面还有 Ready 信号输出端 R,外部触发信号输入端 T。

(2)面板操作

1)字信号编辑显示区

数字信号发生器面板的最右侧是字信号编辑显示区,功能是编辑 32 位字信号编辑区的字信号。32 位的字信号以 8 位 16 进制形式进行编辑和存放,可写入的十六进制数从00000000—FFFFFFFF。可以先在"显示"区选中"十六进制"单选框,并在右边编辑显示区内以 16 进制数输入数据;或选中"ASCII"栏以 ASCII 码输入数据;也可以选中"二进制"栏以二进制数输入数据。若要求编辑区内的显示内容上下移动,利用鼠标移动滚动条即可实现;单击某一条字信号即可实现对其定位和写入,选中某一条字信号并单击右键,可以弹出的控制字输出菜单中对该字信号进行设置,如图 3.2.1(b)所示。

①设置指针:设置数字信号发生器开始输出字信号的起点;

②设置断点:在当前位置设置一个中断点;

③删除断点:删除当前位置设置的一个中断点;

④设置起始位:在当前位置设置一个循环字信号的初始值;

⑤设置最末为:在当前位置设置一个循环字信号的终止值。

当数字信号发生器发送字信号时,输出的每一位值都会在数字信号发生器面板的底部显示出来。

2)控制区

控制区用于设置字信号发生器的输出方式。

①循环:表示字信号在设置地址初值到最终值之间周而复始地以设定频率输出。

②脉冲(单帧):表示字信号从设置地址初值逐条输出,直到最终值时自动停止。

③ ▨ Step ▨(单步):表示每点击鼠标一次即输出一条字信号。

④设置…:单击此按钮,即可打开如图 3.2.2 所示的对话框,主要用于设置和保存信号变化的规律,或调用以前字信号变化规律的文件。

"设置"对话框中预置模式用于对编辑区的字信号进行清除、打开和存盘相应操作。

a.加载:调用以前设置字信号的文件。

b.保存:表示将字信号文件存盘,字信号文件的后缀为.DP。

c.清除缓冲区:清除字信号缓冲区的内容。

d.加计数:表示以递增方式进行编码。

e.减计数:表示以递减方式进行编码。

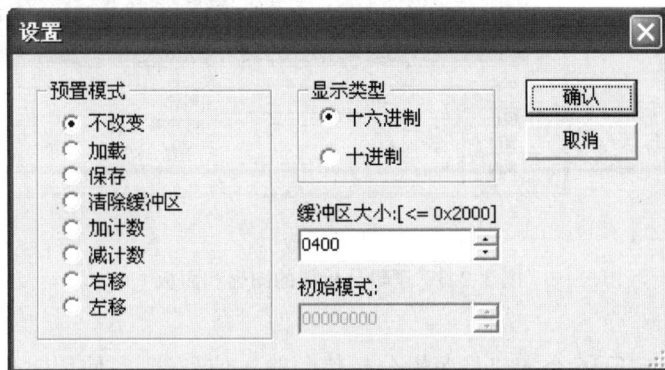

图 3.2.2　"设置"对话框

f.右移方式编码:表示字信号按 8000,4000,2000,1000,0600,0400,0200,0100…的顺序进行编码。

g.左移方式编码:表示字信号按 0001,0002,0004,0008,0010,0020,0040,0080…的顺序进行编码。

3)触发区

触发区功能是选择触发方式。

①内部:设置内部触发方式。

②外部:设置外部触发方式。须接入外触发脉冲信号,而且要设置"上升沿触发"或"下降沿触发"。

4)频率区

频率区功能是设置输出的频率(速度),可通过输出频率输入框中设置的数据来控制循环和单帧输出方式的快慢。

2.3.2　逻辑分析仪

逻辑分析仪(Logic Analyzer)可以同步记录和显示 16 路逻辑信号,可用于对数字逻辑信号的高速采集和时序分析,是分析与设计复杂数字系统有力的工具。逻辑分析仪的图标和面板如图 3.2.3 所示。

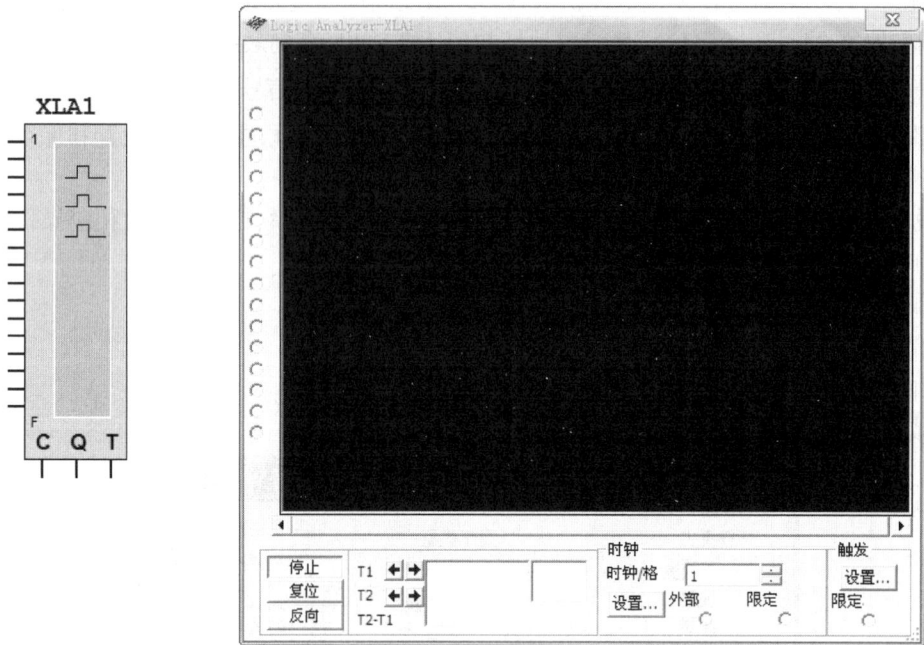

(a)图标　　　　　　　　　　　(b)面板

图 3.2.3　逻辑分析仪的图标和面板

(1)连接

图标左侧从上至下16个端口是逻辑分析仪的输入信号端口,使用时连接到电路的测量点。图标下部也有3个端子,C是外时钟输入端,Q是时钟控制输入端,T是触发控制输入端。

(2)面板操作

1)波形显示区

面板最左侧16个小圆圈代表16个输入端,如果某个连接端接有被测信号,则该小圆圈内出现一个黑圆点。被采集的16路输入信号以方波形式显示在屏幕上。

2)仿真控制区

① **停止** 按钮:停止仿真。

② **复位** 按钮:为逻辑分析仪清除显示窗口的波形,重新仿真。

3)游标读数区

移动读数指针上部的三角形可以读取波形的逻辑数据。其中,左窗口为时间窗口,T1为红色游标所处位置距时间基线零点的时间,T2为蓝色游标所处位置距时间基线零点的时间,T2-T1表示两读数指针之间的时间差。

4)时钟区

时钟区的功能为设定时钟。其中,"时钟/格"用来设置每格显示多少个时钟脉冲。

设置... 按钮用来设置时钟脉冲,按该按钮后出现如图3.2.4所示的对话框。

①时钟源区:选择时钟脉冲的来源。选取外部项则设置由外部取得时钟脉冲;选取内部项则设置由内部取得时钟脉冲。

②时钟频率区:选取时钟脉冲的频率。

图 3.2.4　时钟设置对话框

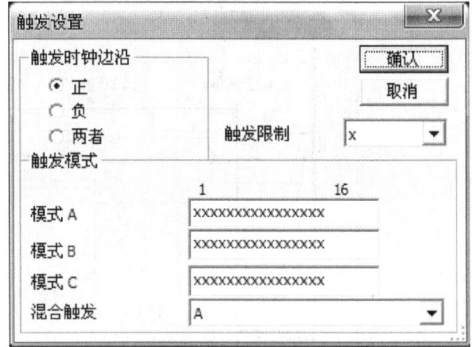

图 3.2.5　触发设置对话框

③取样设置区:设置取样方式。其中的"欲触发取样"栏设置前沿触发取样数,"后置触发取样"栏设定后沿触发取样数,"阈值电压(V)"栏设定门限电压。

④触发区:设置触发方式(触发信号可由 T 连接端接入),单击 设置… 按钮,出现如图 3.2.5 所示的对话框。

a.触发时钟边沿区:设定触发方式,包括正(上升沿触发)、负(下降沿触发)及两者(升、降沿触发)这 3 个选项。

b.触发限制栏:选择触发限定字,包括 0、1 及 X(0、1 皆可)这 3 个选项。

c.触发模式区:设置触发的样本,可以在模式 A、模式 B 及模式 C 栏中设定触发样本,也可以在混合触发栏中选择组合的触发样本。当所有项目选定以后,单击 确认 按钮即可。

例:字信号发生器产生 00000000—0000000F 的字信号(设置采用递增编码,末地址设置为 0000000F),输出频率为 1 kHz,选择循环输出模式。信号发生器的低 4 位分别接入"8521"数码管的 4 个引脚,用来显示输出的数字。为观测字信号发生器输出的波形,用逻辑分析仪的低 4 位分别与之相连,如图 3.2.6 所示。经过逻辑分析仪观测的波形如图 3.2.7 所示。

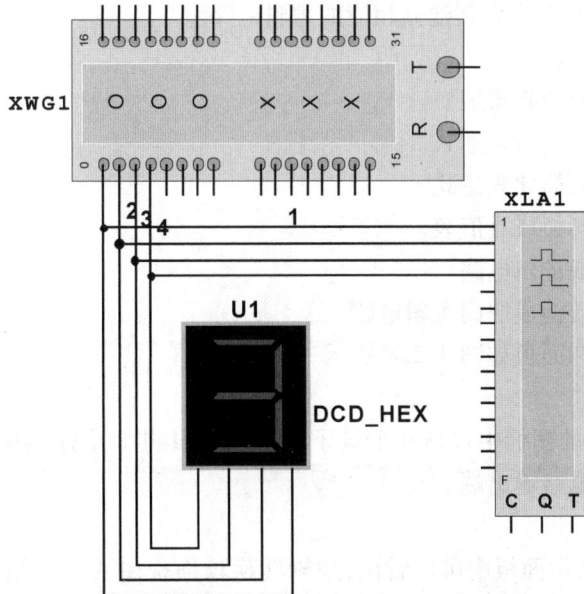

图 3.2.6　数字信号发生器输出信号显示电路

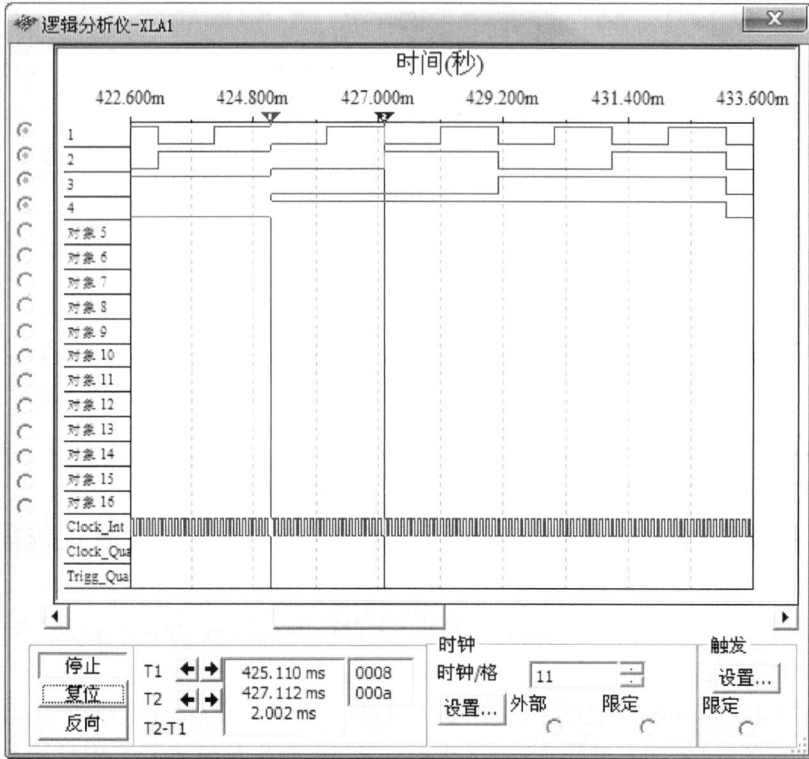

图3.2.7　逻辑分析仪面板设置及显示波形

2.3.3　逻辑转换仪

逻辑转换仪(Logic Converter)是Multisim2001提供一种数字虚拟仪器,目前还未有与之类似的真实仪器。在逻辑电路中接入逻辑转换仪可以导出真值表或逻辑表达式;或设计者输入逻辑表达式,Multisim2001会为其建立相应的逻辑电路。

逻辑转换仪的功能包括:

①将逻辑电路转换成真值表。

②将真值表转换成逻辑表达式。

③将真值表转换成简化表达式。

④将逻辑表达式转换成真值表。

⑤将表达式转换成逻辑电路。

⑥将逻辑表达式转换成非门逻辑电路。

逻辑转换仪图标和面板如图3.2.8所示。

(1)连接

图3.2.8(a)所示的图标中包括9个端子,左边A~H共8个连接逻辑电路输入端,右边的1个端子连接逻辑电路输出端。

(2)面板操作

从图3.2.8(b)所示面板中可以看出,逻辑转换仪面板由4部分组成:8个接线端点、真值表显示栏、逻辑表达式栏及逻辑转换方式选择区(Conversions)。逻辑转换方式选择区排列

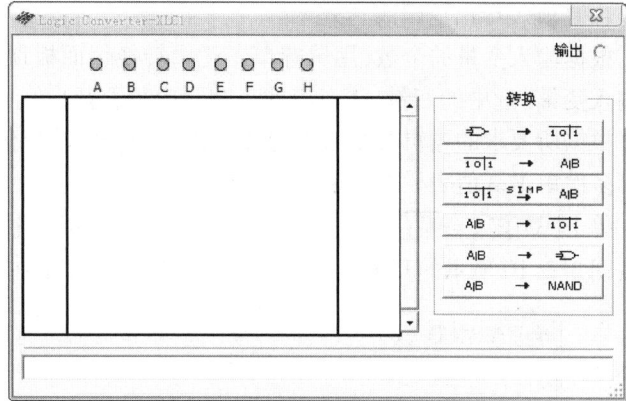

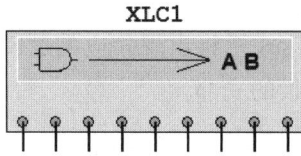

（a）图标　　　　　　　　　　　　（b）面板

图 3.2.8　逻辑转换仪的图标和面板

有以下 6 个按钮。

⊐⊃→⎁1⎁0⎁1⎁ 按钮:逻辑电路 → 真值表转换按钮;

⎁1⎁0⎁1⎁→A|B 按钮:真值表 → 表达式转换按钮;

⎁1⎁0⎁1⎁ SIMP A|B 按钮:真值表 → 简化表达式转换按钮;

A|B→⎁1⎁0⎁1⎁ 按钮:表达式 → 真值表转换按钮;

A|B→NAND 按钮:表达式→ 逻辑电路转换按钮;

A|B→⊐⊃ 按钮:表达式→ 与非门转换按钮。

下面结合逻辑转换操作分别给予介绍。

1)由逻辑电路转换为真值表

在将逻辑电路转换为真值表时,先将已画出的逻辑电路的输入端连接到逻辑转换仪的输入端,将逻辑电路的输出端连接到逻辑转换仪的输出端。

例:如图 3.2.9 所示为 A 具有否决权的 A、B、C 三人表决电路。

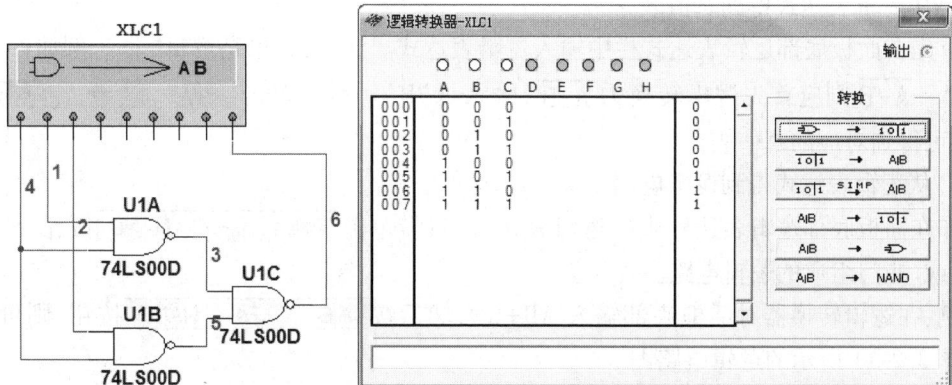

图 3.2.9　A、B、C 三人表决电路及仿真结果

按图 3.2.9 所示电路图连接好线路,双击逻辑转换仪图标,打开逻辑转换器对话框,单击 ⊐⊃→⎁1⎁0⎁1⎁ 按钮,即可得到仿真结果。

2)由真值表导出逻辑表达式

①根据输入变量的个数,用鼠标单击逻辑转换仪面板顶部代表输入端的小圆圈(A—H),选定输入变量(选中的变量,相对应的小圆圈内部会泛白)。

②根据所要求的逻辑关系来确定或修改真值表的输出值(0、1 或 X,X 表示任意),方法是用鼠标多次单击真值表栏右面输出列中的输出值。

③单击 [1 0 1 → A|B] 按钮,这时在面板底部逻辑表达式栏将出现相应的逻辑表达式。按图 3.2.10 所示的真值表转换为表达式的结果显示在面板的底部。

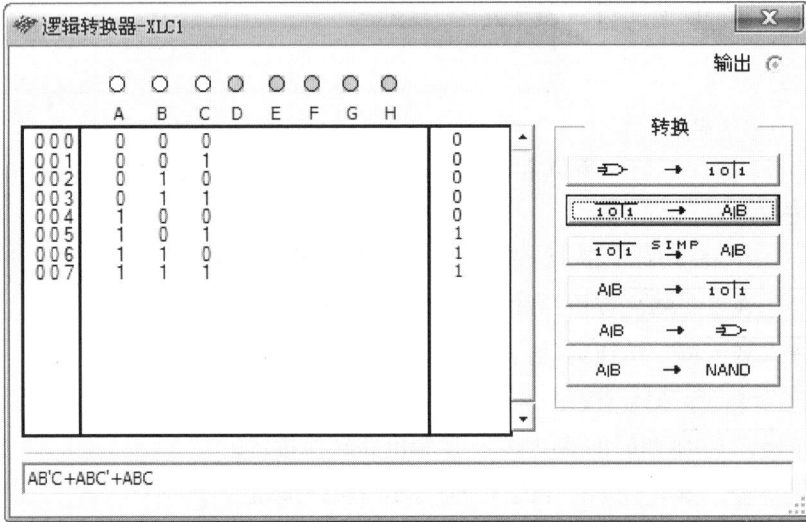

图 3.2.10　真值表转换为表达式

3)由真值表导出简化表达式

如果要将已得到的逻辑表达式进一步简化,只需单击 [1 0 1 SIMP→ A|B] 按钮即可在面板图底部得到简化的逻辑表达式。

4)从逻辑表达式得到真值表

首先在面板底部逻辑表达式栏中输入逻辑表达式。注意:如果是逻辑"非",例如:A 则应写成 A′;$\overline{A+B}$ 则应首先逻辑转换为 $\overline{A}\ \overline{B}$,输入 A′B′。然后单击 [A|B → 1 0 1] 按钮,便可得到对应的真值表。

5)从逻辑表达式得到逻辑电路

如在面板底部逻辑表达栏中有逻辑表达式,只需单击 [A|B → NAND] 按钮,便得到由与、或、非门组成的逻辑电路。

例:在逻辑转换器对话框底部输入 AB+CD,然后按 [A|B → NAND] 按钮,则可以生成如图 3.2.11 所示的逻辑电路图。

6)由逻辑表达式得到与非门电路

首先在面板底部逻辑表达式栏写入逻辑表达式,然后单击 [A|B → ⊐] 按钮,便得到仅由与非门组成的逻辑电路。

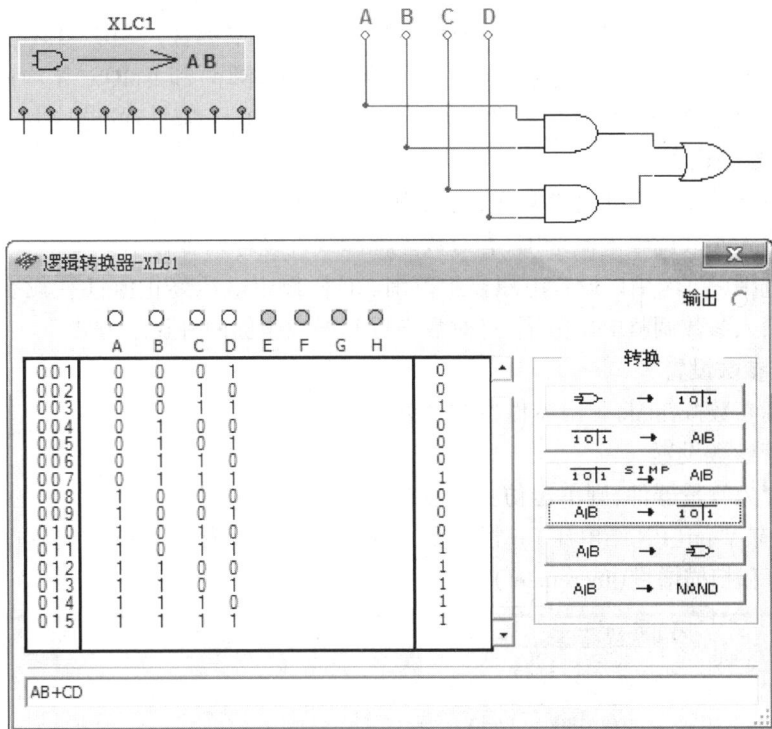

图 3.2.11　逻辑表达式生成逻辑电路

2.3.4　伏安特性分析仪

伏安特性分析仪简称 IV 分析仪,专门可以用来测量二极管、晶体管、MOS 管的伏安特性曲线,相当于实验室的晶体管特性图示仪,不能在线测量,只能将晶体管与连接电路断开,才能进行连接与测试。

IV 分析仪的图标与面板如图 3.2.12 所示。下面介绍其参数设置。

（a）图标　　　　　　　　　　　　（b）面板

图 3.2.12　IV 分析仪的图标和面板

（1）选择器件类型

单击元件下拉菜单选择所测器件类型,分别是 Diode（二极管）、BJD NPN（NPN 晶体管）、BJD NPN（NPN 晶体管）、PMOS（P 沟通 MOS 场效应晶体管）和 NMOS（N 沟通 MOS 场效应晶体管）,选择好器件类型后在面板右下方会出现所选器件类型对应的链接方式。

（2）显示参数设置

①电流范围（A）区用以设置电流显示范围。F 栏设定电流终止值;I 栏设定电流初始值。可在对话框输入参数调整电流范围,有对数坐标和线性坐标两种显示方式。

②电压范围（V）区用以设置电压显示范围。F 栏设定电压终止值;I 栏设定电压初始值。可在对话框输入参数调整电压范围,有对数坐标和线性坐标两种显示方式。

（3）扫描参数设置

单击仿真参数按钮,将弹出器件参数设置对话框。

1）二极管参数设置

若二极管为测量器件,则单击仿真参数按钮,即可打开如图 3.2.13 所示的二极管参数设置对话框,只有 V-pn（PN 结电压）一栏需要设置,包括 PN 结极间扫描的起始电压（Start）、终止电压（Stop）和扫描增量（Increment）。

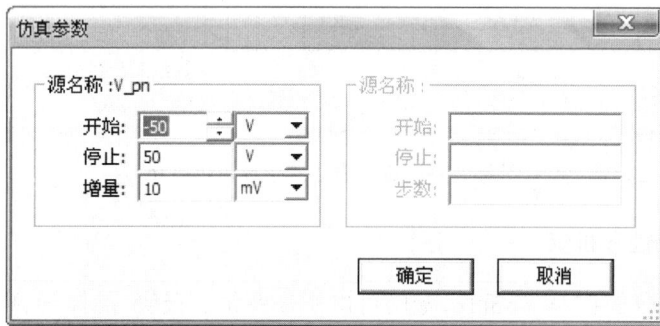

图 3.2.13　二极管参数设置对话框

2）晶体管参数设置

若晶体管为测量器件,则单击仿真参数按钮,即可打开图 3.2.14 所示的参数设置对话框,包括两项设置内容：

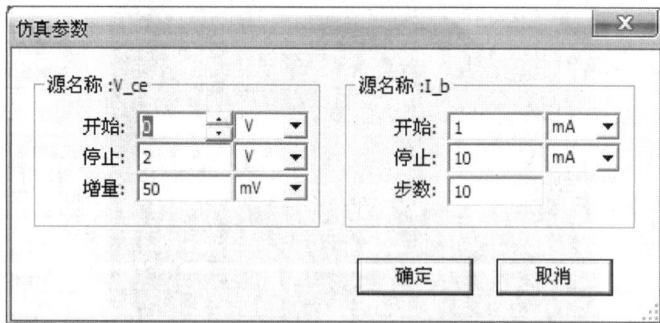

图 3.2.14　晶体管参数设置对话框

①V_ce 栏用于设置晶体管 C、E 极间扫描的起始电压（Start）、终止电压（Stop）和扫描增量（Increment）。

90

②I_b 栏用于设置晶体管基极电流极间扫描的起始电流(Start)、终止电流(Stop)和步长(Num steps)。

3)MOS 管对应参数设置

若 MOS 管为测量器件,则单击 simulate param 按钮即可打开如图 3.2.15 所示的参数设置对话框,包括两项:

①V_ds 栏用于设置 MOS 管 D、S 极间扫描的起始电压(Start)、终止电压(Stop)和扫描增量(Increment)。

②V_gs 栏用于设置 MOS 管 G、S 极间扫描的起始电压(Start)、终止电压(Stop)和步长(Num steps)。

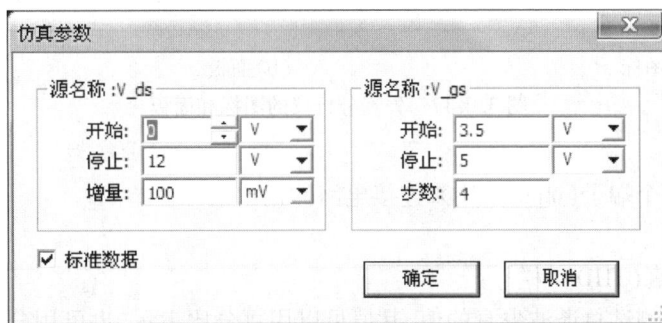

图 3.2.15　MOS 管参数设置对话框

例:测量 NPN 晶体管的伏安特性。按图 3.2.16 所示连接电路,单击元件,选择测量器件类型为 BJT NPN。测试波形如图 3.2.16 所示,利用游标可以读取数据。

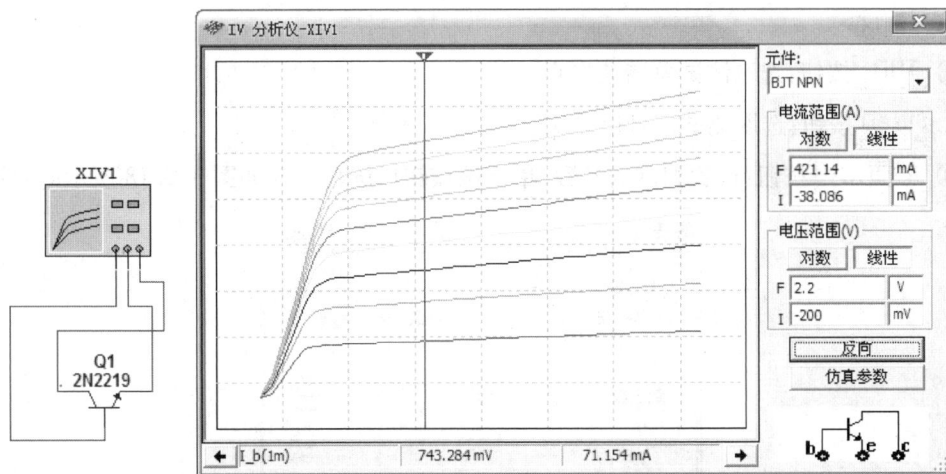

图 3.2.16　测试 NPN 管的伏安特性

2.3.5　失真分析仪

失真分析仪(Distortion Analyzer)是一种测试模拟电路中总谐波失真与噪比的仪器,Multisim2001 提供的失真度分析仪频率范围为 20~20 kHz。失真分析仪的图标和面板如图 3.2.17 所示。

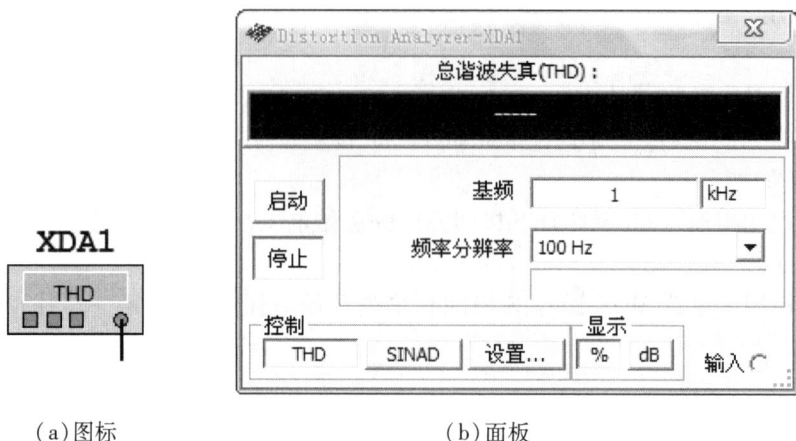

（a）图标　　　　　　　　　　　　（b）面板

图 3.2.17　失真分析仪的图标和面板

（1）连接

图标中仅有一个端子（input），用来连接电路的输出信号。

（2）面板操作

1）"总谐波失真（THD）"栏

其功能是显示测试总谐波失真的值,其值可以用百分比表示,也可用分贝数表示,可通过单击显示区中的 ％ 按钮或 dB 按钮选择。

2）基频栏

其功能是设置基频,移动下面的滑块可改变其基频值。

3）控制区

① THD 按钮:选取测试总谐波失真。

② SINAD 按钮:选取测试信号信噪比。

③ 设置... 按钮:设置测试的参数,单击该按钮后屏幕出现如图 3.2.18 所示的对话框。

图 3.2.18　设置的对话框

"THD 定义"区用来选择总谐波失真的定义方式,包括 IEEE 及 ANSI/IEC 两种定义方式。而"谐波数"栏用于选取谐波次数;"FFT 点"栏用来选取 FFT 变换的点数,为 1024 的整数倍,设置完成后单击"确认"按钮即可。

4)其他按钮功能

① 启动 按钮:开始测试。

② 停止 按钮:停止测试。

当电路的仿真开关打开后, 启动 按钮会自动按下,一般要经过一段时计算后方可显示稳定的数值,这时再单击 停止 按钮,即可读取测试结果。

例:测试如图 3.2.19 所示单管放大电路的总谐波失真,其结果如图 3.2.20 所示。

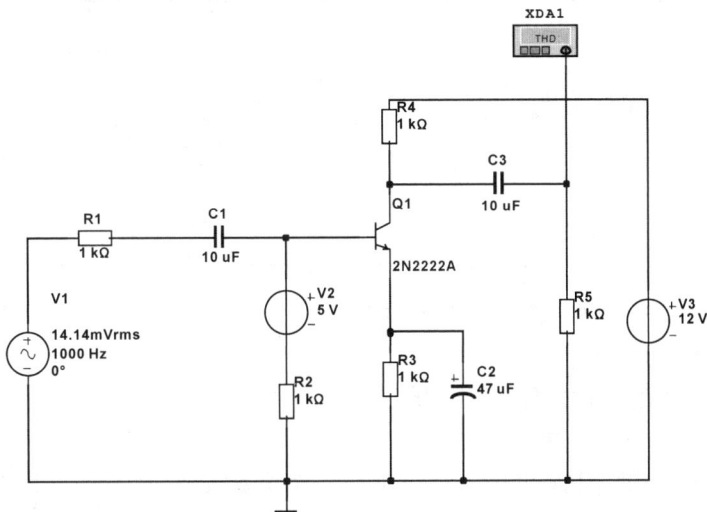

图 3.2.19　单管放大电路的总谐波失真

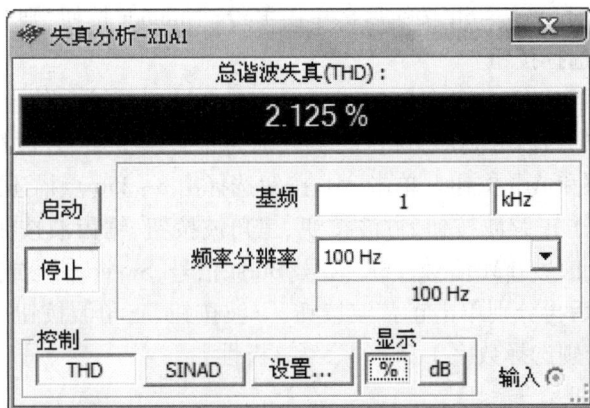

图 3.2.20　仿真结果

2.3.6　安捷伦函数信号发生器

(1)安捷伦函数信号发生器的图标和面板

Multisim10 仿真软件提供的 Agilent 33120A 是安捷伦公司生产的一种宽频带、多用途、高性能的函数信号发生器。它不仅能产生正弦波、方波、三角波、锯齿波、噪声源和直流电压 6 种标准波形,而且还能产生按指数下降的波形、按指数上升的波形、负斜波函数、Sa(x)及 Cardiac(心律波)5 种系统存储的特殊波形和由 8~256 点描述的任意波形。Agilent 33120A 的图标和面板如图 3.2.21 所示,图标包括两个端口,其中上面的 Sync 端口是同步方式输出端,下面的 Output 端口是普通信号输出端。

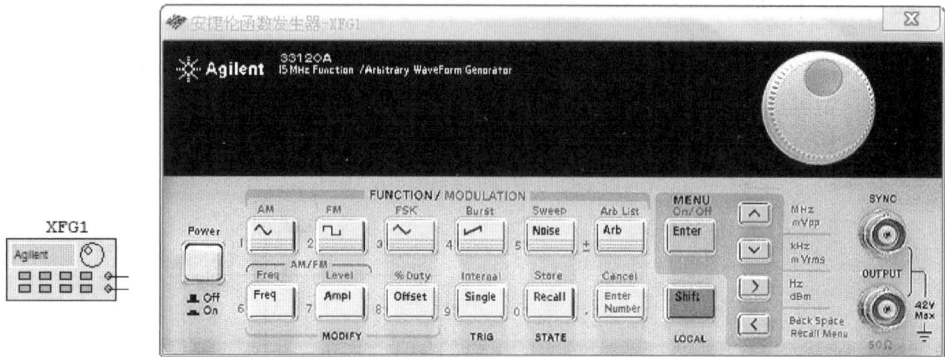

　　　　　(a)图标　　　　　　　　　　　　　　　(b)面板

图 3.2.21　Agilent 33120A 的图标和面板

(2) Agilent 33120A 面板上按钮的主要功能

1)Power 电源开关按钮

单击它可接通电源,再次单击它则切断电源。

2)Shift 和 Enter Number 按钮

①Shift 是换挡按钮,同时单击 shift 按钮和其他功能按钮,执行的是该功能按钮上方的功能。

②Enter Number 是输入数字按钮。单击 Enter Number 按钮后再单击面板上的相关数字按钮,即可输入数字。若单击 shift 按钮后再单击 Enter Number 按钮,则取消前一次操作 。

3)输出信号类型选择按钮

面板上的 FUNCTION/MODULATION 线框下的 6 个按钮是输出信号类型选择按钮,单击某个按钮即可选择相应的输出波形,自左向右分别为正弦波按钮、方波按钮、三角波按钮、锯齿波按钮、噪声源按钮和 Arb 按钮。单击 Arb 按钮选择由 8~256 点描述的任意波形。若单击 Shift 按钮后再分别单击正弦波按钮、方波按钮、三角波按钮、锯齿波按钮、噪声源按钮和 Arb 按钮,则分别选择 AM 信号、FM 信号、FSK 信号、Burst 信号、Sweep 信号或 Arb List 信号。若单击 Enter Number 按钮后再分别单击正弦波按钮、方波按钮、三角波按钮、锯齿波按钮、噪声源按钮和 Arb 按钮,则分别选择数字 1、2、3、4、5 和±极性。

4)频率和幅度按钮

面板上的 AM/FM 线框下的两个按钮分别用于 AM/FM 信号参数的调整。单击 Freq 按钮,可调整信号的频率;单击 Ampl 按钮,则分别调整 AM、FM 信号的和调制度。

5)菜单操作按钮

单击 Shift 按钮后,再单击 Enter 按钮,就可以对相应的菜单进行操作,若单击 ▽ 按钮则进入下一级菜单;若单击 △ 按钮则返回上一级菜单;若单击 ▷ 按钮则在同一级菜单右移;若单击 ◁ 按钮则在同一级菜单左移。若选择改变测量单位,则直接单击 ▽ 按钮选择测量单位递减,单击 △ 按钮选择测量单位递增。

6）偏置设置按钮

Offset 按钮为 Agilent 3312A 信号源的偏执按钮。单击 Offset 按钮，则调整信号源的偏执；若单击 Shift 按钮后再单击 Offset 按钮，则改变信号源的占空比。

7）触发模式选择按钮

Single 按钮是出发模选择按钮。单击 Single 按钮，则选择单次触发；若先单击 Shift 按钮再单击 Single 按钮，则选择内部触发。

8）状态选择按钮

Recall 按钮是状态选择按钮。单击 Recall 按钮则选择上一次存储的状态；如单击 Shift 按钮后再单击 Recall 按钮，则选择存储状态。

9）输入旋钮、外同步输入和信号输出端

面板上显示屏右侧的圆形旋钮是信号源的输入旋钮，旋转输入旋钮可改变输出信号的参数值。该旋钮下方的插孔分别为外同步输入端和信号输出端。

（3）Agilent 33120A **产生的标准波形举例**

Agilent 33120A 函数发生器能产生正弦波、方波、三角波、锯齿波、噪声源、直流电压这 6 种波形及 AM、FM 信号和几种特殊波形。下面以正弦波的产生为例进行介绍。

单击正弦波按钮，选择输出信号为正弦波。信号频率的调整方法是：单击 Freq 按钮，通过输入旋钮调整频率的大小；或者单击 Enter Number 按钮后，输入频率的数字，再单击"Enter"按钮确定；或者单击 ∨ 或 ∧ 按钮逐步增减数值，直到得到所需要的频率。信号幅度的调整方法：单击 Ampl 按钮，再单击 Enter Number 按钮，输入幅度的数字，之后再单击"Enter"按钮确定，或者单击 ∨ 或 ∧ 按钮逐步增减数值。信号偏置的调整方法：单击 offset 按钮，通过旋钮调整偏置的大小；或者单击 Enter Number 按钮，输入偏置的数值，再单击"Enter"按钮确定；或者单击 ∨ 或 ∧ 按钮逐步增减数值。另外，先单击 Enter Number 按钮，再单击 ∧ 按钮，可显示峰峰值；先单击 Enter Number 按钮，再单击 ∨ 按钮，可实现将峰峰值转换为有效值；先单击 Enter Number 按钮，然后单击 ＞ 按钮，可实现将峰峰值转换为分贝值。

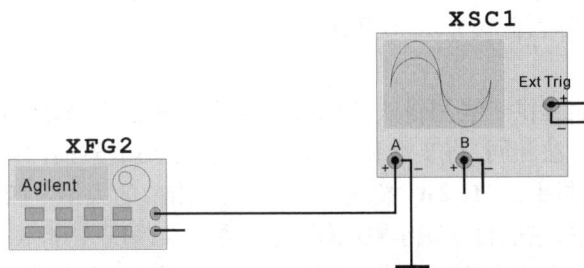

图 3.2.22　用示波器观察 Agilent 33120A 输出信号

2.3.7　安捷伦数字万用表

安捷伦数字万用表（Agilent Multimenter）仿真 Agilent34401A 型模拟仪器，具有 $6\frac{1}{2}$ 位高性能。它不仅具有传统的测试功能，如测试电阻、交直流电压、交直流电流、信号频率和周期，还具有一些高级功能，如数字运算功能、dB 、dBm、界限测试和最大、最小、平均等功能。

（1）安捷伦数字万用表的图标和面板

Agilent 34401A 的图标和面板如图 3.2.23 所示。Agilent 34401A 对外的连接端有 5 个，从上往下分别是 1~5 个接线端。其中左侧上下两个端子为 200V Max 一对，右侧上面的两个端子为 1 000 V Max 一对，右侧下面的端子为电流接线端。

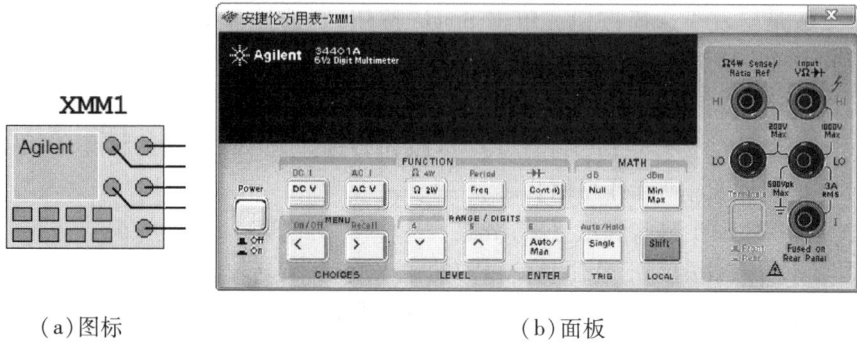

<table>
<tr><td>（a）图标</td><td>（b）面板</td></tr>
</table>

图 3.2.23　Agilent 34401A 的图标和面板

（2）安捷伦数字万用表的使用

将安捷伦数字万用表连接到电路图中，然后双击它的图标，即可打开其面板。单击面板上的电源（Power）开关，数字万用表的的显示屏变亮，表明数字万用表已处于工作状态，就可以完成相应的测试功能。单击图 3.2.23 中的"Shift"按钮后再单击其他功能按钮时，则执行面板按钮上方标注的功能。

1）电压的测试

测电压时，安捷伦数字万用表的 2、4 端应与被测电路的端点并联；单击面板上的"DC V"按钮可以测量直流电压，在测量屏上显示的单位为"VAC"。

2）电流的测量

测电流时，应将图标中的 5、3 端串联到被测试的支路中。单击面板上的"Shift"按钮，则显示屏上显示"Shift"。若单击"DC V"按钮，显示屏上显示的单位为"ADC"，即可测直流电流；若单击"AC V"按钮，此时在显示屏上显示的单位为"AAC"，即可测量交流电流。若被测量值超过该段测量量程时，面板显示"OVLD"。

3）电阻的测量

安捷伦数字万用表提供二线测量法和四线测量法两种方式测量电阻。二线测量法和用不同的万用表测量的方法相同，将 2 端和 4 端分别接在被测电阻的两端，同时 4 端也要连接地线。测量时，单击面板上的"Ω 2W"按钮，可测量电阻阻值的大小。四线测量法是可以更准确地测量小电阻的方法，它能自动减小触电阻，提高测量准确度，因此测量准确度比二线测量高。其使用方法是将 1 端和 2 端相连接，3 端和 4 端相连接，再并联至被测电阻的两端。测量时，先单击面板的"Shift"按钮，显示屏上显示"Shift"，再单击面板上的"Ω 2 W"按钮，即为四线测量法的模式，此时显示屏上显示的单位为"Ohm 4W"，它为四线测量法的标志。

4）频率和周期的测量

安捷伦数字万用表可以测量电路的频率或周期。测量时，需将 2 端和 4 端分别接在接在被测电路的两端。测量时，如单击面板的"Freq"按钮，可测频率的大小；如单击面板上的"Shift"按钮，显示屏上显示"Shift"，然后再单击 Freq 按钮，则可测量周期的大小。

注意：测量交流信号的带宽为 3 Hz~1.999 99 MHz。

5）二极管极性的判断

测量时,将安捷伦数字万用表的 1 端和 3 端分别接在二极管的两端,先单击面板上的"Shift"按钮,显示屏上显示"Shift"后,再单击"Cont(b)"按钮,即可测量二极管的极性。若安捷数学万用表的 1 端接二极管的正极,3 端接二极管的负极时,则显示屏上显示二极管的正向导通压降;反之,34401A 的 3 端接二极管的正极,1 端接二极管的负极时,则显示屏上显示为"Oohm"(Ω)。若二极管断路时,显示屏显示"OPEN"字样,表明二极管是开路故障。

2.3.8　安捷伦示波器

Multisim10 仿真软件提供的安捷伦示波器(Agilent Oscilloscope)是仿真 Agilent54622D 型虚拟仪器,其带宽为 100MHz,具有两个模拟通道和 16 个逻辑通道。

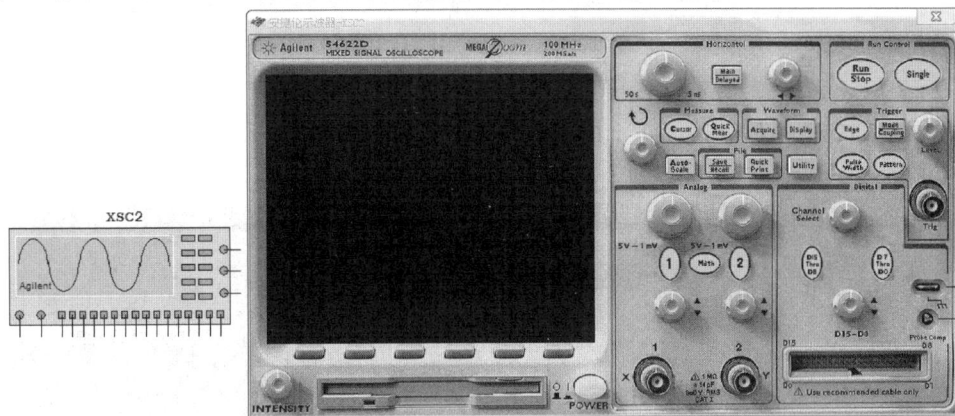

(a)图标　　　　　　　　　　　　　　(b)面板

图 3.2.24　Agilent 54622D 的图标和面板

(1) Agilent54622D 的图标和面板

如图 3.2.24(a)所示,其图标下方有两个模拟通道和 16 个逻辑通道的接线端,图标右侧有触发器、数字接地与探头补偿输出端子。

如图 3.2.24(b)所示面板,POWER 是电源,INTENSITY 是灰度调节旋钮;在电源开关和 INTENSITY 开关之间是软驱,软驱上面是设置参数的软按钮,软按钮上面是显示屏;Horizontal 区是时基调整区;Run Control 区是运行控制区;Trigger 区是触发区;Digital 区是数字通道的调整区;Measure 区是测量控制区;Waveform 区是波形调整区。

(2) Agilent 54622D 的校正

1）模拟通道的校正

模拟通道的校正可采取如图 3.2.25 (a)所示的连接,即将探头补偿输出端和模拟通道 1 端连接。单击面板中 POWER 按钮打开示波器,单击面板上 ① 的按钮选择模拟通道 1 显示,单击面板上 Save Recall 的按钮,将示波器设置为默认状态,最后单击面板上的 Auto Scale 按钮,此时在示波器显示屏上显示如图 3.2.25(b)的波形,这是一个峰峰值为 5 V、周期为 1 ms 的方波。

2）数字通道的校正

数字通道的校正可采取如图 3.2.26 (a)所示的连接。单击面板中 POWER 按钮打开示波器,单击面板上 数字通道选择按钮,选择数字通道 D0—D7;再单击面板上的 Save Recall 按钮,将示波

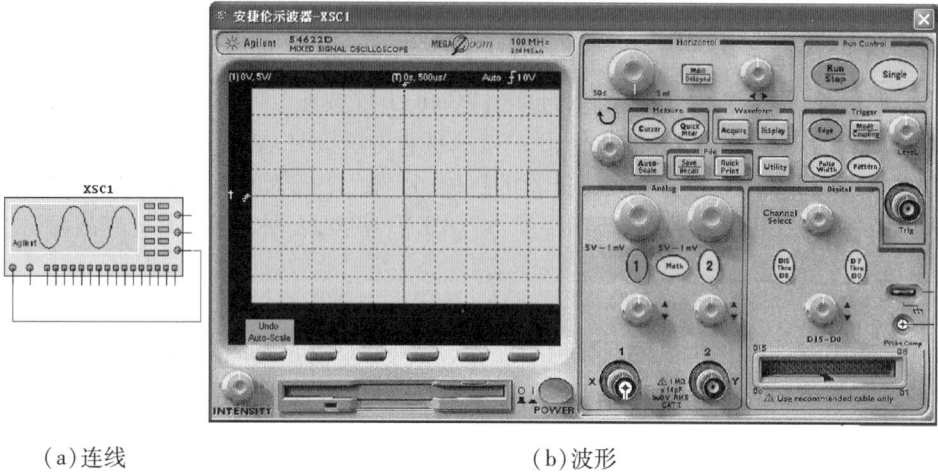

（a）连线　　　　　　　　　　　　　　（b）波形

图 3.2.25　模拟通道的校正

器设置为默认状态,最后单击面板上的 Auto-Scale 按钮,此时在示波器显示屏上显示如图 3.2.26(b)所示的波形。

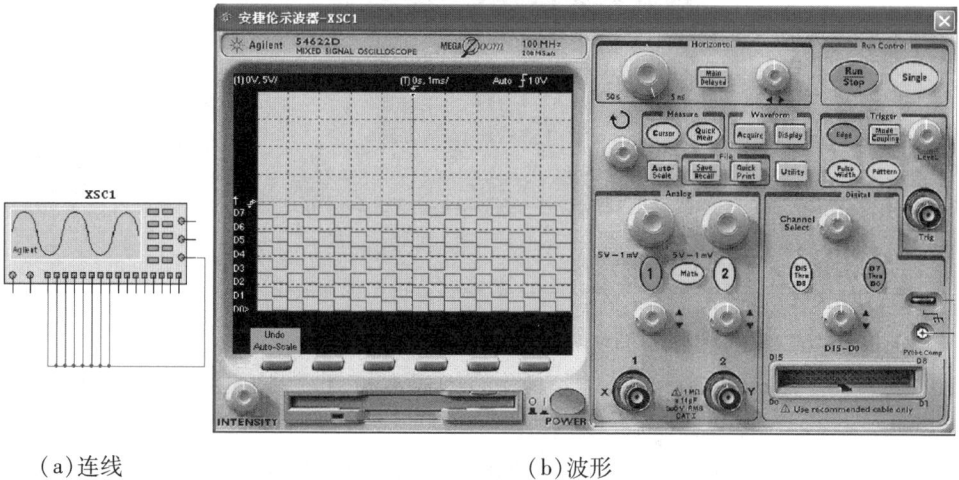

（a）连线　　　　　　　　　　　　　　（b）波形

图 3.2.26　数字通道的校正

(3) Agilent54622D 示波管的基本操作

使用 Agilent54622D 示波管进行测量前,必须首先通过面板设置仪器参数,然后才能进行测量并读取测量结果。

1) 模拟通道垂直位置调整

图 3.2.24(b)所示的 Analog 区是模拟通道调整区。

①单击模拟通道 1 选择按钮,选择模拟通道 1。模拟通道的耦合方式通过 Coupling 软按钮选择。耦合方式有三种:DC(直接耦合)、AC(交流耦合)和 GND(地)。

②波形位置调整旋钮 位于 Analog 区间位置,用来垂直移动信号。要把信号放在显示屏的中央,应注意随着转动波形位置调整旋钮会短时显示电压值指示参考电平与屏幕中心的距离,还应注意屏幕左端的参数接地水平符号随波形位置调整旋钮的旋转而移动。单击 Vemier 软按钮,可微调位置。单击 Invert 软按钮,可使波形反相。

③通过幅度衰减旋钮可以改变幅度垂直灵敏,两个幅度衰减旋钮位于 Anglog 区上部。幅

度衰减旋钮设置的范围为 1 nv/格~50 V/格。单击"Vemier"软按钮,可以按较小的增量改变波形的幅度。

2)数字通道的现实和重新排列

图 3.2.24(b)所示的 digital 区是数字通道调整区。

①单击数字通道 d15—d8 选择按钮或数字通道 d7—d0 选择按钮,可打开或关闭数字通道显示。当这些按钮被点亮时,显示数字通道。

②旋转数字通道选择按钮,选择所要显示数字通道,并在所选的通道右侧显示"〉"。

③旋转数字位置调整旋钮,在显示屏上能重新定位所选通道。如果在同一位置显示两个或多个通道,则弹出的菜单显示重叠的通道。继续旋转通道选择按钮,直到在弹出菜单中选定所需通道。

④单击数字通道 d15—d8 选择按钮或数字通道 d7—d0 选择按钮,再单击下面的软按钮,使数字通道显示格式在全屏显示和半屏显示之间切换。

3)时基调整区

图 3.2.24(b)所示的 Horiginal 区是基调整区。该区左侧是时间衰减旋钮,中间是主扫描/延迟扫描测试旋功能按钮,右侧是水平位置旋钮。

①时间衰减旋钮旋转时间调整的单位为 s/div,调整中以 1-2-5 的步进序列在5 ns/div~50 s/div 范围内变化。选择适当的扫描秒速度,可使测试波形能完善、清晰地显示在显示屏上。

②水平位置旋钮用于水平移动信号波形。

③单击主扫描/延迟扫描测试功能按钮,再单击"man"主扫描软按钮,可在显示屏上观察被测波形;再单击"venier"(时间衰减微调)软按钮,通过时间衰减按钮以较小的增量改变扫描速度,这些较小的增量均经过校准,所以,即使在微调开启的情况下也能得到精确的测量结果。

④单击主扫描/延迟扫描测试功能按钮,然后单击"delayed"(延迟)软按钮,在显示屏上观察测试波形的延迟显示。

4)使用滚动模式

单击主扫描/延迟扫描测试功能按钮,然后单击"roll"(滚动)软按钮,选择滚动模式。滚动模式引起波形在屏幕上右向左缓慢移动。它只能在 500 ms/div 或者更慢的时基设置下工作。如果当前时基设置超过 500 ms/div 的限制值,在进入滚动模式时,将自动被设置为500 ms/div。

5)使用 XY 模式

单击主扫描/延迟扫描测试功能按钮,然后单击"XY"软按钮,选择 XY 模式。XY 模式是把显示屏从电压对时间显示变成电压对电压显示,此时时基被关闭,通道 1 的电压幅度绘制于 X 轴上,而通道 2 的电压幅度则绘制于 Y 轴上,XY 模式通常用于比较两个信号的频率与相位关系。

6)连续运行与单次触发

运行控制包括连续运行(Run)和单次触发(Single)两种触发模式。如图 3.2.24(b)所示,Run Control 区是运行控制区。其中,🔲是运行/停止控制按钮,🔲是单次触发按钮。

①当运行/停止控制按钮变为绿色时,示波器处于连续运行模式,显示屏显示的波形是对同一信号多次触发的结果,这种方法与模拟示波器显示波形的方法类似。

②当单次触发按钮变为绿色时,示波器处于单次运行模式,显示屏显示的波形是对信号的单次触发。

7)调节波形显示亮度

图 3.2.24(b)中左下角的"INTENSITY"旋钮是调节波形显示亮度旋钮。

8)选择模式

单击图 3.2.24(b)中 Trigger(触发)区中的"Mode/Compling"(模式/耦合)按钮,显示屏的下部出现 Mode、Hold off 软按钮。

①Normal 模式显示符合触发条件时的波形,否则示波器既不触发扫描,显示屏也不更新。

②Auto 模式自动进行扫描信号,即使没有输入信号或输入信号没有触发同步时,仍可以显示扫描基线。

③Auto Level 模式适用于边沿触发或外部触发。

9)测量控制区

图 3.2.24(b)中的 Measure 区是测量控制区。

①单击"Cursor"按钮,显示屏下面将出现如图 3.2.27 所示的选择菜单。通过改变菜单中的参数,可以选择测量源和设置测量轴的刻度。

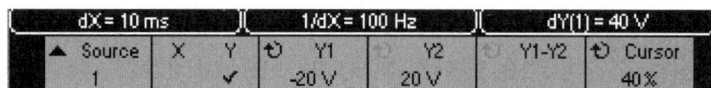

图 3.2.27　选择菜单

a."Source"软按钮用于从模拟通道 1、模拟通道 2 或 Math 菜单中选择测量源。

b."X Y"软按钮用于选择与 X 轴或 Y 轴有关参数的设置。

②单击"QuickMear"按钮,显示屏下方将出现如图 3.2.28 所示的 Quick Mear 选择菜单,通过改变菜单中的参数可以设置相关测量参数。

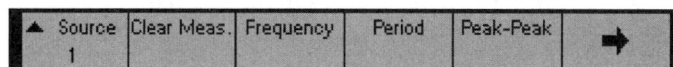

图 3.2.28　Quick Mear 选择菜单

a.单击"→"软按钮,可实现菜单之间的转换。

b.单击"Source"软按钮,可从模拟通道 1、模拟通道 2 或 Math 菜单中选择测量源。

c.单击"Clear Meas"软按钮,停止测量,从软按钮上方的显示行中擦除测量结果。

d.分别单击"Frequency"、"Period"、"Peak-Peak"等软按钮,可以测量波形的频率、周期、峰峰值等性能指标,并显示在软按钮上方的显示行中。

10)打印显示

单击"Quick Print"(快速打印)按钮,可以把包括状态行和软按钮在内的显示内容通过打印机打印。

11)网格的亮度

单击"Display"按钮,然后旋转输入旋钮可以改变显示的网格亮度。

(4)示波器触发方式的调整

图 3.2.24(b)中的 Trigger 区是触发控制区。

①边沿触发:通过面板上的 Edge 按钮可以选择触发源和触发方式,如图 3.2.29 所示。

图 3.2.29　边沿触发菜单

②脉冲宽度触发：单击 Pulse Width 按钮，可选择脉冲宽度触发并显示脉冲宽度触发菜单，如图 3.2.30 所示。

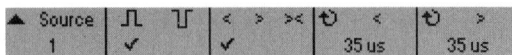

图 3.2.30　脉冲宽度触发菜单

③码型触发。码型是各通道数字逻辑组合的序列。单击面板 Trigger 区的 Pattern 按钮，将显示如图 3.2.31 所示的码型触发菜单。

图 3.2.31　码型触发菜单

2.4　任务实施

2.4.1　反相比例运算放大器的仿真实验

(1) 任务目的

①学习示波器与信号发生器的使用；

②学会测量反相放大器的输出与输入电压波形，计算电压增益；

③学会测定反相比例放大器输出与输入电压波形之间的相位差。

(2) 任务步骤与仿真分析

①用 Multisim 10 软件搭建仿真电路图，如图 3.2.32 所示。

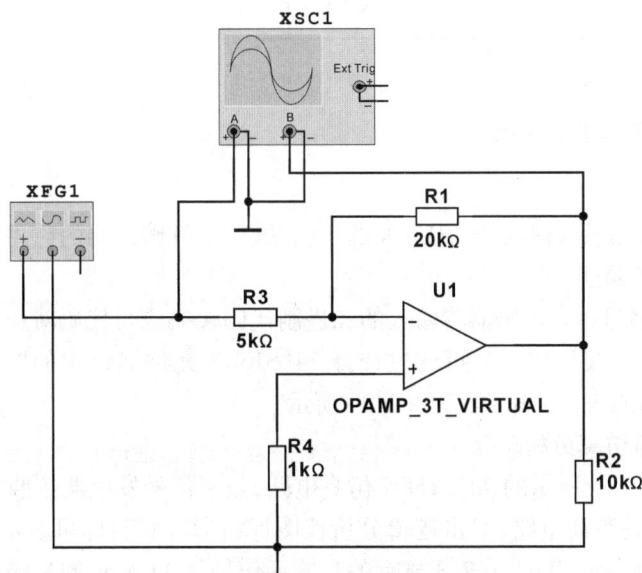

图 3.2.32　反相比例放大电路

②单击仿真开关激活电路,双击示波器图标打开其面板,面板显示输入与输出电压波形,如图 3.2.33 所示。

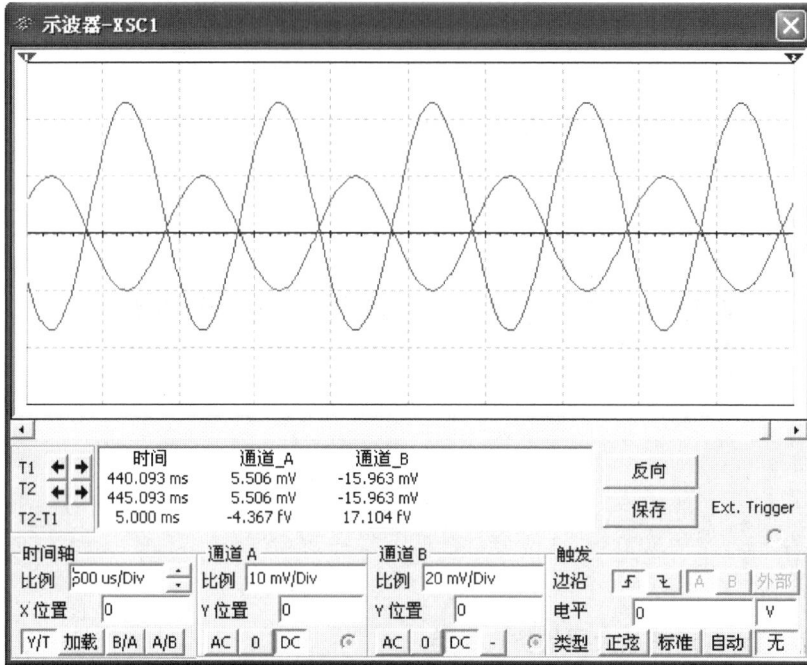

图 3.2.33　输入/输出波形

③在表 3.2.1 中记录输入电压峰值及输出电压峰值,并计算电压增益,同时记录输入与输出正弦电压之间的相位差。

表 3.2.1

	U_{IP}/V	U_{OP}/V	输出与输入波形相位差	电压增益 A_u
仿真测量值				

2.4.2　译码器功能仿真实验

(1)任务目的

通过仿真实验,熟悉译码器 74LS138N 的逻辑功能,了解编码器的应用。

(2)译码器原理简述

译码是编码的逆过程。译码器将输入的二进制代码转换成与代码对应的信号。74LS138N 是常用的集成 3 线-8 线译码器。可通过选择 74LS138N 元件属性中的"信息"菜单项,打开 74LS138N 的逻辑功能表对话框,如图 3.2.34 所示。

(3)任务步骤与仿真分析

①搭建如图 3.2.35 所示的 74LS138N 仿真电路,数字信号发生器按照图 3.2.36 设置。

②单击仿真开关激活电路,双击逻辑分析仪图标,打开面板,即可显示 74LS138N 的时序波形,如图 3.2.37 所示。其中,1、2、3 显示的是输入信号,4.11 显示的是输出信号。

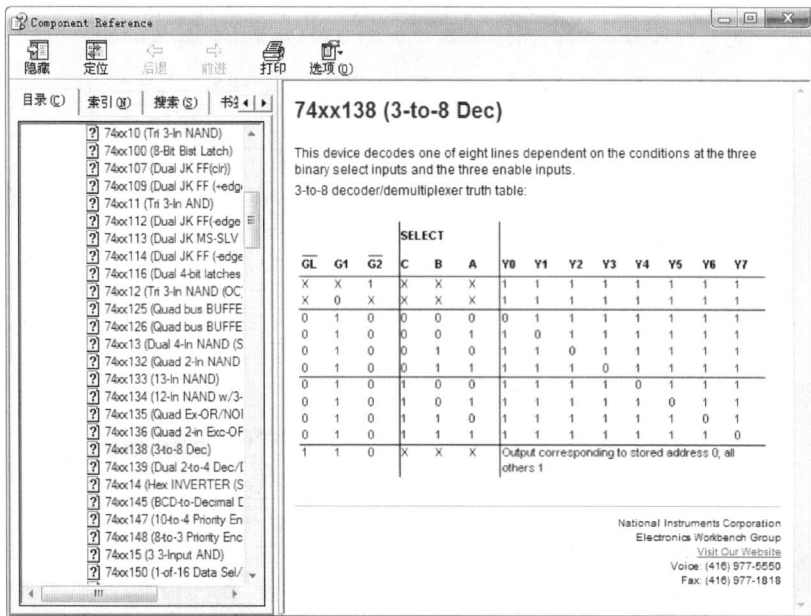

图 3.2.34　74LS138N 的逻辑功能表

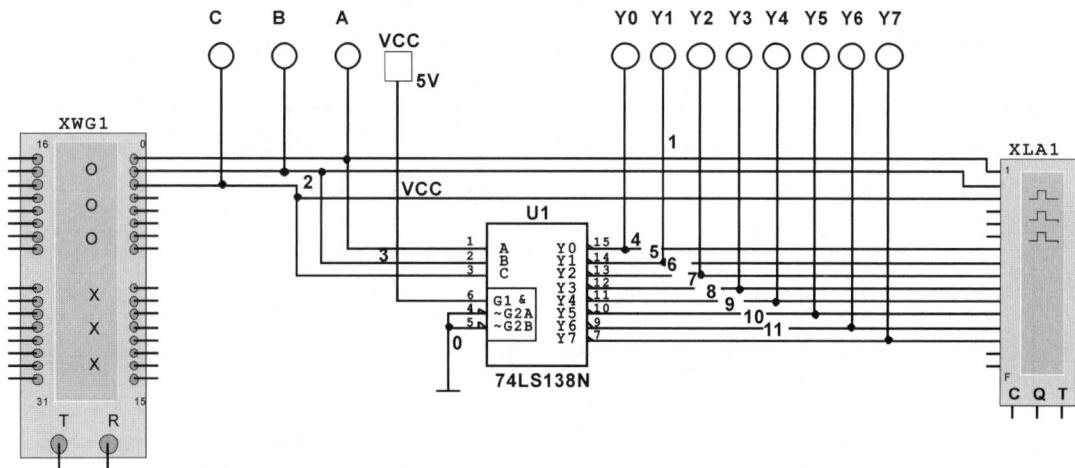

图 3.2.35　74LS138N 译码仿真电路

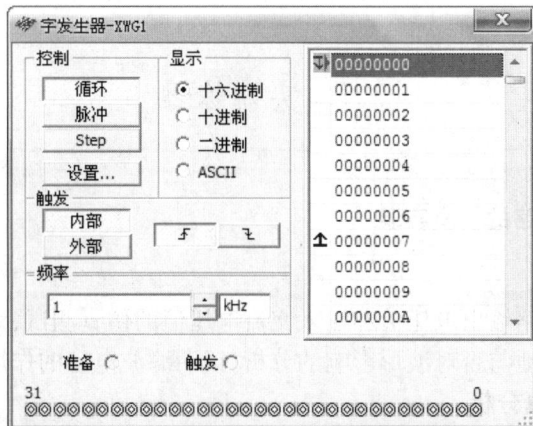

图 3.2.36　数字信号发生器设置

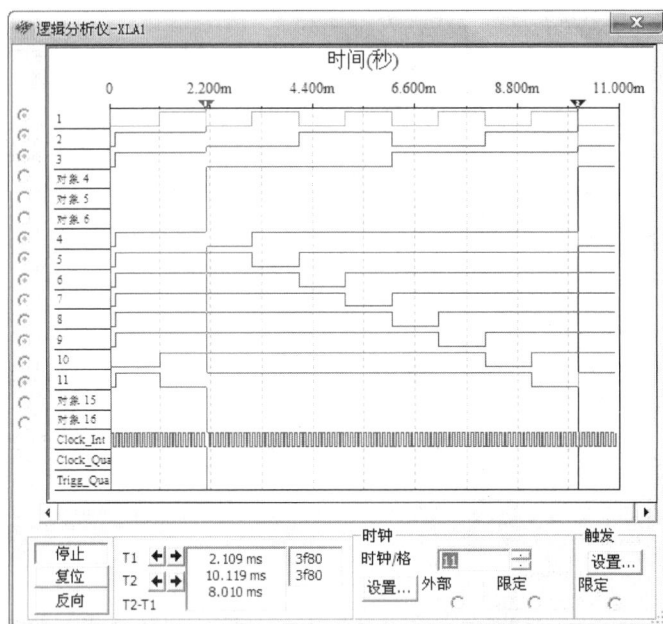

图 3.2.37　74LS138N 的输入/输出波形设置

③观察逻辑分析仪显示的输入、输出波形,并在表 3.2.2 中填写 74LS138N 的真值表。

表 3.2.2　74LS138N 的真值表

A	B	C	Y0	Y1	Y2	Y3	Y4	Y5	Y6	Y7
0	0	0								
0	0	1								
0	1	0								
0	1	1								
1	0	0								
1	0	1								
1	1	0								
1	1	1								

2.5　实训练习

2.5.1　桥式整流电路的仿真实验

(1)任务目的

①学会桥式整流电路输出电压值和输入交流电压值的仿真测试;

②测试滤波电容接地与否对波形影响的分析,说明滤波电容的作用。

(2)任务步骤与仿真分析

①搭建如图 3.2.38 所示的仿真电路。

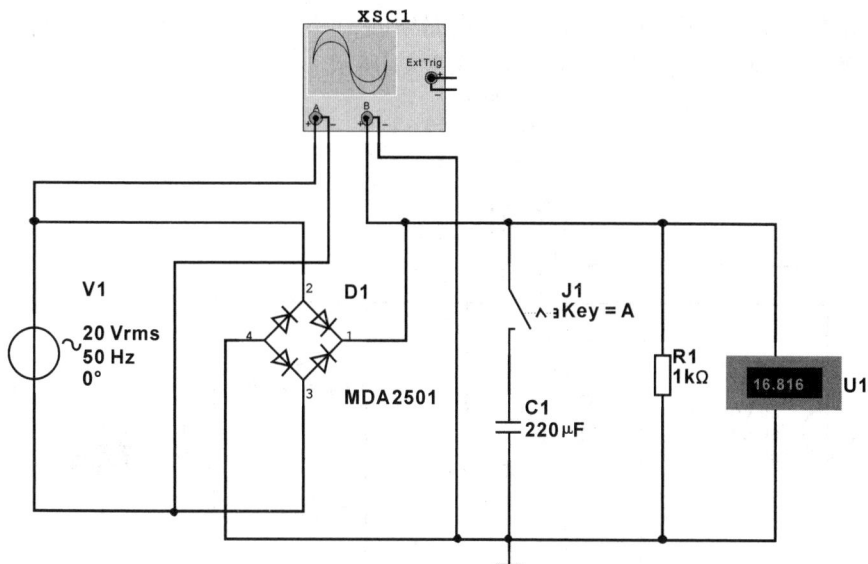

图 3.2.38 桥式整流仿真电路(未接电容)

②单击仿真开关激活电路,观察示波器面板上的波形与电压表的显示数据,将数据记录于表 3.2.3 中。示波器面板如图 3.2.39 所示。

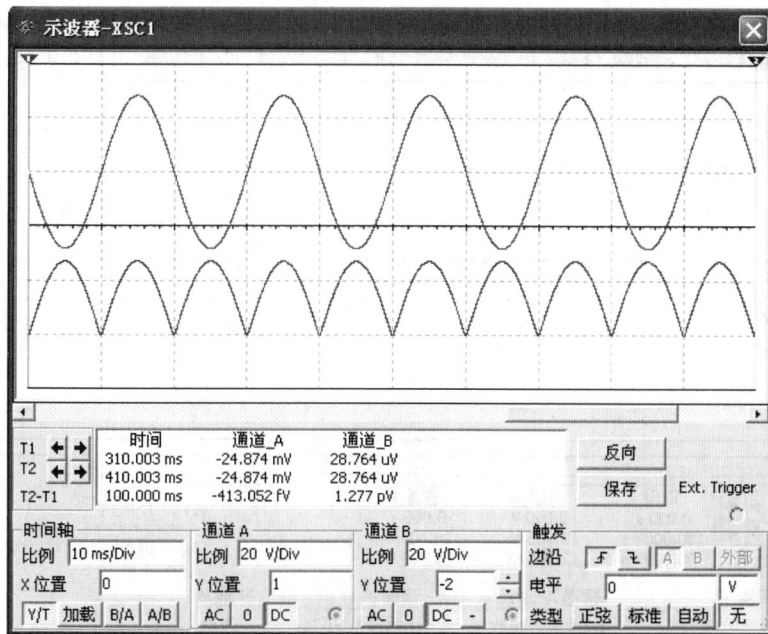

图 3.2.39 桥式整流仿真电路示波器面板(未接电容)

表 3.2.3 桥式整流仿真数据

	U_{01}/V (未接电容时的 输出电压)	U_{02}/V (接电容后的 输出电压)	未接电容时的 输出电压波形	接电容后的 输出电压波形
理论计算值				
仿真测试值				

③单击仿真暂停按钮,停止仿真。单击电路中的 J1 开关使之闭合,组成桥式整流滤波仿真电路,如图 3.2.40 所示,示波器面板如图 3.2.41 所示。

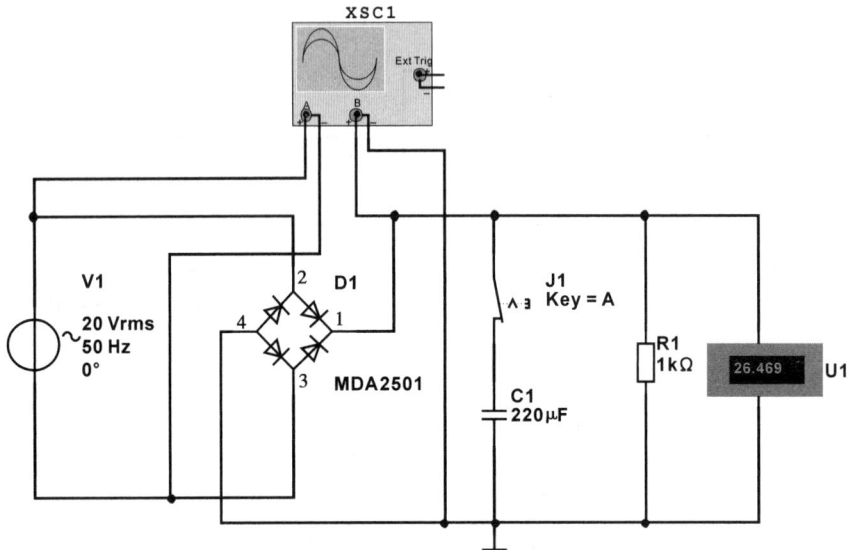

图 3.2.40　桥式整流仿真电路(接电容)

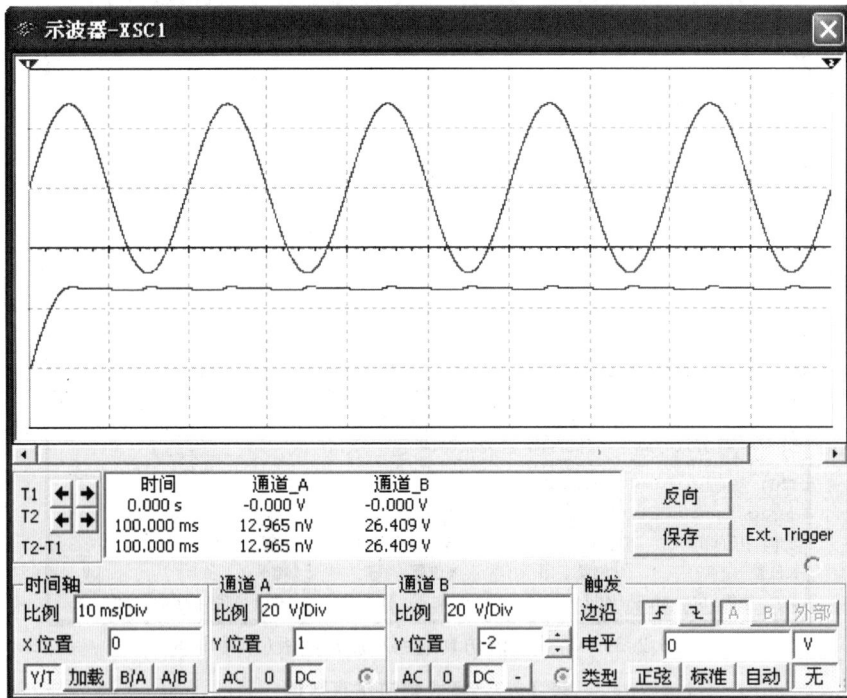

图 3.2.41　桥式整流仿真电路示波器面板(接电容)

④单击仿真开关。激活电路,观察示波器面板上的波形与电压表的显示数据,将数据记录于表 3.2.3 中。

⑤说明电路中滤波电容的作用。

2.5.2　三端可调输出集成稳压器的仿真实验

(1)任务目的

掌握三端可调输出集成稳压器的使用方法及外部元件参数的选择方法,学会测试稳压器的性能。

(2)原理简述

三端可调输出集成稳压器是在三端固定输出集成稳压器的基础上发展起来的,用少量的元器件就可构成可调稳压电路,应用灵活。常用的三端可调输出集成稳压器有 LM117、LM217、LM317 等,本实验即用 LM317。输出电压通过式(3.2.1)计算。

$$U_O = U_{REF} + \frac{U_{REF}}{R_1}R_2 + I_a R_2 \approx 1.25\ \text{V} \times \left(1 + \frac{R_2}{R_1}\right)\ \text{V} \tag{3.2.1}$$

(3)任务步骤与仿真分析

①搭建如图 3.2.42 所示的仿真电路。

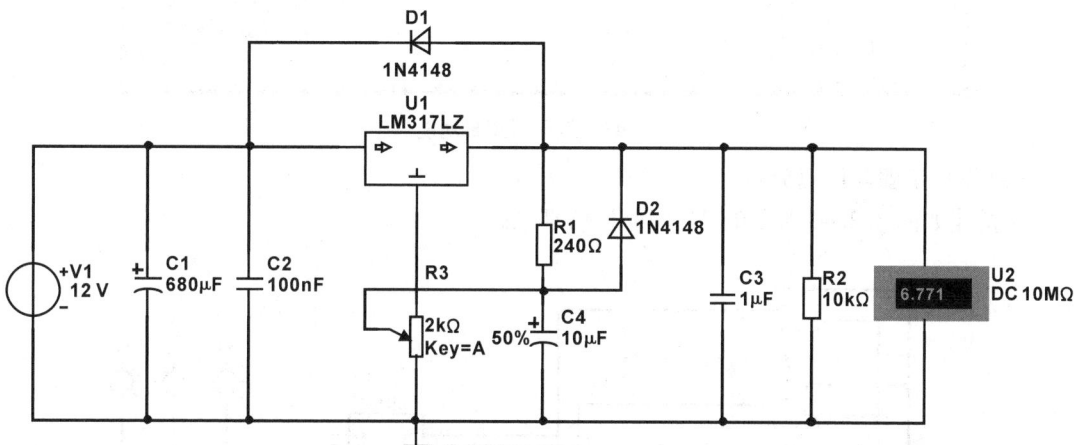

图 3.2.42　三端可调输出集成稳压器仿真电路

②单击仿真开关激活电路,调整 R_2 至 50%位置,观察电压表显示数据,将数据记录于表 3.2.4 中。

③调整 R_2 至 100%位置,观察电压表显示数据,将数据记录于表 3.2.4 中。

表 3.2.4　三端可调输出集成稳压器仿真数据

	$R_2 = 1\ \text{k}\Omega$	$R_2 = 2\ \text{k}\Omega$
电压表读数/V		

2.5.3　编码器的仿真实验

(1)任务目的

通过仿真实验,熟悉编码器 74LS148D 的逻辑功能,了解编码器的应用。

(2)原理简述

将具有特定意义的信息编写为二进制代码的过程称为编码。常用的编码器可分为普通编码器和优先编码器。74LS148D 是常用的集成 8 线-3 线优先编码器,其逻辑功能表如图 3.2.43 所示。

74xx148 (8-to-3 Priority Enc)

This TTL encoder features priority decoding of the inputs to ensure that only the highest-order data line is encoded. It encodes eight data lines to three-line (4-2-1) binary (octal).

8-line to 3-line priority encoder truth table:

EI	0	1	2	3	4	5	6	7	A2	A1	A0	GS	EO
1	X	X	X	X	X	X	X	X	1	1	1	1	1
0	1	1	1	1	1	1	1	1	1	1	1	1	0
0	X	X	X	X	X	X	X	0	0	0	0	0	1
0	X	X	X	X	X	X	0	1	0	0	1	0	1
0	X	X	X	X	X	0	1	1	0	1	0	0	1
0	X	X	X	X	0	1	1	1	0	1	1	0	1
0	X	X	X	0	1	1	1	1	1	0	0	0	1
0	X	X	0	1	1	1	1	1	1	0	1	0	1
0	X	0	1	1	1	1	1	1	1	1	0	0	1
0	0	1	1	1	1	1	1	1	1	1	1	0	1

National Instruments Corporation
Electronics Workbench Group
Visit Our Website
Voice: (416) 977-5550
Fax: (416) 977-1818

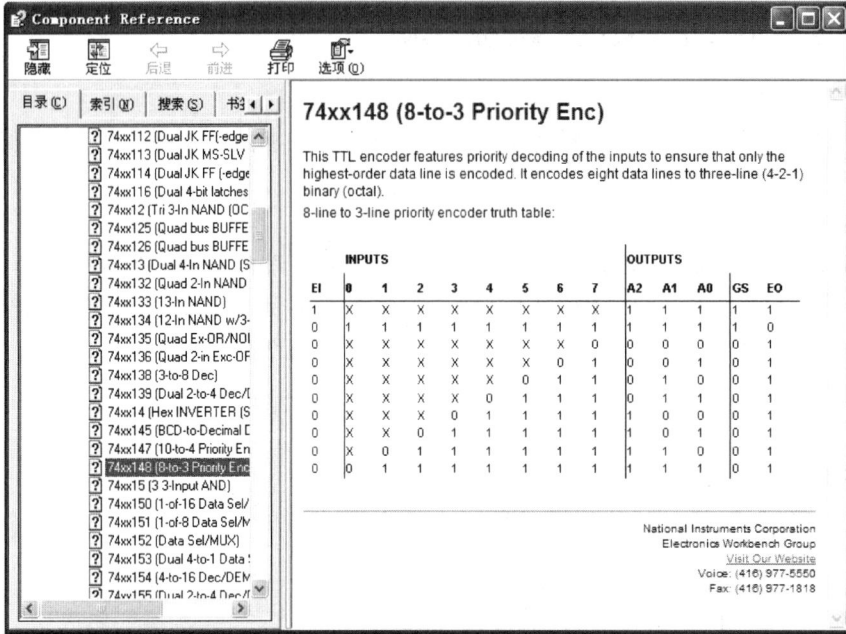

图 3.2.43　编码器逻辑功能表

(3)任务步骤与仿真分析

①搭建如图 3.2.44 所示的 74LS148D 仿真电路。

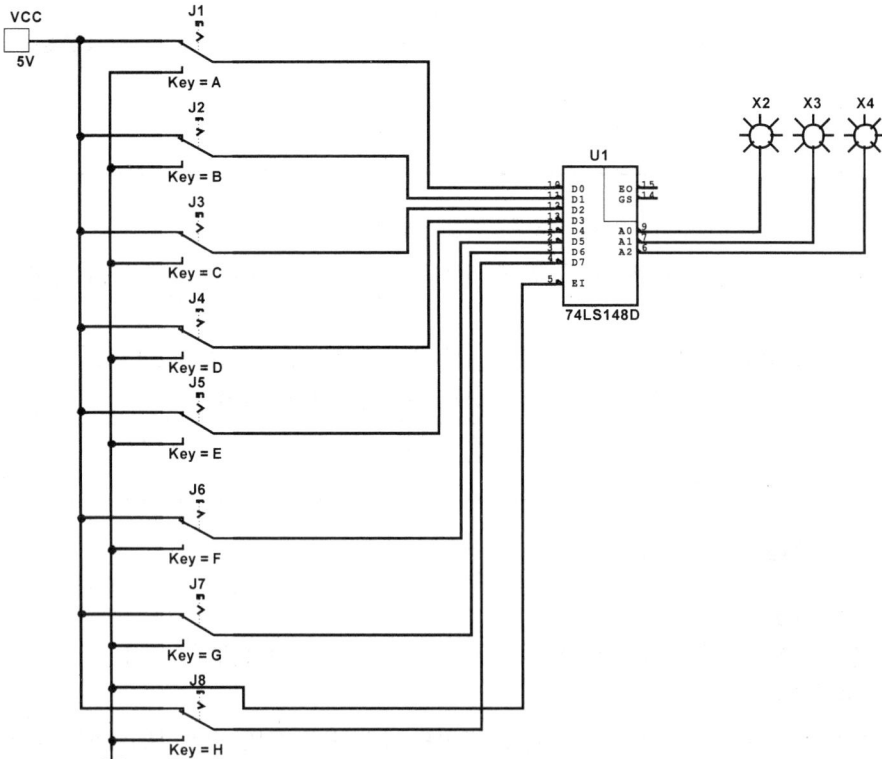

图 3.2.44　编码器的仿真实验

②单击仿真开关激活电路，通过键盘设置 J1-J8 的电平大小。按照图 3.2.43 所示的 74LS148D 的逻辑功能，分别验证其编码的原理。

2.5.4　计数器的仿真实验

(1) 任务目的

通过仿真实验，熟悉 74LS192D 的逻辑功能，了解计数器的应用。

(2) 原理简述

74LS192D 是同步十进制可逆计数器，它具有双时钟输入、有异步清零和置数等功能。其逻辑功能表如图 3.2.45 所示。

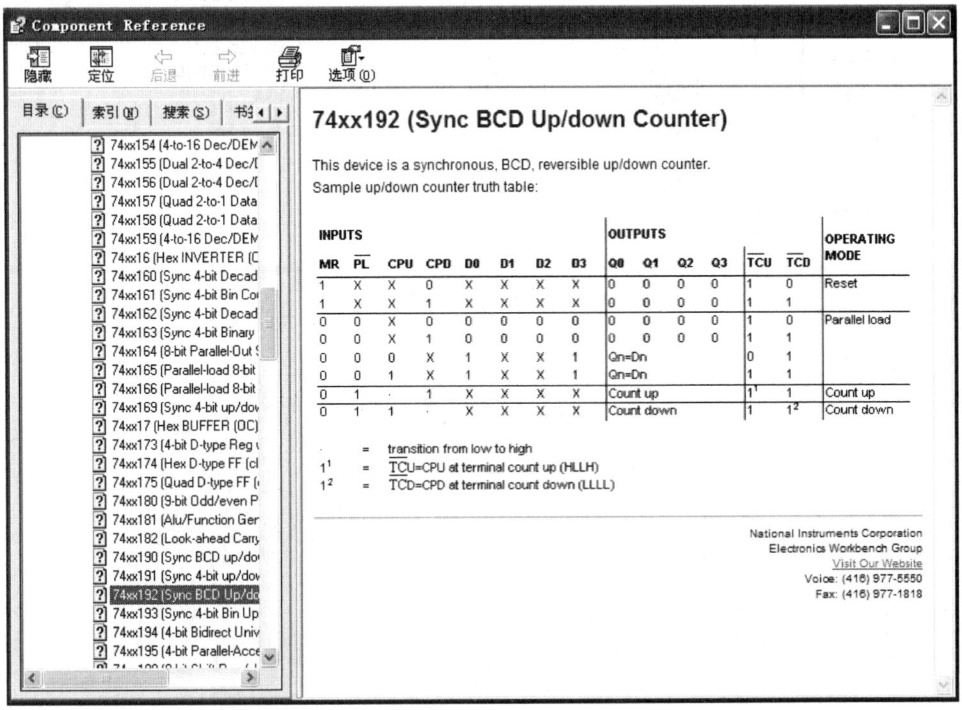

74xx192 (Sync BCD Up/down Counter)

This device is a synchronous, BCD, reversible up/down counter.

Sample up/down counter truth table:

INPUTS								OUTPUTS						OPERATING MODE
MR	$\overline{PL}$	CPU	CPD	D0	D1	D2	D3	Q0	Q1	Q2	Q3	$\overline{TCU}$	$\overline{TCD}$	
1	X	X	0	X	X	X	X	0	0	0	0	1	0	Reset
1	X	X	1	X	X	X	X	0	0	0	0	1	1	
0	0	X	0	0	0	0	0	0	0	0	0	1	0	Parallel load
0	0	X	1	0	0	0	0	0	0	0	0	1	1	
0	0	0	X	1	X	X	1	Qn=Dn				0	1	
0	0	1	X	1	X	X	1	Qn=Dn				1	1	
0	1	·	1	X	X	X	X	Count up				1^1	1	Count up
0	1	1	·	X	X	X	X	Count down				1	1^2	Count down

· = transition from low to high

1^1 = $\overline{TCU}$=CPU at terminal count up (HLLH)

1^2 = $\overline{TCD}$=CPD at terminal count down (LLLL)

National Instruments Corporation
Electronics Workbench Group
Visit Our Website
Voice: (416) 977-5550
Fax: (416) 977-1818

图 3.2.45　计数器逻辑功能表

(3) 任务步骤与仿真分析

①搭建如图 3.2.46 所示的 74LS192D 仿真电路。

②调整各逻辑开关，使 J1 接时钟脉冲，J2 接时钟脉冲，J3 接高电平，J4 接高电平，单击仿真按钮激活电路。此时计数器工作在十进制加法计数模式，由 9→0 时，“~CO”端产生进位信号，进位逻辑探头亮。

③逻辑开关 J1、J4 保持不变，J2、J3 交换位置，再打开仿真开关激活电路，此时计数器工作在十进制减法计数模式，由 0→9 时，“~BO”端产生错位信号，错位信号逻辑探头亮。

④将逻辑开关 J4 接低电平，此时计数器工作在异步预置数模式，若输入端 DCBA = 0011 不变化，单击仿真按钮激活电路，此时数码管显示 3。

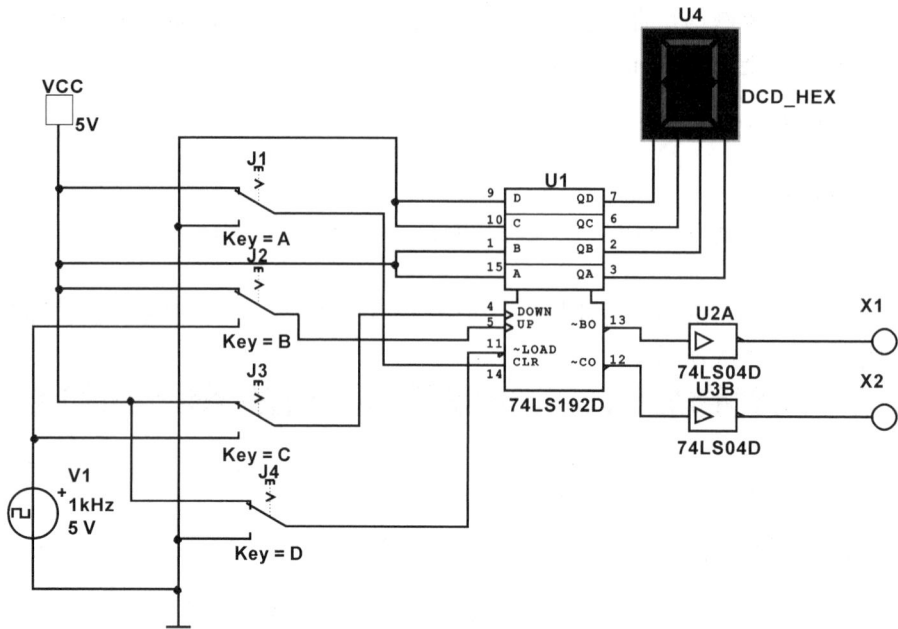

图 3.2.46　74LS192D 仿真电路

项目 3
单管放大电路仿真分析

3.1 学习目标

3.1.1 最终目标

会用 Multisim 10 软件对电路进行基本的仿真分析。

3.1.2 促成目标

①会进行电路直流工作点的分析与调整；
②会进行电路交流分析与调整；
③会进行电路瞬态分析；
④会对电路进行傅里叶分析；
⑤会对电路进行失真分析；
⑥会对电路进行参数扫描分析；
⑦会进行直流扫描分析，从而明确电源对电路的影响；
⑧会进行参数扫描分析，从而明确电路器件参数对电路性能的影响。

3.2 工作任务

借助 Multisim 10 电路仿真软件对图 3.3.1 所示的单管放大电路进行分析。
要求：
①对电路进行直流工作点分析；
②对电路进行交流分析；
③对电路进行瞬态分析；
④对电路进行傅里叶分析；
⑤对电路进行失真分析；

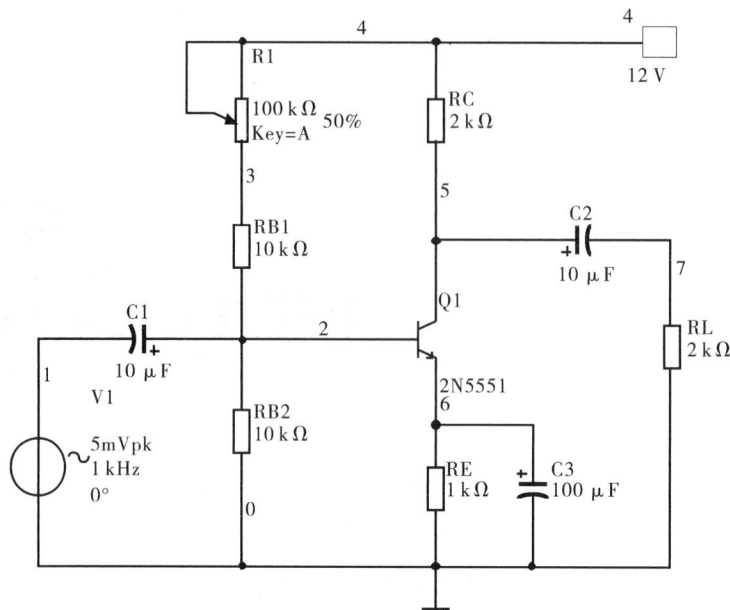

图 3.3.1　单管放大电路

⑥对电路进行噪声分析；

⑦对电路进行直流扫描分析；

⑧对电路进行参数扫描分析。

3.3　知识准备

Multisim 10 向用户提供了多达 18 种仿真分析功能,如此多的仿真分析功能是其他电路分析仿真软件所不能比拟的,这也是 Multisim 10 的特色之一。本章介绍其中常用的、基本的 8 种仿真分析功能:直流工作点分析、交流分析、瞬态分析、傅里叶分析、噪声分析、失真分析、直流扫描分析、参数扫描分析。其他分析功能请参考有关文献。

执行“仿真”菜单的“分析”命令,即可出现分析功能菜单。

3.3.1　直流工作点分析

直流工作点分析(DC Operating Point Analysis)是在电路电感短路、电容开路、交流信号源除源(除源的含义:不论交流源还是直流源,都将电压源短路、电流源开路)的情况下,计算电路的静态工作点。

直流分析的结果通常可用于电路的进一步分析,如在进行暂态分析和交流小信号分析之前,程序会自动先进行直流工作点分析,以确定暂态的初始条件和交流小信号情况下非线性器件的线性化模型参数。直流工作点分析是一种小信号的分析,对于大信号的电路,其分析是不可靠的。

(1)构建电路

为了分析电路的交流信号是否能正常放大,必须了解电路的直流工作点设置得是否合理,所以首先应对电路的直流工作点进行分析。在 Multisim 10 的工作区构建一个共射放大电路,如图 3.3.2 所示。

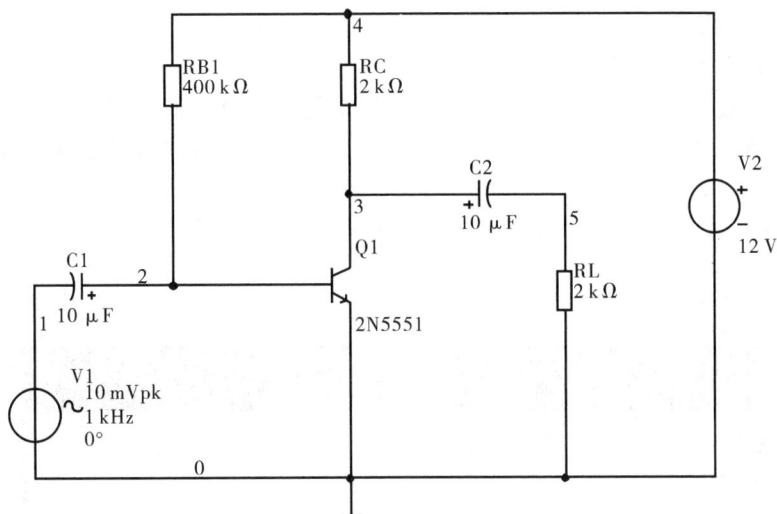

图 3.3.2　共射放大电路

(2)分析参数设置

执行"仿真"→"分析"命令,在列出的可操作分析类型中选择"直流工作点分析..."命令,则出现直流工作点分析对话框,如图 3.3.3 所示。其中包括"输出""分析选项"及"摘要"共 3 页。这 3 页也会同样出现于其他分析的对话框中,下面给出详细介绍。

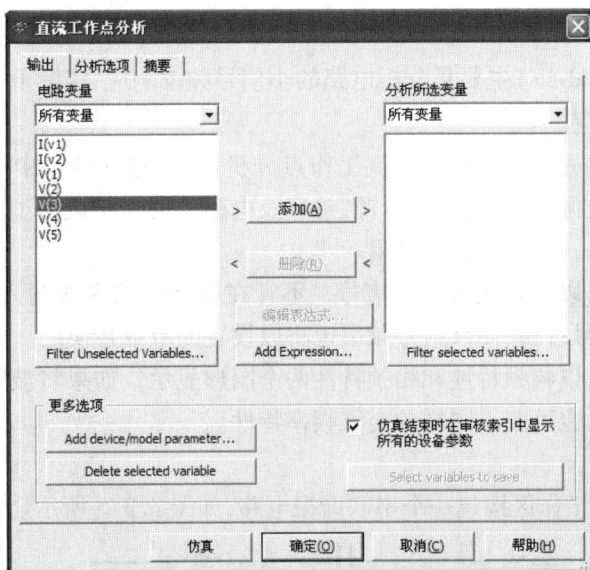

图 3.3.3　直流工作点分析对话框

①"输出"页用于选定需要分析的节点。左边"电路变量"栏内列出电路中节点电压变量和流过电源的电流变量。右边"分析所选变量"栏用于存放进行分析的节点。

具体做法是先在左边"电路变量"栏内选中需要分析的变量,再单击对话框中间"添加"按钮,相应变量则会出现在"分析所选变量"栏中。如果"分析所选变量"中某个变量不需要分析,则先选中它,然后单击"删除"按钮,该变量会回到左边"电路变量"栏中。

②"分析选项"和"摘要"页中排列了该分析所设置的所有参数和选项。用户通过检查可以确认这些参数的设置。

(3)检查分析结果

单击图 3.3.3 下部的"仿真"按钮,测试结果如图 3.3.4 所示。测试结果给出了电路各个节点的电压值。根据这些电压的大小,可以确定该电路的静态工作点是否合理。如果不合理,可以改变电路中的某个参数。利用这种方法,也可以观察电路中某个元器件参数的改变对电路直流工作点的影响。

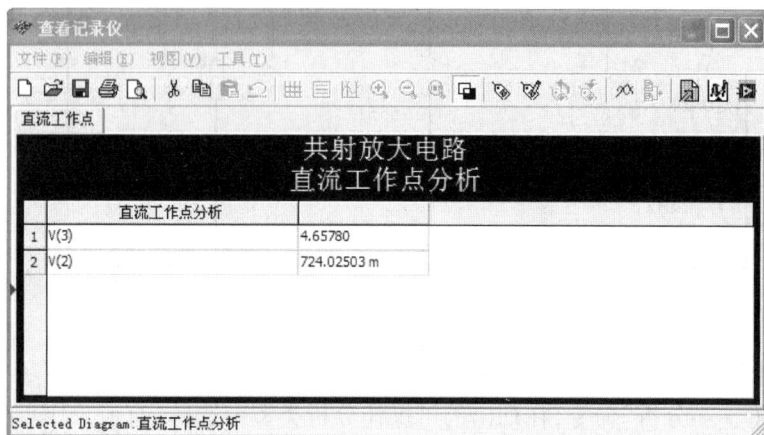

图 3.3.4　直流工作点分析测试结果

3.3.2　交流分析

交流分析(AC Analysis)主要是分析电路的小信号频率响应,实际上是分析输出与输入在不同频率时的不同响应。

分析时,程序自动先对电路进行直流工作点分析,以便建立电路中非线性元件的交流小信号模型,并将直流电源除源,交流信号源、电容及电感等用其交流模型表示。如果电路中含有数字元件,将认为是一个接地的大电阻。

进行交流分析时,以正弦波为输入信号。不管在电路的输入端输入何种信号,进行分析时都将自动以正弦信号替换,而其信号频率也将以设置的范围替换之。

交流分析的结果,以幅频特性和相频特性两个图形显示。如果将波特图图示仪连至电路的输入端和被测节点,也可获得同样的交流频率特性。

(1)电路构建

在 Multisim 10 的工作区构建一个串联谐振电路,如图 3.3.5 所示。

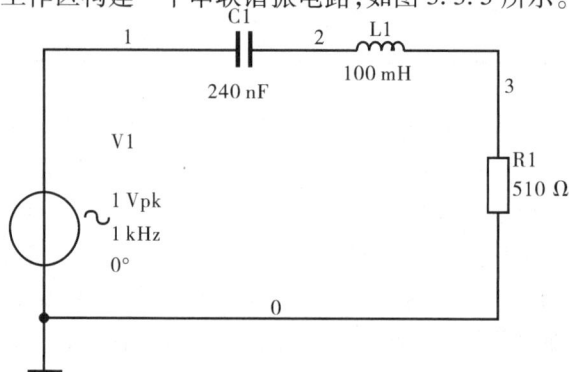

图 3.3.5　串联谐振电路

（2）分析参数设置

执行"仿真"→"分析"命令，在列出的可操作分析类型中选择"交流分析…"命令，则出现交流分析对话框，如图 3.3.6 所示。

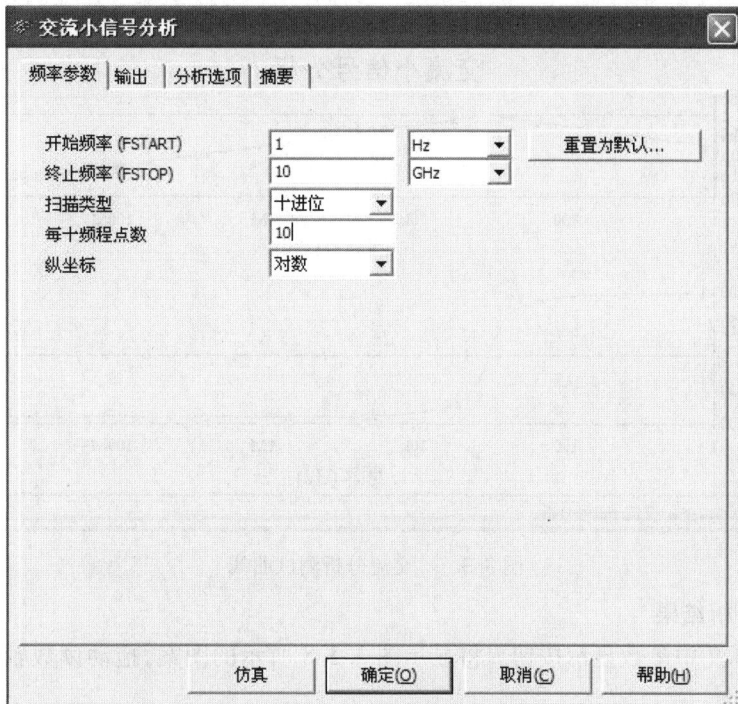

图 3.3.6　交流分析对话框

该对话框包括"频率参数"、"输出"、"分析选项"及"摘要"共 4 页。其中，后 3 页的设置与直流工作点分析类似，而"频率参数"页需要进行 5 项设置。

①"开始频率"栏：设置交流分析的起始频率。

②"终止频率"栏：设置交流分析的终止频率。

③"扫描类型"栏：设置交流分析的扫描方式（分析的水平轴），包括"十进制"（Decade）和"倍频程"（Octave）及"线形"（Linear）。通常采用十进制（十倍频程）扫描，以对数方式显示。

④"每十频程点数"栏：也称为扫描点数，该栏设置每十倍频程的分析取样数量。

⑤"纵坐标"栏：也称为"垂直刻度"栏，该栏设置输出波形的纵坐标刻度，其中包括线性（Linear）、对数（Logarithmic）、分贝（Decibel）及倍频程（Octave）。通常采用"对数"或"分贝"选项。

本电路对"频率参数"页的设置如图 3.3.6 所示，在"输出"页设置电路要分析的变量为电路的输入和输出，即 1、3 节点，直接按"仿真"按钮开始分析。完成分析后，将出现"查看记录仪"窗口，此电路的频率响应曲线如图 3.3.7 所示，分别为幅频特性曲线和相频特性曲线。从图 3.3.7 所示的结果中发现，幅频特性的纵轴用该点电压值表示。

这是因为不管输入信号源的数值多少，程序一律将其视为一个幅度为单位 1 且相位为零的单位信号源，这样从输出节点取得的电压的幅度就代表了增益值，相位就是输出与输入之间的相位差。

115

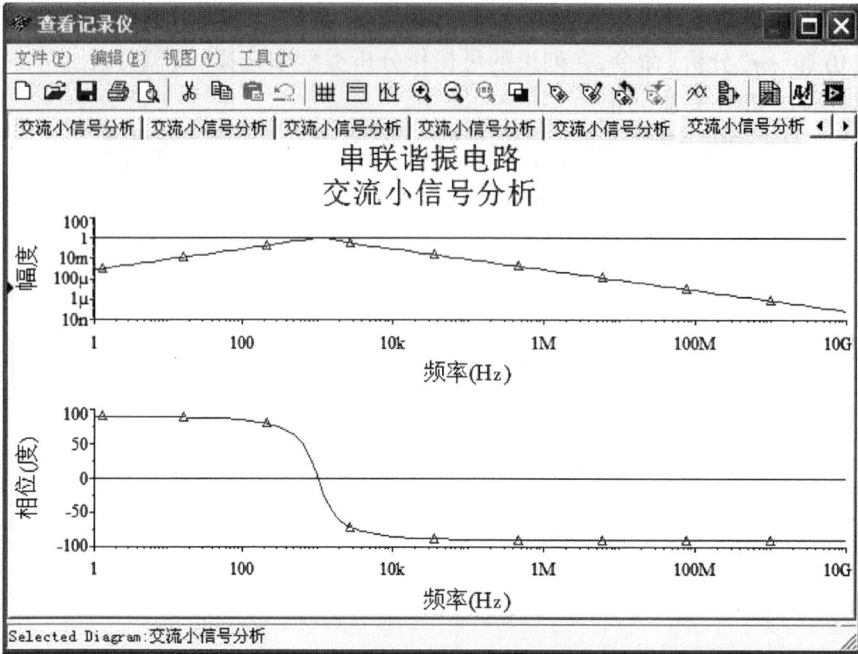

图 3.3.7　交流分析测试曲线

(3) 检查分析结果

单击图 3.3.7 中参数显示按钮 ▥ 将显示图 3.3.8 所示的图案,拖动读数轴即可读测电路参数值。

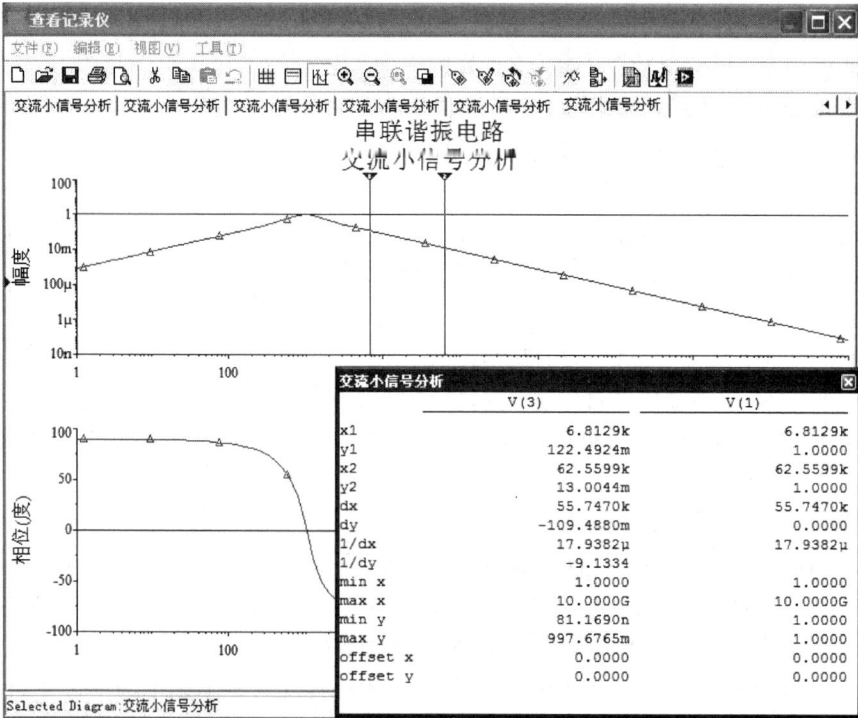

图 3.3.8　参数读测

3.3.3 瞬态分析

瞬态分析(Transient Analysis)是一种非线性时域(Time Domain)分析,即电路的时域响应分析。可以在激励信号(或没有任何激励信号)的情况下计算电路的时域响应。分析时,电路的初始状态可由用户自行指定,也可由程序自动进行直流分析,用直流解作为电路初始状态。

瞬态分析的结果通常是显示分析节点的电压波形,故用示波器也可观察到相同的结果。

(1)电路构建

在 Multisim 10 的工作区构建一个 RC 电路,如图 3.3.9 所示。

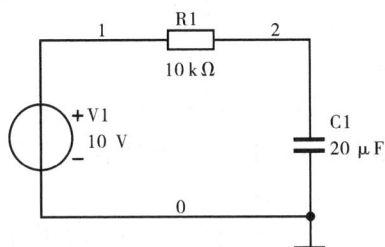

图 3.3.9　RC 电路

(2)分析参数设置

执行"仿真"→"分析"命令,在列出的可操作分析类型中选择"瞬变分析…"命令,则出现瞬态分析对话框,如图 3.3.10 所示。

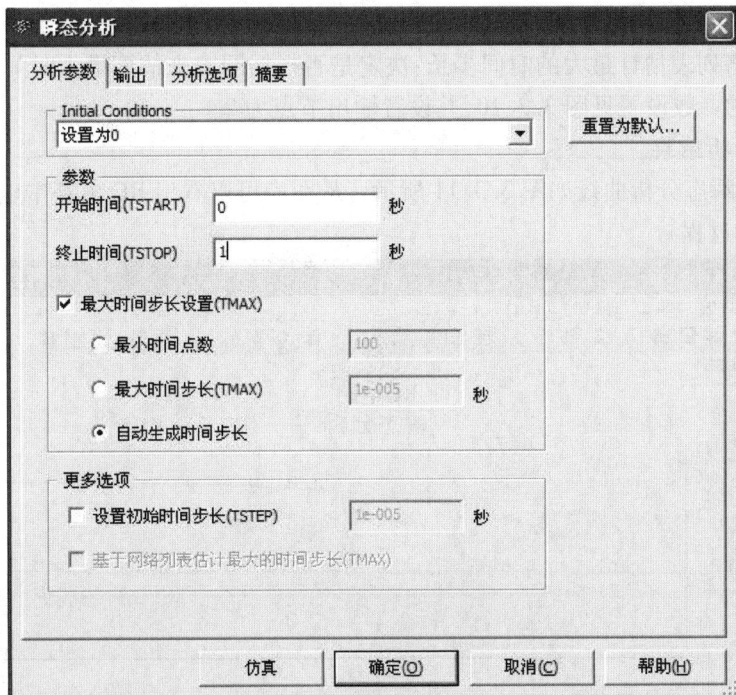

图 3.3.10　瞬态分析对话框

该对话框包括"分析参数"、"输出"、"分析选项"及"摘要"共 4 页,其中后 3 页的设置与直流工作点分析类似,而"分析参数"页分为 Initial Conditions 区、"参数"区和"更多选项"区等几部分。

1）Initial Conditions 区

Initial Conditions 区的功能是设置初始条件,有 4 个选项供选择。

①设置为 0:将初始值设为 0。

②用户自定义:由用户定义初始值。

③计算直流工作点:设置通过计算直流工作点得到的初始值。

④自动确定初始条件:由程序自动设置初始值。

2）"参数"区

"参数"区的功能是对时间间隔和步长等参数进行设置。

①开始时间:设置开始分析的时间。

②终止时间:设置结束分析的时间。

③最大时间步长设置(TMAX):设置最大时间步长,包括 3 种方式。

a.最小时间点数:用于设置以单位时间内的取样点数来分析的步长。选取该选项后,须在右边栏设置单位时间间距内最少要取样的点数。

b.最大时间步长(TMAX):用于以时间间距设置分析取样的步长。选取该选项后,须在右边栏设置最大的时间间距。

c.自动生成时间步长:用于设置由程序自动决定分析取样的时间步长。

3）"更对选项"区

①设置初始时间步长:由用户决定是否自行确定起始时间步长。如不选择,则由程序自动约定;如选择,则在其右边栏内输入步长大小。

②基于网络列表估计最大的时间步长:决定是否根据网表来估算最大时间步长。

图 3.3.9 的参数设置见图 3.3.10,并设置输出节点为 2。

(3)检查分析结果

RC 电路的瞬态分析曲线如图 3.3.11 所示。从图中可以看出 RC 电路中电容器上的电压变化情况(充电过程)。

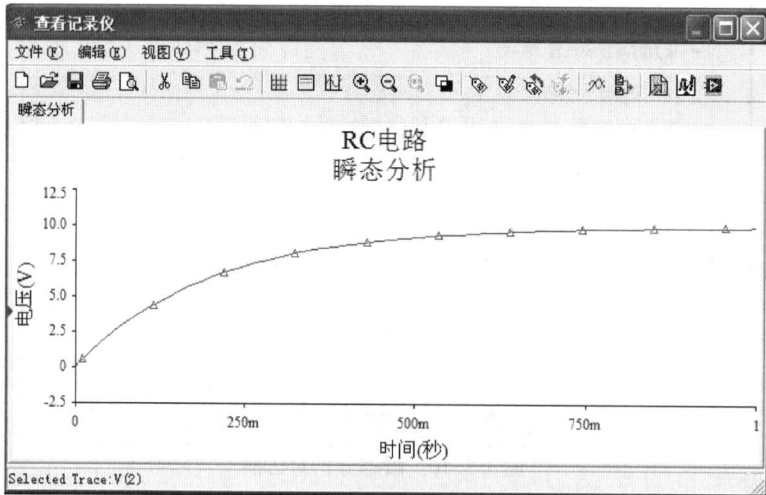

图 3.3.11　RC 电路的瞬态分析曲线

3.3.4　傅里叶分析

傅里叶分析(Fourier Analysis)是通过对时域的波形信号进行傅里叶级数的展开来分析构成信号的直流、基波和各次谐波的幅度分配情况。这些信号分量对电路的性能有着重要的影响。

傅里叶分析通常根据信号的类型分为连续傅里叶分析和离散傅里叶分析。连续傅里叶分析是采用数学的方法对连续信号进行傅里叶级数展开,得到各种频率成分幅度大小的分析方法;而离散傅里叶分析是对信号取样及量化,将其变为数字信号,利用数字信号处理方法进行分析的方法。

(1)电路构建

下面以图 3.3.2 所示共射放大电路为分析对象。当该放大电路的输入信号源电压幅值达到 50mV 时,输出端电压信号已经出现较严重的非线性失真,这就意味着在输出信号中出现了输入信号中未有的谐波分量。

(2)分析参数设置

执行"仿真"→"分析"命令,在列出的可操作分析类型中选择"傅里叶分析..."命令,则出现傅里叶分析对话框,如图 3.3.12 所示。

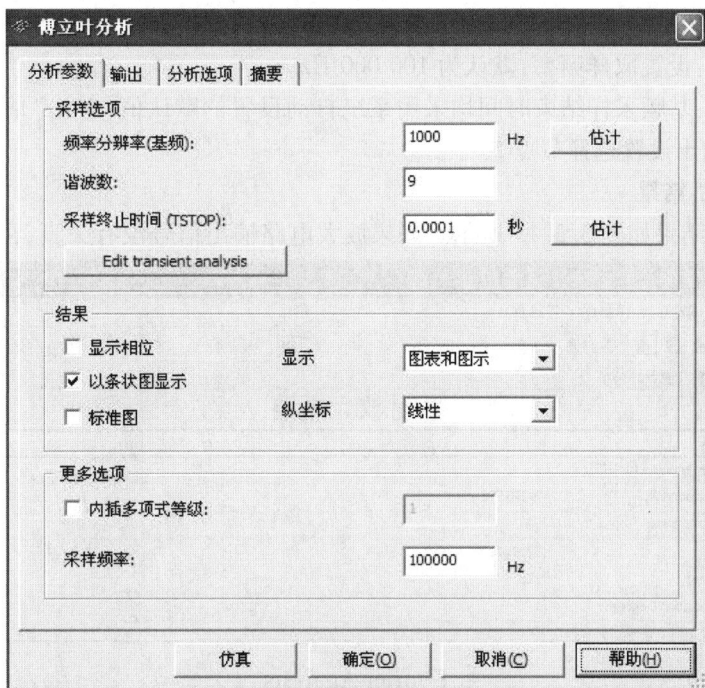

图 3.3.12　傅里叶分析对话框

该对话框包括"分析参数"、"输出"、"分析选项"及"摘要"共 4 页。其中,后 3 页的设置与直流工作点分析类似,而"分析参数"页分为"采样选项"区、"结果"区和"更多选项"区等几部分。

1)"采样选项"区

"采样选项"区用于对傅里叶分析的基本参数进行设置。

①频率分辨率(基频):设置基频。如果电路中有多个交流信号源,则取各信号源频率的最小公倍数。如果难以设置,则可单击该栏右侧的"估计"按钮,由程序自动设置。

②谐波数:设置希望分析的谐波的次数。

③采样终止时间:设置停止取样的时间。难以设置时,可以单击该栏右侧"估计"按钮,由程序自动设置。

④Edit transient analysis 按钮:设置瞬态分析的选项,其设置与瞬态分析相同。

2)"结果"区

"结果"区用来选择仿真分析结果的显示方式。

①显示相位:选择显示相位图。如果选中,则分析结果同时显示相频特性。

②以条状图显示:设置以线条绘出频谱图。如果选中,则以条形图方式显示图形。

③标准图:选择绘制归一化频谱图。

④显示:设置所要显示的项目,包括 3 个选项,即 Chart(图表)、Graph(曲线)及 Chart and Graph(图表和曲线)。

⑤纵坐标:设置频谱的垂直轴的刻度,包括 Linear(线性刻度)、Logarithmic 选项(对数刻度)、Decibel 选项(分贝刻度)、Octave 选项(8 倍刻度)。

3)更多选项

①内插多项式等级:设置内插多项式的维数,选中该选项后,可在其右边栏中输入维数值。多项式的维数越高,仿真运算分析的精度也越高。

②采样频率:设置取样频率,默认为 100 000 Hz。

③其余设置:基频采样结束时间均采用系统自动设置的默认值(单击"估计"按钮),基频的谐波数取 5,输出设置选择节点 5。

(3)检查分析结果

傅里叶分析结果如图 3.3.13 所示。如果放大电路输出信号没有失真,在理想情况下,信

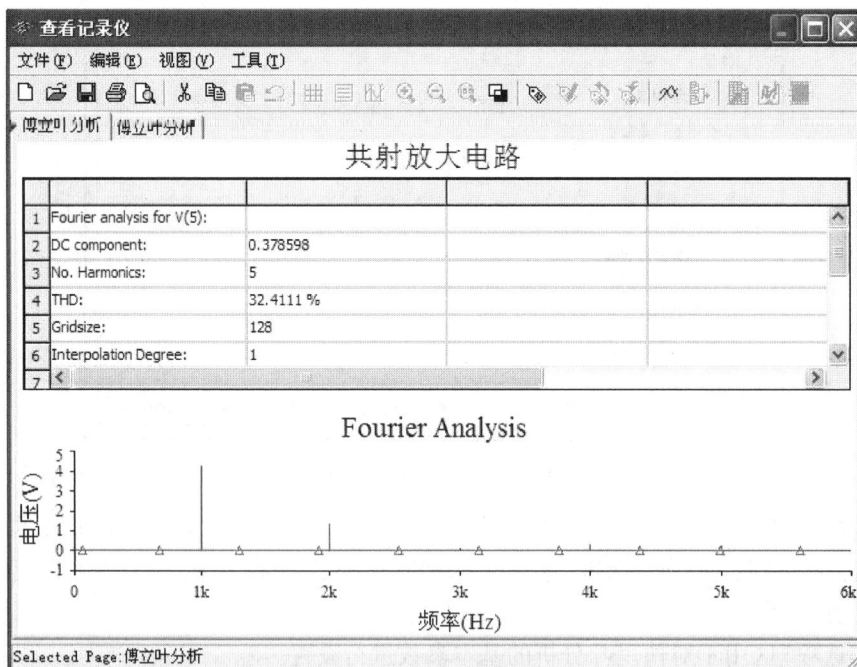

图 3.3.13　傅里叶分析结果

号的直流分量应该为零,各次谐波分量幅值也应该为零,总谐波失真也应该为零。

图3.3.13中,给出的信号幅频图谱直观地显示了各次谐波分量的幅值,同时还可以看到总谐波失真(THD)约为32.411 1%,这表明输出信号非线性失真相当严重。

3.3.5 失真分析

失真分析(Distortion Analysis)可分析电路的非线性失真及相位偏移。通常,非线性失真会导致谐波失真(Harmonic Distortion),而相位偏移会导致互调失真(Inter modulation Distortion,IMD)。

失真分析对于研究瞬态分析中不易发现的小失真比较有用。Multisim 10可以分析小信号模拟电路的谐波失真和互调失真。如果电路中只有一个交流电源,则该分析将确定电路中每一点的二、三次谐波造成的失真。如果电路中有频率分别为F1和F2的两个不同频率的交流电源,则该分析将寻找电路变量在(F1+F2),(F1−F2)及(2F1−F2)三个不同频率上的谐波失真(设F1>F2)。

(1)电路构建

以图3.3.2中的共射放大电路为分析对象,对该电路进行直流工作点分析后,表明该电路直流工作点设计合理。在电路的输入端加入一个交流电压源作为输入信号,其幅值为50 mV,频率为1 kHz。

双击信号电压源符号,属性对话框中"Distortion Frequency 1 Magnitude"项目下设置为1 V,"Distortion Frequency 2 Magnitude"项目下设置为1 V,然后继续分析该放大电路。

(2)分析参数设置

执行"仿真"→"分析"命令,在列出的可操作分析类型中选择"失真度分析..."命令,则出现失真分析对话框,如图3.3.14所示。

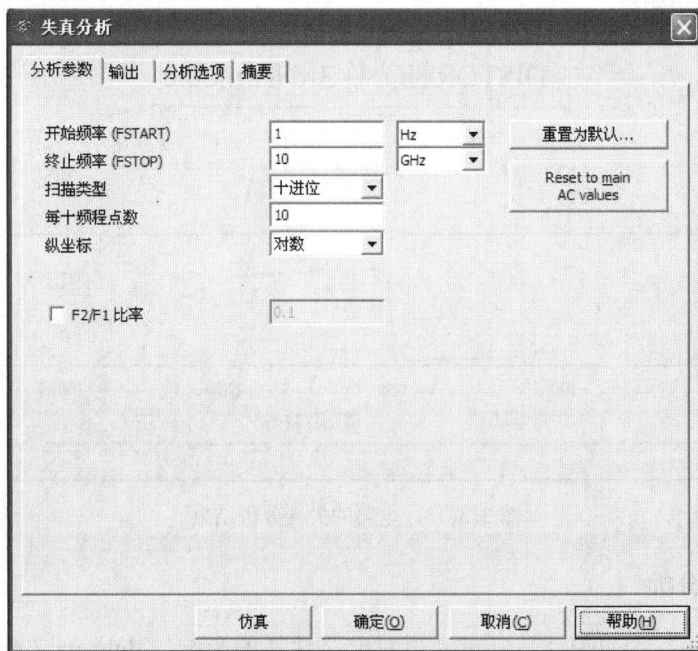

图3.3.14 失真分析对话框

该对话框包括"分析参数"、"输出"、"分析选项"及"摘要"共 4 页。其中,后 3 页的设置与直流工作点分析类似,而"分析参数"中需要进行几项设置。

①开始频率:设置失真分析的起始频率。

②终止频率:设置失真分析的结束频率。

③扫描类型:设置失真分析的扫描方式,如,十进制(Decade)、倍频程(Octave)及线性(Linear)。

④每十频程点数:设置每十倍频率的取样点数。

⑤纵坐标:设置纵轴刻度,如:分贝(Decibel)、八倍(Octave)、线性(Linear)及对数(Logarithmic),通常采用对数(Logarithmic)或分贝(Decibel)选项。

⑥F2/F1 比率:当不选中该栏选项时,则分析输入 F1(以上在对话框中设置的频率范围)引起的二次、三次谐波失真;选中时,则分析 F1 和 F2 之间产生的频率为(F1+F2),(F1-F2)及(2F1-F2)相对于频率 F1 的互调失真,这时必须在右边的栏位里输入 F2/F1 的比值(在 0 与 1 之间)。

⑦"重置默认为…"按钮:将本页的所有设置恢复为默认值。

⑧"Reset to main AC values"按钮:将所有设置恢复为与交流分析相同的设置值。

⑨其余设置:采用默认值设置,输出设置选择节点 5。

(3)检查分析结果

电路的失真分析结果如图 3.3.15 所示。由于该电路只有一个输入信号,因此失真分析结果给出的是谐波失真幅频特性和相频特性图。

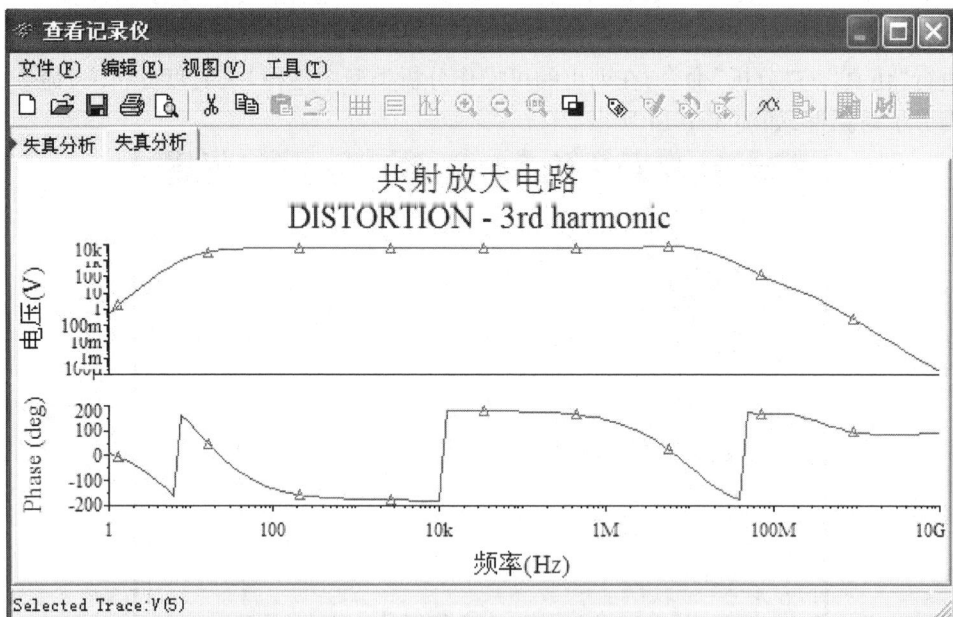

图 3.3.15　电路的失真分析结果

3.3.6　噪声分析

噪声分析(Noise Analysis)是分析噪声对电路性能的影响。Multisim 2001 提供了热噪声(Thermal noise)、散粒噪声(Shot noise)和闪烁噪声(Flicker noise)3 种不同的噪声模型。在分析时,假定电路中各噪声源互不相关,其噪声值可独立计算。总噪声为每个噪声源对于特定的输出产生噪声均方根的和。

热噪声主要是由温度变化所引起的。散粒噪声发生在有源器件中(如晶体管),由于载流子是离散的,因而在器件的输出端就出现了噪声。热噪声的幅度取决于绝对温度,散粒噪声幅度与温度无关,而正比于电流的平方根,也就是说与信号大小有关。闪烁噪声是由于介质的导电性能的起伏引起的,如半导体阴极等的接触介质面不规则等。

(1)**电路构建**

以图3.3.2中的共射放大电路为分析对象。双击信号电压源符号,在属性对话框中"Distortion Frequency 1 Magnitude"项目下设置为1 V,然后继续分析该放大电路。

(2)**分析参数设置**

执行"仿真"→"分析"命令,在列出的可操作分析类型中选择"噪声分析..."命令,则出现噪声分析对话框,如图3.3.16所示。

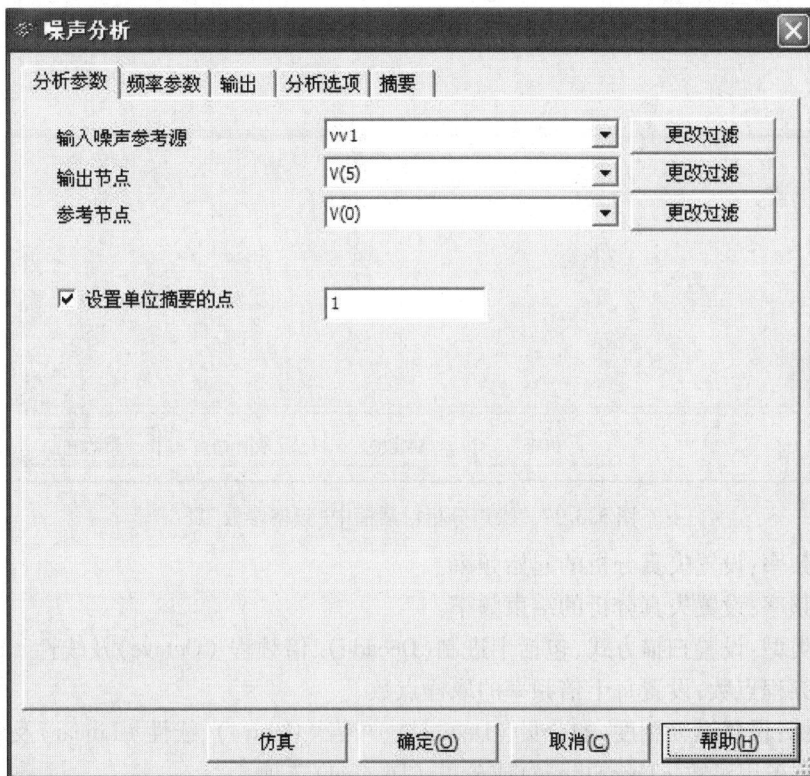

图3.3.16 噪声分析对话框

该对话框包括"分析参数"、"频率参数"、"输出"、"分析选项"及"摘要"共5页,其中后3页的设置与直流工作点分析类似。

1)"分析参数"页

①输入噪声参考源:选择输入噪声的参考电源(必须是交流信号源)。

②输出节点:选择噪声输出节点,在此节点将所有噪声求和。

③参考节点:设置参考电压的节点,通常取0(接地)。

④设置单位摘要的点(Set points per summary):设置每个汇总的取样点数。当选中时,将

产生所选噪声量曲线。在其右边栏内输入频率步进数,数值越大,输出曲线的解析度越低。

该页右边的 3 个"更改过滤"按钮分别对应于其左边的栏,其功能与"输出"页中的"Filter Unselected Variables"按钮相同。

2)"频率参数"页

如图 3.3.17 所示,"频率参数"页主要是对扫描频率等进行设置。

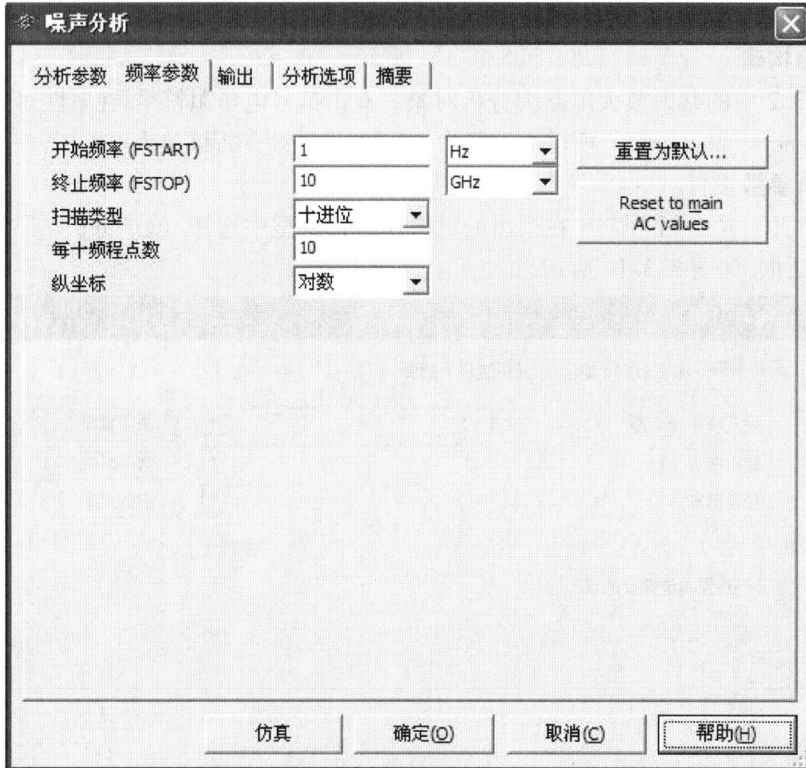

图 3.3.17　噪声分析对话框中"频率参数"页

①开始频率:设置失真分析的起始频率。

②终止频率:设置失真分析的结束频率。

③扫描类型:设置扫描方式,包括十进制(Decade)、倍频程(Octave)及线性(Linear)。

④每十频程点数:设置每十倍频率的取样点数。

⑤纵坐标:设置纵轴刻度,如分贝(Decibel)、八倍(Octave)、线性(Linear)及对数(Logarithmic),通常采用对数(Logarithmic)或分贝(Decibel)选项。

⑥"重置默认为..."按钮:将本页的所有设置恢复为默认值。

⑦"Reset to main AC values"按钮:将所有设置恢复为与交流分析相同的设置值。

通常只要设定起始频率及终止频率,而其他保持不变即可。

(3)检查分析结果

在"输出选项"中选择"onnoise_rrc"和"onnoise_spectrum",则节点 5 的噪声分析曲线如图 3.3.18 所示。其中,上面一条曲线是总的输出噪声电压随频率变化曲线,下面一条曲线是等效的输入噪声电压随频率变化曲线。

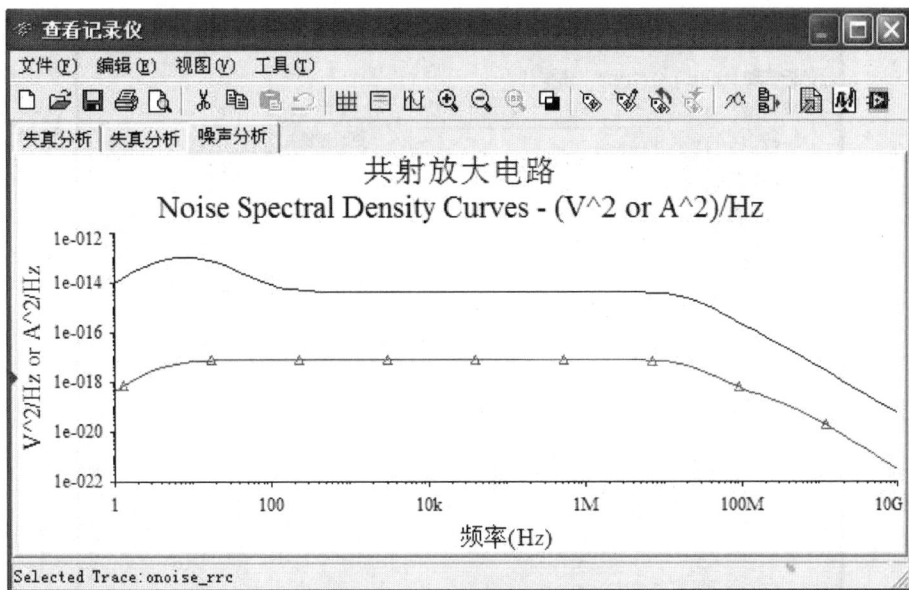

图 3.3.18 噪声分析曲线

3.3.7 直流扫描分析

直流扫描分析根据电路直流电源数值的变化计算电路相应的直流工作点。在分析前可以选择直流电源的变化范围和增量。在进行直流扫描分析时,电路中的所有电容视为开路,所有电感视为短路。

在分析前,需要确定扫描的电源是一个还是两个,并确定分析的节点。如果只扫描一个电源,得到的是输出节点值与电源值的关系曲线。如果扫描两个电源,则输出曲线的数目等于第二个电源被扫描的点数。第二个电源的每一个扫描值都对应一条输出节点值与第一个电源值的关系曲线。

(1)电路构建

以图 3.3.2 中的共射放大电路为分析对象,现在利用直流扫描来测绘晶体管的基极电位和集电极电位随电源电压的变化规律。

(2)分析参数设置

执行"仿真"→"分析"命令,在列出的可操作分析类型中选择"DC Sweep..."命令,则出现噪声分析对话框,如图 3.3.16 所示。

该对话框包括"分析参数"、"输出"、"分析选项"及"摘要"共 4 页。其中,后 3 页的设置与直流工作点分析类似,而"分析参数"中需要进行几项设置。从图 3.3.19 可以看到"分析参数"页包含电源 1 和电源 2 两个区,具体设置如下:

①源:选择要扫描的直流电源。

②开始数值:设置扫描开始值。

③终止数值:设置扫描终止值。

④增量:设置扫描增量。

⑤使用源 2:如需要扫描两个电源,则选中该项。

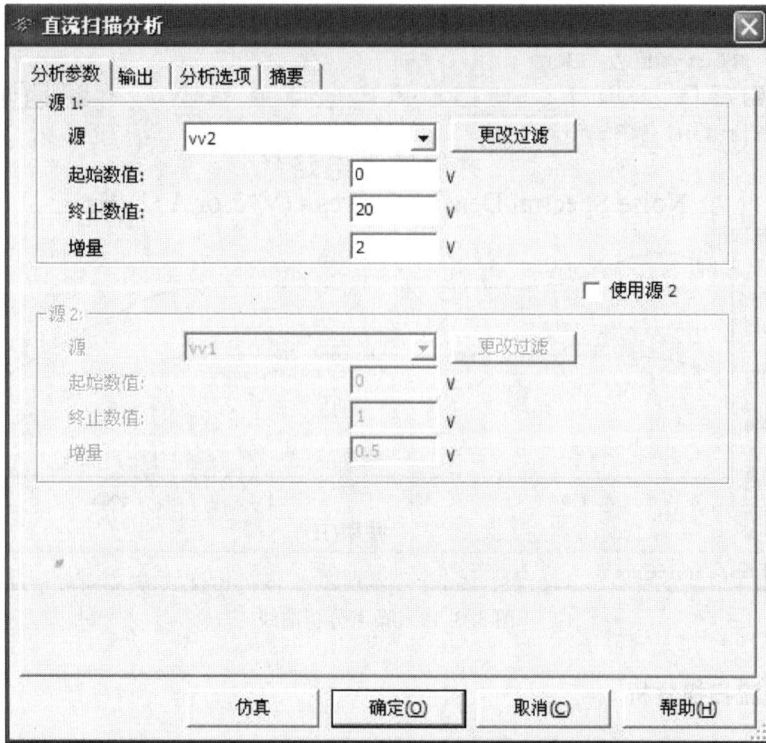

图 3.3.19　直流扫描分析对话框

(3) 检查分析结果

按图 3.3.19 进行设置,并选择节点 3 作为输出节点,则直流扫描分析曲线如图 3.3.20 所示。横坐标为电源电压,纵坐标为晶体管的集电极电位,可见,集电极电位将随着电源电压的升高而升高。

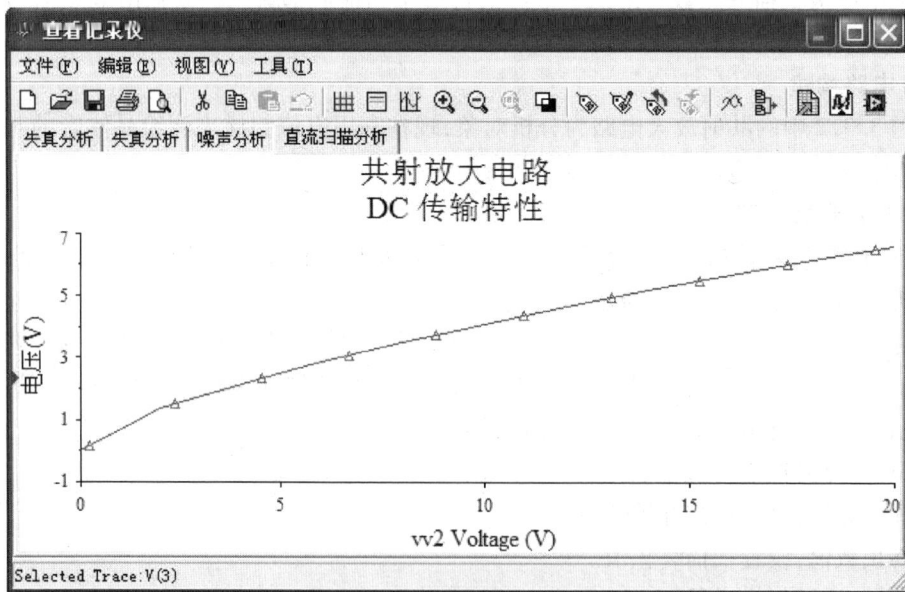

图 3.3.20　直流扫描分析曲线

3.3.8 参数扫描分析

参数扫描分析(Parameter Sweep Analysis)功能是对电路中某些元件的参数在一定取值范围内变化时对电路直流工作点、瞬态特性及交流频率特性的影响进行分析,以对电路的某些性能指标进行优化。

(1)电路构建

以图3.3.2中的共射放大电路为分析对象,双击信号电压源符号,属性对话框中"Frequency"项目设置为5 kHz,然后继续分析该放大电路。

(2)分析参数设置

执行"仿真"→"分析"命令,在列出的可操作分析类型中选择"参数扫描分析..."命令,则出现参数扫描分析对话框,如图3.3.21所示。

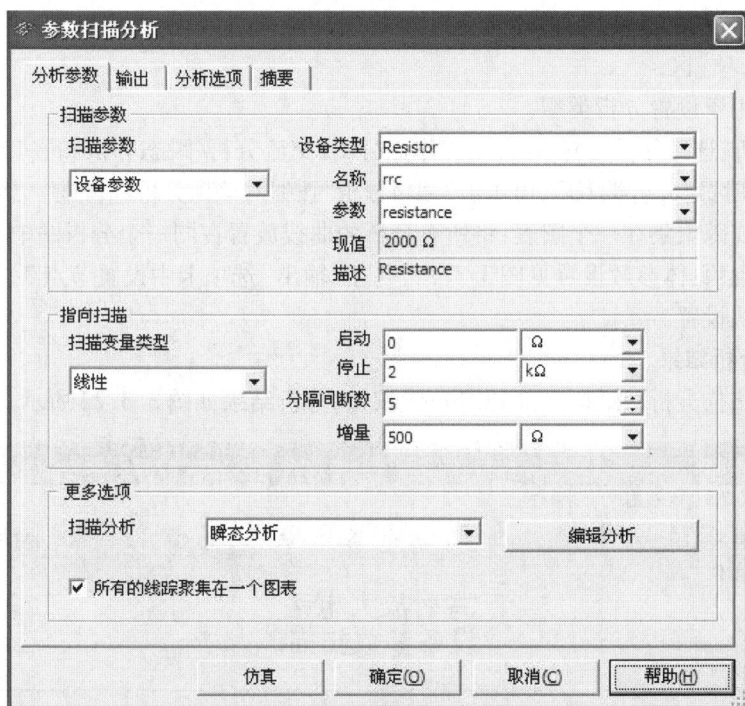

图3.3.21 参数扫描分析对话框

该对话框包括"分析参数"、"输出"、"分析选项"及"摘要"共4页。其中,后3页的设置与直流工作点分析类似,而"分析参数"页分为"扫描参数"、"指向扫描"和"更多选项"3个区域。

1)"扫描参数"区

"扫描参数"区功能是设置扫描的元件及参数。

①扫描参数:设置扫描参数,可选择"设备参数"(Device Parameters)或模型参数(Model Parameters),选取其中一个选项后,在该栏右边5个栏(设备类型、名称、参数、现值和描述)出现与元件参数或模型参数有关的一些信息,还需要进一步选择。

②设备类型:设置所要扫描的元件或模型种类,包括BJT(三极管类)、Capacitor(电容器类)、Diode(二极管类)、Resistor(电阻类)、Vsource(电压源类)等。

③名称:设置元件或模型序号。

④参数:设置参数类型,不同元件或模型有不同的参数,其含义在栏内说明。

⑤现值:显示该参数当前设置值。

⑥描述:显示该参数说明(不可更改)。

2)"指向扫描"区

"指向扫描"区的功能是设置扫描方式。

①扫描变量类型:有4种可选择的扫描方式,即十进制(Decade)、倍频程(Octave)、线形(Linear)及指令列表(List)。如果选择十进制、倍频程或线形选项,则该栏的右边将出现启动、停止、分隔间断数和增量4个栏;如果选择指令列表选项,则该栏的右边将出现数值列表栏。

②启动:设置开始扫描的值。

③停止:设置结束扫描的值。

④分隔间断数:设置扫描的点数,即输出几条参数曲线。

⑤增量:设置扫描的增量(扫描间距)。

3)"更多选项"区

该区主要用于设置分析类型。

①扫描分析:选择分析类型,有直流工作点分析、交流分析、瞬态分析和嵌套扫描4种分析类型供选择。在选定分析类型后,可单击"编辑分析"按钮对该项分析进行进一步编辑设置。

②所有的线踪聚集在一个图表:将所有分析的曲线放置在同一个分析图中显示。

③其他设置:具体参数设置见图3.3.21,并在"输出"选项卡中设置节点3为分析对象,其他采用系统默认设置。

(3)检查分析结果

单击参数扫描分析对话框下部的"仿真"按钮,分析结果如图3.3.22所示。

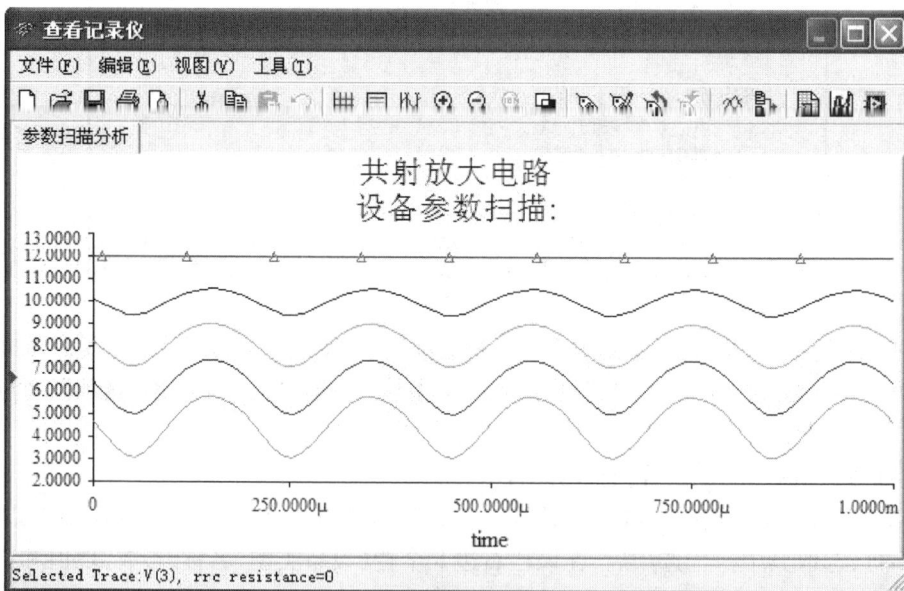

图3.3.22　参数扫描分析曲线

图中曲线显示当RC由0逐渐变大时,晶体管集电极电位逐渐下降且对信号的放大作用逐渐增大(交流幅度变大)。

3.4　任务实施

在 Multisim 10 工作区构建如图 3.3.1 所示的单管放大电路,并执行"选项"→"Sheet Properties"→"电路"页→"全显示"命令,调试出节点编号。

3.4.1　直流工作点分析步骤

执行"仿真"→"分析"→"直流工作点分析..."命令,在出现的直流工作点分析对话框中进行如下设置。

①"输出"页设置:在"电路变量"区域用鼠标选中需要进行分析的变量,单击"添加"按钮,这些变量自动加载到"分析所选变量"区域。

②"分析选项"页设置:采用系统默认方式。

③"摘要"页设置:采用系统默认方式。

单击直流工作点分析对话框下部的"仿真"按钮,即可得测试结果。测试结果给出了电路各个节点的电压值,根据这些电压的大小,可以确定电路的静态工作点是否合理。如果不合理,可以改变电路中的某个参数,以得到合适的静态工作点。

3.4.2　交流分析步骤

执行"仿真"→"分析"→"交流分析..."命令,在出现的交流分析对话框的"输出"页选择 7 号节点进行分析。其余设置采用系统默认。

单击交流分析对话框下面的"仿真"按钮,可得测试结果如图 3.3.23 所示。测试结果给

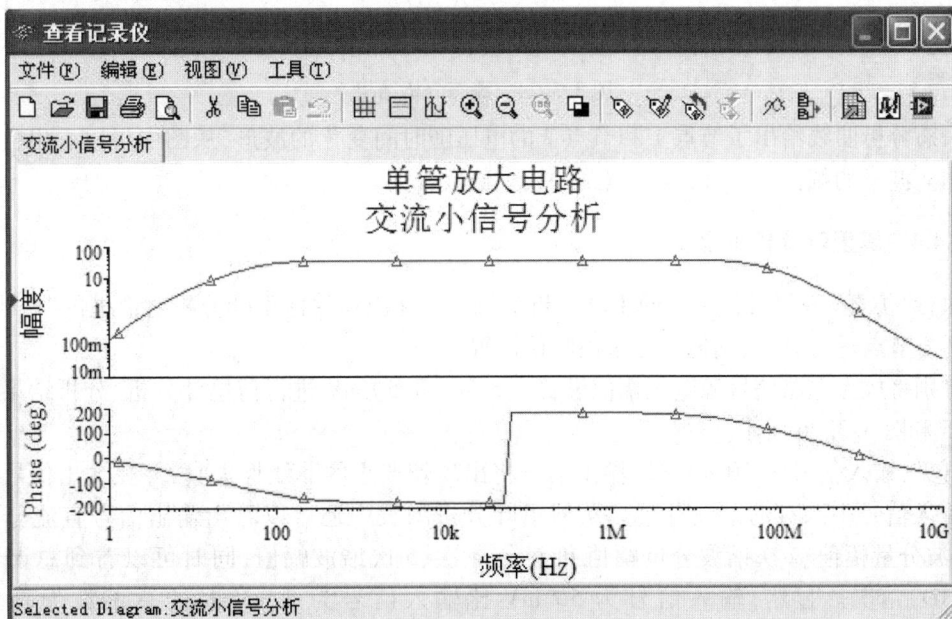

图 3.3.23　交流分析结果

出电路的幅频特性曲线和相频特性曲线,幅频特性显示了7号节点(电路输出端)的电压随频率变化而变化;相频特性曲线显示了7号节点的相位随频率变化的曲线。根据电路同频带的定义,可以确定电路的频带宽度。

3.4.3　瞬态分析步骤

执行"仿真"→"分析"→"瞬变分析..."命令,在出现的瞬态分析对话框的"输出"页选择1号和7号节点进行分析,仿真时间设置为0~0.01 s,其他项可采用默认设置。

单击交流分析对话框下面的"仿真"按钮,可得测试结果如图3.3.24所示。

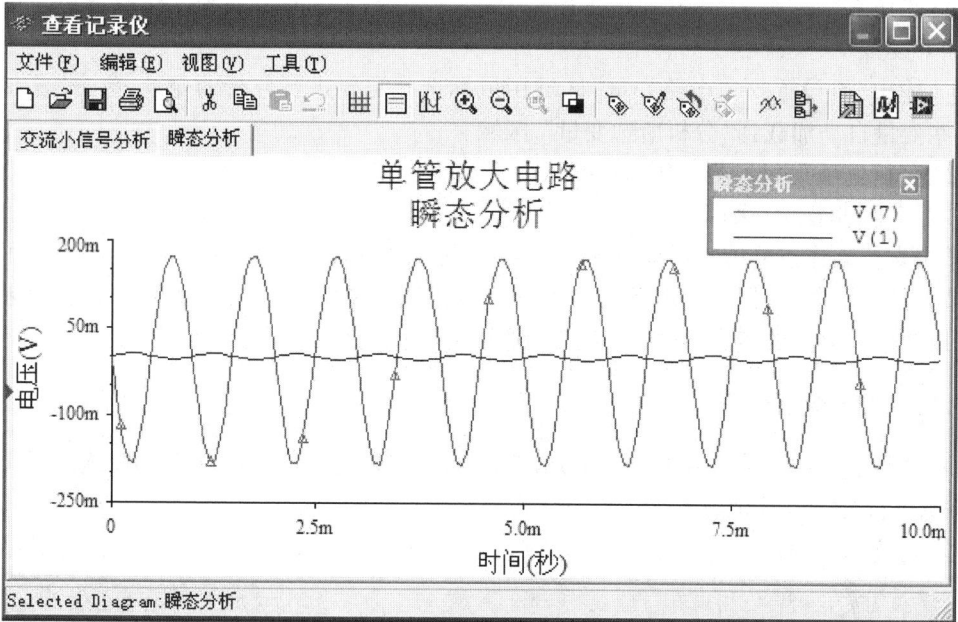

图3.3.24　瞬态分析结果

瞬态分析曲线给出了节点1和节点7的电压随时间变化的波形,从图中可以看出输出波形比输入波形的幅值大得多,说明电路的放大倍数较大。

3.4.4　傅里叶分析步骤

执行"仿真"→"分析"→"傅里叶分析..."命令,在出现的傅里叶分析对话框的"输出"页选择7号节点进行分析,其他项可采用默认设置。

分别将放大电路信号源电压幅值设置成5 mV和50 mV进行傅里叶分析,分析结果如图3.3.25和图3.3.26所示。

可见,输入信号为50 mV时,输出信号将出现较严重的非线性失真,并在输出信号中将出现输入信号中未有的谐波分量。从傅里叶分析图表中还可以看出输出信号直流分量幅值、基波分量幅值、2次谐波分量幅值和3次、4次、5次谐波幅值,同时可以看到总谐波失真(THD)情况。显然,输入信号为50 mV比输入信号为5 mV时的总谐波失真要大得多。

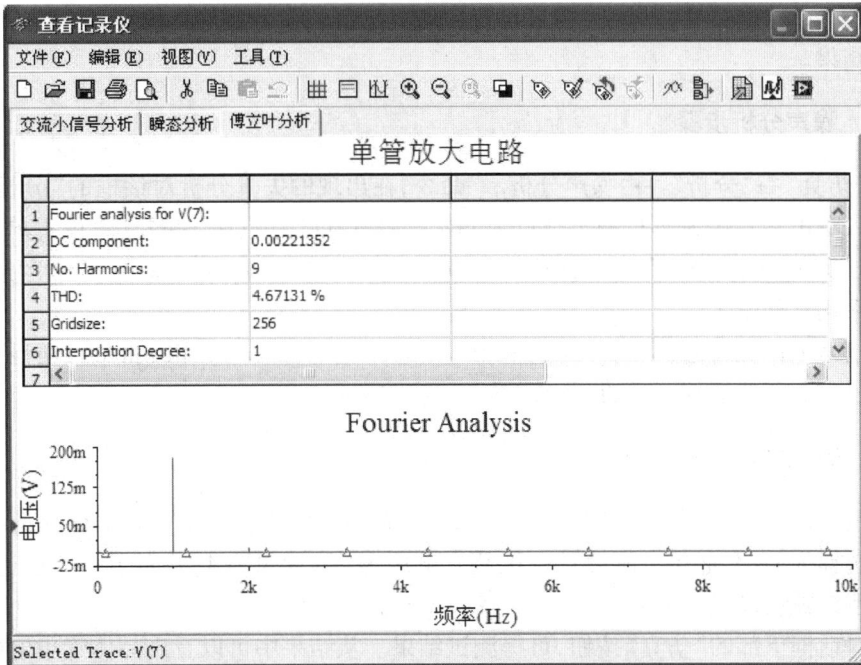

图 3.3.25　输入为 5 mV 时傅里叶分析结果

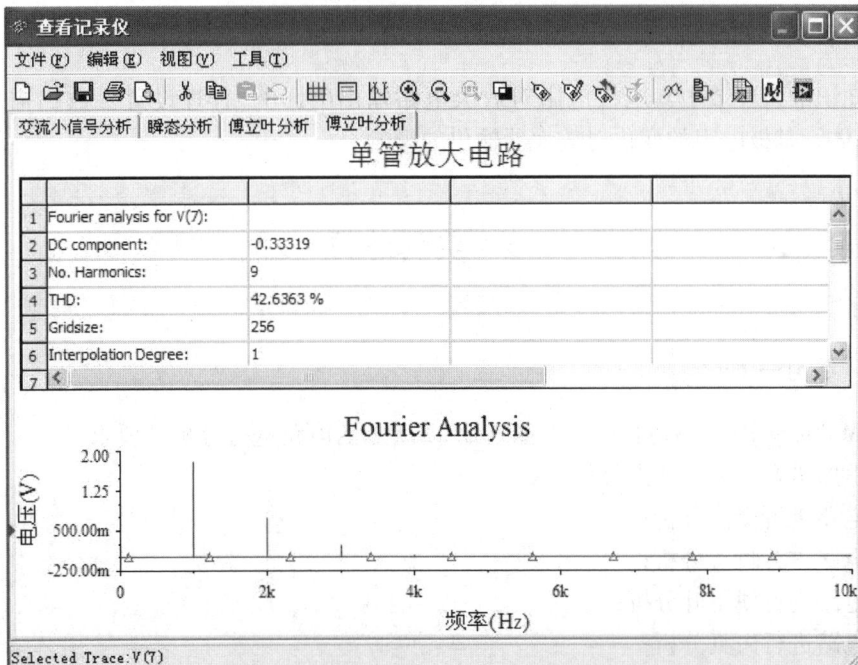

图 3.3.26　输入为 50 mV 时傅里叶分析结果

3.4.5　失真分析步骤

执行"仿真"→"分析"→"失真度分析..."命令,在出现的失真分析对话框的"输出"页选择 7 号节点进行分析,其他项可采用默认设置。

双击信号电压源符号,属性对话框中"Distortion Frequency 1 Magnitude"项目设置为 1 V,

131

"Distortion Frequency 2 Magnitude"项目设置为1 V。单击失真分析对话框下部的"仿真"按钮，可得测试结果。

3.4.6　噪声分析步骤

执行"仿真"→"分析"→"噪声分析…"命令，在出现的失真分析对话框的"分析参数"页中设置输入噪声参考源为 vv1，输出节点为 v(7)，参考节点为 v(0)，并勾选"设置单位摘要的点"复选框，其值为 1；"输出"页选择选择"onnoise_rrc"和"onnoise_spectrum"作为分析对象，其他项可采用默认设置。

双击信号电压源符号，在属性对话框中"Distortion Frequency 1 Magnitude"项目下设置为1 V。单击噪声分析对话框下部的"仿真"按钮，可得测试结果。

3.4.7　直流扫描分析步骤

执行"仿真"→"分析"→"DC Sweep…"命令，在出现的直流扫描分析对话框的源 1 区域中将电源选择为 vcc4，起始电压设置为 0，终止电压为 20，增量为 1，并对节点 5 进行分析，其他项采用系统默认设置。

单击对话框下部的"仿真"按钮，可得测试结果。从结果中可以看出晶体管集电极电压随电源电压的升高而升高。

3.4.8　参数扫描分析

对照知识准备环节中集电极电阻对放大电路输出的影响，合理设置参数扫描分析对话框，分析晶体管基极电阻的变化对放大器输出的影响。

3.5　实训练习

3.5.1　练习一

借助 Multisim 10 电路仿真软件对图 3.3.27 所示的电路进行分析。要求：
①对电路进行直流工作点分析；
②对电路进行交流分析；
③对电路进行瞬态分析；
④对电路进行傅里叶分析；
⑤对电路进行失真分析；
⑥对电路进行噪声分析；
⑦对电路进行直流扫描分析；
⑧对电路进行参数扫描分析。

3.5.2　练习二

借助 Multisim 10 电路仿真软件对图 3.3.28 所示的电路进行分析。要求：

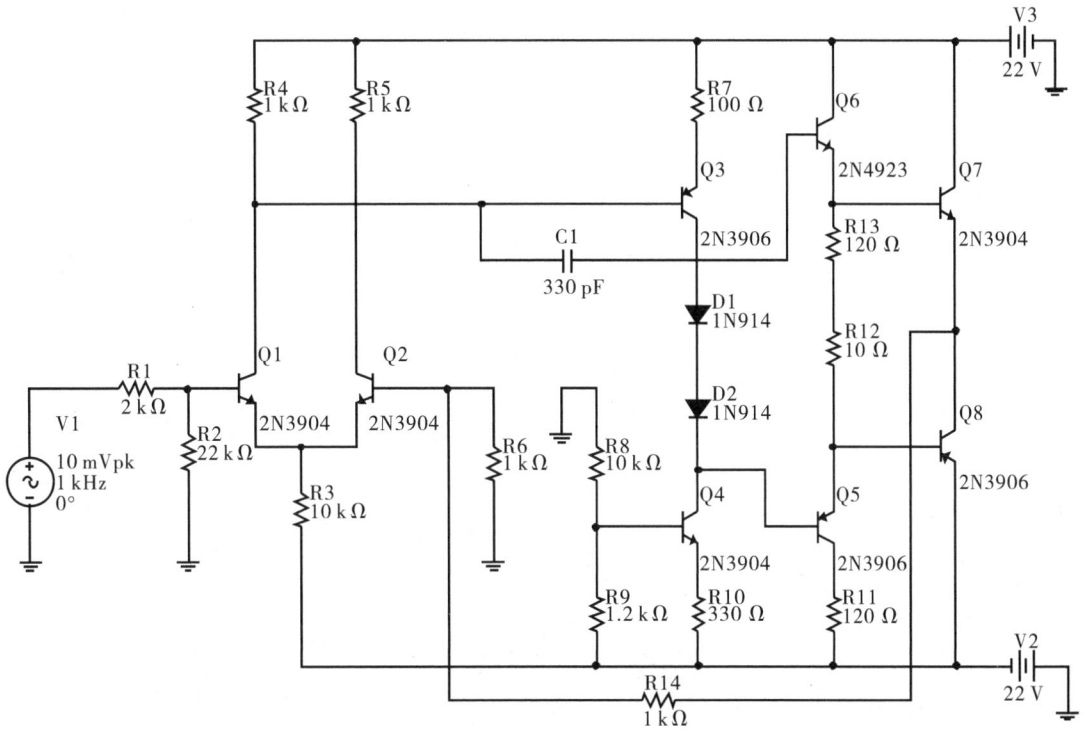

图 3.3.27 练习一电路图

①对电路进行直流工作点分析；

②对电路进行交流分析；

③对电路进行瞬态分析；

④对电路进行傅里叶分析；

⑤对电路进行失真分析；

⑥对电路进行噪声分析；

⑦对电路进行直流扫描分析；

⑧对电路进行参数扫描分析。

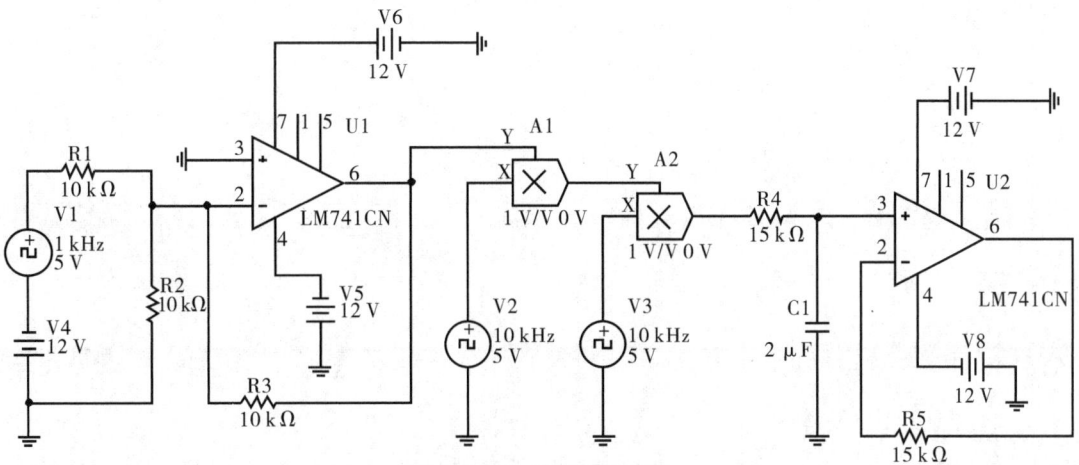

图 3.3.28 练习二电路图

第 **4** 篇

使用 Altium Designer 15 绘制电路原理图

学习目标

最终目标

会使用 Altium Designer 15 软件正确编辑原理图,并按要求输出原理图及报表。

促成目标

- 会对 Altium Designer 15 软件参数进行相关设置;
- 会调用、编辑原理图中的元器件;
- 会正确绘制电路原理图和设置元器件的属性参数;
- 会对项目进行编译;
- 会进行原理图各类报表的生成和原理图的打印输出。

项目 1
创建新工程

1.1 学习目标

1.1.1 最终目标

会用 Altium Designer 15 软件创建新的工程文件和原理图文件。

1.1.2 促成目标

①会使用 Altium Designer 15 软件创建新工程;
②会对 Altium Designer 15 系统参数进行设置;
③会建立原理图文件以及 PCB 文件;
④会对原理图参数进行设置;
⑤会对原理图选项进行设置。

1.2 工作任务

在 Altium Designer 15 窗口中创建一个名为"多谐波振荡电路.PrjPCB"的新项目。要求:
①进行软件界面以及参数设置;
②在"C:\Documents and Settings\Administrator\桌面\作业"目录下建立"多谐波振荡电路.PrjPCB"工程;
③在该工程下建立"多谐波振荡电路.SchDoc"原理图文件以及"多谐波振荡电路.PcbDoc"PCB 文件;
④将"多谐波振荡电路.SchDoc"原理图设置成 A4 大小,水平放置;
⑤保存工程,退出操作环境。

1.3 知识准备

1.3.1 Altium Designer 概述

Altium Designer 是 Altium 公司(澳大利亚)继 Protel 系列产品(Tango(1988)、Protel for DOS、Protel for Windows、Protel 98、Protel 99、Protel 99 SE、Protel DXP、Protel DXP 2004)之后推出的高端设计软件。

2001 年,Protel Technology 公司改名为 Altium 公司,整合了多家 EDA 软件公司,成为业内的巨无霸。2006 年,Altium 公司推出一体化电子产品开发系统 Altium Designer,主要运用 Windows 操作系统,并持续升级版本,更加贴近电子设计师的应用需求,更加符合未来电子设计发展趋势。

2001 年,Protel Technology 公司改名为 Altium 公司,整合了多家 EDA 软件公司,成为业内的巨无霸。2006 年,Altium 公司推出一体化电子产品开发系统 Altium Designer,主要运行在 Windows 操作系统,并持续升级版本。Altium Designer 在单一设计环境中继承了板极和 FPGA 系统设计,基于 FPGA 和分离处理器的嵌入式软件开发及 PCB 版图设计、编辑和制造,并集成了现代设计数据管理功能,能为电子产品开发提供完整解决方案,更加贴近电子设计师的应用需求,更加符合未来电子设计发展趋势。

②Altium Designer 的原理图编辑不仅可用于电子电路的原理图设计,还可以输出设计 PCB 必需的网络表文件,设定 PCB 设计的电气法则;

③Altium Designer 的 PCB 编译器提供了元器件的自动交互布局,提供了多种布线模式,以适合不同情况的需要;

④Altium Designer 可以通过原理图编辑器的设计同步器实现与 PCB 的同步;

⑤Altium Designer 提供了丰富的元器件库,还提供了强大的库元件查询功能,并支持以前低版本的元器件库。

1.3.2 Altium Designer 15 软件的作用与启动

(1)Altium Designer 的作用

Altium Designer 是当今 EDA 技术中功能最为强大的软件之一,它可以进行原理图设计、印刷电路板设计、信号模拟仿真、可编程逻辑设计等工作。本书主要介绍如何应用它来进行原理图的设计和印刷电路板的设计。

1)原理图设计系统

原理图设计系统包括用于设计原理图的原理图编辑器 Sch 和用于修改、生成零件的零件库编辑器 SchLib,其主要作用是进行电路原理图的设计,为电路板的设计打下基础。图 4.1.1 就是一个用 Altium Designer 15 设计的原理图实例。

2)印刷电路板设计系统

印刷电路板设计系统包括用于设计电路板的电路编辑器 PCB 和用于修改、生成零件的

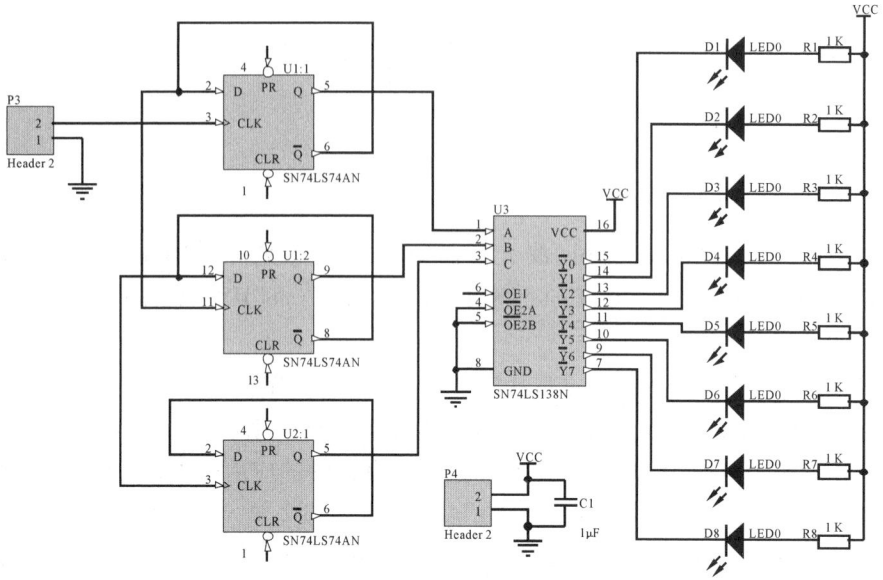

图 4.1.1　原理图实例

零件库编辑器 PCBLib,其主要作用是进行印刷电路板的设计,产生最终的 PCB 文件,直接联系印刷电路板的生产。图 4.1.2 就是用 Altium Designer 15 设计的印刷电路板实例。

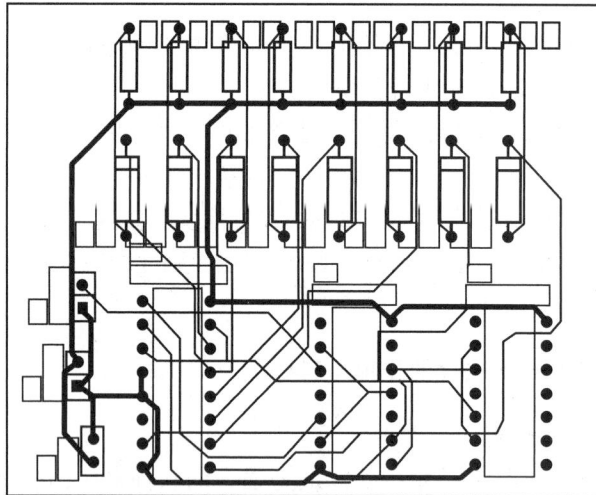

图 4.1.2　印刷电路板实例

(2) Altium Designer 15 的启动

Altium Designer 15 的启动方法很简单,常用的有:

1)从开始菜单启动

菜单如图 4.1.3 所示。

2)从桌面快捷图标启动

快捷图标如图 4.1.4 所示。

图 4.1.3　从开始菜单启动

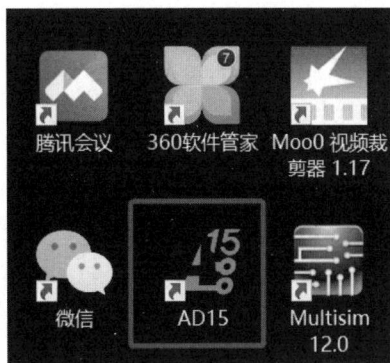

图 4.1.4　从桌面快捷图标启动

启动 Altium Designer 15 的同时可以看到它的启动画面,如图 4.1.5 所示。

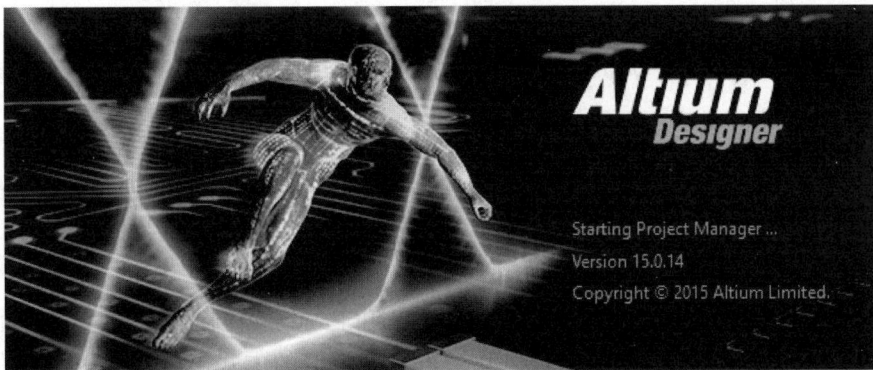

图 4.1.5　Altium Designer 15 的启动画面

1.3.3　Altium Designer 15 软件界面介绍

Altium Designer 15 启动后,主页面如图 4.1.6 所示,用户可以使用该页面进行项目文件的操作,如创建新项目、打开文件、配置等。该系统界面由系统主菜单、浏览器工具栏、系统工具栏、工作区和工作区面板 5 大部分组成。

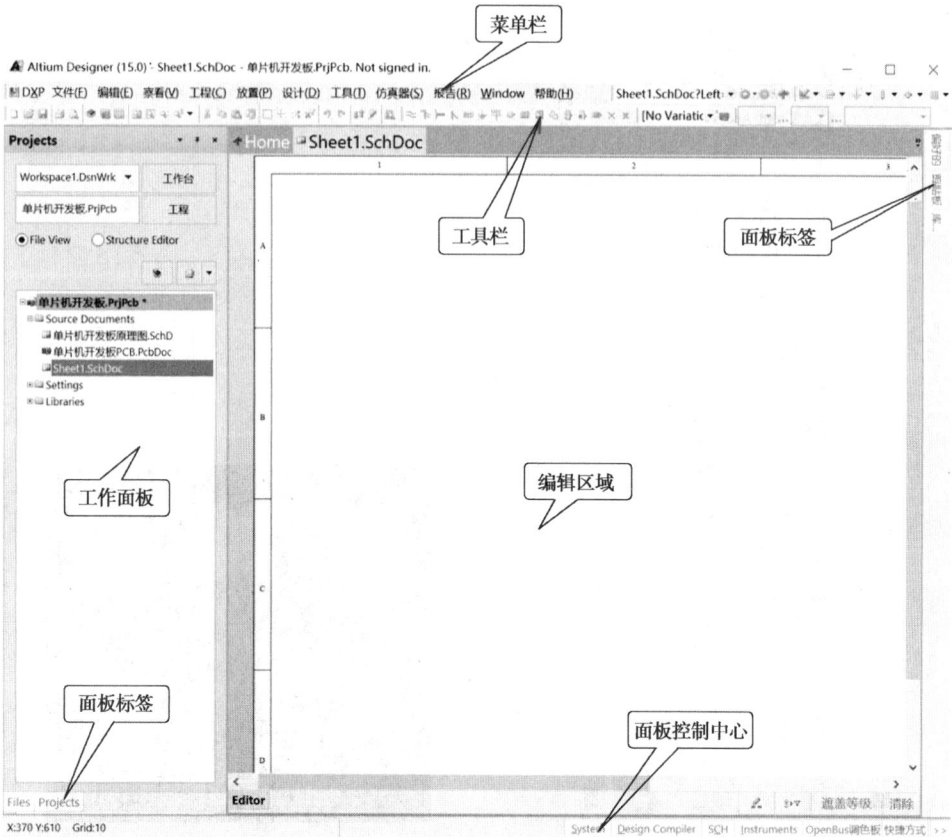

图 4.1.6　Altium Designer 15 软件界面

(1)界面介绍

1)菜单栏

系统主菜单栏将 Altium Designer 15 所有的操作命令归类总结在一起,主要用于设置各种参数、调用各种工具。

2)工具栏

工具栏包括各种常用工具的快捷按钮。当启动了某种编辑环境后,菜单栏和工具栏会自动改变以适应要编辑的文档。

3)工作面板

软件初次启动后,一些面板已经打开,比如 File 和 Project 控制面板以面板组合的形式出现在应用窗口的左边,Library 控制面板以弹出方式和按钮的方式出现在应用窗口右侧边缘处,以方便用户操作。

4)面板控制中心

面板控制中心是各种工作面板的管理中心,可以单击主窗口右下角的 >> 按钮来收起和展开。其中的 4 个按钮:System、DesignComplier、Help、Instrument,分别代表四大类型,单击每个按钮,弹出菜单中显示各种面板的名称,从而选择访问各种面板。除了直接在应用窗口上选择相应的面板,也可以通过主菜单"察看"→"工作区面板"命令选择相应的面板。

5）状态栏

状态栏显示当前光标的坐标位置。

6）命令栏

命令栏显示当前正在执行的命令名称以及状态。

7）编辑区域

常见的操作命令排列在编辑区域，如图 4.1.6 所示，可以直接单击进入，方便快捷。文档编辑时，这里会是文件的编辑区域，用于设计电路图文档和印刷电路板文档，是主要的设计操作界面，占据了 Altium Designer 15 的大部分空间。设计工作主要在该区域中进行。

（2）面板的管理

面板显示模式主要有停靠模式、弹出模式和浮动模式。

1）停靠模式

停靠模式是系统默认的状态。当处于该模式时，工作面板右上角显示为 ![icon]。

2）弹出模式

当面板处于停靠模式时，单击 ![icon] 按钮，它将变为 ![icon]，这时面板处于弹出状态；当鼠标离开面板后，它将隐藏起来，只以标签形式出现。

停靠模式和弹出模式不同的面板显示模式可以通过面板上的 ![icon] 和 ![icon] 按钮互相切换。

3）浮动模式

用鼠标拖动面板，将其拉离主窗口侧边时，它就处于浮动状态；再将其拉回主窗口左侧或右侧，又重新变为隐藏状态。

（3）工作面板关闭与显示

若要关闭"Files"面板，可单击该面板右上角的 ![icon]；重新打开"Files"面板，可选择面板控制中心的"System"→"Files"命令。

其余面板的关闭与显示操作和"Files"面板相似。若要快速恢复窗口的初始状态，可选择"察看"→"桌面布局"→"Default"菜单项。

1.3.4 Altium Designer 15 系统参数设置

使用软件前，对系统参数进行设置是重要的环节。用户执行 DXP/Preferences 命令，系统将弹出如图 4.1.7 所示的系统参数设置对话框。对话框具有树状导航结构，可对 12 个选项内容进行设置，现在主要介绍系统相关参数的设置方法。

（1）系统常规设置

选择"Preferences"设置窗口中的"System"→"General"命令，该窗口包含了 5 个设置区域，分别是"Startup"、"Default Location"、"System Font"、"General"和"Localization"区域。

1）"Startup"区域

"Startup"区域用来设置启动时状态。

①"Reopen Last Workspace"：重新启动时打开上一次关机时的屏幕。

②"Open Home Page if no Documets open"：如果没有文档打开就打开主页。

③"Show Startup screen"：显示开始屏幕。

2）"Default Locations"区域

"Default Locations"区域用来设置系统默认的文件路径。

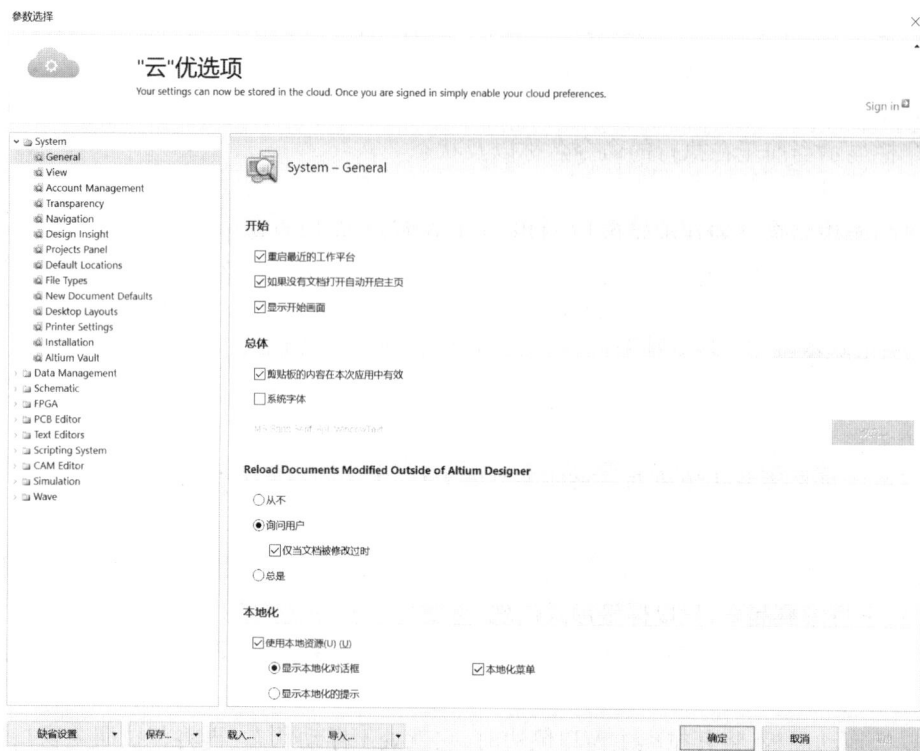

图 4.1.7　系统参数设置

①"Document Path"：用于设置系统打开或保存文档、项目和项目组时的默认路径。用户直接在编辑框中输入需要设置的目录的路径，或者单击右侧的按钮，打开"浏览文件夹"对话框，在该对话框内指定一个已存在的文件夹，然后单击"确定"按钮即完成默认路径设置。

②"Library Path"：用于设置系统元件库目录的路径。

③"System font"：用于设置系统字体、字形和字体大小。

3）"General"区域

"General"区域用于设置本应用程序中查看剪切板的内容。

4）"Localization"

在"Localization"区域中，选中"Use Localized resources"复选框，系统会弹出提示框，单击"OK"按钮，然后在"System-General"设置界面中单击"Apply"按钮，使设置生效；再单击"OK"按钮，退出设置界面，关闭软件，重新进入 Altium Designer 系统，即可进入中文编辑环境，如图4.1.8 所示。

（2）系统备份设置

执行"Preferences"设置窗口中的"System"→"Backup"命令，系统弹出如图 4.1.9 所示对话框。

"自动保存"设置框主要用来设置自动保存的一些参数。选中"自动保存每…"复选框，可以在时间编辑框中设置自动保存文件的时间间隔，最长时间间隔为 120 min。"保存版本数目"设置框用来设置自动保存文档的版本数，最多可保存 10 个版本。"路径"显示保存路径。

（3）系统显示设置

执行"Preferences"设置窗口中的"System"→"View"命令，在"弹出面板"区域中拉动滑条来调整面板弹出延时、隐藏延时，如图4.1.10所示。

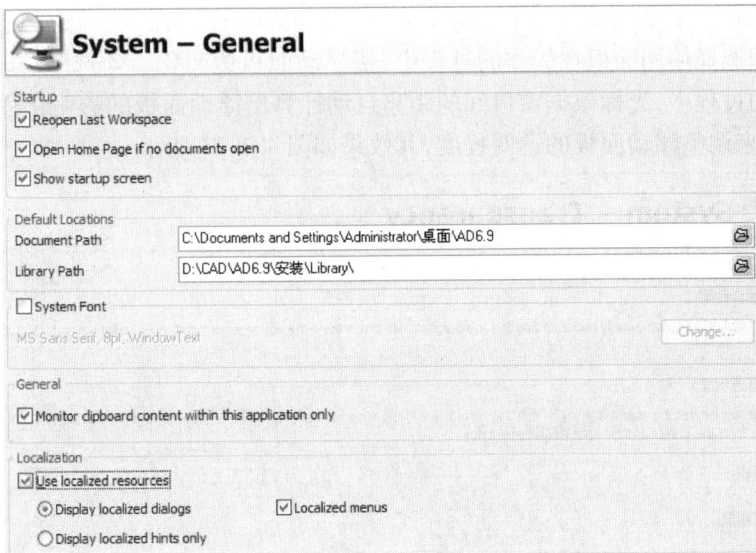

System – General

Startup
☑ Reopen Last Workspace
☑ Open Home Page if no documents open
☑ Show startup screen

Default Locations
Document Path　　　C:\Documents and Settings\Administrator\桌面\AD6.9
Library Path　　　　D:\CAD\AD6.9\安装\Library\

☐ System Font
MS Sans Serif, 8pt, WindowText　　　　　　　　　　　　　　　　　Change...

General
☑ Monitor clipboard content within this application only

Localization
☑ Use localized resources
　⊙ Display localized dialogs　　　　☑ Localized menus
　○ Display localized hints only

图4.1.8　中文界面设置

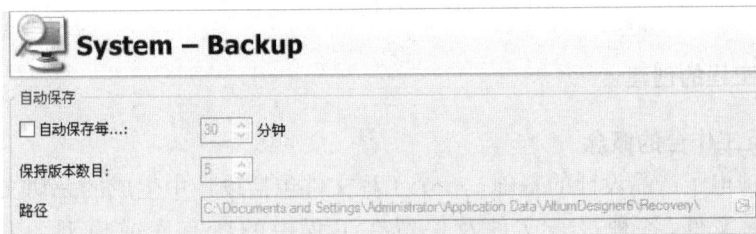

System – Backup

自动保存
☐ 自动保存每...：　　　30　分钟
保持版本数目：　　　　5
路径　　　　C:\Documents and Settings\Administrator\Application Data\AltiumDesigner6\Recovery\

图4.1.9　系统备份设置

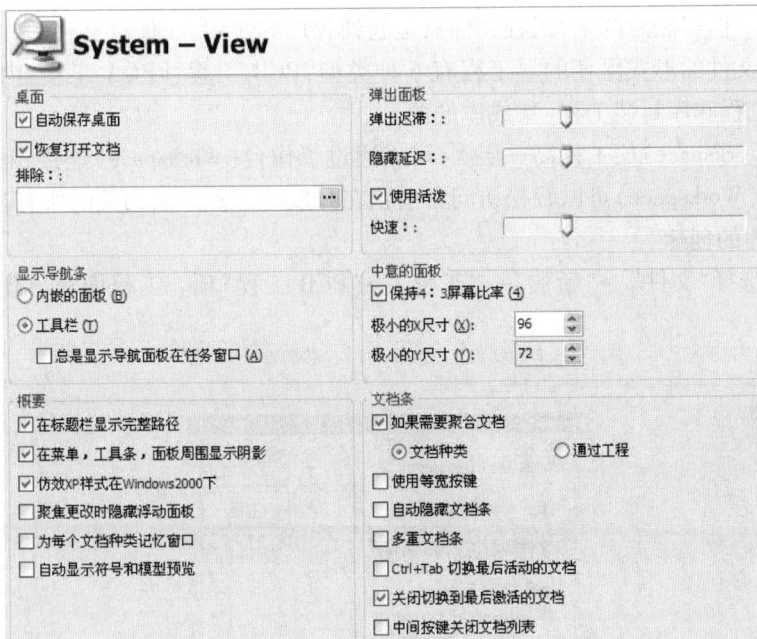

System – View

桌面
☑ 自动保存桌面
☑ 恢复打开文档
排除：：

弹出面板
弹出迟滞：：
隐藏延迟：：
☑ 使用活泼
快速：：

显示导航条
○ 内嵌的面板（B）
⊙ 工具栏（T）
　☐ 总是显示导航面板在任务窗口（A）

中意的面板
☑ 保持4：3屏幕比率（4）
极小的X尺寸（X）　96
极小的Y尺寸（Y）　72

概要
☑ 在标题栏显示完整路径
☑ 在菜单，工具条，面板周围显示阴影
☑ 仿效XP样式在Windows2000下
☐ 聚焦更改时隐藏浮动面板
☐ 为每个文档种类记忆窗口
☐ 自动显示符号和模型预览

文档条
☑ 如果需要聚合文档
　⊙ 文档种类　　　　○ 通过工程
☐ 使用等宽按键
☐ 自动隐藏文档条
☐ 多重文档条
☐ Ctrl+Tab 切换最后活动的文档
☑ 关闭切换到最后激活的文档
☐ 中间按键关闭文档列表

图4.1.10　系统显示设置

(4)系统面板透明度设置

执行"Preferences"设置窗口中的"System"→"Transparency"命令,勾选"透明浮动窗口"下的复选框,即选择使用面板在操作的过程中,使浮动面板透明化。勾选"动态透明度"复选框,即在操作的过程中,光标根据窗口间的距离自动计算出浮动面板的透明化程度,也可以通过下面的滑条来调整浮动面板的透明程度,其效果如图4.1.11 所示。

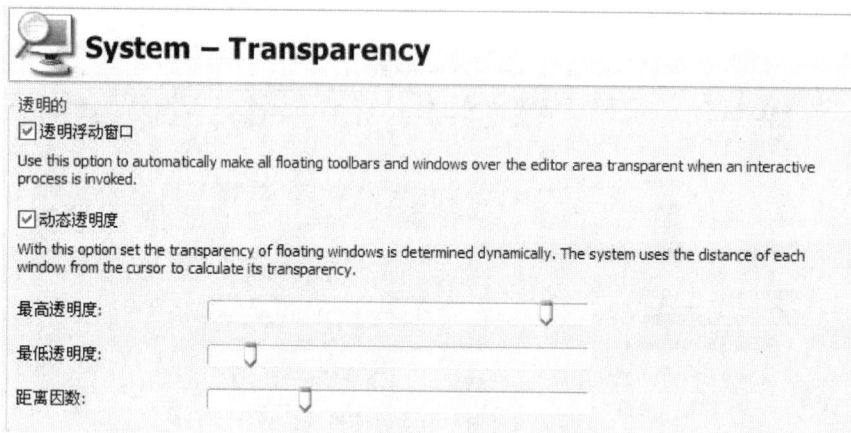

图 4.1.11 系统板面透明度设置

1.3.5 新工程的创建

(1)工程及工作台的概念

工程是每项电子产品设计的基础。一个工程文件包括设计中生成的一切文件,比如原理图文件、PCB 图文件、各种报表文件及保留在工程中的所有库或模型。工程文件类似 Windows 系统中的"文件夹",在工程文件中可以执行对文件的各种操作,如新建、打开、关闭、复制与删除等。但需注意的是,工程文件只是起到管理的作用,在保存文件时,工程中的各个义件是以单个义件的形式保存的。工程有 6 种类型:PCB 工程、FPGA 工程、内核工程、嵌入式工程、脚本工程和库封装工程(集成库的源)。

工作台(Workspace)比工程高一层次,可以通过工作台(Workspace)连接相关项目。设计者通过工作台(Workspace)可以轻松访问目前正在开发的某种产品相关的所有工程。

(2)新工程的创建

在菜单栏选择"文件"→"新建"→"工程"→"PCB 工程"项。工程面板出现,如图4.1.12所示。

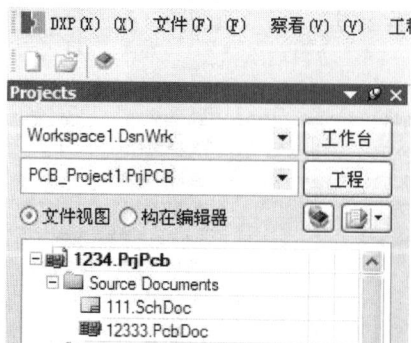

图 4.1.12 新建工程

选择"文件"→"保存工程为…"项,系统将弹出如图4.1.13所示窗口,在文件名栏里键入文件名(扩展名为.PrjPCB)并指定该工程保存的位置,然后单击"保存"按钮。

图4.1.13 新工程重命名

(3)在工程中创建新文件

1)创建原理图文件

选择"文件"→"新建"→"原理图"菜单项,或者在"Files"面板的"新建"单元选择"Schematic Sheet",或者在"新建工程.PrjPCB"处单击鼠标右键,选择"给工程添加新的"→"Schematic"菜单项,即可创建原理图文件,如图4.1.14所示。

图4.1.14 新建原理图

选择"文件"→"另存为"菜单项,可将新原理图文件重命名(扩展名为.SchDoc)。

如果设计者想添加到一个工程文件中的原理图图纸是作为自由文件夹被打开的,如图 4.1.15 所示,那么在"Projects"面板的"Free Documents"单元"Source document"文件夹下用鼠标拖曳要移动的文件 sheet1.SchDoc 到目标项目文件夹下即可。

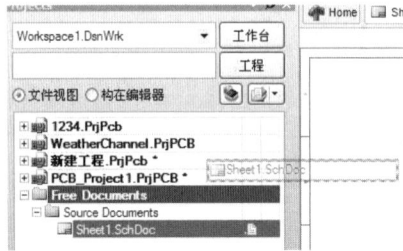

图 4.1.15　文件的移动

2)创建 PCB 文件

其方法与创建原理图文件相同:单击"文件"→"新建"→"PCB"菜单项;或者在"Files"面板的"新建"单元选择"PCB File",或者在"新建工程"PrjPCB",处单击鼠标右键,选择"给工程添加新的"→"PCB"菜单项。

1.3.6　原理图参数的设置

选择"工具"→"设置原理图参数"菜单项,系统将弹出如图 4.1.16 所示原理图参数设置对话框,在"Schematic"(原理图)下有 9 个选项卡,默认打开的是"General"选项卡。

图 4.1.16　原理图参数设置

（1）"General"选项卡

1）"选项"区域

①直角拖拽：选中该复选项，则当拖动元件时，被拖动的导线保持直角。若不选中该项，导线可以是任意角度。

②Optimize Wires Buses：选中该复选框，系统将自动选择走线路径，可以防止导线、总线重叠在其他导线或总线上。若不选中该项，用户要自行选择走线路径。

③元件割线：选中该复选项，则当元件放置在一条导线上时，如果该元件的两个引脚都落在导线上，则该导线被元件的两个引脚分成两段，两个端点分别自动与元件的两个引脚相连。

④使能 In-Place 编辑：选中该复选项，则当光标指向已放置的元件标识、文本、网络名称等文本文件时，单击两次即可直接在原理图上编辑文本内容，否则必须在参数设置对话框中修改文本内容。

⑤Ctrl+双击打开方块电路：选中此复选框后，按下"Ctrl"键，同时双击原理图中的子图符号会打开对应的子图图纸，双击元件会弹出属性对话框。

⑥转换十字交叉：选中此复选框，当用户在"T"字连接处增加一段导线行程 4 个方向的连接时，会产生如图 4.1.17（a）所示的连接，自动产生两个节点；如果不选中，则会形成两条交叉的导线，而且没有电气连接，如图 4.1.17（b）所示。

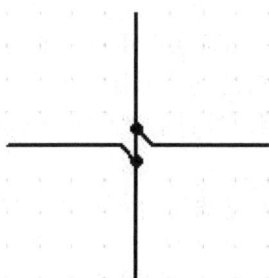

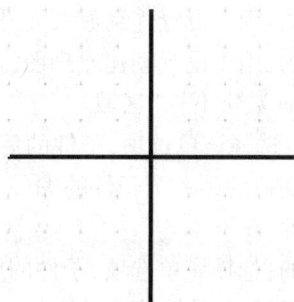

（a）选中时效果　　　　　　　　　　（b）不选中时效果

图 4.1.17　"转换十字交叉"选项的作用

⑦显示 Cross-Overs：选中此复选框后，会在无电气连接的十字交叉点处显示为半圆弧；如果不选中，则会形成两条交叉的导线，如图 4.1.18 所示。

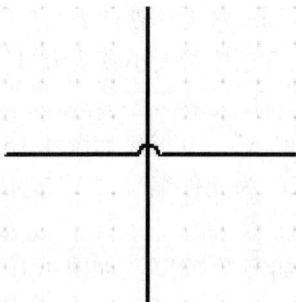

（a）选中时效果　　　　　　　　　　（b）不选中时效果

图 4.1.18　"显示横跨"选项的作用

⑧Pin 说明：选中此复选框后，系统会根据引脚的电气类型（Input、Output、I/O）在原理图中显示元件引脚的方向；如果不选中，则不显示元件引脚方向，如图 4.1.19 所示。

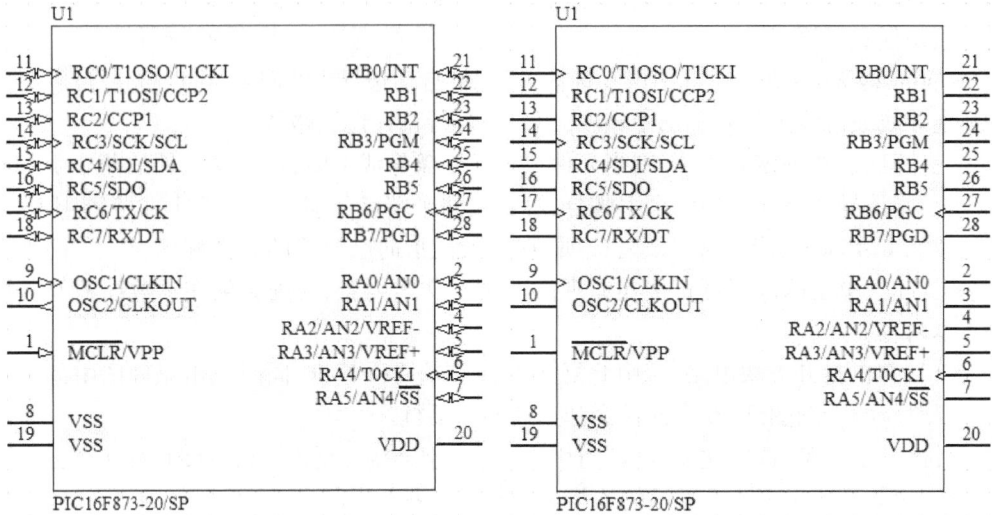

（a）选中时效果　　　　　　　　　　　（b）不选中时效果

图 4.1.19　"引脚方向"选项的作用

⑨方块电路登录用法：选中此复选框后，在层次原理图顶层图纸中会根据子图设置的端口属性将端口的方向显示出来，不选择此项则只显示入口的基本形状。

⑩端口说明：选中此复选框后，端口的方向会根据用户设置的端口 I/O 类型来显示；如果不选中，端口的方向可由用户自行在端口"风格"项中设定。

⑪未连接从左到右：此复选框只有在选中端口方向复选框后才有效。当选中此复选框后，原理图中为连接的端口将显示为从左到右的方向。

2）"包括剪贴板和打印"区域

①No-ERC Marker：选中此复选框后，则使用剪贴板进行复制、剪切或打印时，对象的"忽略 ERC 检查"标记将被复制或打印，否则将不包括该标记。

②参数设置：选中此复选框后，则使用剪贴板进行复制、剪切或打印时会包含元件的参数信息。

3）"放置时自动增量"区域

①主要的：用于设置连续放置元件时，元件编号的自动增量大小默认为"1"。

②从属的：用于设置创建原理图符号时，元件引脚的自动增量大小默认为"1"。

4）"Alpha 数字下标"区域

①Alpha：选择该单选项，子件的后缀以字母表示，如"A"、"B"等，如图 4.1.20（a）所示，元件"SN7400N"的第一个子件的编号为"U1A"，其中"U1"为元件编号，"A"表示此为该元件的第一个子件。

②数字的：选择该单选项，子件的后缀以数字表示，如"1"、"2"等，如图 4.1.20（b）所示，元件"U1"的第一个子件的编号为"U1：1"。

5）"Pin 差数"区域

①名称：用来设置元件的引脚名称离元件符号边沿的距离。

（a）选中"字母"　　　　　　　　　　　　　　（b）选中"数字"

图 4.1.20　"字母/数字后缀"选项的作用

②数量：用来设置元件的引脚数量离元件符号边沿的距离。

6）"默认电源对象名称"区域

该区域用于设置电源端子的默认网络名称。系统默认的电源地的网络名称为"GND"，"信号地"的网络名称为"SGND"，"接地"（接大地）的网络名称为"EARTH"。如果该区域中的输入为空，电源端子的网络名称由用户在电源属性对话框中设置。

7）"文档范围滤出和选择"区域

该区域用于设定过滤和选择功能的适用范围，可以用于"Current Document"（当前文档）或用于"Open Document"（所有打开的文档）。

8）"默认"区域

该区域用于设置默认的模板文件。可以单击"浏览"按钮来选择模板文件，选择后，模板文件名将出现在文本框中。设置了默认模板后，每次创建新文件时，系统会自动套用该模板。不需要模板文件时，单击"清除"按钮清除已选择的模板文件，这时文本框显示为"No Default Template File"。

（2）"Graphical Editing"选项卡

图形编辑的环境参数通过"Graphical Editing"（图形编辑）选项卡来设置，如图 4.1.21 所示。

1）"选项"区域

①剪贴板参数：选中该复选框，执行复制或剪切操作时，系统会要求指定一个参考点。

②添加模板到 Clipboard：选中该复选框，执行复制或剪切操作时，系统会把当前文档使用的模板一起添加到剪切板中；不选中该项，复制图纸到 Word 文档时，不会带有图纸边框和标题栏。

③转化特殊串：选中该复选框，用户在原理图上使用特殊字符串时，系统会显示其内容，否则将保存特殊字符串本身。

④对象中心：选中该复选框，在元件上按下鼠标左键时，光标将捕捉元件的参考点或元件的中心，否则光标捕捉按下鼠标的位置。要使该项有效，必须取消选择"对象电气主热点"项。

⑤对象电气主热点：选中该复选框，在元件上按下鼠标左键时，光标将自动移到离该点最近的电气节点处，通常为元件的引脚端点。

⑥自动缩放：选中该复选框，插入元件时，原理图会自动调整视图显示比例。

⑦信号"\"否定：选中该复选框，当输入低电平有效的引脚名、网络标识或 I/O 端口时，在字母后插入"\"，显示效果为字母顶上加一条横线。例如，网络标识输入"R\E\S\E\T\"，图纸上显示为"RESET"。

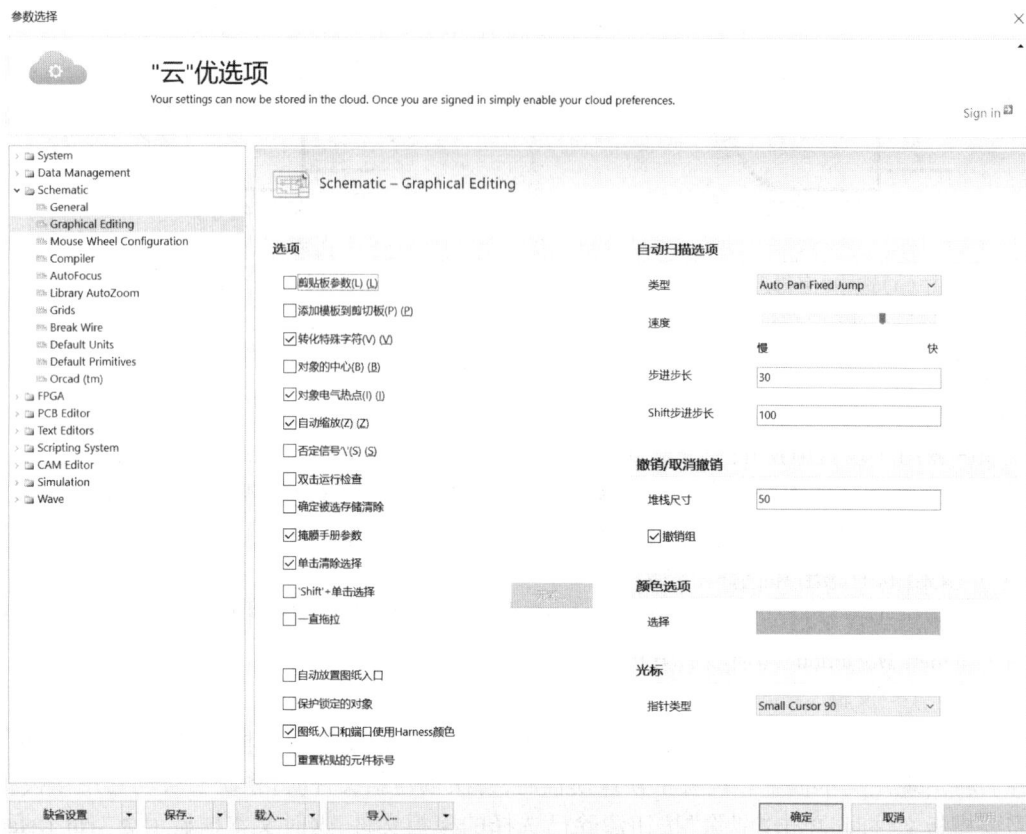

图 4.1.21　"Graphical Editing"选项卡

⑧双击运行检查：选中该复选框，在原理图上双击一个对象，弹出的将是"Inspector"（检查器）对话框，而不是属性对话框。

⑨确定被选存储清除：选中该复选框，则在清除存储器时，系统将弹出确认对话框。

⑩掩膜手册参数：选中该复选框，如果对象参数的自动定位关闭，系统会用一个点来标记。

⑪单击清除选项：选中该复选框，用户单击选中一个对象后去选择另一个对象时，上一次选中的对象将恢复为未被选中的状态。取消选中状态时，系统将不清除上一次的选中记录。

⑫移动点击到所选：选中该复选框，则必须先按下"Shift"键再单击鼠标才能选中对象。

⑬一直拖动：选中该复选框，移动对象时，与其连接的导线会随之拖动，保持连接关系不变。

2）"自动面板选项"区域

①风格：可设置 3 种自动模式——"Auto Pan Off"（关闭自动摇景）、"Auto Pan Fixed Jump"（按设置的步长自动移动）、"Auto Pan ReCenter"（以光标位置为中心移动）。

②速度：拖动滑块，调节自动移动速度。

③步骤尺寸：设置原理图每次移动的步长，系统默认为 30 像素。

④转换步长：设置按下"Shift"键时每次移动的步长，系统默认为 100 像素，即按下"Shift"键会使图纸移动加速。

3)"撤销 重做"区域

该区域用来设置取消/重做的次数,系统默认为50次,次数越多,占用系统内存越大。

4)"颜色选项"区域

该区域设置选中对象时,其周围虚线框的颜色。

5)"指针"区域

该区域可设置4种光标类型:Large Cursor 90(大十字光标)、Small Cursor 90(小十字光标)、Small Cursor 45(小斜十字光标)和Tiny Cursor 45(小交错光标),其形状分别如图4.1.22所示。

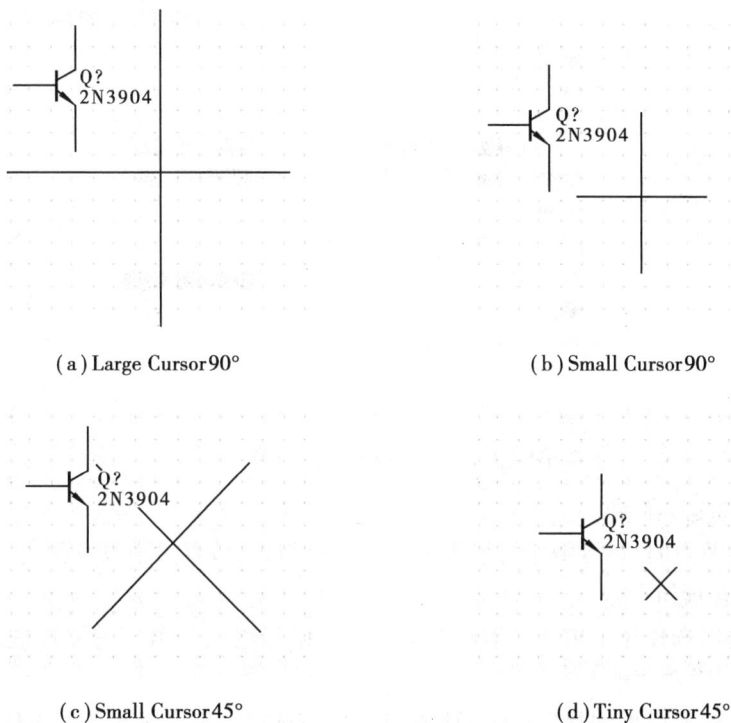

(a)Large Cursor90°

(b)Small Cursor90°

(c)Small Cursor45°

(d)Tiny Cursor45°

图4.1.22　光标的设置

(3)"Compiler"选项卡

原理图绘制完成以后可能存在错误或疏漏,系统提供了编译工具,帮助用户进行电气规则检查。单击"Compiler"(编译)标签,将弹出"Compiler"选项卡,如图4.1.23所示。

1)"错误 警告"区域

原理图编译错误有3种级别:Fatal Error(致命错误)、Error(错误)、Warning(警告)。该区域用来设置以上3种错误的提示颜色,一般采用系统默认颜色。

2)"线索提示"区域

选中"显示线索"复选框,系统在编译过程中会给出相应的提示。

3)"自动连接"区域

①线上显示:选中该复选框,导线呈现"T"字形,连接处会显示电气节点。电气节点的大小在"尺寸"项设置,电气节点的颜色可通过"颜色"右边的颜色框设置。

②总线上显示:选中该复选框,总线呈现"T"字形,连接处会显示电气节点。电气节点的大小在"尺寸"项设置,电气节点的颜色可通过"颜色"右边的颜色框设置。

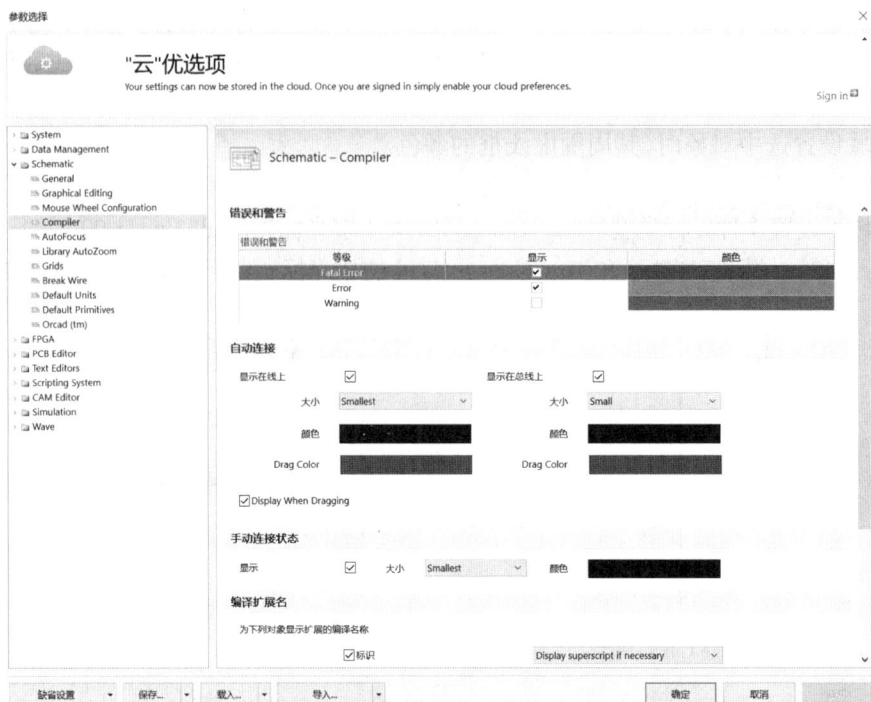

图 4.1.23　"Compiler"选项卡

4)"手动连接状态"区域

手工添加电气节点时,该区域中可设置节点的显示与否、节点大小以及颜色。

5)"编译名称扩展"区域

在该区域中可以选择显示扩展的编译名称,有"网络标签"、"端口"等复选框供选择。

(4)"Auto Focus"选项卡

根据原理图中对象所处的状态(未连接或连接),该选择卡可设置在各种操作情况下的淡化或加浓显示,以及在各种操作下的缩放情况。

(5)"Grids"选项卡

在设计原理图时,为了更好地放置、排列、对齐元器件和连接线路等设计工作,希望图纸有类似几何作业本的栅格而不是一张白纸,这样可以大大提高工作效率。在 Altium Designer 15 中,栅格的类型有线状和点状两种,如图 4.1.24 所示,它们显示与否及显示哪种类型都是可以在"Grids"选项卡中设置的。

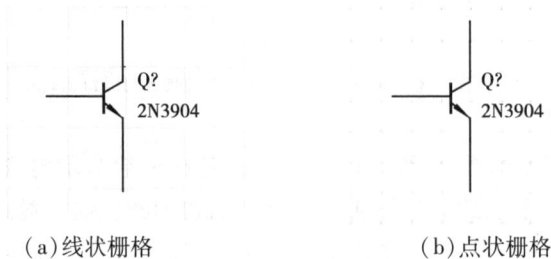

(a)线状栅格　　　　　　　　　　(b)点状栅格

图 4.1.24　栅格的类型

　　设置方法是:选择右键菜单"选项"→"设置原理图参数"命令或主菜单"DXP"→"优先选项"→"Schematic"→"Grids"命令,就会出现如图 4.1.25 所示的对话框;在"栅格选项"中单击"可视化栅格"区域的右边下拉按钮,则会弹出一个有 Dot Gird(点状栅格)和 Line Gird(线状栅格)选项的列表,选择需要的栅格类型即可。同时,还可以点击"栅格颜色"项右边颜色框对栅格的颜色进行设置。

图 4.1.25　格点类型的设置

(6)"Break Wire"选项卡

　　在原理图编辑环境下,当用户需要剪掉某段导线又不希望删除整条导线时,可执行菜单"编辑"→"打破线"命令来切割导线。与切断配线有关的参数在"Break Wire"选项卡中设置,如图 4.1.26 所示。

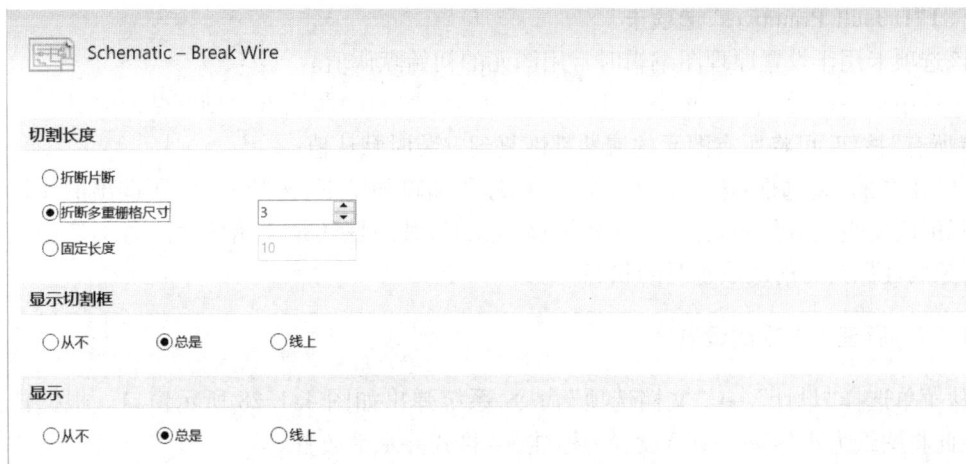

图 4.1.26　"Break Wire"选项卡

(7)"Default Units"选项卡

　　"Default Units"选项卡用于设置系统默认的度量单位,如图 4.1.27 所示,有英制和公制单位两种选择。

153

图 4.1.27 "Default Units"选项卡

1）英制单位系统

可选单位有 mil(毫英寸),in(英寸),DXP Defaults(系统默认),Auto-Imperial(自动切换为英制单位)。

2）公制单位系统

可选单位有 millimeter(毫米,mm),centimeter(厘米,cm),meter(米,m),Auto-Metric(自动切换为公制单位)。

单位之间的换算关系如下:

$$1 \text{ in} = 1\,000 \text{ mil}$$
$$1 \text{ mil} = 0.025\,4 \text{ mm}$$
$$1 \text{ mm} = 39.37 \text{ mil}$$

用户在绘图过程中随时可执行菜单"设计"→"文档选项"命令,在弹出的文档选项对话框中的"单位"选项卡中切换单位。

(8)"Default Primitives"选项卡

该选项卡用于设置原理图编辑时常用图元的初始默认值。

①选中某一图元,单击"重新安排"按钮,可将该图元的属性恢复到安装时默认值。单击"重置所有"按钮,可将所有图元的属性都恢复到安装时默认值。

②"永久的"复选框:选中该复选框,在原理图编辑环境下,按"Tab"键所调出的属性对话框中只能改变当前对象的属性,再次使用该对象时,其属性还是原始属性。若不选中该复选项,对象属性保持为前次放置时的状态。

1.3.7 原理图选项的设置

从菜单选择"设计"→"文档选项"命令,系统弹出如图 4.1.28 所示窗口。根据任务要求,在此将图纸大小(sheet size)设置为标准 A4 格式并水平放置。

(1)图纸大小设置

在 Altium Designer 15 中,图纸大小的设置有两种选择,一种是标准图纸、一种是自定义图纸。

设置方法是:进入原理图文档选项设置对话框后,单击该对话框中标签"方块电路选项"的"标准类型"的下拉式按钮,系统就会显示出 18 种规格的标准图纸,把光标移到需要的某个

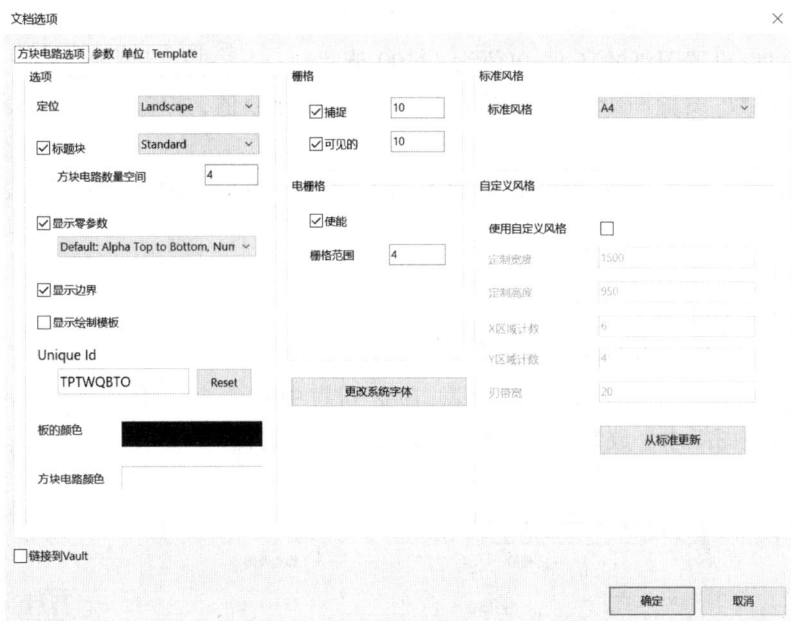

图 4.1.28 原理图文档选项设置

图纸上单击左键再单击"OK"按钮就可以选中所要的选择标准图纸。

如果标准图纸满足不了用户的要求,这时就要用户自定义图纸的大小了。自定义图纸可以在"定制类型"中选中"使用定制类型"项,即该项的右边方框内必须打钩,如图 4.1.29 所示,才能进行其他相关设置:

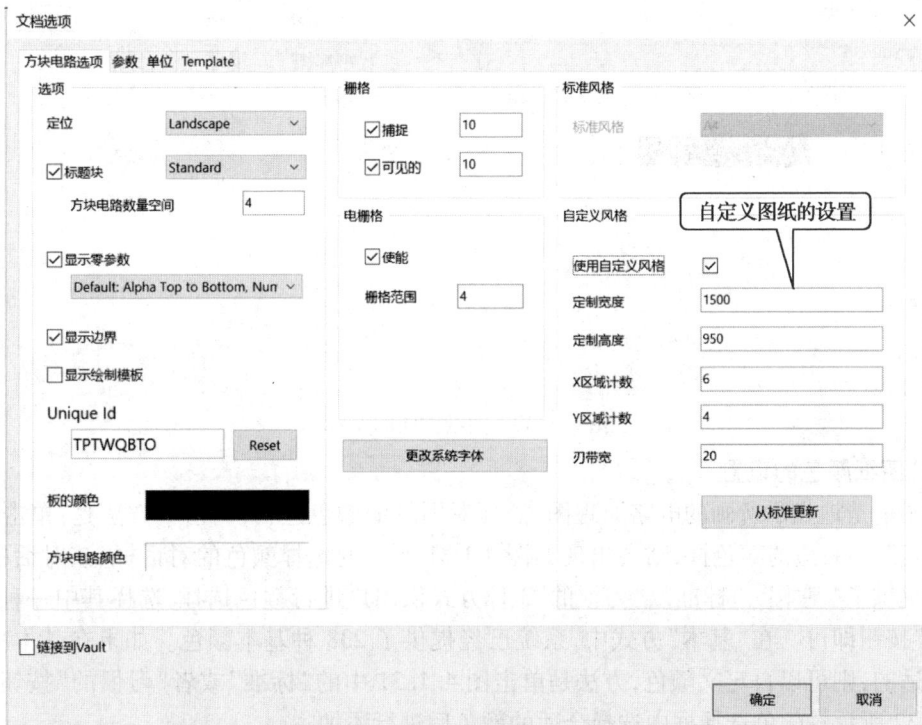

图 4.1.29 自定义图纸

①定制宽度：设置图纸的宽度,单位为 1/100 英寸。

②定制高度：设置图纸的高度,单位为 1/100 英寸。

③X 区域计数：设置图纸边框在 X 轴方向上的等分数值,如填入"4"则表示把 X 轴 4 等分。

④Y 区域计数：设置图纸边框在 Y 轴方向上的等分数值,如填入"6"则表示把 Y 轴 6 等分。

⑤刃带宽：设置图纸边框宽度,单位为 1/100 英寸。

(2)图纸方向的设置

图纸的放置有两个方向：水平放置和垂直放置。设置的方法是单击"方位"项右边的下拉式按钮,这时会出现一个下拉式选择列表,在该列表中有两个选项：Landscape 和 Portrait,Landscape 表示将图纸水平放置,Portrait 表示将图纸垂直放置,如图 4.1.30 所示。

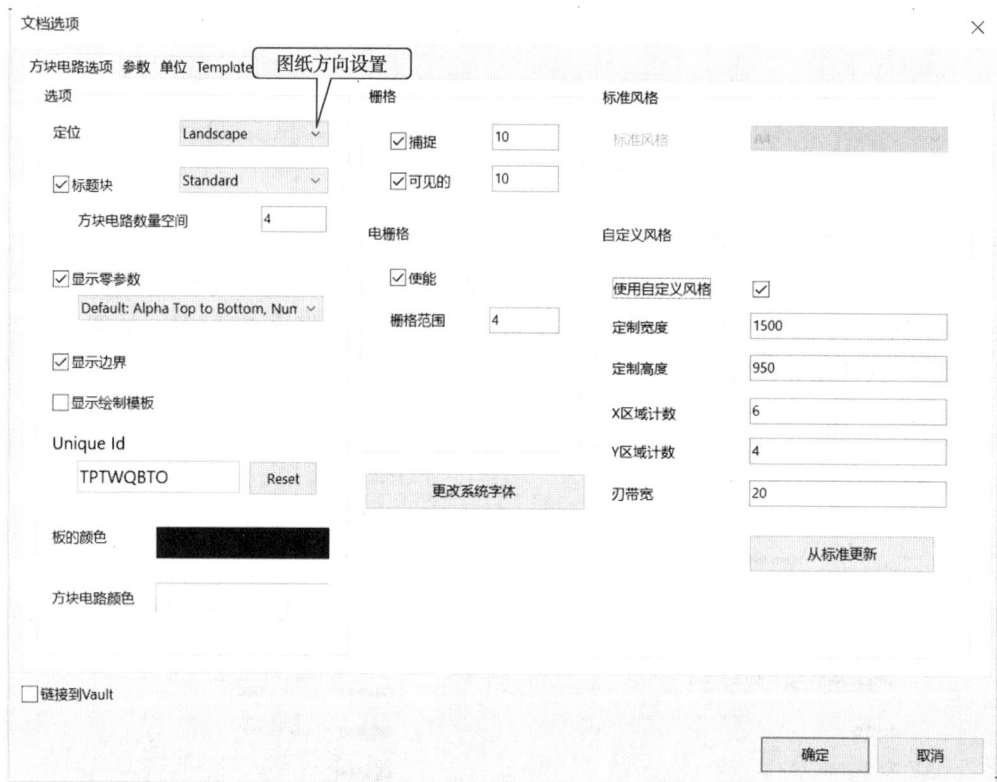

图 4.1.30　图纸方向的设置

(3)图纸颜色的设置

为了清楚地显示所画的电路原理图,需要对图纸的颜色进行设置,其方法是：单击"方块电路颜色"项右边的颜色框,则会出现如图 4.1.31 所示的选择颜色的对话框,该对话框中系统已经提供了"基本"、"标准"、"习惯的"3 种方式供用户进行颜色选择,选择其中一种后,单击"OK"按钮即可。在"基本"方式中,系统已经提供了 238 种基本颜色。如果在基本颜色中没有合适的,则可以自定义颜色,方法是单击图 4.1.31 中的"标准"或者"习惯的"按钮,在如图 4.1.32 所示的颜色选择框中选择合适的颜色后进行添加。

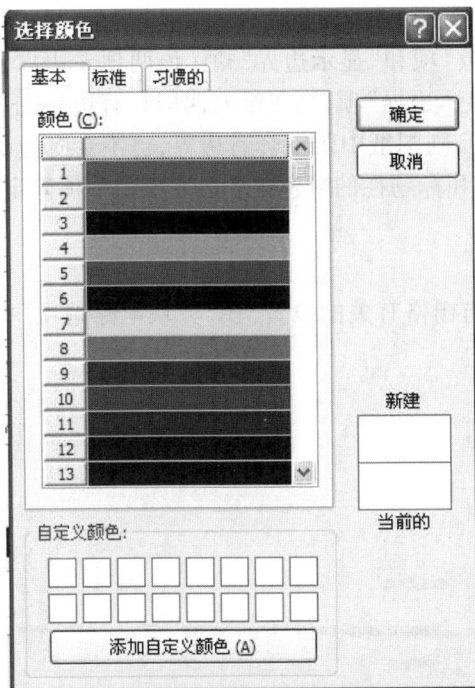

图 4.1.31　选择颜色对话框

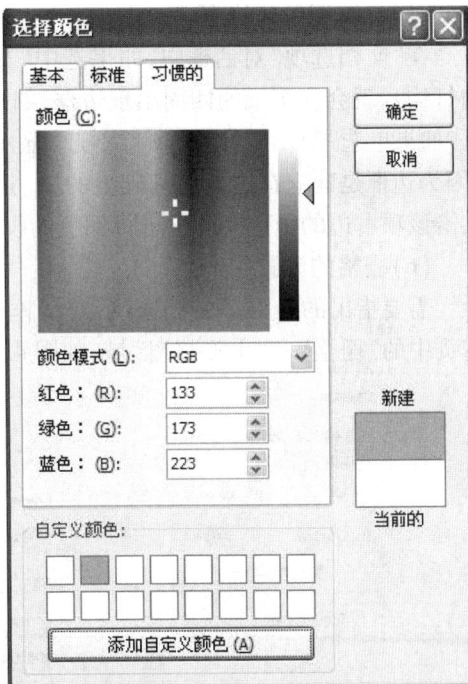

图 4.1.32　自定义颜色对话框

(4) 设置图纸的标题栏

在"文档选项"对话框中,如果选中"标题块"项(该项左边方框打钩),则图纸的右下边将会出现系统设置好的标题栏。该标题栏有两种模式,单击"标题块"项的右边下拉式按钮将出现 Standard 和 ANSI 两个选项,如图 4.1.33 所示,分别表示标准模式和美国国家标准化组织模式。如果这两种模式都不合适,使用者也可以不选择"标题块"项(该项左边方框不打钩),这时图纸中将不会出现系统设置的标题栏,而由使用者自己设计。

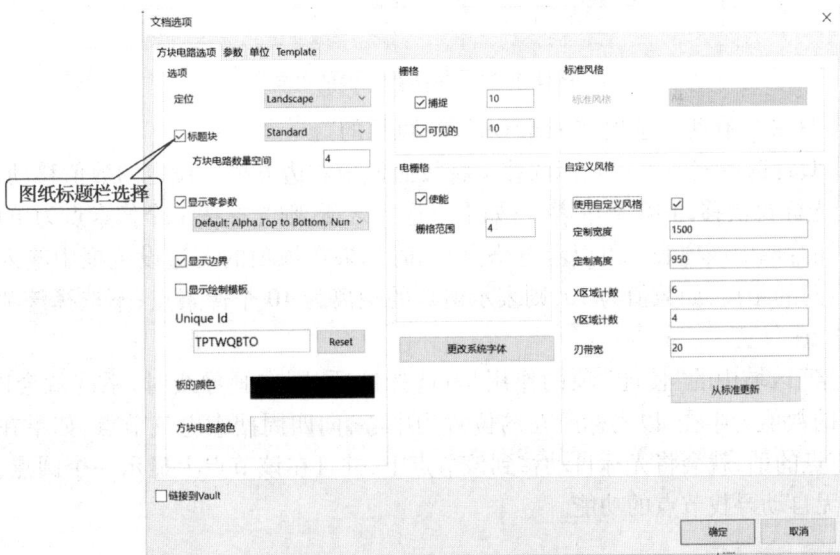

图 4.1.33　设置图纸的标题栏

(5)设置图纸的边框

在"文档选项"对话框中,如果选中"显示零参数"项和"显示边界"项(该两项左边方框均打钩),就会在图纸的四周出现边框;如果单选"显示边界"项,则图纸的四周只有边界无边框;如果单选"显示零参数"项且不选"显示边界"项,则图纸中既不会有边界,也不会有边框(因为边框是建立在边界的基础上的)。边界、边框和标题栏的颜色由"边界颜色"项确定,点击该项右边的颜色框即可进行颜色的设置了。

(6)栅格的设置

需要指出的是,在"文档选项"对话框中,也有与栅格有关的设置,在"方块电路选项"标签页中的"栅格"和"电栅格"区域,如图 4.1.34 所示。

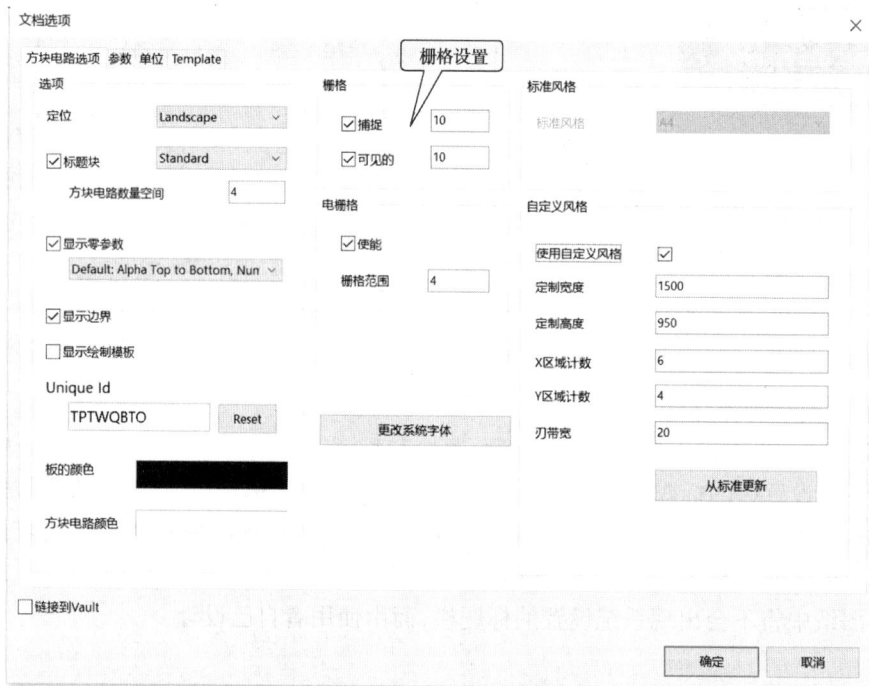

图 4.1.34　与栅格有关的设置

在 Gird 区域中有两个选项:"Snap On"和"可见的"。

①Snap On:选择该项表示光标的移动将按照该项右边方框中设定的数值移动,如果该数值为 10,则光标每次移动 10 个像素点;如果不选择该项,则光标按 1 个像素点为单位移动。

②可见的:选中该项表示可以看见格点,同时如果在该项的右边设置框中输入某个数值来设定格点间的距离,如数值为 10,则表示格点的距离为 10 个像素点;不选择该项则图纸中不会出现格点。

"电栅格"区域中的"使能"项的作用是:选择该项,则在画导线时,系统就会以"栅格范围"中设定的数值为半径,以光标所在的位置为中心,向四周搜索电气节点,如果在搜索半径内有电气节点的话,就会将光标自动移到该节点上,并且在该节点上显示一个圆点;如果不选择该项,则无自动寻找节点的功能。

1.4　任务实施

1.4.1　进行软件界面及参数设置

①打开 Altium Designer 15 软件,选择主菜单栏中"DXP/Preferences…"命令,弹出如图 4.1.7 所示软件优先选项界面。

②在"Localization"区域选中"Use Localized resources"复选框,系统会弹出提示框,单击"OK"按钮,然后在"System-General"设置界面中单击"Apply"按钮,使设置生效;再单击"OK"按钮,退出设置界面,关闭软件,重新进入 Altium Designer 系统,即可进入中文编辑环境。

1.4.2　建立"多谐波振荡电路.PrjPCB"工程

①在桌面创建名为"新建文件夹"的文件夹;

②在主菜单栏选择"文件"→"新建"→"工程"→"PCB 工程"命令。选择"文件"→"保存工程为…"命令,将弹出如图 4.1.35 所示窗口,在文件名栏里键入文件名"多谐波振荡电路"(扩展名为.PrjPCB),放置在刚才创建的文件夹中,然后单击"保存"按钮。

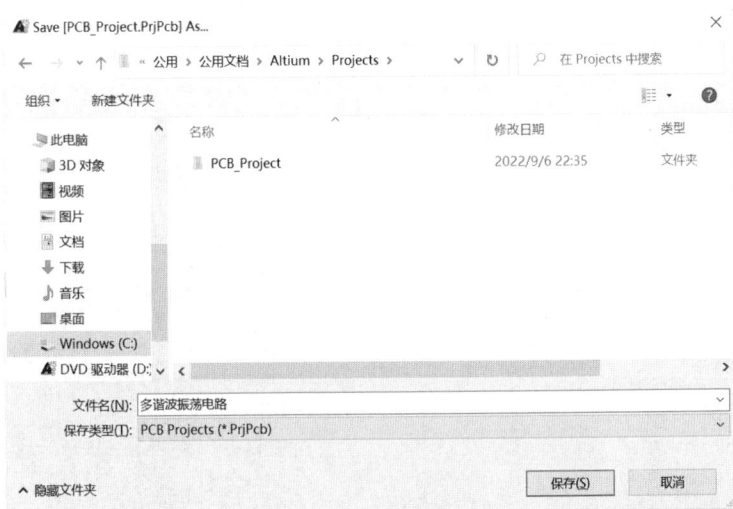

图 4.1.35　创建"多谐波振荡电路.PrjPCB"

1.4.3　创建"多谐波振荡电路.SchDoc"和"多谐波振荡电路.PcbDoc"

(1)创建"多谐波振荡电路.SchDoc"原理图文件

选择"文件"→"新建"→"原理图"菜单项,或者在"Files"面板的"新建"单元选择"Schematic Sheet",或者在"多谐波振荡电路.PrjPCB"处单击鼠标右键,选择"给工程添加新的"→"Schematic"命令。通过选择"文件"→"另存为"来将新原理图文件重命名为"多谐波振荡电路"(扩展名为.SchDoc)。

（2）创建 PCB 文件

方法与创建原理图文件相同:选择"文件"→"新建"→"PCB"菜单项,或者在"Files"面板的"新建"单元选择"PCB File",或者在"多谐波振荡电路.PrjPCB"处单击鼠标右键,选择"给工程添加新的"→"PCB"命令。通过选择"文件"→"另存为"来将新 PCB 文件重命名为"多谐波振荡电路"(扩展名为. PrjPCB)。

1.4.4　设置原理图图纸参数

从菜单选择"设计"→"文档选项"命令,弹出如图 4.1.28 所示窗口。单击该对话框中标签"方块电路选项"的"标准类型"的下拉式按钮,将图纸大小(sheet size)设置为标准 A4 格式。

在该界面中,单击"选项"的"方位"下拉式按钮,选择"Landscape"项,将纸张设置成水平放置,单击"确定"按钮完成操作,最后保存工程,退出操作环境。

项目 **2**
绘制多谐波振荡器电路

2.1 学习目标

2.1.1 最终目标

会用 Altium Designer 15 软件绘制简单电子电路。

2.1.2 促成目标

①会添加、卸载元件库；

②会取用元件并编辑元件属性；

③会准确进行连线；

④会正确使用网络标识；

⑤会对原理图进行编译及错误排查。

2.2 工作任务

在 Altium Designer 15 原理图窗口中构建如图 4.2.1 所示的"多谐波振荡器"电路。
要求：

①正确调用所需元器件，并按电路图所示要求进行元器件布局及连线操作；

②按电路要求设置元器件特性参数；

③保存所构建的电路，退出操作环境。

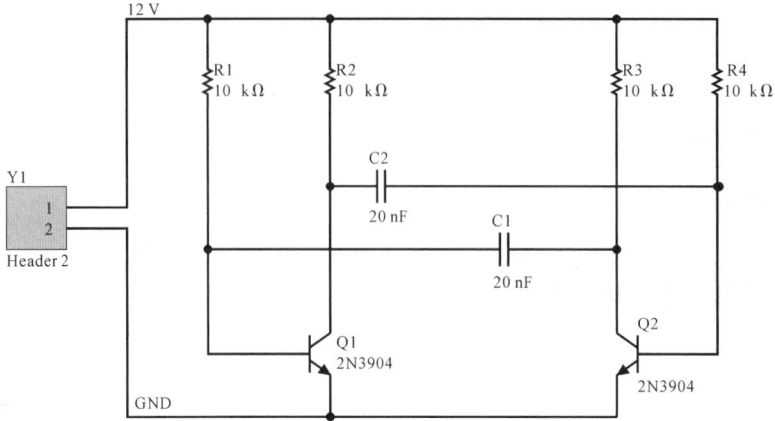

图 4.2.1　多谐波振荡器电路

2.3　知 识 准 备

2.3.1　加载、卸载元件库

绘制原理图的第一步就是从元件库中找出所需元件的电气图形符号,并把它们逐一放到原理图编辑区内。所以对于初学者来说,需要掌握常用元件所在的位置和元件查找的方法。

Altium Designer 15 的元件图形存放在库文件中,这些库文件按照元件制造商和元件功能进行分类,存放在 Altium Designer 15 安装目录下的"Library"文件夹中。该文件夹中有两个集成元件库:Miscellaneous Connectors.IntLib 和 Miscellaneous Devices.IntLib。前者包含常见的接插件,后者包含了常用的电阻、电容、二极管、三极管、变压器、开关等分立元件,这两个库是最常用到的库。除上述两个库文件外,"Library"文件夹中还有很多文件夹,它们多数是以公司名称命名的。例如"Philips"文件夹中是飞利浦公司生产的元件,其中包含常用的 P89C51 系列单片机;"Texas Instruments"文件夹内有集成元件库 TI Logic Gate 1.IntLib,常用的 74 系列门电路就在其中。

进入原理图编辑界面后,单击"库"面板,再单击面板右上方的"Library..."标签,屏幕将弹出如图 4.2.2 所示的元件库面板,该面板中显示了已经安装过的元件库。

单击"安装..."按钮,系统将弹出"打开"对话框,此时可以选择库文件并单击"打开"按钮来加载,如图 4.2.3 所示为加载库文件 TI Logic Gate 1.IntLib 时的情况,加载完成后元件库列表如图 4.2.4 所示。

图 4.2.4 中窗口所示的是已经加载到计算机内存中的库文件,这些库中的所有元件都可以被用户直接使用。而存放在硬盘中但还没有被加载到内存里的那些库中元件是不能被直接取用的。需要注意的是,不要加载太多暂时不用的库,也不要打开太多设计项目,以免计算机内存不足造成软件运行过慢甚至无法保存文件。

若要卸载已添加的元件库,可在如图 4.2.4 所示的窗口中选中待卸载的库文件名,然后

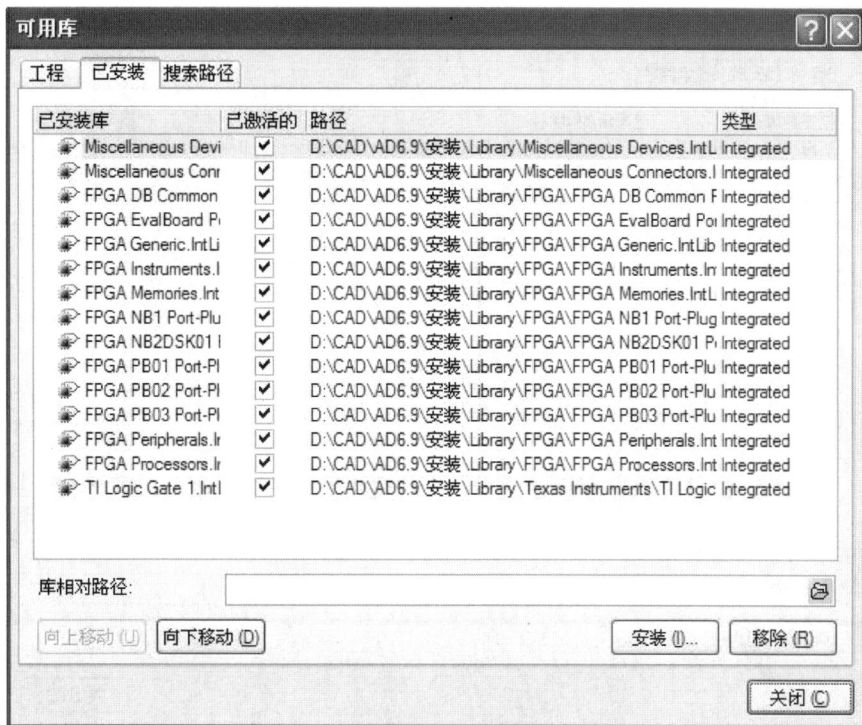

图 4.2.2　可用库

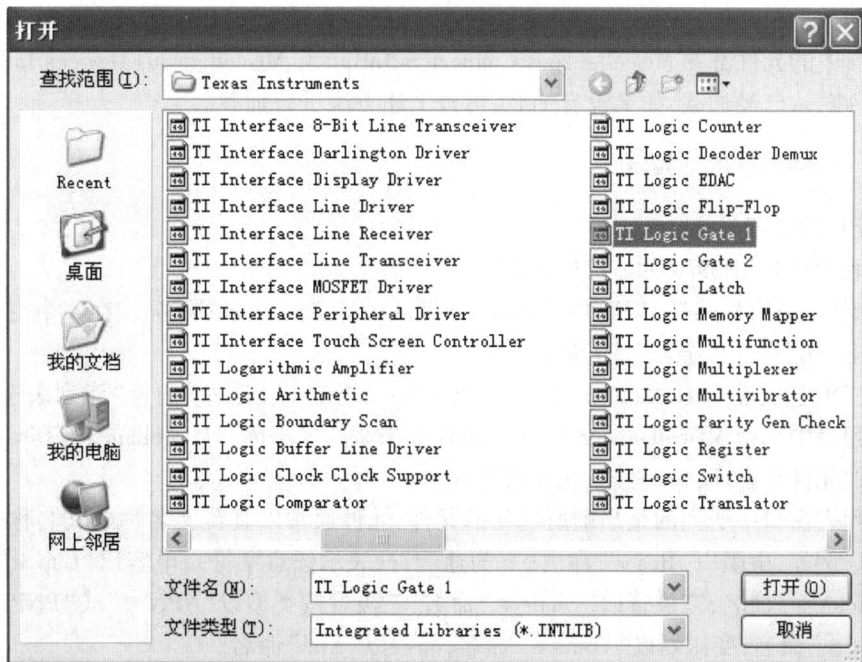

图 4.2.3　加载元件库

单击"移除"按钮;也可按下"Ctrl"键,选择多个文件夹来删除。卸载库文件并不是彻底删除它,只是从内存中移除该库文件,但仍然保存在硬盘中安装路径下的"Library"文件夹中,下次

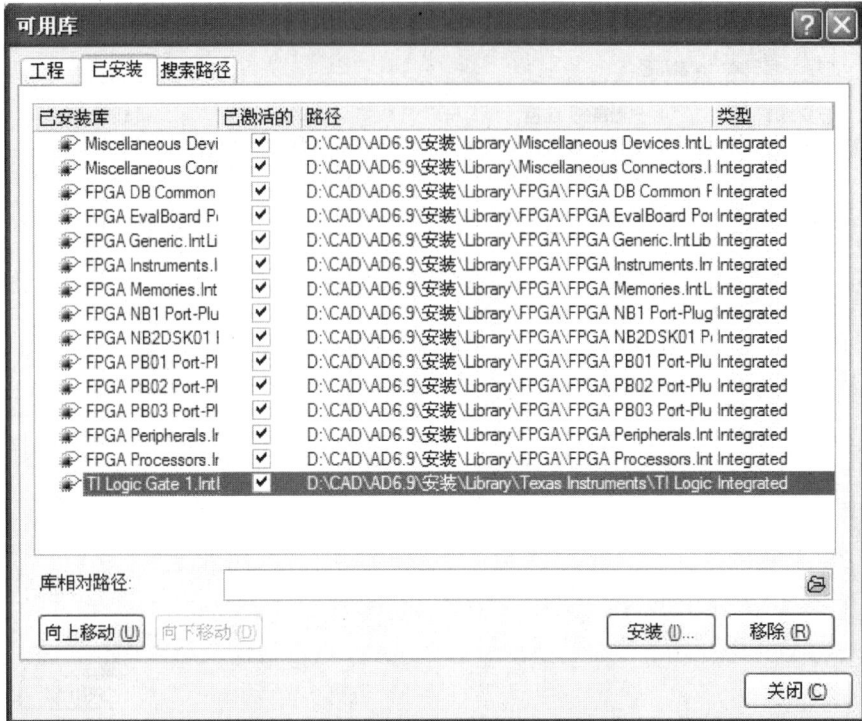

图 4.2.4　已加载的库文件

需要时再加载进来即可。

　　本项目中的元件都在 Miscellaneous Connectors.IntLib 和 Miscellaneous Devices.IntLib 中,这两个库文件默认已经加载,如果没有加载,可按上述方法进行加载。

2.3.2　元件的选取与编辑

(1)元件的选取

以选取型号为 2N3904 的三极管为例:

①从菜单选择"View"→"Fit Document"项确认设计者的原理图纸显示在整个窗口中。

②单击"库"标签以显示"库"面板。

③该三极管放在 Miscellaneous Devices.IntLib 库内,所以在"库"面板"库列表选择"栏内从库下拉列表中选择 Miscellaneous Devices.IntLib 来激活这个库。Miscellaneous Devices.IntLib 是最常用的元件集合库,常用分立元件都在其中。

　　元件列表窗口中所列的是当前所选库的元件,元件通常以其英文名称或其名称的前几个字母表示。例如,电阻以"Res＊"命名(＊为通配符,表示任意字符);电容以"Cap＊"命名;电感以"Inductor＊"命名;二极管以"Diode＊"命名;三极管按类型以"NPN＊"或"PNP＊"命名,开关以"Sw＊"命名;变压器以"Trans＊"命名;晶振以"Xtal"命名。

④使用过滤器快速定位设计者需要的元件,默认通配符(＊)可以列出所有能在库中找到的元件。在库名下的过滤器栏内键入"＊3904＊"设置过滤器,将会列出所有包含"3904"的元件,如图 4.2.5 所示。

⑤在列表中单击 2N3904 以选择它,然后单击"Place 2N3904"按钮。另外,还可以双击元

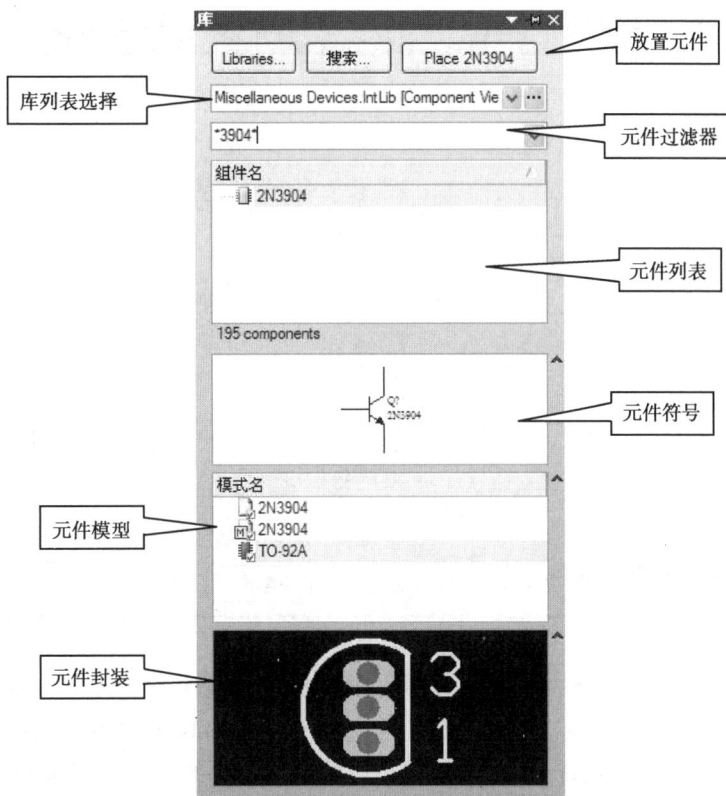

图 4.2.5　元件库面板

件名,光标将变成十字状,并且在光标上"悬浮"着一个三极管的轮廓。现在设计者处于元件放置状态,如果设计者移动光标,三极管轮廓也会随之移动,如图 4.2.6 所示。

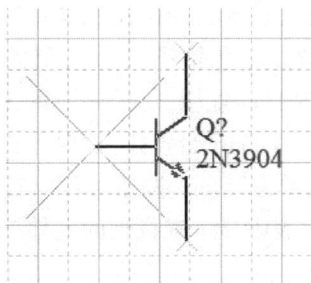

图 4.2.6　取用元件时光标状态

(2)查找元件

原理图编辑时,先放置核心元件,现以放置单片机 PIC16F873-04/SP 为例。当操作者无法确定待放置元件的电气图形位于哪一个库文件时,通常可以使用系统提供的查找功能搜索元件,并加载相应的元件库。

单击元件库工作面板上的"搜索…"(Search)按钮,或执行"工具"→"发现器件"命令,弹出如图 4.2.7 所示"搜索库"对话框。

①空白文本区域:用于输入需要查找原件或者封装的全名(或者部分名称),该区域支持以通配符"＊"代替任意字符串。例如输入"PIC16F873＊"表示查找所有以字符串 PIC16F873 开头的元件。在查找之前,单击 ╳ 清除 按钮,则文本框内原有的查询内容被清除。

图 4.2.7　"搜索库"对话框

②"选项"区域:"搜索"后的下拉列表中可供选择的查找类型为 Components、Footprints、3D Models、Database Components。查找元件符号选择 Components,查找封装选择 Footprints。

③"范围"区域:用于设置查找的范围。选中"可用库",系统会在已经加载的元件库中查找;选择"库文件路径",则按照路径区域设置的路径进行查找;选中"精确搜索",则在上一次查找结果中进一步查找。

④"路径"区域:用于设置查找元件的路径,该选项区域只有选中"库文件路径"时才有效。单击路径文本框右侧的⊜按钮,系统会弹出浏览文件夹用来设置搜索路径,一般设置为安装目录下的"Library"文件夹。勾选"包括子目录",则指定目录中的子目录也会被搜索。"文件面具"用来设置查找元件的文件匹配域,"＊"表示匹配任意字符串。

设置完成后单击 ▽ 搜索ⓢ 按钮,系统开始查找,这时元件查找对话框隐藏,元件库面板上的"搜索"按钮变成了"Stop"按钮,单击"Stop"按钮可停止搜索,查找结束后又恢复为"搜索"按钮。系统会在"Query Results"列表中显示查找到的元件。

(3)元件属性的编写

当找到了所需要的元件后,就要对元件的属性进行编辑,如设置其序号、值等,如果选取的元件没放入电路图中,则点下键盘的"Tab"键,就可以打开编辑元件属性的"组件 道具"对话框。如果元件已经放入电路图中,则双击该元件也可以打开该对话框,如图 4.2.8 所示。

1)"道具"区域

①指定者:用于输入元件编号,如"Q1"。选中"可见的"复选框,则字符 Q1 会显示在图纸上。

②注释:一般用于输入元件的型号,这里默认为"2N3904"。选中右边"可见的"复选框,则字符"2N3904"会显示在图纸上。

③描述:元件的功能描述,采用默认值。

④唯一 ID:由系统给出,一般不用修改。

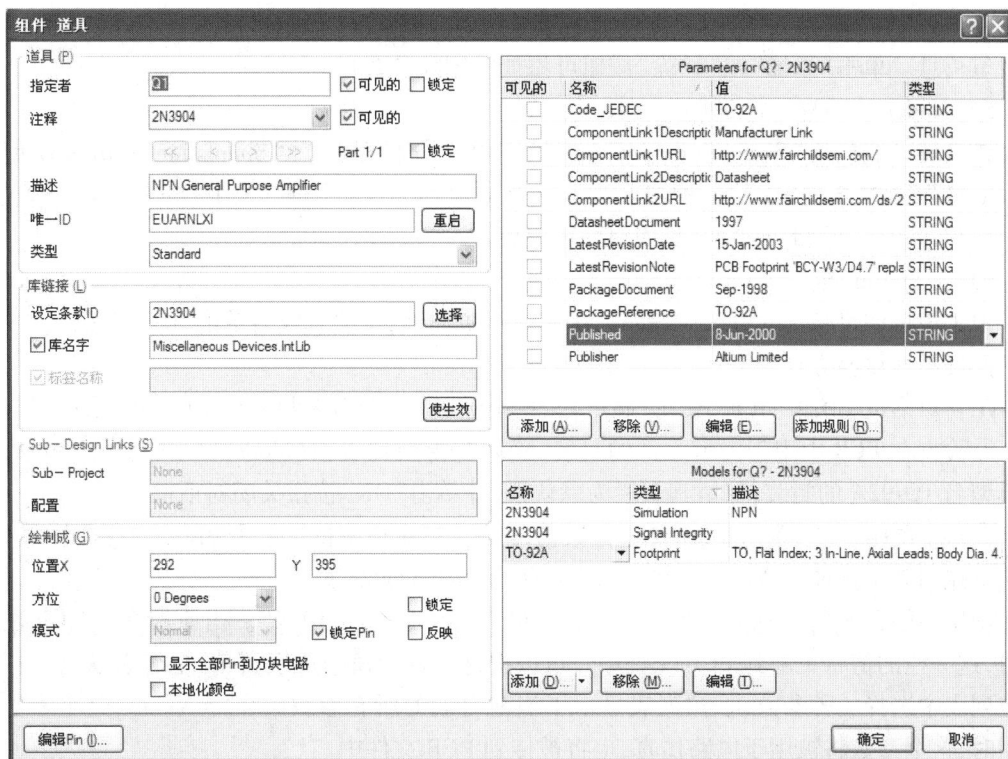

图 4.2.8　元件属性(Component Properties)对话框

⑤类型:元件符号的类型。这里采用默认值"Standard"(标准类型)。

2)"库链接"区域

①设定条款 ID:元件在 Altium Designer 15 元件库中的标识符,一般不要修改,否则会引起元件识别混乱。

②库名字:显示元件所在库的名称。这里为"Miscellaneous Devices.IntLib",不要修改。

3)"绘制成"区域

①位置 X、Y:设置元件在原理图中的位置坐标值,不用修改,需要时在编辑区移动元件即可。

②方位:元件在原理图中的放置方向,有 4 种选择。也可在原理图中用鼠标单击元件不放,按空格键改变元件方向;还可以选中元件不放,按 X 键对元件进行水平翻转,按 Y 键对元件进行上下翻转。

③模式:元件的风格,不需要修改。

④锁定 Pin:选中该复选框,元件的引脚不可以单独移动、编辑、查看或修改属性。默认是选中的。

⑤显示全部 Pin 到方块电路:选中该复选框,元件的隐藏引脚、引脚名称和编号都会显示出来。

⑥本地化颜色:选中该复选框,可以通过下面的颜色框修改元件局部颜色(包括"Fill"、"线路"和"Pin 脚"),一般不需要修改。

4)"Parameters for Q? -2N3904"区域

该区域用于设置元件参数,对于不同元件会有所不同,针对电阻、电容等有值的元件,该区域会出现"Value"参数栏,用于设置元件值的大小。图 4.2.8 显示了版本日期、版本注释、发行者等信息。单击"添加"或"移除"按钮可添加或删除参数栏。

5)"Models for Q？ -2N3904"区域

该区域可能包括"Signal Integrity"(信号完整性分析模型)、"Simulation"(仿真模型)、"Footprint"(封装模型)中的一种或几种。修改或追加元件封装时,选中"Footprint"(封装模型)栏,然后单击"编辑"或"添加"按钮即可完成。

6)"编辑 Pin"按钮

单击该按钮可弹出元件引脚编辑器来编辑引脚属性,设置完成后单击"确认"按钮。

元件属性修改方式如下:

①在对话框"道具"单元中,在"制定者"栏中键入"Q1"以将其值作为第一个元件序号。

②检查在 PCB 中用于表示元件的封装,确认在模型列表中(Models for Q？ -2N3904)含有模型名 TO-92A 的封装,保留其余栏为默认值,并单击"OK"按钮关闭对话框。

③对于电阻、电容等元件,需要进行数值编写。在对话框的"道具"单元,单击"注释"栏并从下拉列表中选择" =Value"(如图 4.2.8 所示),将 Visible 关闭。

使用"注释"栏可以输入元件的描述,例如"74LS04"或者"10 K"。当原理图与 PCB 图同步时,这一栏的值将更新到 PCB 文件中。可以把这一栏的值当成字符串,也可以从这一栏的下拉列表中选择一种参数,下拉列表显示了当前有效的所有参数。当" =Value"这个参数被使用时,这个参数将被用于电路仿真,也将被传到 PCB 文件中。

PCB 元件的内容由原理图映射过去,所以在"Parameters for R？ -Res1"栏将 R1 的值(Value)改为"100 K",如图 4.2.9 所示。

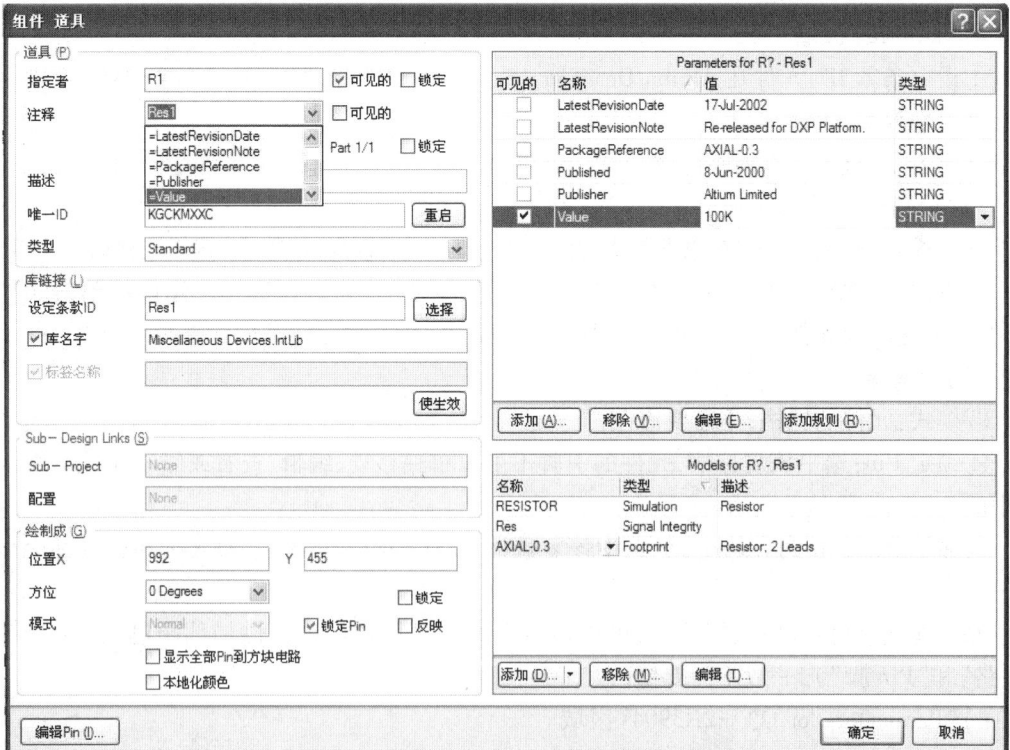

图 4.2.9　修改元件数值

2.3.3　认识布线工具栏

布线工具栏如图 4.2.10 所示。

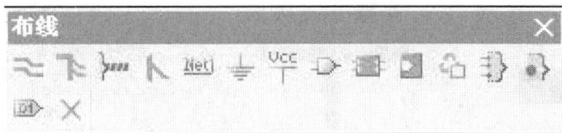

图 4.2.10　布线工具栏

① ≈:绘制导线,该导线具有电气连接作用。

② ⊢:绘制总线。

③ ⊨:放置信号线束。

④ ⊦:绘制总线分支。总线和总线分支都没有电气连接作用,需要和网络标号共同作用才能起到连接作用。

⑤ Net:网络标号。两个同名的网络标号表示这两点电气上是连通的。

⑥ ⊥:接地符号。修改其属性,可以放置不同形状的接地符号。

⑦ Vcc:电源符号。修改其属性,可以放置不同形状的电源符号。

⑧ ⊳:放置元件。

⑨ ▤:绘制方块电路,主要用于层次电路中代表子图图纸。

⑩ ▢:放置方块电路的 I/O 端口,它只能用在方块电路中。

⑪ 凸:放置器件图表符。

⑫ ⊰:放在线束连接器。

⑬ ⊹:放在线束入口。

⑭ ▦:放置 I/O 端口,用在一般原理图和子图中,不能用在方块电路中。

⑮ ✕:忽略电气规则检查点。

(1) 电源与接地符号的放置

电源和接地符号是电路原理图中必不可少的组件。常用的电源符号有 VCC、+5 V、−5 V、−12 V、+12 V 等,常用的接地符号有电源地、信号地等。Altium Designer 15 中每一个电源、接地符号都有一个网络标签与之对应。

放置电源和接地符号都是执行同一个命令,即单击布线工具栏中接地符号 ⊥ 的按钮(或选择主菜单中的"放置"→"电源端口"命令),这时鼠标变成十字形,接地符号处于激活状态并跟着鼠标移动,把选择的电源或接地符号移到所要放置的位置单击鼠标,就可以完成电源及接地符号的放置了。

放置的电源或接地符号如果不合适,可双击该符号打开电源和接地符号属性对话框——"电源端口"对话框进行修改。Altium Designer 15 提供了 4 种电源符号和 3 种接地符号,可以在修改电源和接地符号属性对话框中的"类型"选项中进行设置,如图 4.2.11 所示。该对话框还可以对电源的颜色、方位、网络名称以及位置等参数进行修改。在"网络"栏内可以设置电源网络名称,如 VCC、+5V、−5V、−12V、+12V 等。

另一种更加快捷的方法是使用实用工具栏中的电源工具放置电源和接地符号。单击实

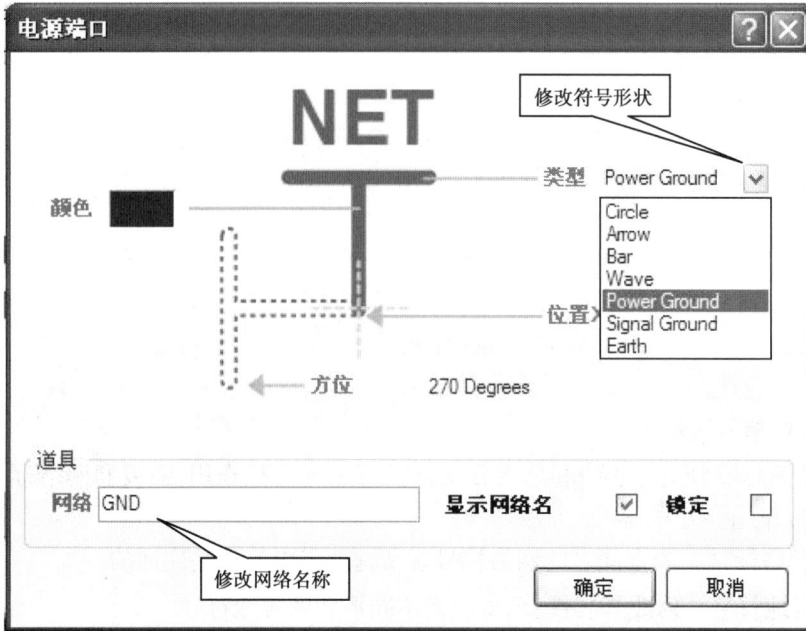

图 4.2.11　电源属性设置

用工具栏中的电源符号 ![symbol]，会弹出如图 4.2.12 所示的窗口，在窗口中可选择合适的电源或接地符号。

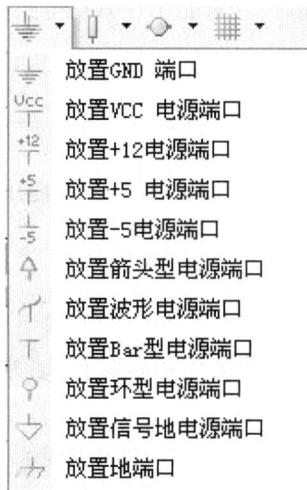

图 4.2.12　实用工具栏中的电源、接地符号

(2) 电路输入输出点的放置

对于复杂的电路图，往往需要许多张图纸才能画完，而这些图纸必然存在着电路连接关系，Altium Designer 15 就是通过放置电路输入输出点(I/O 端口)来表示图纸之间的连接关系。通过设置输入输出点的名称，可以使不同的图纸中具有相同名称的电路输入输出点相互连通。

单击布线工具栏中的 ![icon] 图标(或选择主菜单中的"放置"→"端口"命令)，即启动输入输出点放置命令，光标带有十字和一个输入输出点的图标，如图 4.2.13 所示。将光标移到合适的位置,单击一下鼠标即可定位输入输出点的一端,再移动鼠标可调整输入输出点的大小;当大小合适时,再单击一下鼠标即可定位输入输出点的另一端。单击右键结束放置。

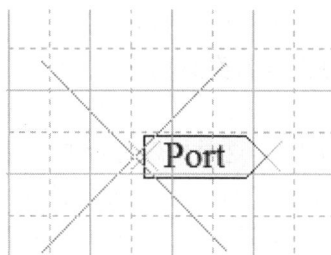

图 4.2.13　放置输入输出点

放置输入输出点后,如果不合适,可以双击该输入输出点,打开设置输入输出点属性的对话框(也可以在没有放入输入输出点之前按"Tab"键来打开)来修改,如图 4.2.14 所示。

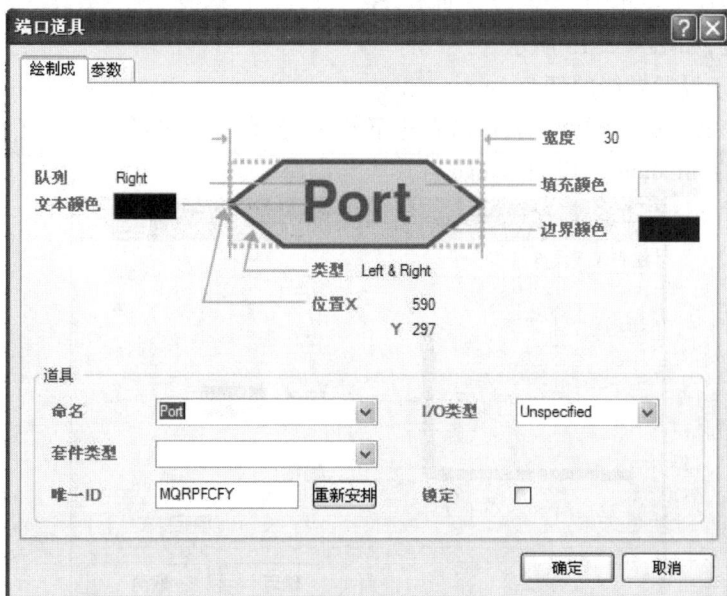

图 4.2.14　输入输出点属性设置

①命名:用于设置输入输出点的名称。

②类型:用于设置输入输出点的图形箭头方向。单击下拉按钮可以有 8 个选项:无箭头水平放置[None(Horizontal)]、箭头向左(Left)、箭头向右(Right)、左右有箭头(Left&Right)、无箭头垂直放置[None(Vertical)]、箭头向上(Top)、箭头向下 (Bottom)、上下有箭头(Top & Bottom)。

③I/O 类型:用于设置输入输出类型。单击下拉按钮可有 4 个选项:未指定(Unspecified)、输出(Output)、输入(Input)、双向的(Bidirectional)。

④队列:用于设置输入输出点名称在输入输出点中的对齐方式。单击下拉按钮可有 3 个选项,输入输出点水平放置时是:居中(Center)、靠左(Left)、靠右(Right);输入输出点垂直放置时是:居中(Center)、靠上(Top)、靠下(Bottom)。

⑤宽度:用于设置输入输出点的长度(通常长度的设置可直接单击输入输出点后用鼠标调整更为方便)。

171

⑥位置 X、Y:用于设置输入输出点的位置(一般以放置后的位置为准)。

⑦边界颜色:用来设置输入输出点边界的颜色。

⑧填充颜色:用来设置输入输出点框内的颜色。

⑨文本颜色:用来设置输入输出点名称的颜色。

(3)画导线

启动画导线命令后,光标将带十字,这时可以进行画导线操作:将光标移到所画导线的起点,单击鼠标左键,再将光标移到下一个折点或导线终点,再单击鼠标左键,即可画出一条导线。上一条导线画完后,如果继续移动光标,则下一条导线以上一条导线的终点为起点,可以画出连续的导线。上一条导线画完后,如果单击鼠标右键,则要重新单击鼠标左键才能确定新的导线的起点,可以画出和上条导线不连接的新的导线。如果连续单击两次右键,光标所带十字消失,则结束导线的绘制。

画出的导线如果在粗细、颜色等方面不合适,可以进行修改,方法是双击导线打开导线属性对话框来设置,如图 4.2.15 所示。

①颜色:用于设置导线的颜色。

②线宽:用来设置导线的粗细,单击右边下拉按钮,有四项选择:最细的(Smallest)、细的(Small)、中等的(Medium)、粗的(Large)。

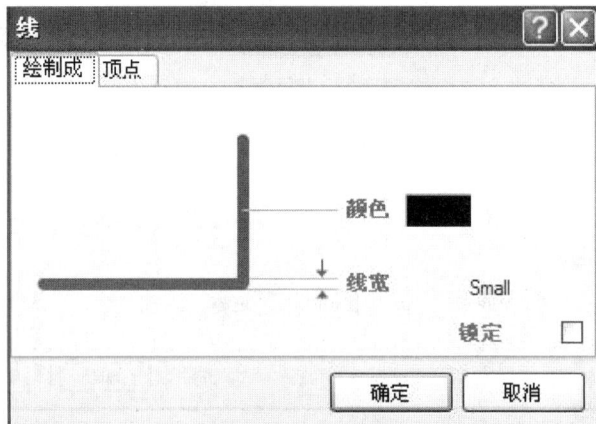

图 4.2.15　导线属性设置

(4)放置网络名称

彼此连接在一起的一组元件引脚连线称为网络(net)。例如,一个网络可以包括 Q1 的基极、R1 的一个引脚和 C1 的一个引脚。在设计中识别重要的网络是很容易的,设计者可以添加网络标记(net labels)。方法是:单击布线工具栏中的图标 <u>Net</u> (或选择主菜单中"放置"→"网络标号"命令),即可启动放置网络名称命令,如图 4.2.16 所示。

启动了放置网络名称命令后,将光标移到要放置网络名称的导线或总线上,光标会产生一个红色的"×",表示光标已经捕捉到该导线或总线,单击鼠标即可正确地放置一个网络名称;将光标移到其他需要放置的地方,可继续放置另一个网络名称;单击鼠标右键可结束网络名称的放置。双击网络名称可打开其属性设置对话框,如图 4.2.17 所示。

①颜色:用于设置字符的颜色。

②位置 X、Y:用于设置网络名称的位置(一般以放置后的位置为准)。

③网络:用于设置网络标识的名称。

④字体:用于设置字符字体格式。

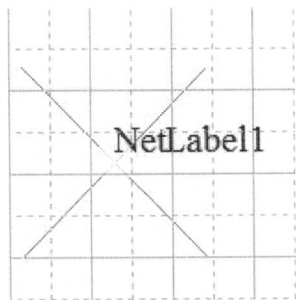

图 4.2.16　放置网络名称

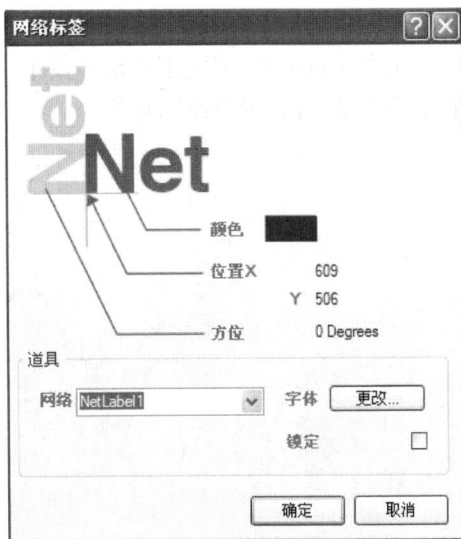

图 4.2.17　修改网络名称属性

2.3.4　画图案和放置文字说明

在电路原理图中,往往需要用文字、图形进行一些说明,例如用文字说明某个电路是一个振荡电路,用图形说明它的输出波形是余弦曲线。这就要用没有电气意义的画图命令来完成,这些命令集中在"实用工具栏"的实用工具中。

(1)实用工具介绍

单击实用工具栏中的图标 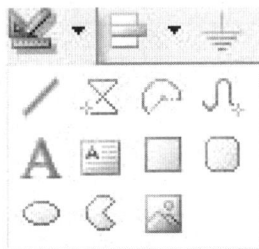,弹出如图 4.2.18 所示的实用工具窗口,该窗口中的所有对象都只是图形,不具有电气连接作用。

这些命令依次是画直线(主菜单"放置"→"绘图工具"→"线")、画多边形("放置"→"绘图工具"→"多边形")、画弧线("放置"→"绘图工具"→"椭圆弧")、画曲线("放置"→"绘图工具"→"贝塞尔曲线")、放置文字("放置"→"文本字符串")、放置文本框("放置"→"放

图 4.2.18　实用工具

置文本框")、画矩形("放置"→"绘图工具"→"矩形")、画圆角矩形("放置"→"绘图工具"→"圆角矩形")、画椭圆("放置"→"绘图工具"→"椭圆")、画扇形("放置"→"绘图工具"→"饼形图")、粘贴图片("放置"→"绘图工具"→"图像")。

(2)绘制正弦曲线

贝塞尔曲线工具是用切线法画曲线的,绘制步骤如下:

①单击实用工具栏内的"贝塞尔曲线"工具,必要时按下"Tab"键进入曲线属性设置窗口,选择线条粗细、颜色。

②将光标移动到正弦曲线的起点,如图 4.2.19 中所示的 1 点,单击鼠标左键固定起点。

③将光标移动到 2 点,单击固定拐点。

④将光标移动到图中的 3 点单击,即可看到正弦信号的正半周波形,但这时曲线是活动的。

⑤再次在 3 点单击,固定正弦信号正半周形状。

⑥再次在 3 点单击,固定正弦信号负半周的起点。

⑦将光标移动到 4 点并单击固定拐点。

⑧将光标移动到 5 点并单击,即可看到正弦信号的负半周,但这时曲线是活动的。

⑨再次在 5 点单击,固定正弦信号负半周的形状。

⑩最后右键单击,退出绘图环境。

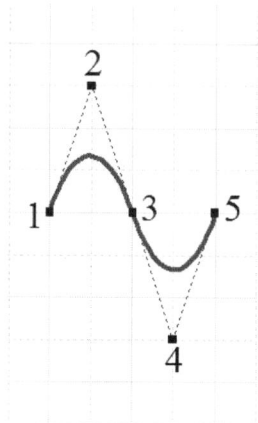

图 4.2.19　正弦波形的绘制顺序

(3)其他常用实用工具介绍

1)放置文本

单击实用工具窗口的放置文本工具 **A**,按下"Tab"键进入文本选项属性设置窗口,如图 4.2.20 所示。

图 4.2.20　文本属性设置

①"文本":输入文本信息,默认的是最近一次输入的文本信息。

②"位置X、Y":文本所在坐标位置,可手动修改。一般不需要修改,可直接在原理图中进行拖动,然后放置到合适的位置。

③"颜色":可以设置本文的字体颜色。

④"字体 变更..."按钮:设置文本的字体大小等。

2)放置椭圆弧

单击实用工具窗口的放置椭圆弧工具 ，光标变成十字形,跟着鼠标的默认形状是上一次使用该工具绘制的形状。移动光标到合适的位置,单击鼠标左键,确定图形的中心点;接着光标自动跳转到圆的 X 轴方向,移动光标确定图形的 X 轴半径,单击固定 X 轴半径;然后鼠标自动跳转到圆的 Y 轴方向,移动光标确定图形的 Y 轴半径,单击鼠标固定 Y 轴半径,图形绘制完成。

移动光标确定弧的起点,再次移动光标确定弧的终点。若起点与终点重合,图形为圆形或者椭圆形,X 轴半径与 Y 轴半径相等时为圆形,不相等时为椭圆形;若起点与终点不重合,图形为圆弧或者椭圆弧。绘制完成后,单击右键或按下"Esc"键退出绘制状态。

在绘制过程中按下"Tab"键或者在绘制结束后双击圆形,可跳出椭圆属性对话框,如图4.2.21 所示,通过设置 X 半径、起始角、结束角可绘制任意形状的圆形或弧形。

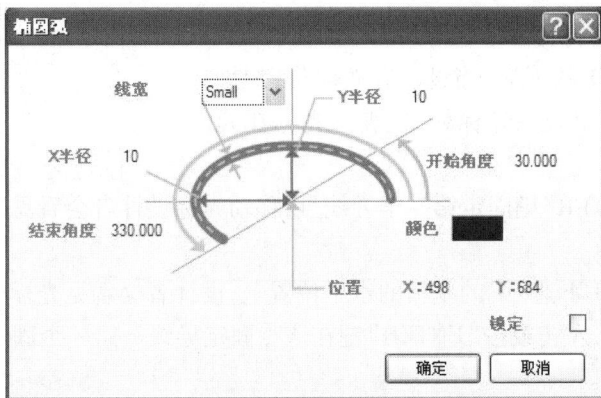

图4.2.21　"椭圆弧"属性对话框

3)绘制矩形

单击实用工具窗内的"放置矩形"工具 ，默认的形状是上一次绘制结束时的形状。按下"Tab"键调出"长方形"属性对话框,如图4.2.22 所示。通过"画实心"复选框可选择绘制

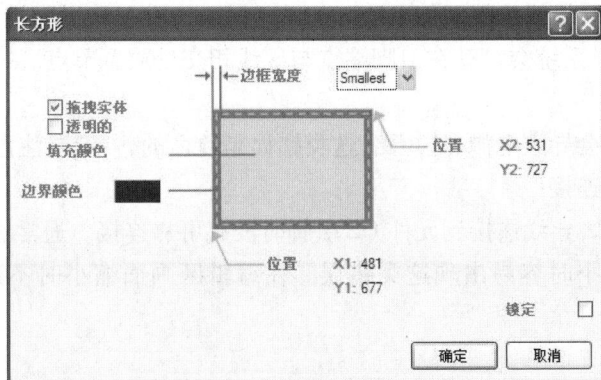

图4.2.22　"长方形"属性对话框

175

实心或者空心矩形,勾选"透明"复选框可以绘制透明的矩形。

绘制矩形方法:在编辑区域单击,固定矩形的起始点,然后拖动鼠标并单击,固定矩形终止顶点。

绘制圆角矩形的方法与直角矩形的方法相似,在属性对话框中可设置圆角的半径。

2.3.5　元器件的连接

(1)元件的连接方法

要在原理图中连线,可参照图 4.2.23 所示并完成以下步骤:

①为了使电路图清晰,可以使用"Page Up"键来放大或"Page Down"键来缩小;保持"Ctrl"键按下,使用鼠标的滑轮也可以放大或缩小;如果要查看全部视图,可从菜单选择"察看"→"适合所有对象"命令。

②首先将电阻 R1 与三极管 Q1 的基极连接起来。从菜单选择"放置"→"线"命令或从连线工具栏单击 ⇋ 按钮进入连线模式,光标将变为十字形状。

③将光标放在 R1 的下端,当设计者放对位置时,一个红色的连接标记会出现在光标处,这表示光标在元件的一个电气连接点上。

图 4.2.23　连接电路

④左击或按"ENTER"键固定第一个导线点,移动光标设计者会看见一根导线从光标处延伸到固定点。

⑤将光标移到 R1 下边 Q1 的基极的水平位置上,设计者会看见光标变为一个红色连接标记,如图 4.2.18 所示,左击或按"ENTER"键在该点固定导线。第一个固定点和第二个固定点之间的导线就放好了。

⑥完成了这根导线的放置,注意光标仍然为十字形状,表示设计者准备放置其他导线。要完全退出放置模式恢复箭头光标,设计者应该再一次右击或按"Esc"键。

(2)错误连接示范

①导线与元件引脚重叠

如图 4.2.24 所示,导线连接元件 R1 和 Q1 的引脚时,没有从引脚端点处开始连接,而是从引脚中间开始,这样系统会自动在引脚端点与导线相交处放置节点。

②放置多余节点

放置多余的节点会导致电源、地短路,这类错误是致命的,一定要注意。

③导线没有可靠连接

如图 4.2.25 所示,导线连接到元件 Q2 引脚时没有可靠连接。通常在栅格捕获和电气栅格捕获距离设置得过小时容易出现这类错误。在编辑区画面缩小时不易发现,放大后可以看见。

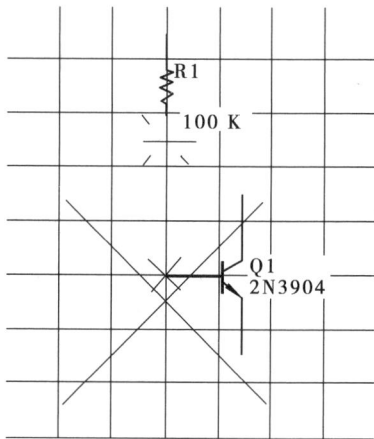

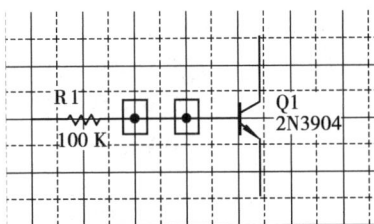

图 4.2.24   导线与元件引脚重叠   图 4.2.25   导线没有可靠连接

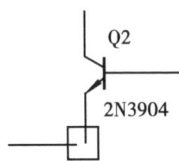

2.3.6   原理图编译及错误检查

对于简单的电路,通过仔细浏览就能看出电路中存在的问题,但对于较复杂的电路原理图,单靠眼睛是不太可能查找到电路编辑过程中所有错误的。为此,Altium Designer 15 提供了编译和检错的功能,执行编译命令后,系统会自动在原理图中有错的地方加以标记,从而方便用户检查错误,提高设计质量和效率。

对原理图进行编译,也叫 ERC 检查(Electrical Rule Check)。在执行 ERC 检查之前,根据需要可以对 ERC 规则进行设置。选择"工程"→"工程参数"命令,打开"Option for PCB Project..."对话框,可在该对话框中进行规则的设置,一般采用默认值。

(1) ERC 检查操作方法

①执行菜单"工程"→"Compile PCB Project..."命令,编译 PCB 工程。若被检查文件为自由文件或单个文件,则执行"工程"→"Compile Document..."命令。

②编译后,系统的自动检错结果将显示在"Messages"面板中,同时在原理图文件的相应出错位置会出现有一个红色波浪线标记。如果电路图有严重的错误,Messages 面板将自动弹出,如图 4.2.26 所示。若面板未打开,也可以单击面板控制中心"System"→"Messages"打开;如果编译没有错误,"Messages"面板中为空白,也不会自动弹出。

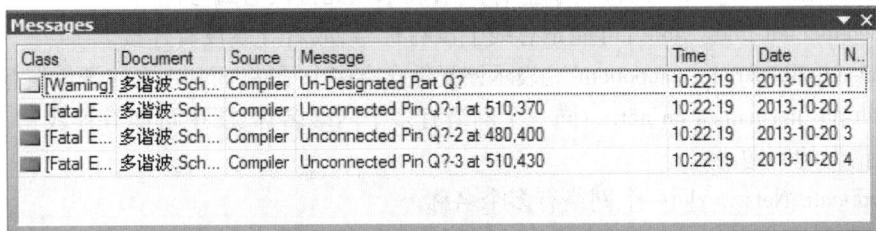

图 4.2.26   Messages 面板

③ERC 检测结果中可能包含三类错误。其中,"Warning"是警告性错误,在图 4.2.26 中,该原理图有一个元件"Q?"未对其编号;而"Error"是常规错误;"Fatal"是致命错误,如图 4.2.26 中有 3 条 Fatal 信息,分别显示元件"Q? -1"、"Q? -2"和"Q? -3"引脚未连接。对于 Messages 面板中的错误必须认真分析,根据出错原因对原理图进行相应的修改。

④双击 REC 检查报告中的某行错误,系统会弹出如图 4.2.27 所示的"Compile Errors"对话框。在该对话框中单击出错的元件,原理图中相应的对象会高亮显示出来,而其他部分淡化,这样可以方便快捷地定位错误,为修改原理图中的错误提供方便。

图 4.2.27 中提示的错误表示"Q? -1"引脚未连接,其坐标位置为(510,370),双击该错误报告可定位出错元件。

177

错误修改后,单击编辑区右下角的"清除"按钮可退出过滤状态。

⑤项目编译完后,Navigator 面板中将列出所有对象的连接关系,如图 4.2.28 所示。

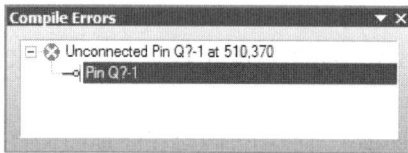

图 4.2.27　编译错误提示对话框

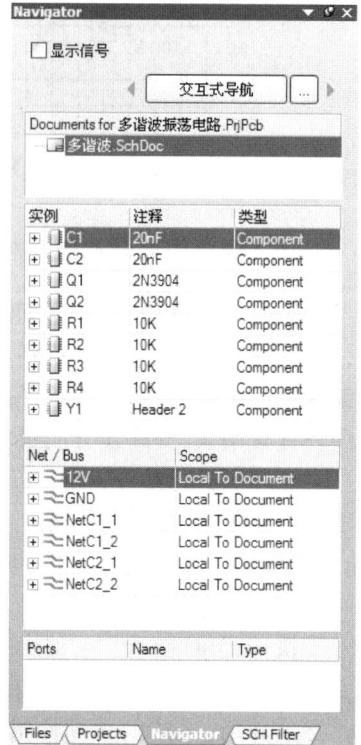

图 4.2.28　Navigator 面板

(2) 常见 ERC 错误报告注解及原因分析

①Un-Designated Part…:元件名字里有"?",表示该元件没有编号。

②Unconnected line …to…:可能是总线上没有标号,或者导线没有连接。

③Unused sub-part in component…:表示该元件含有多个子件,而其中有些子件没有被使用。

④Multiple net names on net…:同一个网络有多个网络名称,图中可能有连线错误或网络标签放置错误的问题。

⑤Duplicate Nets… :同一个网络有多个名称。

⑥Duplicate component Designators…:有重复元件,可能有几个元件编号相同。

⑦Duplicate sheet number…:表示原理图图纸编号重复,在层次电路设计中要求每张图纸编号唯一。

⑧Floating power objects…:电源或者接地符号没有连接好。

⑨Floating input pins…:输入引脚悬空或者输入引脚没有信号输入。中输入引脚的信号必须来自于输出或者双向引脚,如果输入引脚的信号来自于分立元件,通常会报告错误,这时只要检查原理图,保证线路连接正确即可,可不理会它。

⑩Floating NetLable…:网络标识没有连接到相应的引脚或导线。

⑪Adding items to hidden net VCC:VCC 上有隐藏的引脚。需要说明的是,如果有 VCC 隐藏引脚,电路中一定要有 VCC 网络标签,如果电路中普遍用的是+5 V,就需要将 VCC 与+5 V 网络合并。

⑫Illegal bus definitions…:表示总线定义非法,可能是总线画法不正确或者缺少总线分支。

2.4　任务实施

下面以图 4.2.1 所示"多谐波振荡器电路"为操作目标对象,介绍操作步骤:

(1)建立"多谐波振荡电路.PrjPCB"工程

①在桌面创建名为"多谐波振荡电路"的文件夹;

②在主菜单栏选择"文件"→"新建"→"工程"→"PCB 工程"命令。通过选择"文件"→"保存工程为…"命令,对工程重新命名,在文件名栏里键入文件名"多谐波振荡电路"(扩展名为.PrjPCB),放置在刚才创建的文件夹中,然后单击"保存"按钮。

(2)创建名为"多谐波振荡电路"的原理图纸(扩展名为.SchDoc)

①选择"文件"→"新建"→"原理图"命令,或者在"Files"面板的"新建"单元选择"Schematic Sheet",或者在"多谐波振荡电路.PrjPCB"处单击鼠标右键,选择"给工程添加新的"→"Schematic"命令。

②通过选择"文件"→"另存为"命令来将新原理图文件重命名为"多谐波振荡电路"(扩展名为.SchDoc)。

(3)在原理图中放置元件

元件放置的方法已经在"知识准备"中进行了详细说明,依照表 4.2.1 所示元件清单放置所需全部元件,并对各元件属性进行相应修改,完成后如图 4.2.29 所示。

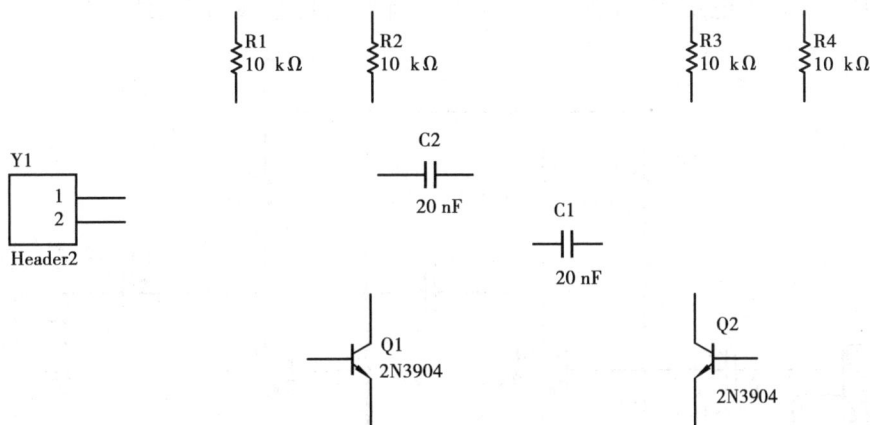

图 4.2.29　元件摆放完后的电路图

表 4.2.1　工程元件清单

Designator	LibRef	Footprint	Comment	Quantity
C1, C2	Cap	RAD-0.3	20nF	2
Q1, Q2	2N3904	TO-92A	2N3904	2
R1, R2, R3, R4	Res1	AXIAL-0.3	10 K	4
Y1	Header 2	HDR1X2	Header 2	1

（4）放置网络标识

本任务需要放置"+12 V"和"GND"两个网络标识。单击布线工具栏中的图标 ![Net](或选择主菜单"放置"→"网络标号"命令），启动放置网络名称命令。单击"Tab"键打开属性设置对话框，将"网络"栏中的参数修改为"+12 V"。同法放置"GND"网络标识。

（5）连接电路

电路完成后如图 4.2.1 所示。

（6）编译项目

选择"工程"→"Compile PCB Project 多谐波振荡电路.PrjPcb"，软件将会自动对项目进行编译。

如果编译没有错误，"Messages"面板中为空白，也不会自动弹出。如果电路图有严重的错误，Messages 面板将自动弹出，应及时修正。

（7）保存并退出

保存所构建的电路，退出操作环境。

2.5　实训练习

2.5.1　实训一

绘制图 4.2.30 所示晶体管二级放大电路，要求：

①在桌面下建立以"实训"命名的文件夹。

②以"两级放大电路"为名字建立工程文件，保存在上述"实训"文件夹中。

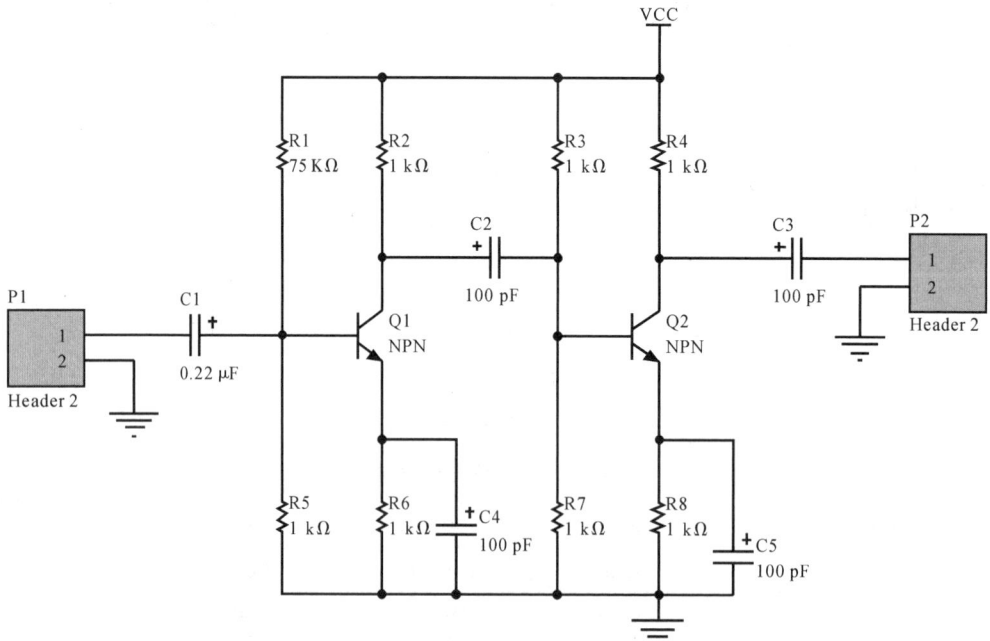

图 4.2.30　两级放大电路原理图

③在上述工程中建立原理图文件,命名为"两级放大电路"(扩展名为.SchDoc)。

④依照表 4.2.2 所示元件清单放置所需全部元件,并对各元件属性进行相应修改。

⑤按电路图 4.2.30 所示要求进行元器件布局及连线操作。

⑥运行编译命令,若有错误则进行修正。

⑦保存所构建的电路,退出操作环境。

表 4.2.2　工程元件清单

Designator	LibRef	Footprint	Comment	Quantity
C1	Cap Pol2	POLAR0.8	0.22uF	1
C2, C3, C4, C5	Cap Pol2	POLAR0.8	100 pF	4
P1, P2	Header 2	HDR1X2	Header 2	2
Q1, Q2	NPN	TO-226	NPN	2
R1	Res1	AXIAL-0.3	75 kΩ	1
R2, R3~R8	Res1	AXIAL-0.3	1 kΩ	7

2.5.2　实训二

绘制图 4.2.31 所示正负电源电路,要求:

①以"正负电源电路"为名字建立工程文件,保存在上述"实训一"文件夹中。

②在上述工程中建立原理图文件,命名为"正负电源电路"(扩展名为.SchDoc)。

③依照表 4.2.3 所示元件清单放置所需全部元件,并对各元件属性进行相应修改。

④按电路图 4.2.31 所示要求进行元器件布局及连线操作。

⑤运行编译命令,若有错误则进行修正。

⑥保存所构建的电路,退出操作环境。

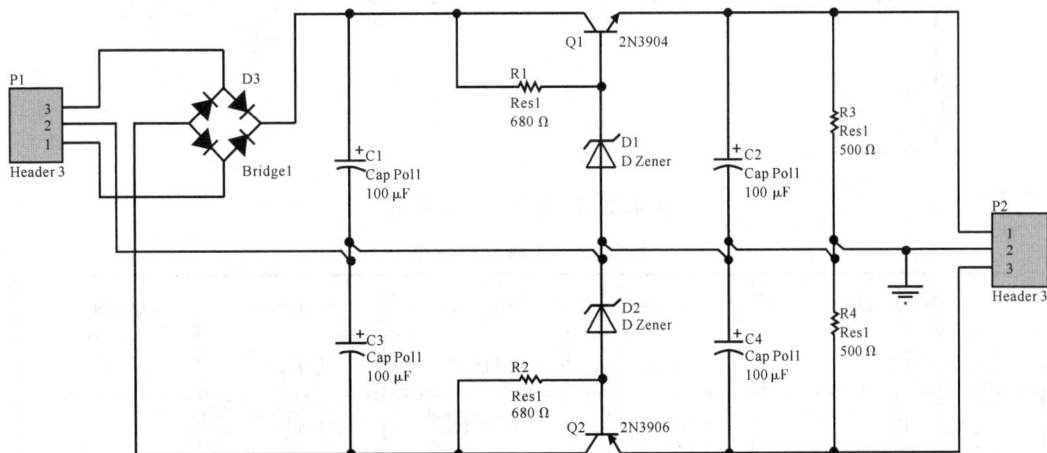

图 4.2.31　正负电源电路

表 4.2.3　工程元件清单

Designator	LibRef	Footprint	Comment	Quantity
C1~C4	Cap Pol1	RB7.6-15	Cap Pol1	4
D1, D2	D Zener	DIODE-0.7	D Zener	2

续表

Designator	LibRef	Footprint	Comment	Quantity
D3	Bridge1	D-38	Bridge1	1
P1, P2	Header 3	HDR1X3	Header 3	2
Q1	2N3904	TO-92A	2N3904	1
Q2	2N3906	TO-92A	2N3906	1
R1, R2, R3, R4	Res1	AXIAL-0.3	Res1	4

2.5.3　实训三

绘制图 4.2.32 所示与非门振荡电路原理图,要求:

①以"与非门振荡电路"为名字建立工程文件,保存在上述"实训"文件夹中。

②在上述工程中建立原理图文件,命名为"与非门振荡电路"(扩展名为.SchDoc)。

③依照表 4.2.4 所示元件清单放置所需全部元件,并对各元件属性进行相应修改。

④按电路图 4.2.32 所示要求进行元器件布局及连线操作。

⑤运行编译命令,若有错误则进行修正。

⑥保存所构建的电路,退出操作环境。

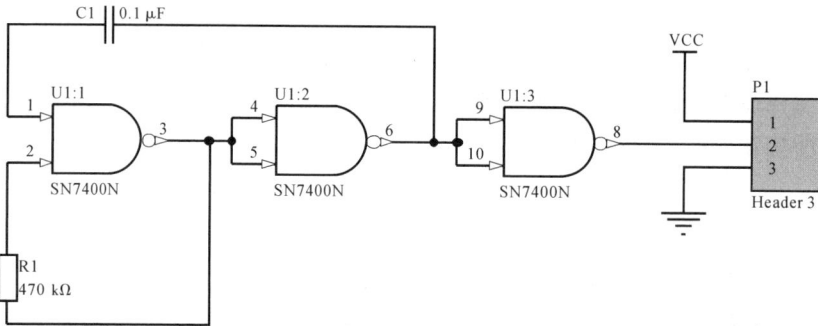

图 4.2.32　与非门振荡电路

表 4.2.4　工程元件清单

Designator	LibRef	Footprint	Comment	Quantity
C1	Cap	RAD-0.3	0.1 μF	1
P1	Header 3	HDR1X3	Header 3	1
R1	Res2	AXIAL-0.4	470 kΩ	1
U1	SN7400N	N014	SN7400N	1

2.5.4 实训四

绘制图4.2.33所示计数译码电路原理图,要求:

①以"计数译码电路"为名字建立工程文件,保存在上述"实训"文件夹中。
②在上述工程中建立原理图文件,命名为"计数译码电路"(扩展名为.SchDoc)。
③依照表4.2.5所示元件清单放置所需全部元件,并对各元件属性进行相应修改。
④按电路图4.2.33所示要求进行元器件布局及连线操作。
⑤运行编译命令,若有错误则进行修正。
⑥保存所构建的电路,退出操作环境。

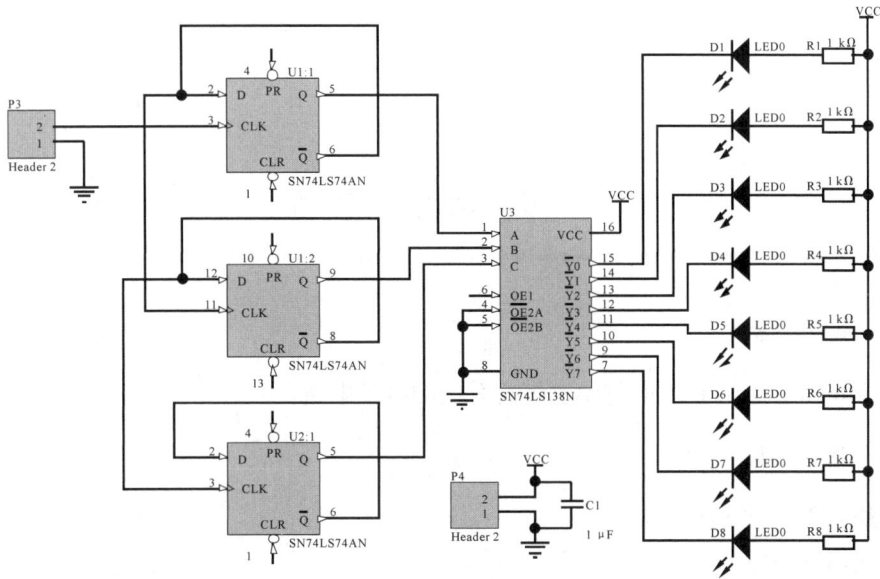

图4.2.33 计数译码电路

表4.2.5 工程元件清单

Designator	LibRef	Footprint	Comment	Quantity
C1	Cap	RAD-0.3	1 μF	1
D1~D8	LED0	LED-0	LED0	8
P3, P4	Header 2	HDR1X2	Header 2	2
R1~R8	Res2	AXIAL-0.4	1 kΩ	8
U1, U2	SN74LS74AN	N014D	SN74LS74AN	2
U3	SN74LS138N	N016	SN74LS138N	1

项目 **3**
绘制单片机系统电路

3.1　学习目标

3.1.1　最终目标

会用 Altium Designer 15 软件绘制带有总线的电子电路。

3.1.2　促成目标

①会绘制带有总线的电路；
②会使用网络标识；
③会对元件进行自动编号；
④会对原理图元件参数进行全局修改；
⑤会使用"Navigator"面板查看原理图中的各种连接关系；
⑥会生成网络表。

3.2　工作任务

在 Altium Designer 15 原理图窗口中构建如图 4.3.1 所示的温度控制器电路。要求：
①正确调用所需元器件，并按电路图所示要求进行元器件布局及连线操作；
②按电路要求设置元器件特性参数；
③生成网络表；
④保存所构建的电路，退出操作环境。

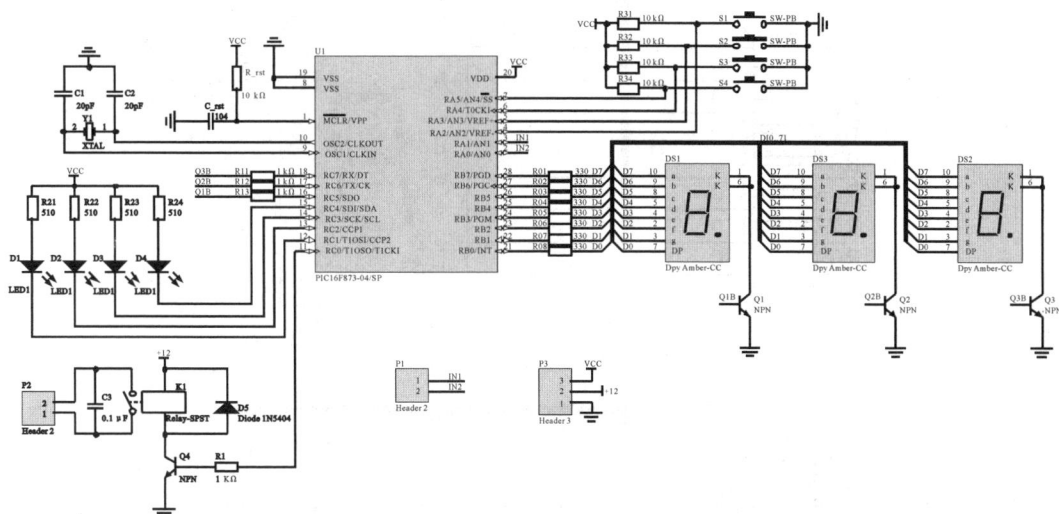

图 4.3.1   温度控制器电路

3.3   知识准备

3.3.1   画总线及总线入口

电路原理图中往往存在着这样一些导线,如数据线、地址线,它们的性质相同、走向一致。如果在电路图中每条都画出来,就使电路图密密麻麻,使人眼花缭乱,因此为了简洁就用总线来代替。但需注意的是,总线是若干条相互不连通的导线组成的线束,它本身不具有电气连接性质,必须由总线接出的各个单一导线上的网络名称(Net Label)来完成电气上的连接。也就是说,进出总线的各个导线,如果有相同的网络标识,则它们是相互连接的。总线、分支线没有任何电气连接意义,仅起到示意作用,所以实际连接电路必须结合网络标识,由网络标识来完成电气连接。

(1)绘制总线

单击布线工具栏上的"放置总线"工具 ，或执行菜单命令"放置"→"总线"命令,启动总线工具后,光标处带有"×"。总线与导线的操作方法完全相同,不再赘述。属性设置对话框也非常相似,可以修改线宽、颜色等参数,但一般不需要修改。总线绘制部分结果如图 4.3.2所示。

(2)绘制分支线

总线入口又称分支线,是导线与总线之间的桥梁,分支线两端无方向性,无电气特性。总线入口并不是必需的,但使用总线入口会使图纸更专业化、标准化。

单击布线工具栏上的"放置总线入口"工具,或者执行菜单"放置"→"总线入口"命令,光标处带有"\"或者"/",可通过空格键切换方向。使总线入口一端与总线相连,另一端与导线或者元件引脚相连,如图 4.3.3 所示。当总线入口两端的"×"均变为红色时表示已经连接好。

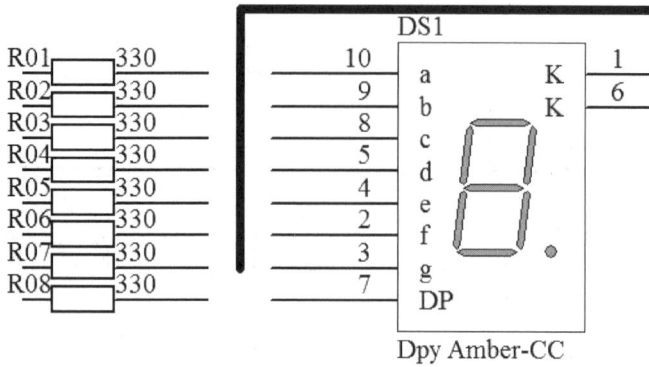

图 4.3.2   绘制总线

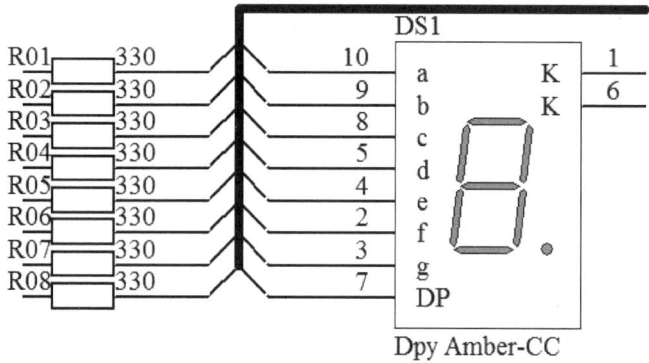

图 4.3.3   绘制总线入口

有时在元件引脚与总线入口连接处放置网络标识会造成图形重叠,此时可在它们之间加一条延长导线。完成后单击右键退出连续放置状态。

(3)添加总线的网络标识

总线和分支线没有任何电气连接意义,实质性的连接还需要在连接的两点各放同名的网络标识,如图 4.3.4 所示,同时还要在总线上放置总线的网络标识。

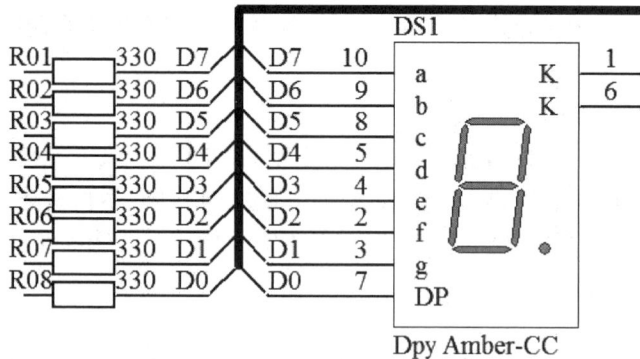

图 4.3.4   放置总线的网络标识

总线的网络标识用"总线名【n1..n2】"来表示。例如,总线的网络标识"D【0~7】"表示一组导线 D0~D7。总线的网络标识可以不放置,不会引起连接错误,其原因是电气连接实际上是由网络标识来实现的,所以即使总线和分支线都不画也不会出错。放置总线的网络标识是为了使制图标准化。

3.3.2　移动及排列元件

(1)元件移动

除了用鼠标移动元件外,实际上系统的菜单命令提供了更加丰富的移动操作。执行"编辑"→"移动"命令,弹出的菜单如图4.3.5所示。

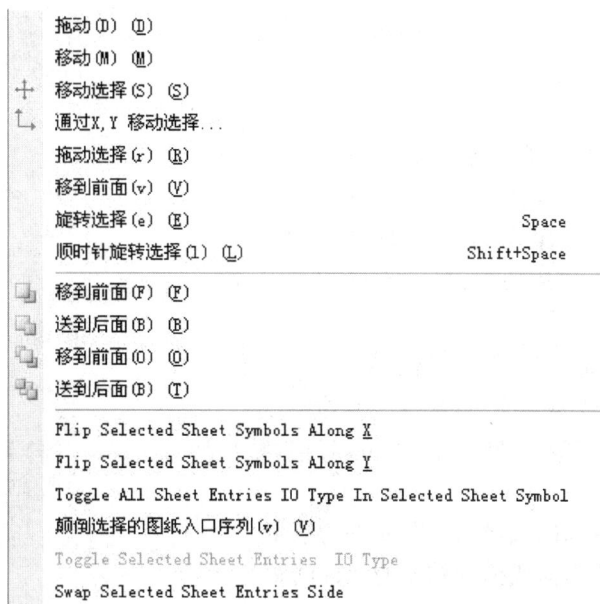

拖动(D)　(D)
移动(M)　(M)
╋　移动选择(S)　(S)
┗　通过X,Y 移动选择…
　拖动选择(r)　(R)
　移到前面(v)　(V)
　旋转选择(e)　(E)　　　　　　　　　　　　　　　　　Space
　顺时针旋转选择(l)　(L)　　　　　　　　　Shift+Space

　移到前面(F)　(F)
　送到后面(B)　(B)
　移到前面(O)　(O)
　送到后面(B)　(T)

Flip Selected Sheet Symbols Along X
Flip Selected Sheet Symbols Along Y
Toggle All Sheet Entries IO Type In Selected Sheet Symbol
颠倒选择的图纸入口序列(v)　(V)
Toggle Selected Sheet Entries IO Type
Swap Selected Sheet Entries Side

图4.3.5　"移动"菜单

①拖动:拖动元件,与元件相连的导线会跟着一起移动,不会断线。该操作不需要事先取用元件。

②移动:移动元件,与它相连的导线不会跟着一起移动。

③移动选择/拖动选择:与移动、拖动的命令相似,可用于同时移动或拖动多个元件,但需要事先选取元件。

④移到前面(F):将原件移到重叠元件的最上面。

⑤送到后面(B):将原件移到重叠元件的最下面。

⑥移到前面(O):将原件移到指定对象的最前面。

⑦移到前面(T):将原件移到指定对象的最后面。

其他的移动命令用于层次电路的编辑。

(2)元件的复制、剪切及粘贴

Altium Designer 15 中元件的复制、剪切和粘贴与 Office 等工具软件中的操作方法相同,此外 Altium Designer 15 提供了独特的粘贴阵列功能。需要注意的是,执行复制、剪切和橡皮图章操作之前都要先选定对象,执行粘贴和粘贴阵列之前要先执行复制或剪切操作。

1)元件复制

元件复制有三种方法:按快捷键"Ctrl+C";执行"编辑"→"拷贝"命令;单击标准工具栏中的 按钮。

187

2)元件剪切

元件剪切有三种方法:按快捷键"Ctrl+X";执行"编辑"→"剪切"命令;单击标准工具栏中的 按钮。

3)元件粘贴

元件粘贴有三种方法:按快捷键"Ctrl+V";执行"编辑"→"粘贴"命令;单击标准工具栏中的 按钮。执行命令后,光标变成十字形并带有粘贴的对象,在合适的位置单击即可完成粘贴操作。

4)粘贴阵列

粘贴阵列是一种特殊的粘贴方式,能将剪贴板中的一个对象按照指定间距和编号方式重复地粘贴到图纸上,在放置多个相同的对象或单元电路时非常有效。有两种方法启动该命令:使用快捷键"Shift+Ctrl+V";执行"编辑"→"灵巧粘贴"命令。

执行"灵巧粘贴"命令后弹出"智能粘贴"对话框,对"粘贴阵列"区域进行参数设置,如图 4.3.6 所示。

①使能粘贴阵列:该复选框选中,则可以进行粘贴阵列操作。

②计算:用于设置纵向或横向粘贴元件的数量。

③间距:用于设置纵向或横向粘贴的元件间距。

图 4.3.6　"粘贴阵列"对话框

④指导:用于设置粘贴后元件的编号方式。有三种方式:None(不设置)、Vertical First(垂直方向优先)、Horizontal First(水平方向优先)。若选择 None(不设置),则下面的"主要的"、"从属的"等参数栏变为灰色,无法进行后续设置。

⑤主要的:指定粘贴的相邻元件之间编号的递增或递减量。输入数字为正,表示对象编号递增;输入数字为负,表示对象编号递减。

⑥从属的:指定粘贴的相邻元件引脚号的递增或递减量。

⑦移除前导零:选中该复选框,粘贴后的元件编号没有前导零。

例如,选中元件 R01 和 Diode01,然后启动"灵巧粘贴"命令,参数设置如图 4.3.7(a)所示,即纵向和横向方向各粘贴两组,列间距为 100,行间距为 50,元件编号清除前导零,编号递增量为 1,且编号方式垂直方向优先。确定后光标变成十字形,在待放置位置单击左键,结果如图 4.3.7(b)所示。

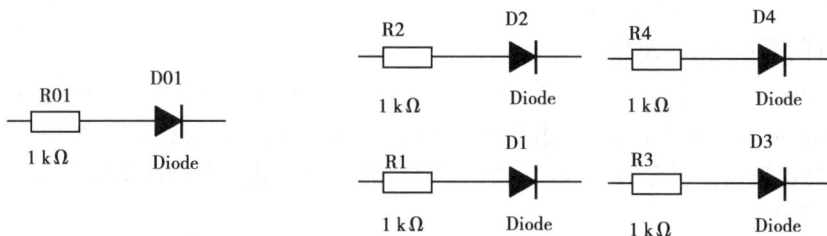

(a)复制对象　　　　　　　　　　(b)粘贴阵列结果

图 4.3.7　粘贴阵列

（3）元件排列与对齐

元件放置完成后，可借助编辑区的可视网格线来排列和对齐元件。如果多个元件整体对齐时，使用菜单命令来处理会更加有效。

执行"编辑"→"对齐"命令，系统会弹出如图4.3.8 所示的菜单。在执行该菜单中的命令之前应先选中需要调整的元件。

①左对齐：以最左边的元件为基准，使所有选中的元件靠左对齐。

②右对齐：以最右边的元件为基准，使所有选中的元件靠右对齐。

③水平中心对齐：以最左边与最右边元件之间的垂直中心线为基准，使所有选中的元件水平对齐。

④水平分布：以最左边与最右边元件为边界，使所有选中的元件水平均匀分布。

	对齐 (A)…	
左对齐(L) (L)		Shift+Ctrl+L
右对齐(R) (R)		Shift+Ctrl+R
水平中心对齐(C) (C)		
水平分布(D) (D)		Shift+Ctrl+H
顶对齐(T) (T)		Shift+Ctrl+T
底对齐(B) (B)		Shift+Ctrl+B
垂直中心对齐(V) (V)		
垂直分布(i) (I)		Shift+Ctrl+V
对齐到栅格上(G) (G)		Shift+Ctrl+D

图 4.3.8　"对齐"菜单

⑤顶对齐：以最上边的元件为基准，使所有选中的元件靠上对齐。

⑥底对齐：以最下边的元件为基准，使所有选中的元件靠下对齐。

⑦垂直中心对齐：以最左边与最右边元件之间的水平中心线为基准，使所有选中的元件竖直对齐。

⑧垂直分布：以最上边与最下边元件为边界，使所有选中的元件垂直均匀分布。

⑨对齐到栅格上：使选中的元件对齐到栅格上，以便连接导线。

以上命令每次只能执行一种，如果需要同时进行两种或更多排列操作，可执行菜单中的"对齐(A)…"命令，弹出如图 4.3.9 所示对话框，进行相应设置即可同时进行水平调整和垂直调整。

①水平排列："无变化"表示在水平方向保持原状。其余 4 项从上到下依次为左对齐、水平中心对齐、右对齐、水平分布。

图 4.3.9　"排列对象"设置

②垂直排列："无变化"表示在垂直方向保持原状。其余 4 项从上到下依次为顶对齐、垂直中心对齐、底对齐、垂直分布。

③按栅格移动：表示对齐到栅格上。

3.3.3　元件自动编号

Altium Designer 15 系统采用的元件默认编号形式为"类型"+"?"。例如用"R?"标识电阻的默认编号，电容式为"C?"，集成块为"U?"等，用户可以在元件属性窗口中手工指定元件编号。当原理图中元件数目较多时，手工编号可能会出现重号，采用自动编号则可以避免这一问题,而且可以提高效率,不过自动编号不适合以指定元件编号的图纸。

执行"工具"→"注释"命令,在如图 4.3.10 所示的"注释"对话框中指定元件重新编号的范围、顺序和条件。

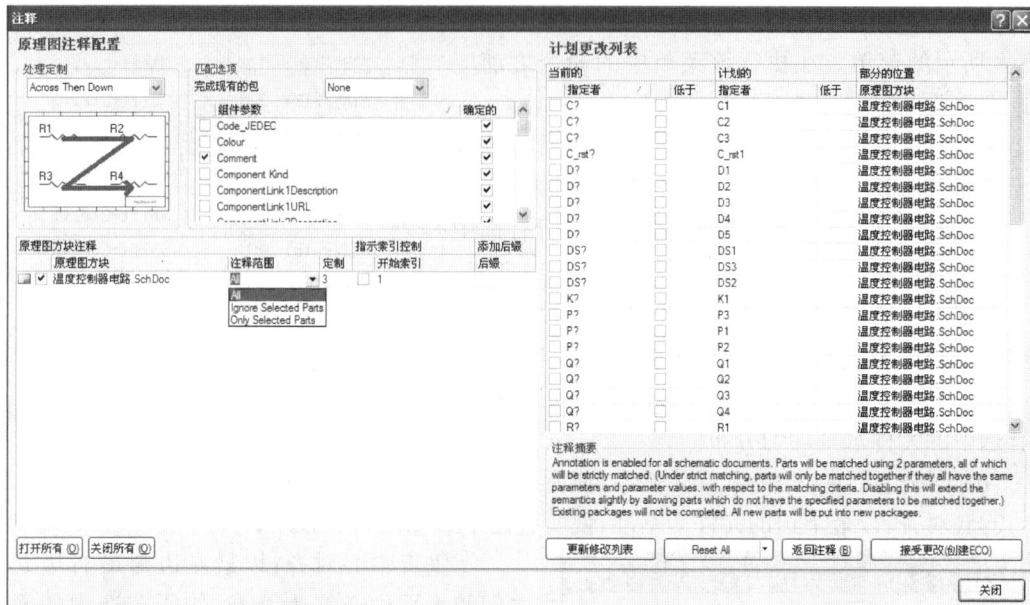

图 4.3.10　"注释"对话框

(1)原理图注释配置

1)"处理定制"区域

在该区域单击下拉菜单,选择编号顺序,共有 4 种方向可以选择。选择后,图标示例箭头所指方向为编号方向。

2)"原理图方块注释"区域

该区域用于指定需要对哪些图纸进行编号。

① "注释范围":可以对编号范围进行选择。有三种选择:All(全部)、Ignore Selected Part (不对选中的元件编号)、Only Selected Part(仅对选中的元件编号)。

②"开始索引":设置编号的起始值。

③"后缀":设置编号的后缀值。

(2)计划更改列表

①"当前的":列出了元件的当前值。

②"计划的":列出了元件根据设置项生成的编号值。

③"更新修改列表":单击执行更新元件编号。

④"Reset All":将元件编号全部恢复为"类型"+"?"。

⑤"接受更改(创建 ECO)":单击该按钮,系统将弹出"工程改变清单"对话框。首先单击"使更改生效"按钮,确认元件编号的修改,无误后"检查"栏会显示"√"。然后单击"执行更改"按钮执行元件编号的修改并在"完成"栏显示"√",如图 4.3.11 所示。

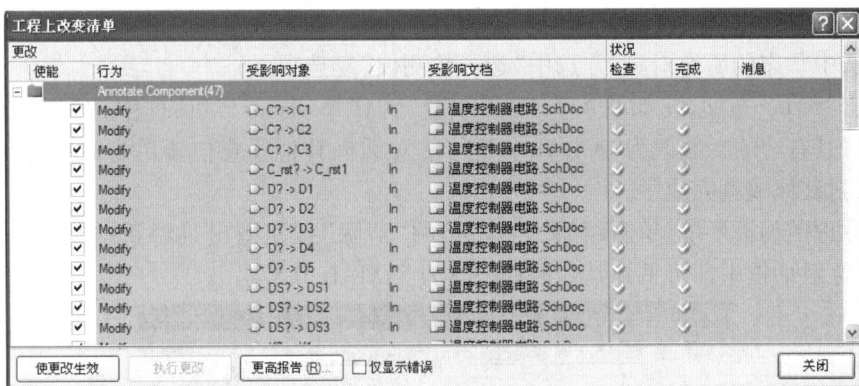

图 4.3.11　"工程改变清单"对话框

3.3.4　全局修改

当需要修改多个对象的属性时,逐一修改的速度慢,可以使用 Altium Designer 15 系统提供的工具同时修改多个对象的属性,以提高效率。例如,要将所有电阻的封装由原来默认的"AXIAL-0.4"修改为"AXIAL-0.3",操作过程如下:

①首先选中所有待修改的电阻。可以在鼠标单击元件的同时按下"Shift"键进行多重选择,使所有待修改元件的外围出现绿色的虚线框,然后执行"编辑"→"查找相似对象"菜单命令,这时光标变为十字形;单击任意一个选中的电阻,系统将弹出如图 4.3.12 所示的对话框,

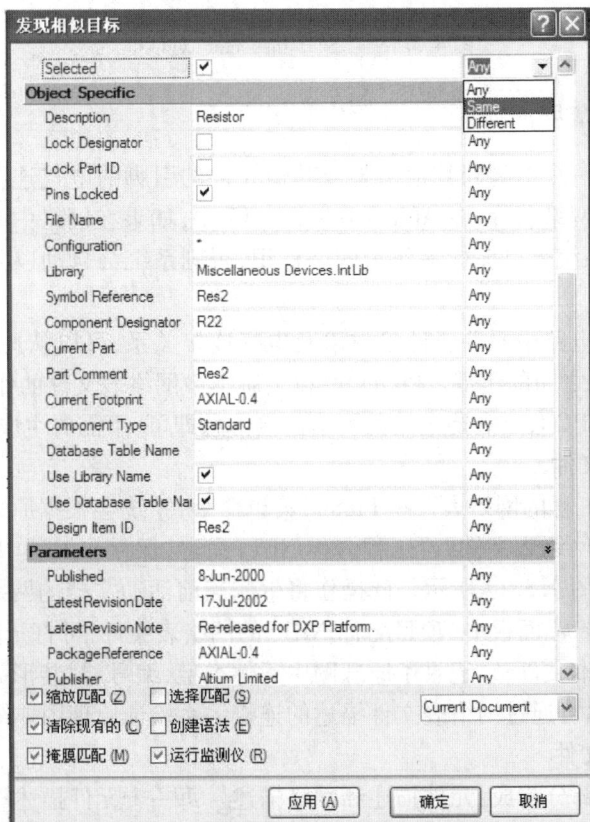

图 4.3.12　"查找相似对象"对话框

单击"Selected"栏,将其右边的下拉列表设置为"Same",即修改范围设置为刚才所单击的对象处于同样选中状态的所有对象,并选中"运行检测仪"复选项。

②单击"确认"按钮,在如图 4.3.13 所示的"SCH Inspector"对话框中找到"Current Footprint"栏,将其右边的封装改为"AXIAL-0.3",并对话框其他任意位置单击鼠标左键,然后关闭对话框,封装修改就完成了。

返回原理图编辑环境,单击编辑区右下角的"清除"按钮退出过滤状态。双击任一个电阻,在其属性对话框中即可见到其封装都已改为"AXIAL-0.3"。

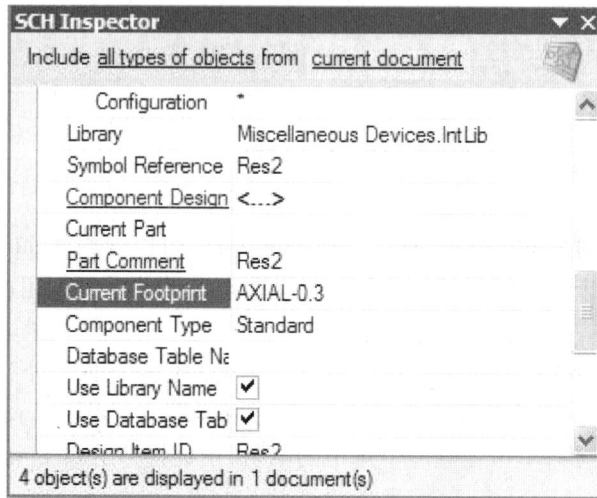

图 4.3.13　"SCH Inspector"对话框

3.3.5　网络表的生成

从一个元件的某一个引脚到其他引脚或其他元件的引脚的电气连接关系称为网络。每一个网络都有唯一的网络名称,在 Altium Designer 15 中,如果在网络中人为地添加了网络标签或者电源地标识,系统会以该标签作为网络标识,否则系统会自动以其中某一引脚编号为标志来标识网络。

网络表用来描述电路中元件属性参数以及电气连接关系,可以从原理图中生成,它是原理图设计和 PCB 设计之间的纽带。Protel 99 以上版本中网络表文件的作用不再那么直接,可以由原理图直接更新 PCB,只需要电路的网络连接信息即可,不需要生成网络表文件。

(1) 生成网络表文件

执行"设计"→"工程的网络表"→"Protel"菜单命令,系统会根据原理图的连接关系生成 Protel 格式的网络表,网络表文件以"工程名称.NET"命名,保存在工程中的"Generated/Netlist Files"子文件夹中,如图 4.3.14 所示。此操作将生成当前活动文档的网络表。建议生成项目的网络表。双击"Project"面板中"项目名称.NET"的网络表文件,可打开网络表。

网络表文件是文本文件,它记录了原理图中元件类型、编号、封装形式以及各元件之间的连接关系等信息,所以可通过网络表文件描述的连接关系验证原理图连线的正确性。

(2) 分析网络表文件

网络表文件有两部分构成:元件描述和网络描述。每一个元件描述放在一对"[ ]"中,记录了元件编号、封装形式、元件型号或注释信息;每一个网络描述放在一对"( )"中,记录了网

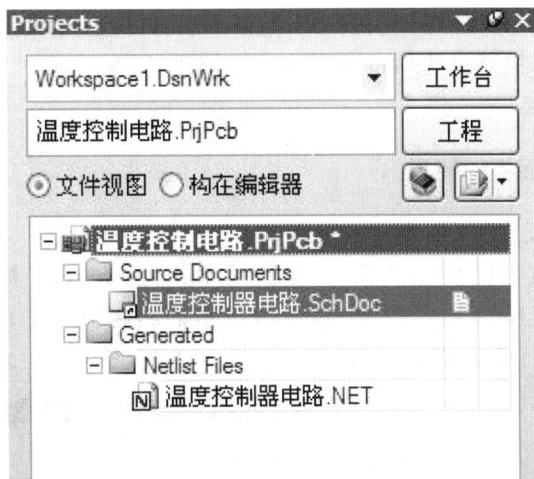

图 4.3.14　网络表文件

络名称、该网络连接的所有元件引脚。下面以本项目"温度控制器"电路网络表为例进行
说明。

[	;C1 元件描述开始
C1	;元件在原理图中的编号
RAD−0.1	;元件封装形式
20pF	;元件型号或大小等注释信息
]	;C1 元件描述结束
……	;其他元件描述
(	;NetC1_1 网络描述开始
NetC1_1	;网络名称,未指定时系统自动以网络中某元件引脚编号命名
C1_1	;元件中连接的元件引脚之一:C1 的第 1 引脚
U1_9	;元件中连接的元件引脚之一:U1 的第 9 引脚
Y1_2	;元件中连接的元件引脚之一:Y1 的第 2 引脚
)	;网络描述结束
(	;+12 V 网络描述开始
+12V	;网络名称+12 V
D5_2	
K1_4	}+12 V 网络中连接的所有元件引脚
P3_2	
)	;网络描述结束
……	;其他网络描述

对于原理图电气规则检查时发现的某些错误,有时我们不能准确判断错误所在或对 Messages 中的报告有疑问,这时可以利用网络表中的网络描述来确认。例如通过以上的网络表,

可以断定 C1 的第 1 引脚、U1 的第 9 引脚、Y1 的第 2 引脚已经连接起来了。

　　另一种方法,我们可以通过 Altium Designer 15 提供的"Navigator"(导航器)面板来帮助浏览原理图并确认连接关系。

3.3.6　"Navigator"面板的使用

(1)打开导航器面板

　　原理图编译后,导航器面板已经默认打开,可单击"Navigator"标签切换,或者执行"查看"→"工作区面板"→"Navigator"命令,也可以单击面板控制中心的"Design Compiler"→"Navigator"项来启动该面板。"Navigator"面板如图 4.3.15 所示。

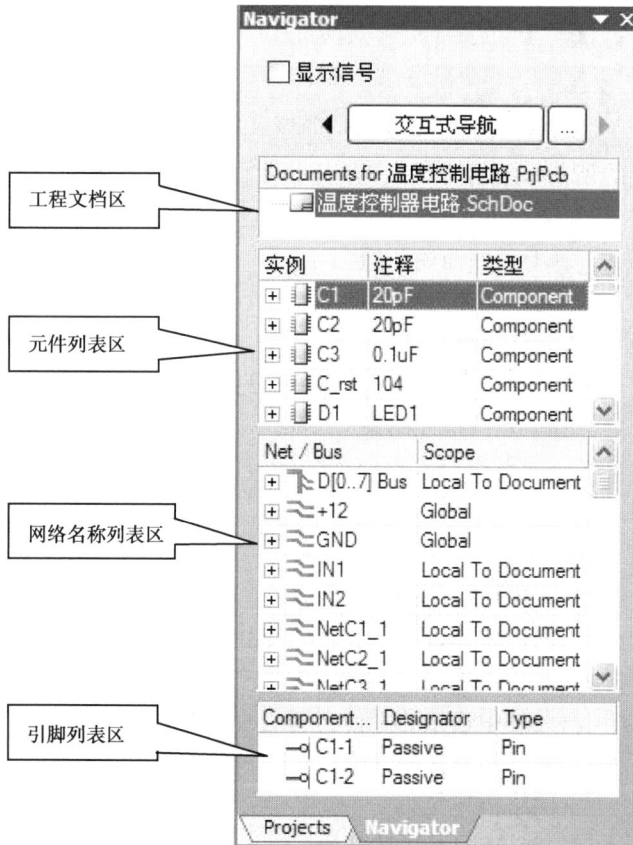

图 4.3.15　导航器面板

(2)导航器面板使用

　　"Navigator"面板是按照对象的类别进行管理的,主要有两个类别:元件类和网络类。"Navigator"面板共分以下 4 个列表区。

　　1)工程文档区

　　导航器的工程文档区域用于选择浏览当前工程中的各种文档,包括原理图、PCB 文档、网络表等。

2)元件列表区

在工程文档区选定一个文档后,元件列表区将列出该文档中的所有元件。单击某一元件左边的按钮 ⊞,可以看见该元件的参数(Parameters)、实现(Implementation)和引脚(Pins);单击元件列表中的某个元件,可以使该元件处于浏览状态;单击元件的某一引脚,可以使该引脚处于浏览状态。处于浏览状态的对象将在编辑区高亮显示,其余部分淡化。

3)网络名称列表区

在工程文档区选定一个文档后,网络名称列表区将列出文档中的所有网络。单击网络名称左边的按钮 ⊞,可以看见该网络所包含的所有引脚;单击网络名称列表中的某个网络,可以使该网络处于浏览状态(通过浏览网络可以确认原理图的连接关系);单击网络中的某一个引脚,可以使该引脚处于浏览状态。

4)引脚列表区

在元件列表区选中一个元件,引脚列表区将列出该元件的所有引脚;在网络名称列表区选中一个网络名称后,引脚列表区将列出该网络的所有引脚 。单击其中某个引脚即可使该引脚处于浏览状态。通过观察引脚列表,可确定引脚之间的连接关系。

(3)对象显示方式的设置

单击 交互式导航 按钮,可将导航方式由编辑区导航切换为"Navigator"面板,此时鼠标光标变为十字形。如果单击某个元件,导航面板元件列表栏将自动跳转到该元件;如果单击某根导线,导航面板网络列表栏将自动跳转到该网络。

单击 交互式导航 按钮右侧的 … 按钮,系统弹出如图 4.3.16 所示的"显示方式设置"窗口,用户可以按照自己设定的显示方式显示待查找的对象。◀ 交互式导航 … ▶ 按钮左边和右边的三角符号与"撤销"、"恢复"的功能相同。

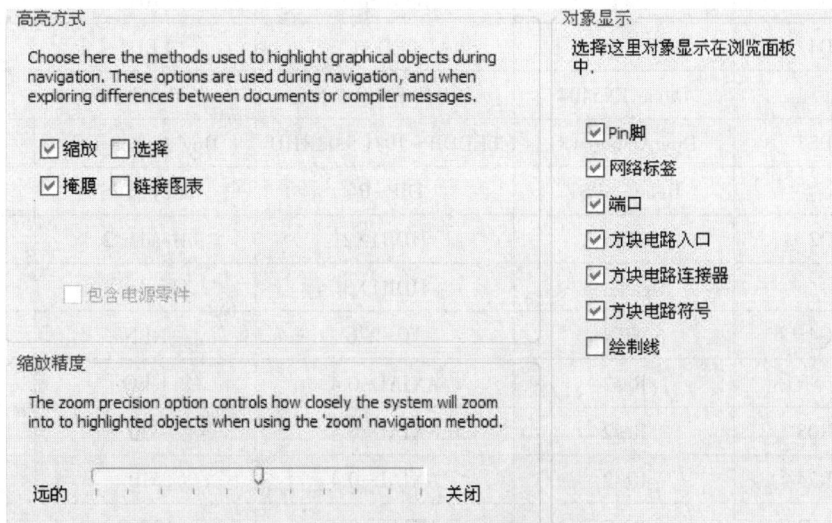

图 4.3.16　"显示方式设置"窗口

1)"对象显示"区域

该区域用于设置高亮显示效果所作用的对象,如 Pin 脚、网络标识、端口等。

2)"高亮方式"区域

该区域用于设置对象的显示效果。

①"缩放"复选框:在工作窗口中以设定的放大比例显示导航面板中选中的对象。放大程度可以通过拖动最下面的"缩放精度"滑动块来设定,越往左滑动放大比例越小,越往右放大比例越大。

②"选择"复选框:当该项选中时,导航面板中选中的对象周围显示绿色虚线框。

③"掩没"复选框:屏蔽其他未选中的对象,使它们淡化。

④"链接图表"复选框:显示与该元件有连接关系的所有元件,并用虚线将它们表现出来。如果同时选中"包含电源零件"复选框,将显示与元件有连接关系的所有电源符号。

3.4　任务实施

以图 4.3.1"温度控制器电路"为操作目标对象,操作步骤如下:

①建立"温度控制器电路.PrjPCB"工程;

②创建名为"温度控制器电路"的原理图纸(扩展名为.SchDoc);

③按照表 4.3.1 所示的元件清单和图 4.3.1 在原理图中放置元件,并相应设置各元件参数。

表 4.3.1　工程元件清单

Designator	LibRef	Footprint	Comment	Quantity
C1, C2	Cap	RAD-0.1	20 pF	2
C3	Cap	RAD-0.3	0.1 μF	1
C_rst	Cap	RAD-0.3	104	1
D1~D4	LED1	LED-1	LED1	4
D5	Diode 1N5404	DIO18.84-9.6x5.6	Diode 1N5404	1
DS1~DS3	Dpy Amber-CC	LEDDIP-10/C5.08RHD	Dpy Amber-CC	3
K1	Relay-SPST	DIP-P4	Relay-SPST	1
P1, P2	Header 2	HDR1X2	Header 2	2
P3	Header 3	HDR1X3	Header 3	1
Q1~Q4	NPN	TO-226	NPN	4
R1, R11~R13	Res2	AXIAL-0.4	1 kΩ	4
R01~R08	Res2	AXIAL-0.4	330	8
R21~R24	Res2	AXIAL-0.4	510	4
R31~R34, R_rst	Res2	AXIAL-0.4	10 kΩ	5
S1~S4	SW-PB	SPST-2	SW-PB	4
U1	PIC16F873-04/SP	PDIP300-28	PIC16F873-04/SP	1
Y1	XTAL	R38	XTAL	1

④按照图 4.3.1 连接电路,尤其注意总线的画法以及网络标识的放置。

⑤编译工程。选择"工程"→"Compile PCB Project 温度控制器电路.PrjPcb"命令,软件将会自动对项目进行编译。打开"Messages"面板查看错误信息,如图 4.3.17 所示。

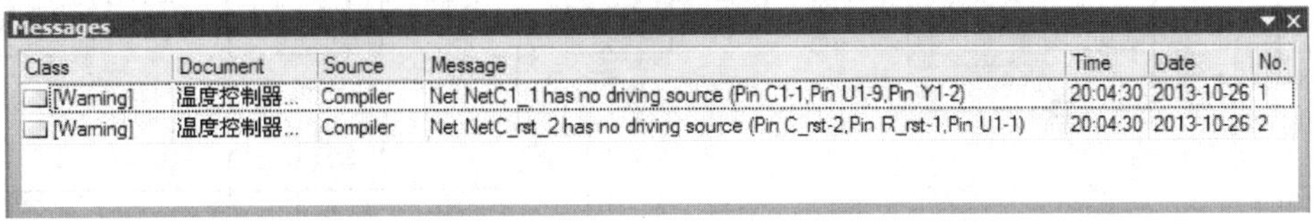

图 4.3.17 ERC 错误信息

Altium Designer 15 系统默认所有的输入引脚都必须连接,并且有信号提供源。如果输入引脚悬空(由于电路设计需要,有些输入引脚可能被悬空),或者连接的另一端不是输出性质的引脚,例如引脚是未定义的(通常大多数分立元件引脚是未定义 I/O 方向的),或者是双向引脚(在某种特定的应用情况下,双向引脚实际只工作于一种方向),系统都会认为是错误的。为了避免这种情况,可以在相应引脚处放置忽略 ERC 检查符号 ✕,让系统不进行此处的 ERC 检查。

图 4.3.17 所示的两行 ERC 警告信息提示用户:网络 C1_1 和 C_rst_2 没有驱动源。该错误信息产生的原因是网络 C1_1 中的引脚 U1_9 是输入性质的,但是网络中的引脚 C1_1 和 Y1_2 都是未定义的,没有输出性质的引脚提供信号给 U1_9。网络 C_rst_2 同理。这是原理图设计需要,本身没有问题,所以这两条警告信息是可以忽略的。

此外,ERC 检查不能报告原理图设计的逻辑性错误,需要用户仔细校对。

⑥保存所构建的电路,推出操作环境。

3.5 实训练习

3.5.1 实训一

绘制图 4.3.18 所示"模拟信号采集器"电路,要求:

①在桌面建立以"第 4 篇练习"命名的文件夹。

②以"第 4 篇练习"为名字建立工程文件,保存在上述文件夹中。

③在上述工程中建立原理图文件,命名为"模拟信号采集器"(扩展名为.SchDoc)。

④照图 4.3.18 在原理图中放置元件,并按照表 4.3.2 工程元件清单相应设置各元件参数。

⑤正确连线及放置网络标识。

⑥运行编译命令,若有错误则进行修正。

⑦保存所构建的电路,退出操作环境。

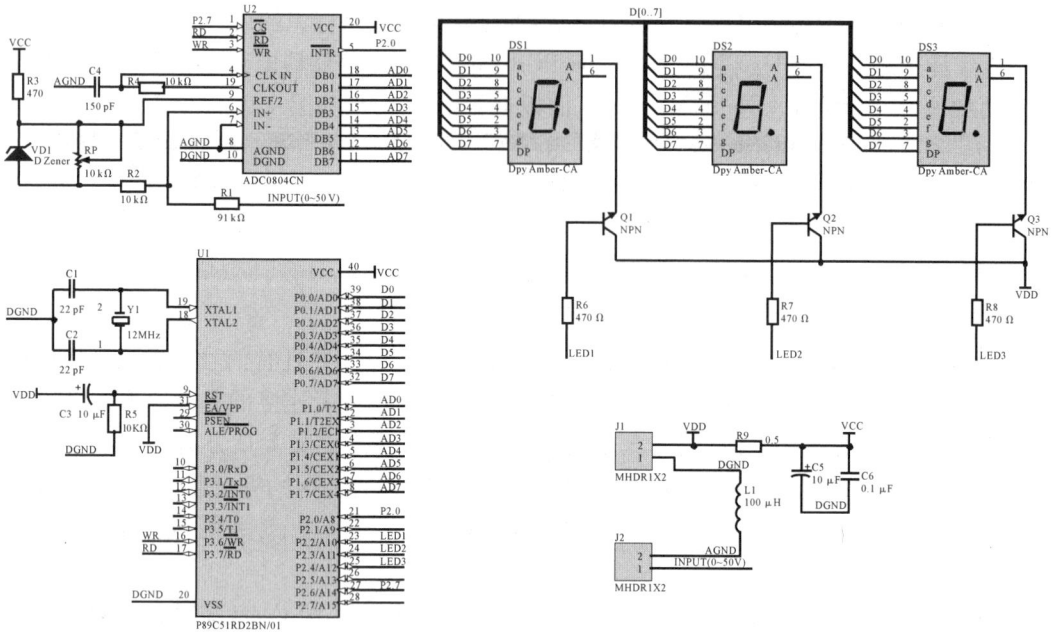

图 4.3.18　模拟信号采集器原理图

表 4.3.2　工程元件清单

Designator	LibRef	Footprint	Comment	Quantity
C1, C2	Cap	RAD-0.3	22 pF	2
C3, C5	Cap Pol1	RB7.6-15	10 μF	2
C4	Cap	RAD-0.3	150 pF	1
C6	Cap	RAD-0.3	0.1 μF	1
DS1~ DS3	Dpy Amber-CA	LEDDIP-10	Dpy Amber-CA	3
J1, J2	MHDR1X2	MHDR1X2	MHDR1X2	2
L1	Inductor	0402-A	100 μH	1
Q1~ Q3	NPN	TO-226	NPN	3
R1	Res2	AXIAL-0.4	91 kΩ	1
R2, R4, R5	Res2	AXIAL-0.4	10 kΩ	3
R3, R6~ R8	Res2	AXIAL-0.4	470	4
R9	Res2	AXIAL-0.4	0.5	1
RP	RPot	VR5	10 k Ω	1
U1	P89C51RD2BN/01	SOT129-1	P89C51RD2BN/01	1

续表

Designator	LibRef	Footprint	Comment	Quantity
U2	ADC0804CN	N020	ADC0804CN	1
VD1	D Zener	DIODE-0.7	D Zener	1
Y1	XTAL	R38	12 MHz	1

3.5.2　实训二

绘制图 4.3.19 所示电路,要求:

①建立名为"单片机电路"(扩展名为.SchDoc)的原理图,保存在"第 4 篇练习"工程文件中。

②照图 4.3.19 在原理图中放置元件,并按照表 4.3.3 工程元件清单相应设置各元件参数。抄画图中的元件时必须和样图一致,如果和标准库中的不一致或缺少时,要进行修改或新建(方法参见本书第 6 篇内容)。

③正确连线及放置网络标识。

④运行编译命令,若有错误则进行修正。

⑤保存所构建的电路,退出操作环境。

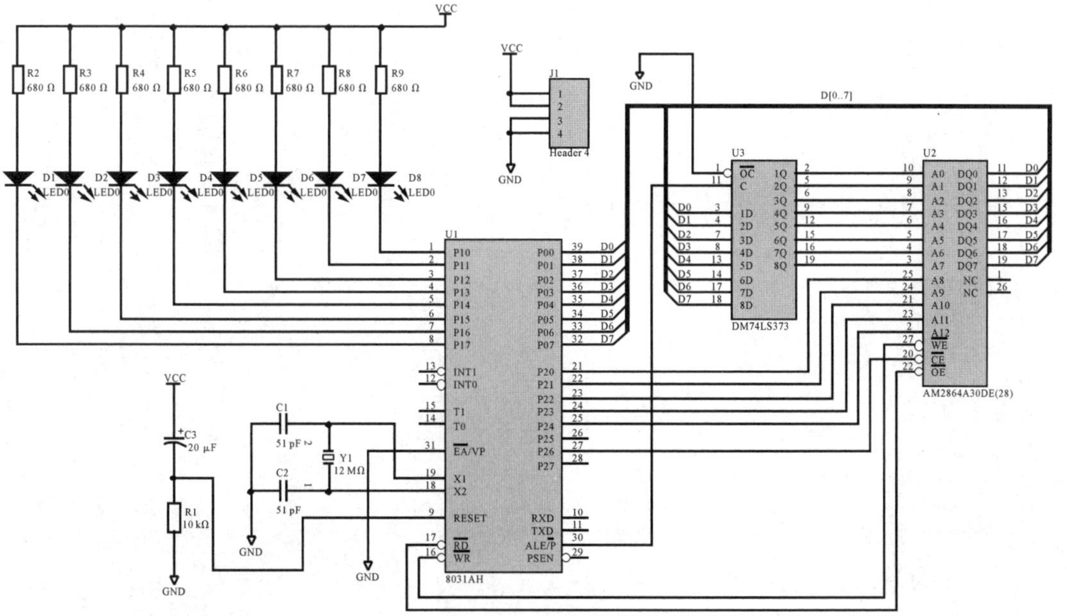

图 4.3.19　单片机电路

表 4.3.3　工程元件清单

Designator	LibRef	Footprint	Comment	Quantity
C1,C2	Cap	RAD-0.3	51 pF	2
C3	Cap Pol1	RB7.6-15	20 μF	1
J1	HDR1X4	HDR1X4	HDR1X4	1
R2~ R9	Res2	AXIAL-0.4	680	8
R1	Res2	AXIAL-0.4	10 kΩ	1
D1~ D8	LED0	LED0	LED0	8
Y1	XTAL	R38	12 MHz	1
U1	8031AH	DIP40	8031AH	1
U2	AM2864A20DC(28)	DIP28	AM2864A20DC(28)	1
U3	DM74LS373	DIP20	DM74LS373	1

项目 4
绘制数据采集器电路

4.1 学习目标

4.1.1 最终目标

会用 Altium Designer 15 软件绘制层次电路图。

4.1.2 促成目标

①会利用自上而下的方式绘制层次电路;
②会利用自下而上的方式绘制层次电路;
③会在层次式原理图之间进行切换。

4.2 工作任务

在 Altium Designer 15 原理图窗口中构建如图 4.4.1 所示的核心控制器电路。要求:
①正确调用所需元器设计层次电路;
②生成层次结构以及层次报表;
③编译原理图;
④保存所构建的电路,退出操作环境。

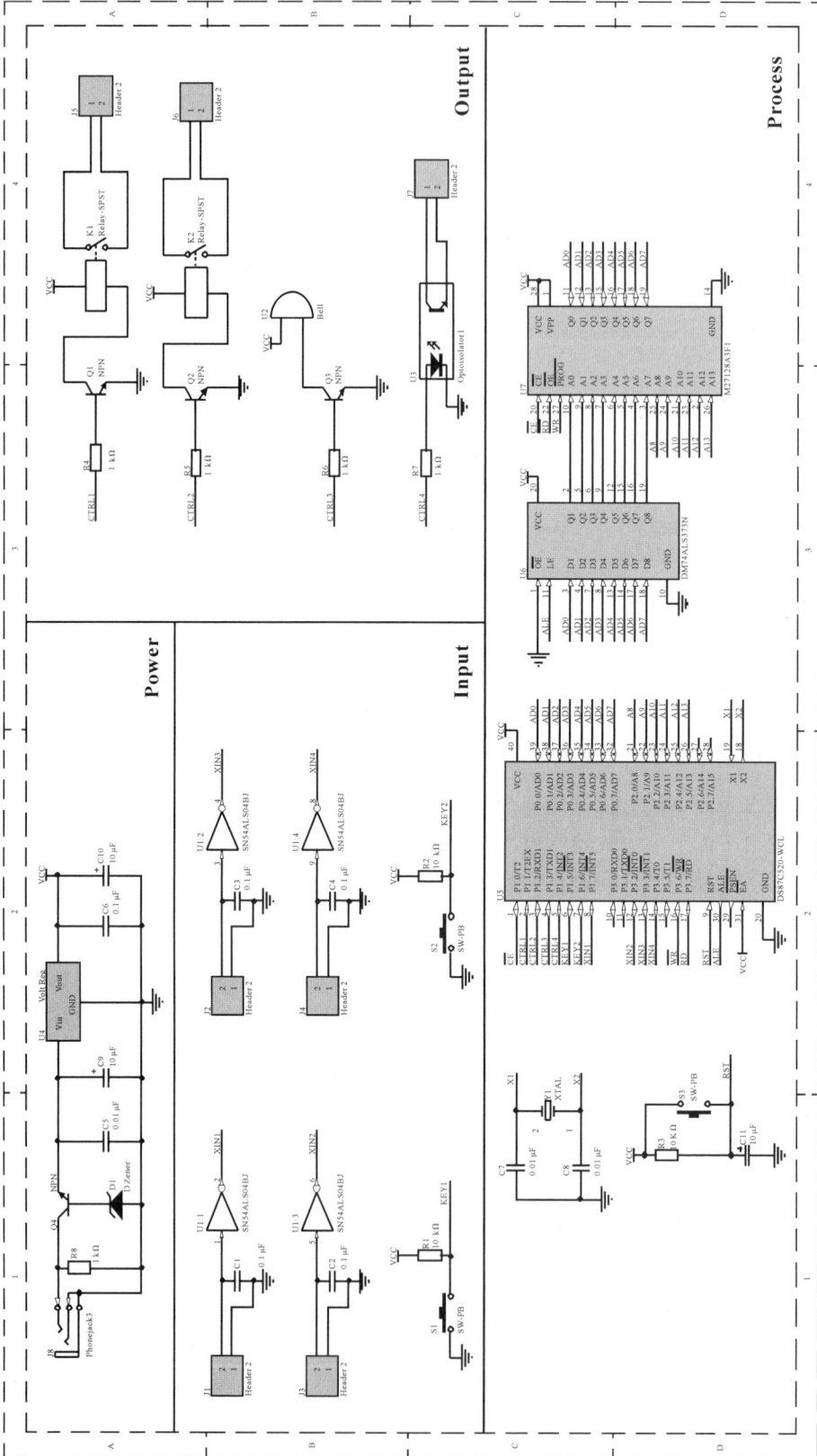

图4.4.1　核心处理器电路原理图

<h1 style="text-align:center">4.3　知 识 准 备</h1>

4.3.1　层次电路设计概念

(1)层次原理图的概念

层次原理图在大型电路设计中给原理图的设计与管理带来了极大方便。层次原理图的设计方法代表了当前电路设计的潮流。Altium Designer 15 提供了强大的层次原理图功能。

有些大型电路原理图即便用 A0 幅面也没有办法画完,但可以按功能分割成若干较小的子图,子图还可以向下细分。同一个项目中,可以包含多个分层的多张原理图,这就是层次原理图的设计思想。使用层次原理图还有一个很重要的意义,那就是它在原理图设计中引进了"自上而下"或"自下而上"的设计思想。这样可以首先分析整个电路的总体构成,然后按功能细分成多个功能模块,适合于大型电路图的小组开发、多人合作共同开发的模式。

采用层次化设计后,原理图按照某种标准划分为若干功能部分,分别绘制在多张原理图纸上,这些图纸被称为该设计系统的子图。同时,这些子图将由一张总原理图来说明它们之间的联系,此原理图被称为该设计项目的母图(或父图)。各子图与母图之间,各张子图之间的信号传递是通过在母图和各子图上放置相同名字的端口来实现的。

因此层次电路原理图设计又被称为"化整为零"、"聚零为整"的设计方法。

(2)层次电路的构成
1)子图

该原理图中包含与其他原理图建立电气连接的输入输出端口。

2)母图

母图中包含代表各子图的图纸符号,各子图之间的连接通过各模块电路的端口来实现。母图很清楚地表现了整个电路系统的结构。

(3)层次电路的设计方法

层次电路的设计主要有自上而下和自下而上两种设计方法,也可以把这两种方法混合起来使用。其中,自下而上的设计方法比较直观。

1)自上而下

层次原理图的自上而下设计方法是指由电路方块电路生成电路原理图,在绘制原理图之前对电路的模块划分比较清楚。设计时首先要设计出包含各电路方块电路的母图,然后再由母图中的各个方块电路图建立与之对应的子原理图,设计流程如图 4.4.2 所示。

2)自下而上

自下而上设计方法中,首先设计出下层基本模块的子原理图,子原理图设计和常规原理图设计方法相同,然后在母图中放置由这些子原理图生成的方块电路,层层向上组织,最后生成母图(总图)。这是一种广泛采用的层次原理图设计方法,设计流程如图 4.4.3 所示。

(4)层次电路设计方法

层次电路首先需要将原理图分割成子图模块,分割的基本原则是以电路功能单元为模块。例如,图 4.4.1 所示的电路可分为 Power 模块、Input 模块、Process 模块、Output 模块四个

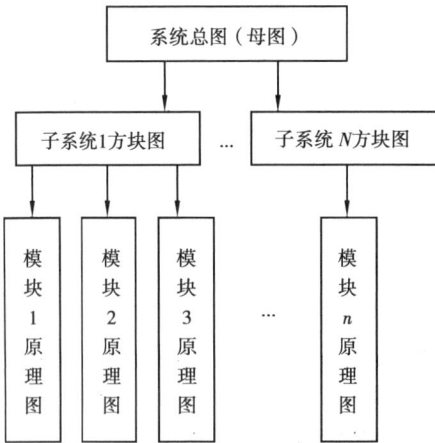

图 4.4.2　自上而下设计流程

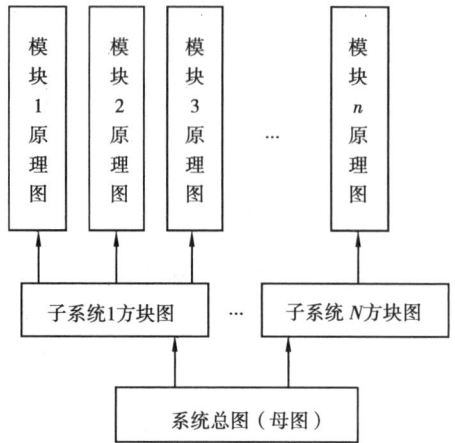

图 4.4.3　自下而上设计流程

部分。

①Power 模块:是一个独立模块,用于产生电源信号,实际上和其他各模块之间均有电源关联,但是这里不需要将电源和地作为端口列出。

②Input 模块:和 Process 模块之间的连线主要有 XIN1～XIN4、KEY1 和 KEY2 信号。

③Process 模块:和 Output 模块之间的连线主要有 CTRL1～CTRL4 信号。

其他几块之间除了电源和地,再没有其他联系。

绘制层次电路时,通常约定 I/O 端口是全局的,而网络标识是局部的。也就是说,I/O 端口只能用来表示各子图之间的连接关系,不用来表示同一图纸内部的连接,同一图纸内部的连接用网络标识来实现。

4.3.2　自上而下设计层次电路

设计层次电路一般采用自下而上的方法,如果模块划分和各模块连接的输入输出特性相当清楚,也可以采用自上而下的方法设计层次电路。

设计思路:新建 PCB 工程→绘制母图→从方块电路生成子图→编辑子图→生成层次结构。设计步骤如下:

(1)新建 PCB 工程并启动原理图设计编辑器

执行菜单命令"文件"→"新建"→"工程"→"PCB 工程"命令,命名为"核心控制器. PrjPcb",保存工程。

(2)建立母图文件

执行菜单命令"文件"→"新建"→"原理图"命令,新建原理图文件,用于绘制母图;重新命名为"核心控制器.SchDoc",保存图纸。

(3)绘制母图

1)依次放置各模块的图纸符号

在原理图编辑环境下,单击布线工具栏中的 ▨ 图标,或者执行"放置"→"图表符"命令。此时光标变为十字形,并带着图纸符号(方块电路)出现在工作窗口中,如图 4.4.4 所示。

按"Tab"键,弹出"方块符号"对话框,如图 4.4.5 所示。从该对话框中可以看到其中包含了两个区域,上半部分直观显示了图纸符号(方块电路)的属性设置,下半部分是方块电路的

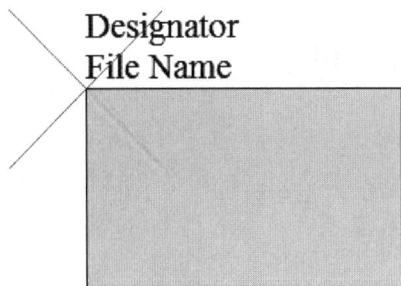

图 4.4.4　带着方块电路的鼠标状态

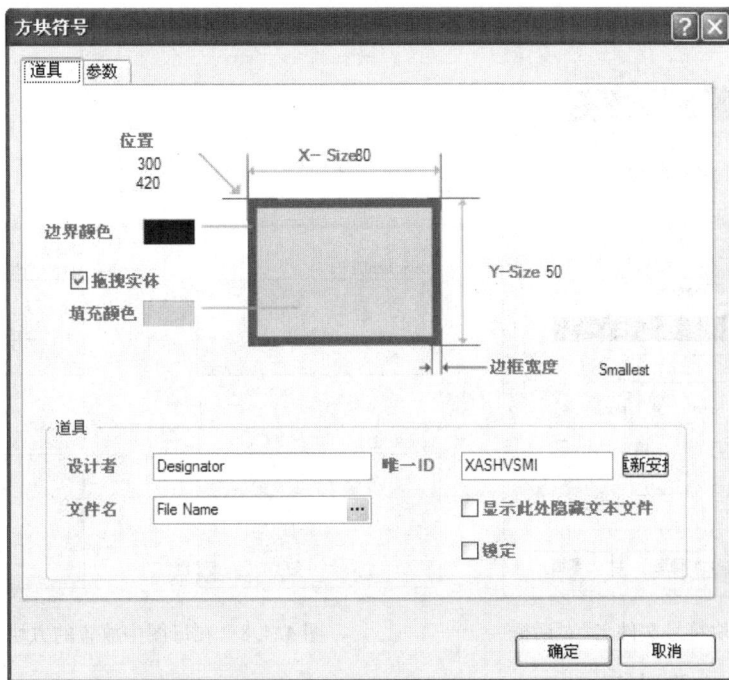

图 4.4.5　"方块符号"对话框

几个属性设置。

①设计者(标示符):用来设置方块电路图的名称。

②文件名:用来设置文件名称,以表明方块电路代表哪个模块。

③唯一 ID:用来设置系统的标示码,用户不用修改。

在"设计者"栏中设置方块电路图的名称为"输入模块";在"文件名"栏中设置文件名为"Power.SchDoc",单击"确认"按钮关闭对话框。在窗口中移动鼠标,确定方块电路图大小,将光标移动到适当的位置,单击鼠标确定方块电路的左上角顶点位置,然后移动鼠标到合适位置。确定方块电路图的大小后,单击鼠标固定方块的另一个顶点,即可完成该方块电路图的绘制,如图 4.4.6 所示。

完成一个方块电路后,鼠标仍处于放置方块电路的命令状态下,可以继续绘制其他方块电路图。用鼠标双击方块电路的文字标注,可以对"设计者"或者"文件名"进行修改,如图 4.4.7 所示。

Power
Power.SchDoc

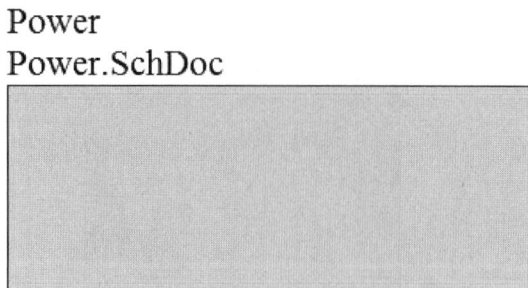

图 4.4.6　方块电路图

继续放置其余方块电路,并调整位置和大小,设置方块电路属性。放置完成后如图 4.4.8 所示。

图 4.4.7　"方块符号文件名"对话框

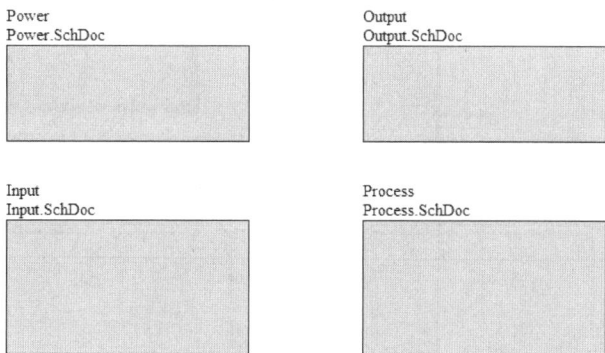

图 4.4.8　在母图中放置的方块电路

2)绘制方块电路图的出入口

执行菜单命令"放置"→"添加图纸入口"命令,或者单击布线工具栏中的图标 █ ,此时光标变为十字形状。在需要放置图纸入口的方块电路上单击鼠标,此时光标就带着方块电路的图纸入口符号出现在方块电路图中,如图 4.4.9 所示。

在上述放置端口的过程中按"Tab"键,弹出"方块入口"对话框,如图 4.4.10 所示,或者放置后再双击端口修改端口属性。"方块入口"对话框分为两个区域,其中上半部分直观显示了图纸入口的属性,包括填充颜色、文本颜色、文本字体、类型、种类等。单击它们,会出现相应的选择窗口或下拉菜单以供修改。

①命名:用来设置方块电路端口的名称。

②位置:用来表明图纸入口放置处距方块电路的上边框或左边框的距离。

③I/O 类型:该下拉式文本框和上半部分的"类型"和"边"选项配合使用,用来设置端口的类型风格。

例如,在 Input 模块的对话框中设置图纸入口的名称为"XIN1","I/O 类型"为"Output",

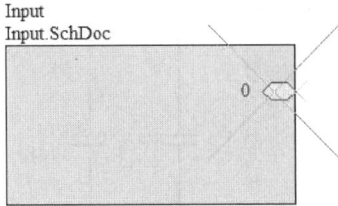

图 4.4.9　放置方块电路的图纸入口　　　　图 4.4.10　"方块入口"对话框

端口边为"Right",类型为"Right",设置好的"方块入口"对话框如图 4.4.11 所示。

　　单击"确认"按钮,关闭对话框,在方块电路图中移动鼠标,在合适位置单击鼠标结束该图纸入口的位置。用同样的方法放置完该图纸入口后的方块电路,如图 4.4.12 所示。

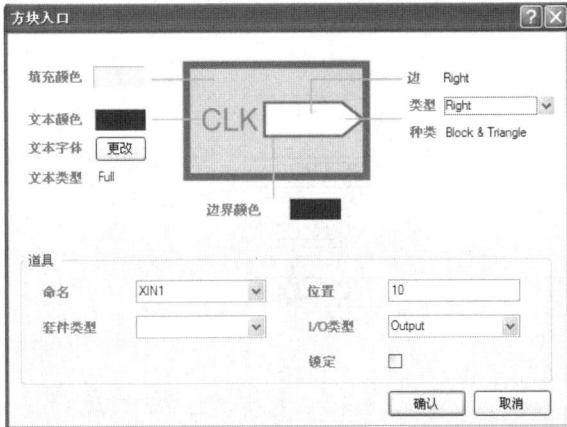

图 4.4.11　设置好的"方块入口"对话框　　　图 4.4.12　放置完图纸入口的方块电路

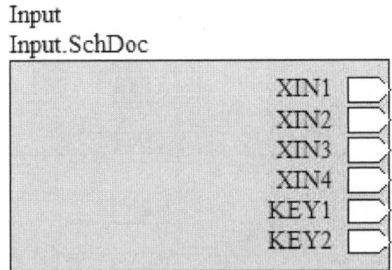

　　根据实际电路的安排,同样可以在其他模块放置图纸入口。

3)连接方块电路

　　放置完端口后,选择"放置"→"线"命令或者单击图标 ,将相同图纸入口名称的端口用导线连接起来,如图 4.4.13 所示。如果图纸入口有总线名称,则必须用总线连接。

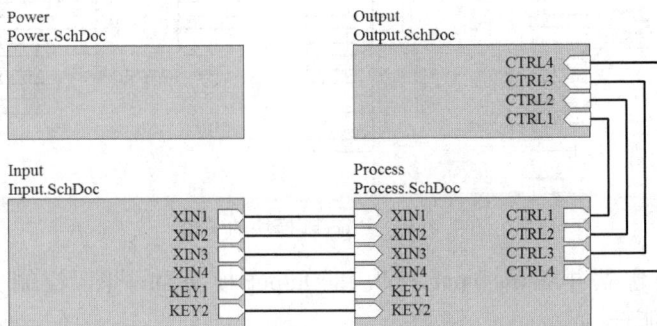

图 4.4.13　完成后的母图

（4）生成并编辑子图

选择"设计"→"产生图纸"命令，光标变成十字形，单击方块电路 Power 模块，这时系统会自动建立名为"Power.SchDoc"的原理图。在编辑区绘制 Power 模块的子图，绘制完的子图如图 4.4.14 所示。

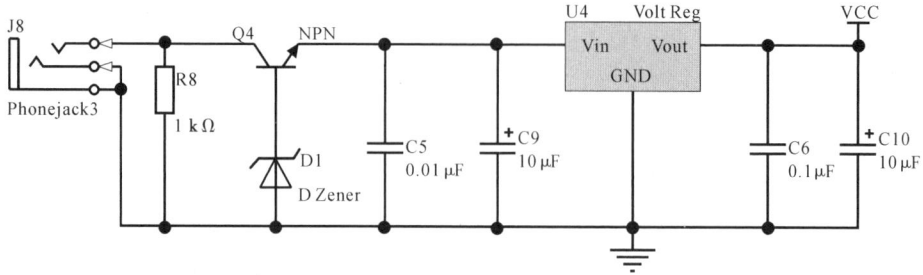

图 4.4.14　Power 模块的子图

用同样的方法生成并编辑子图"Process.SchDoc"。首先选择"设计"→"产生图纸"命令，光标变成十字形，系统生成的原理图"Process.SchDoc"编辑区如图 4.4.15 所示，可见系统已自动将方块电路 I/O 端口转化成了子图的 I/O 端口。继续绘制子图"Process.SchDoc"，绘制完成后如图 4.4.16 所示。

图 4.4.15　由方块电路生成的"Process.SchDoc"子图的端口

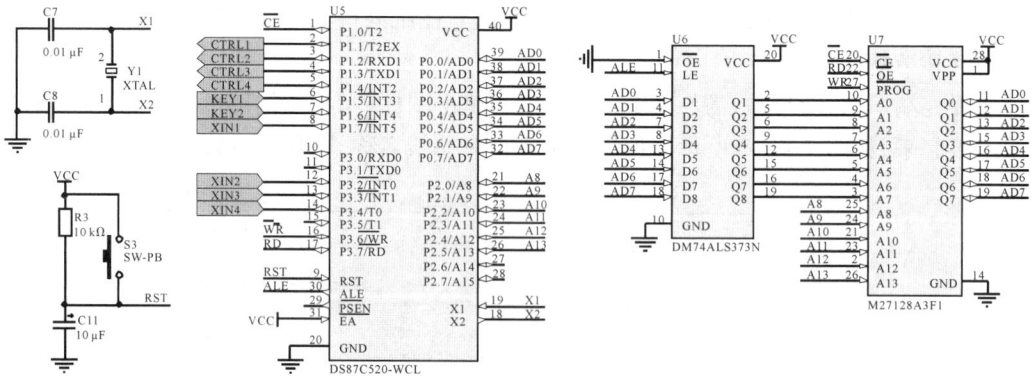

图 4.4.16　Process 模块的子图

用同样的方法建立并编辑 Input 模块和 Output 模块的子图，绘制完成后分别如图 4.4.17、图 4.4.18 所示。

项目 4　绘制数据采集器电路

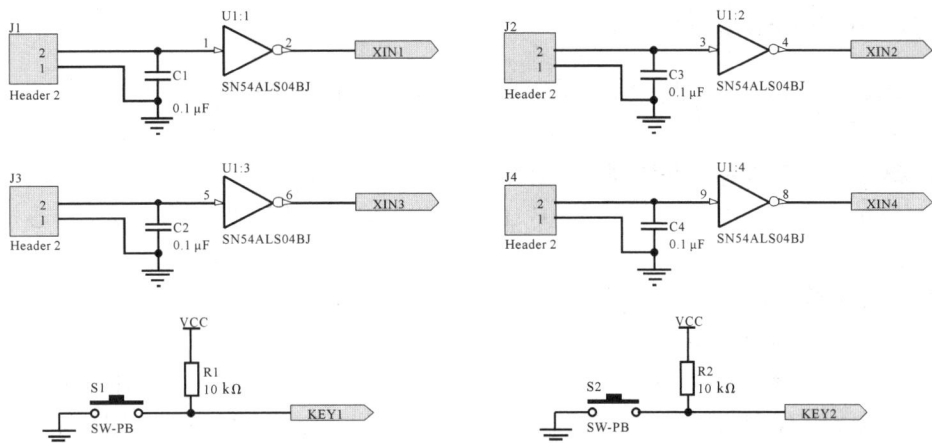

图 4.4.17　Input 模块的子图

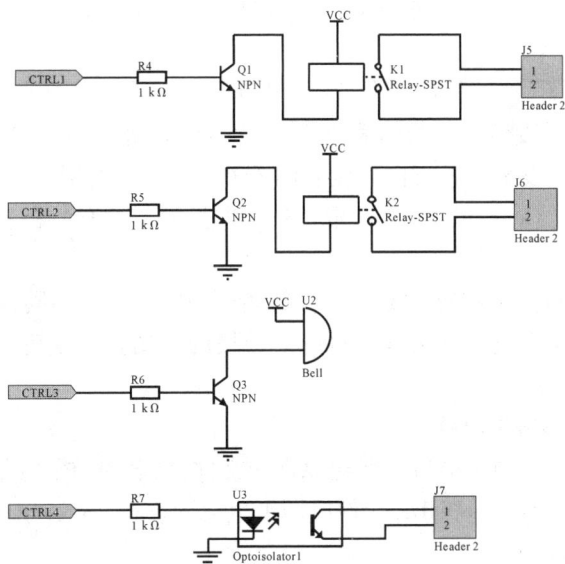

图 4.4.18　Output 模块的子图

(5)生成层次结构

保存所有电路原理图,执行菜单命令"工程"→"Compile PCB 核心控制器.PrjPcb"命令,或者在项目面板中选择"Projects"→"Compile PCB 核心控制器.PrjPcb"命令来编译项目,编译后生成的层次结构如图 4.4.19 所示。至此,自上而下的层次电路设计完毕。

图 4.4.19　层次结构

209

4.3.3 自下而上设计层次电路

设计思路:新建 PCB 工程→绘制所有子图文件→从子图文件生成方块电路→生成层次表。设计步骤如下:

(1)新建 PCB 工程并启动原理图设计编辑器

执行菜单命令"文件"→"新建"→"工程"→"PCB 工程"命令,命名为"核心控制器.PrjPcb",保存工程。

(2)编辑子图文件

1)绘制 Process 模块

执行菜单命令"文件"→"新建"→"原理图"命令,新建原理图文件,重新命名为"Process.SchDoc",保存图纸,在原理图上放置元件并连线。完成后的子图如图4.4.16 所示。

在这里需要引起注意的是 Process 模块与 Input 模块相连的 XIN~XIN4、KEY1~KEY2 信号,以及 Process 模块与 Output 模块相连的 CTRL1~CTRL4 均是不同原理图之间的连接,应该设为端口;而 X1~X2、AD0~AD7、A8~A13、RST、ALE 等均是描述本张子图内部的连接关系,应用网络标号来表示。

执行菜单命令"放置"→"端口"命令,或者单击布线工具栏中的 🖾 来放置端口,放置前按"Tab"键设置端口特性。设置方法与前面所述方式一致,此处不再赘述。

绘制端口时,有时会发现端口方向并没有随着其属性中"类型"的设置而改变,这时需要打开原理图优先设定的"General"选项卡,取消选中"选项"区域的"未连接从左到右"复选框。

2)绘制其他模块

选择"文件"→"新建"→"原理图"命令,新建原理图文件。用同样的方法绘制分别绘制 Power 模块的子图、Input 模块的子图以及 Output 模块的子图。完成后如图4.4.14、图4.4.17 和图4.4.18 所示。

(3)由子图文件生成方块电路

所有子图都画完后,在同一项目下新建原理图文件,命名为"核心控制器"并保存。

①执行菜单命令"设计"→"HDL 文件或图纸生成图表符"命令,出现如图4.4.20 所示的选择待绘制文件对话框。

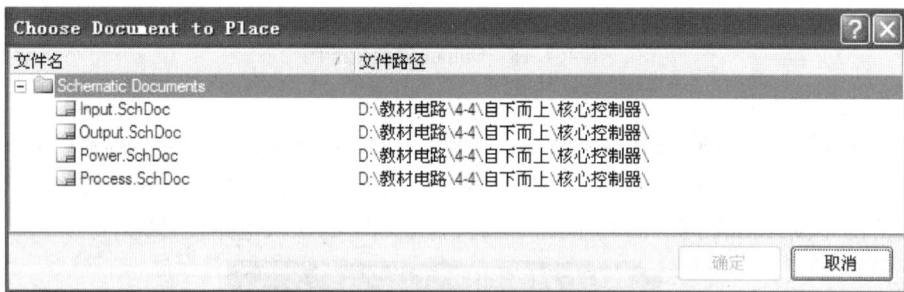

图 4.4.20 选择待绘制文件对话框

②选择想要生成方块电路的文件 Process 模块,单击"确定"按钮,此时系统会自动生成如图4.4.21 所示的方块电路。在图纸适当位置单击鼠标左键放置该方块电路。

③选择"设计"→"HDL 文件或图纸生成图表符"命令,用同样的方法生成其余3个方块电路。

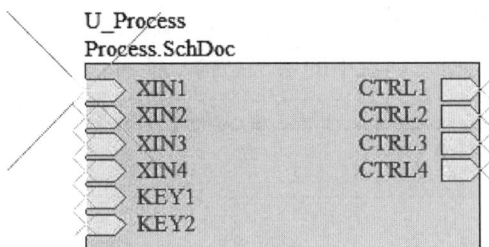

图 4.4.21 由 Process 模块生成的方块电路

④调整端口的位置以方便连线,将相同名称的端口连接起来。若端口为总线端口,就要用总线连接并放置网络标识。连线后的母图如图 4.4.22 所示。

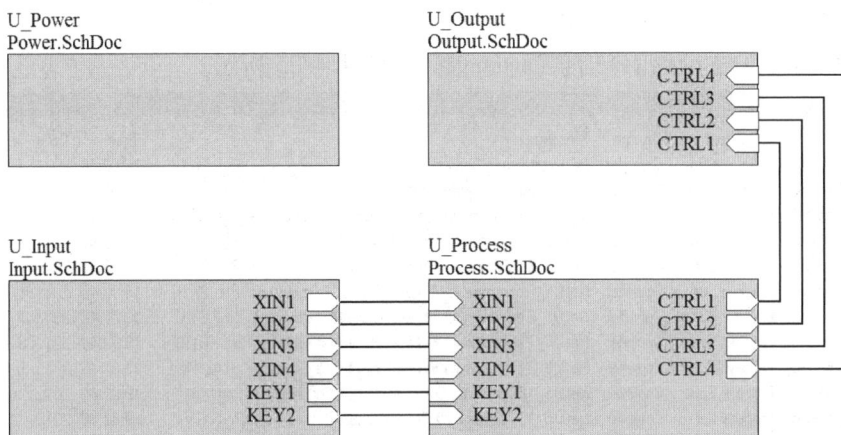

图 4.4.22 母图电路

(4)生成层次结构

①执行菜单命令"工程"→"Compile PCB 核心控制器.PrjPcb"命令,或者在项目面板中选择"Projects"→"Compile PCB 核心控制器.PrjPcb"命令来编译项目,编译后生成层次结构。

②执行菜单命令"报告"→"Report Project Hierarchy"命令,系统就会生成设计层次报表"核心控制器.REP"文档,并自动添加到当前工程中,如图 4.4.23 所示。

图 4.4.23 系统生成设计层次报表文档

211

③双击打开该文件,如图 4.4.24 所示。从图 4.4.24 可知,生成的报表中包含了本工程的原理图之间的相互层次关系。可以打印、存档和跟踪工程设计的变化情况,这在规范化的工程管理中非常有用。而工程管理器中的层次结构只能看,不能打印。

```
------------------------------------------------------------
Design Hierarchy Report for 核心控制器.PrjPcb
-- 2013-11-8
-- 18:56:48
------------------------------------------------------------

核心控制器                    SCH          (核心控制器.SchDoc)
    U_Input                   SCH          (Input.SchDoc)
    U_Output                  SCH          (Output.SchDoc)
    U_Power                   SCH          (Power.SchDoc)
    U_Process                 SCH          (Process.SchDoc)
```

图 4.4.24　层次报表

(5)修改错误

编译项目后,系统生成编译信息(message),如图 4.4.25 所示。

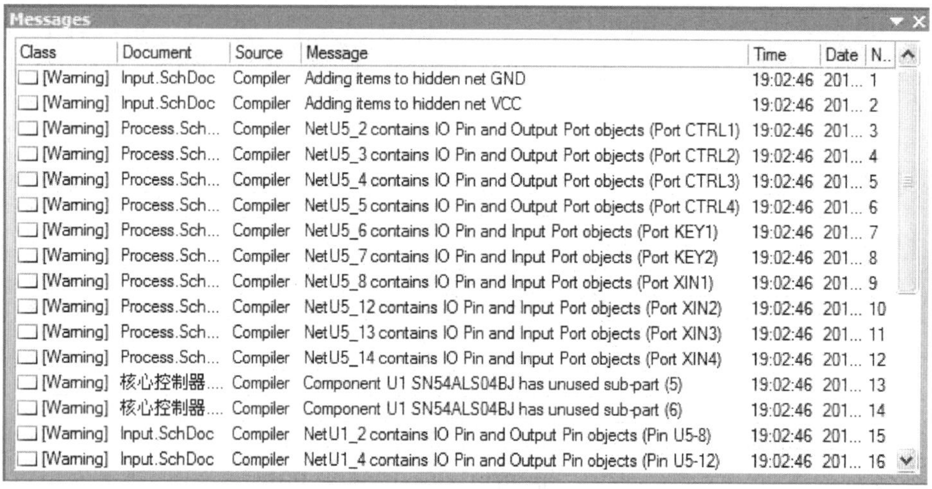

Messages

Class	Document	Source	Message	Time	Date	N..
[Warning]	Input.SchDoc	Compiler	Adding items to hidden net GND	19:02:46	201...	1
[Warning]	Input.SchDoc	Compiler	Adding items to hidden net VCC	19:02:46	201...	2
[Warning]	Process.Sch...	Compiler	NetU5_2 contains IO Pin and Output Port objects (Port CTRL1)	19:02:46	201...	3
[Warning]	Process.Sch...	Compiler	NetU5_3 contains IO Pin and Output Port objects (Port CTRL2)	19:02:46	201...	4
[Warning]	Process.Sch...	Compiler	NetU5_4 contains IO Pin and Output Port objects (Port CTRL3)	19:02:46	201...	5
[Warning]	Process.Sch...	Compiler	NetU5_5 contains IO Pin and Output Port objects (Port CTRL4)	19:02:46	201...	6
[Warning]	Process.Sch...	Compiler	NetU5_6 contains IO Pin and Input Port objects (Port KEY1)	19:02:46	201...	7
[Warning]	Process.Sch...	Compiler	NetU5_7 contains IO Pin and Input Port objects (Port KEY2)	19:02:46	201...	8
[Warning]	Process.Sch...	Compiler	NetU5_8 contains IO Pin and Input Port objects (Port XIN1)	19:02:46	201...	9
[Warning]	Process.Sch...	Compiler	NetU5_12 contains IO Pin and Input Port objects (Port XIN2)	19:02:46	201...	10
[Warning]	Process.Sch...	Compiler	NetU5_13 contains IO Pin and Input Port objects (Port XIN3)	19:02:46	201...	11
[Warning]	Process.Sch...	Compiler	NetU5_14 contains IO Pin and Input Port objects (Port XIN4)	19:02:46	201...	12
[Warning]	核心控制器....	Compiler	Component U1 SN54ALS04BJ has unused sub-part (5)	19:02:46	201...	13
[Warning]	核心控制器....	Compiler	Component U1 SN54ALS04BJ has unused sub-part (6)	19:02:46	201...	14
[Warning]	Input.SchDoc	Compiler	NetU1_2 contains IO Pin and Output Pin objects (Pin U5-8)	19:02:46	201...	15
[Warning]	Input.SchDoc	Compiler	NetU1_4 contains IO Pin and Output Pin objects (Pin U5-12)	19:02:46	201...	16

图 4.4.25　编译信息

"message"窗口中显示的错误并不都是需要修改的。当然,也并非所有的错误都能报告。例如设计者的逻辑错误,以及部分由于绘图者手误造成的连接错误是不能报告的。"message"窗口报告的只是违反 Altium Designer 15 绘图规则的错误,如:

[Warning] Input.SchDoc Compiler Adding items to hidden net GND :这类信息源于网络连接到隐藏引脚,只是提醒和确认一下即可,并不代表是错误的。

[Warning] Process.Sch... Compiler NetU5_2 contains IO Pin and Output Port objects (Port CTRL1) :输出型端口与输入/输出双向型引脚连接。核对原理图即可,不需要修改。

[Warning] 核心控制器.... Compiler Component U1 SN54ALS04BJ has unused sub-part (5) :U1 中含有没有用的子件(第 5、第 6 子件)。核对电路,若原图本来就没有用到第 5、第 6 子件,而不是绘图时遗漏,就不需要修改。

[Warning] Process.Sch... Compiler Net X1 has no driving source (Pin C7-1,Pin U5-19,Pin Y1-2) :分立元件(如电阻、电容等)的引脚为被动引脚,没有驱动源。这里不需要理会。

（6）生成项目的网络表

打开母图，执行菜单命令"设计"→"工程的网络表"→"Protel"命令，会在"Generated"文件夹下生成网络表文件"核心控制器.NET"，双击可以浏览本项目的网络表文件。

从网络表中可以看出元件重名、封装信息缺失等问题，但它不是查找这些问题的最佳途径。手工检查网络表主要用来发现隐藏引脚的问题。由于隐藏引脚常常是电源和地的引脚，因此，查找这些问题的主要方法用来查看电源和地线网络。

查找隐藏引脚问题的另一种有效途径是利用"Navigator"面板，如前所述。

最后保存所有文件及工程，层次原理图绘制完成。

4.3.4　层次原理图的切换

当进行较大规模的原理图设计时，所需的层次式原理图的张数非常多，设计者常需要在多张原理图之间进行切换。层次电路文件之间的切换方法有以下几种：直接用设计管理器切换，由上层电路图文件切换到下层电路图文件，由下层电路图文件切换到上层电路图文件等。

对于简单的层次式原理图，利用鼠标双击设计管理器中相应的文件名即可切换到对应的原理图上。对于复杂的层次式原理图，比如从总图切换到某个方块电路对应的子图上，或者要从某一个层次原理图子图切换到它的上层原理图上，可以使用 Altium Designer 15 提供的命令进行切换。

（1）设计管理器切换原理图层次

直接使用设计管理器切换文件是最简单而且有效的方法。具体操作步骤如下：

①在设计管理器中用鼠标左键单击层次模块的电路原理图文件前面的"+"号，使其树状结构展开。

②如果需要在文件之间进行切换，用鼠标左键单击设计管理器中的原理图文件，原理图编辑器就自动切换到相应的层次电路图了。

（2）从母图切换到子图

操作步骤如下：

①打开层次原理图的总图，执行"工具"→"上/下层次"菜单命令，或者单击工具栏中的按钮。

②此时箭头变为十字光标，在图纸中移动十字光标到一个方块电路上，然后单击鼠标左键。

③此时在工作窗口中就会打开所切换的方块电路所代表的原理图子图，此时鼠标箭头仍保持为十字光标，单击鼠标右键即可退出切换工作状态。

（3）从子图切换到母图

从子图切换到母图的操作步骤如下：

①打开层次原理图的总图，执行"工具"→"上/下层次"菜单命令，或者单击工具栏中的按钮。

②将光标移动到子图中的某个输入/输出端口（Port）上，单击鼠标左键。

③此时工作区窗口自动切换到此原理图子图的方块电路上，并且十字光标停留在用户单击的 I/O 端口同名的方块电路的出入点上，单击鼠标右键可退出切换工作状态。

4.4　任务实施

4.4.1　新建工程

执行"文件"→"新建"→"工程"→"PCB 工程"命令,命名为"核心控制器.PrjPcb",保存工程。

4.4.2　利用自下而上的方式绘制层次电路

(1)绘制子图

按照表 4.4.1 以及图 4.4.1 放置元件,并相应设置各元件参数。

表 4.4.1　工程元件清单

Designator	LibRef	Footprint	Comment	Quantity
C1~C3, C4, C6	Cap	RAD-0.3	0.1 μF	5
C5, C7, C8	Cap	RAD-0.3	0.01 μF	3
C9~C11	Cap Pol2	POLAR0.8	10 μF	3
D1	D Zener	DIODE-0.7	D Zener	1
J1~J7	Header 2	HDR1X2	Header 2	7
J8	Phone jack 3	JACK/6-V3	Phone jack 3	1
K1, K2	Relay-SPST	MODULE4	Relay-SPST	2
Q1~Q4	NPN	TO-226	NPN	4
R1~R3	Res2	AXIAL-0.4	10 kΩ	3
R4~R8	Res2	AXIAL-0.4	1 kΩ	5
S1~S3	SW-PB	SPST-2	SW-PB	3
U1	SN54ALS04BJ	J014	SN54ALS04BJ	1
U2	Bell	PIN2	Bell	1
U3	Optoisolator1	DIP-4	Optoisolator1	1
U4	Volt Reg	D2PAK	Volt Reg	1
U5	DS87C520-WCL	CERDIP40	DS87C520-WCL	1
U6	DM74ALS373N	N20A	DM74ALS373N	1
U7	M27128A3F1	FDIP28W	M27128A3F1	1
Y1	XTAL	R38	XTAL	1

1)绘制 Power 模块

执行"文件"→"新建"→"原理图"命令,新建原理图文件,重新命名为"Power.SchDoc"。保存图纸,在原理图上放置元件并连线。

Power 模块是一个独立模块,它与其他模块之间仅有电源关联,这里不需要将电源和地作为端口列出,因此 Power 模块图中没有 I/O 端口。电路完成后如图 4.4.14 所示。

2）绘制 Input 模块

执行"文件"→"新建"→"原理图"命令,新建原理图文件,重新命名为"Input.SchDoc"。保存图纸,在原理图上放置元件并连线,完成后如图 4.4.17 所示。

Input 模块和 Process 模块之间的连线主要有 XIN1～XIN4、KEY1 和 KEY2 信号,需要依次放置相应的 I/O 端口,端口属性设置可参照表4.4.2。

表 4.4.2   Input **模块端口属性**

名　称	类　型	I/O 类型
XIN1～XIN4	Right	Output
KEY1、KEY2	Right	Output

3）绘制 Process 模块

执行"文件"→"新建"→"原理图"命令,新建原理图文件,重新命名为"Process.SchDoc"。保存图纸,在原理图上放置元件并连线,完成后如图 4.4.16 所示。

Process 模块和 Input 模块之间的连线主要有 XIN1～XIN4、KEY1 和 KEY2 信号;Process 模块和 Output 模块之间的连线主要有 CTRL1～CTRL4 信号。相应的端口属性设置可参照表4.4.3。

表 4.4.3   Process **模块端口属性**

名　称	类　型	I/O 类型
XIN1～XIN4	Right	Input
KEY1、KEY2	Right	Input
CTRL1～CTRL4	Left	Output

4）绘制 Output 模块

执行"文件"→"新建"→"原理图"命令,新建原理图文件,重新命名为"Output.SchDoc"。保存图纸,在原理图上放置元件并连线,完成后如图 4.4.18 所示。

Output 模块和 Process 模块之间的连线主要有 CTRL1～CTRL4 信号。相应的端口属性设置可参照表4.4.4。

表 4.4.4   Output **模块端口属性**

名　称	类　型	I/O 类型
CTRL1～CTRL4	Right	Input

（2）建立母图

执行"文件"→"新建"→"原理图"命令,新建原理图文件,重新命名为"核心控制器.SchDoc"。

执行"设计"→"HDL 文件或图纸生成图表符"命令,在"Choose Document to Place"对话框中选择想要生成方块电路的文件模块,单击"确定"按钮,在图纸适当位置单击鼠标左键放置该方块电路。

对方块电路进行连线,完成后如图 4.4.22 所示。

4.4.3   生成层次结构以及层次报表

（1）生成层次结构

执行"工程"→"Compile PCB 核心控制器.PrjPcb"菜单命令来编译项目,编译后系统自动生成层次结构。

（2）生成层次报表

执行"报告"→"Report Project Hierarchy"菜单命令，系统生成设计层次报表"核心控制器.REP"文档。

4.4.4　编译工程

在项目面板中选择"Projects"→"Compile PCB 核心控制器.PrjPcb"命令来编译项目。查看"Messages"面板中是否有错误提示，若有则检查原理图，按照需要进行改正。

4.4.5　保存后退出

保存所构建的电路，退出操作环境。

4.5　实训练习

采用自下而上的方式绘制"超声波测距仪"电路，要求：

①以"超声波测距仪"为名字建立工程文件。

②绘制子图和母图。抄画图中的元件时必须和样图一致，如果和标准库中的不一致或缺少元件时，要进行修改或新建（方法参见本书第 6 篇内容）。

③保存结果。母图文件名为"超声波测距仪"，子图文件名为各模块名称。

④生成层次报表。

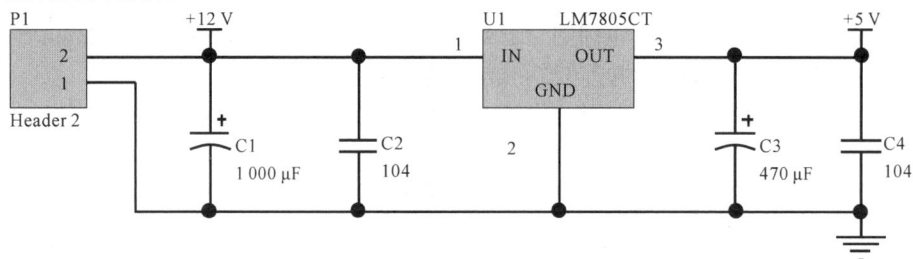

图 4.4.26　电源模块子图

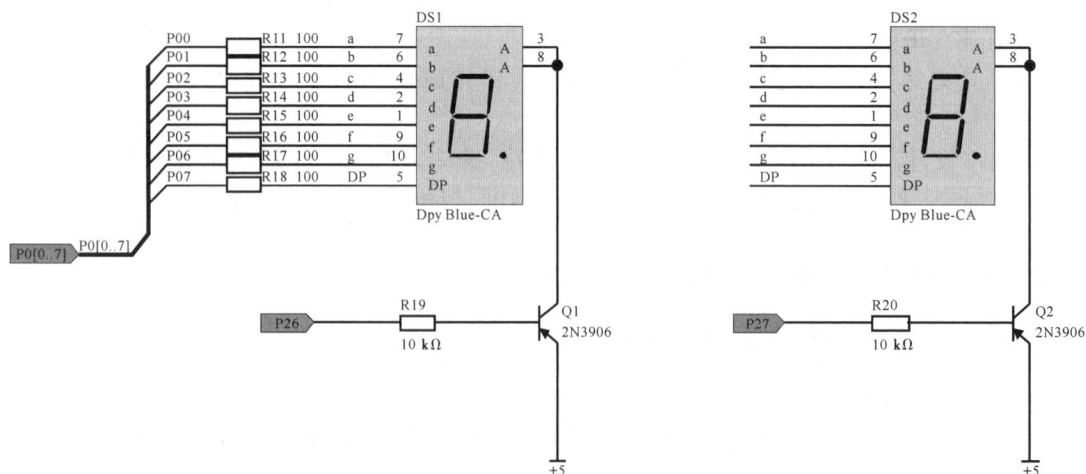

图 4.4.27　显示模块子图

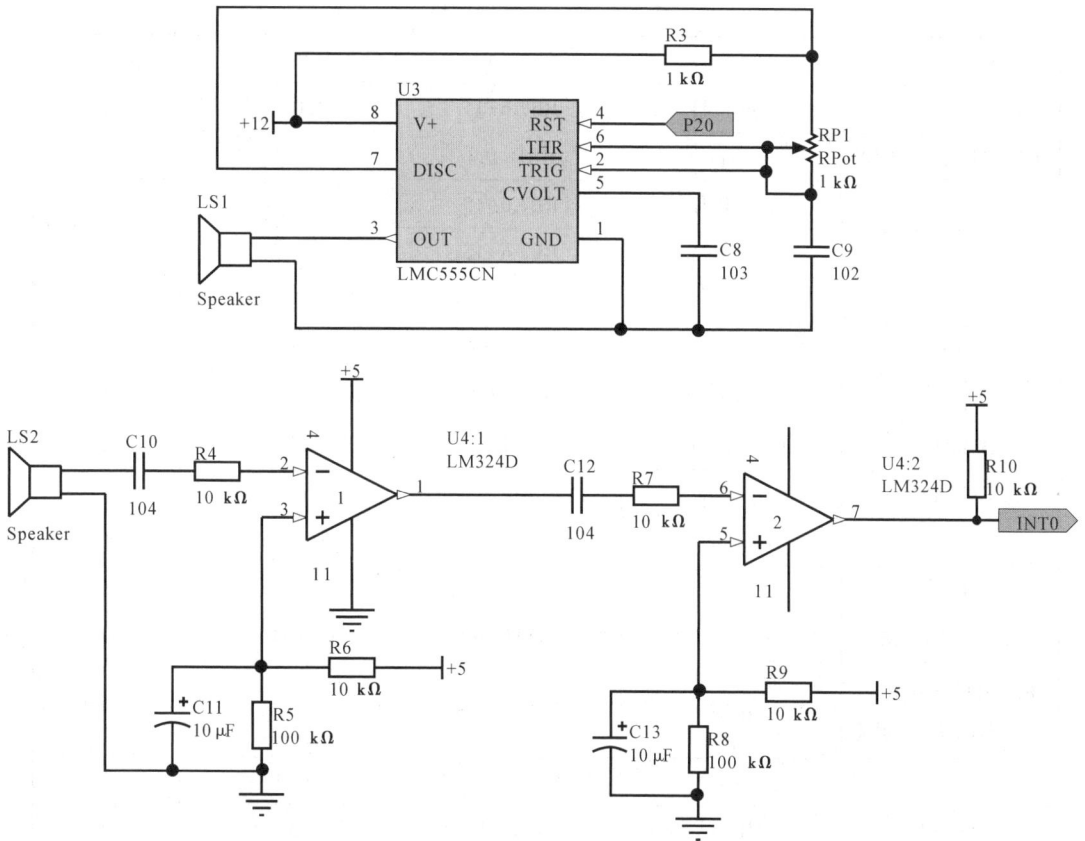

图 4.4.28　发射接收模块子图

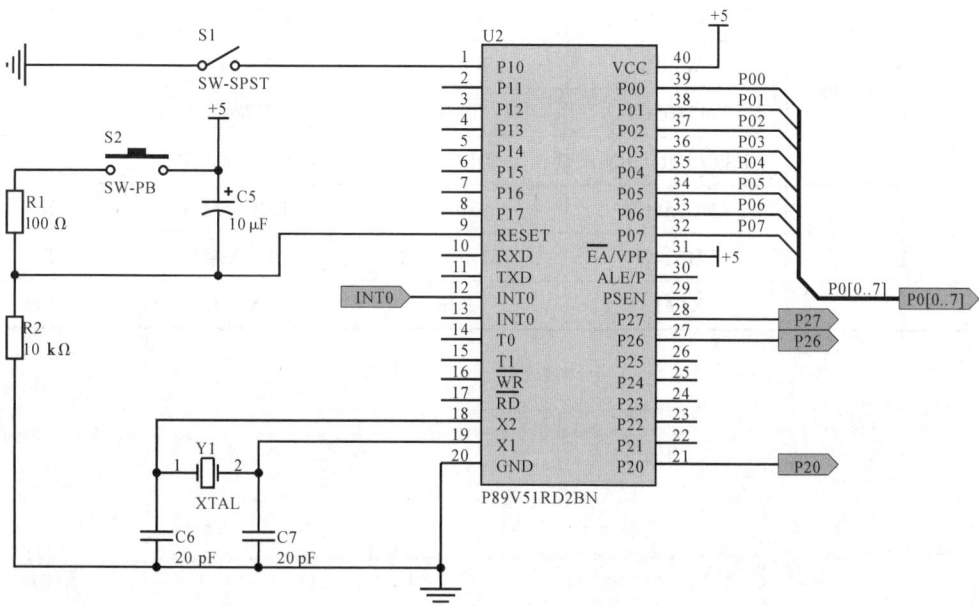

图 4.4.29　处理模块子图

表 4.4.5　工程元件清单

Designator	LibRef	Footprint	Comment	Quantity
C1	Cap Pol1	RB7.6−15	1 000 μF	1
C2, C4, C10, C12	Cap	RAD−0.3	104	4
C3	Cap Pol1	RB7.6−15	470μF	1
C5, C11, C13	Cap Pol1	RB7.6−15	10μF	3
C6, C7	Cap	RAD−0.3	20 pF	2
C8	Cap	RAD−0.3	103	1
C9	Cap	RAD−0.3	102	1
DS1, DS2	Dpy Blue−CA	H	Dpy Blue−CA	2
LS1, LS2	Speaker	PIN2	Speaker	2
P1	Header 2	HDR1X2	Header 2	1
Q1, Q2	2N3906	TO−92A	2N3906	2
R1, R11～R18	Res2	AXIAL−0.4	100	9
R2, R4, R6, R7, R9～R10, R19～R20	Res2	AXIAL−0.4	10 kΩ	8
R3	Res2	AXIAL−0.4	1 kΩ	1
R5, R8	Res2	AXIAL−0.4	100 kΩ	2
RP1	RPot	VR5	RPot	1
S1	SW−SPST	SPST−2	SW−SPST	1
S2	SW−PB	SPST−2	SW−PB	1
U1	LM7805CT	T03B	LM7805CT	1
U2	P89V51RD2BN	DIP40B	P89V51RD2BN	1
U3	LMC555CN	N08E	LMC555CN	1
U4	LM324D	751A−02_N	LM324D	1
Y1	XTAL	R38	XTAL	1

第 **5** 篇

使用 Altium Designer 15 设计印刷电路板

学习目标

最终目标

会使用 Altium Designer 15 软件进行 PCB 设计。

促成目标

- 会利用 Altium Designer 15 软件创建新的 PCB 设计文件；
- 会规划电路板并对相关参数进行设置；
- 能够根据要求完成单面板的制作；
- 能够根据要求完成双面板的制作。

项目 **1**
555 定时电路的 PCB 设计

1.1 学习目标

1.1.1 最终目标

会用 Altium Designer 15 软件设计 PCB 单层板。

1.1.2 促成目标

①会利用 Altium Designer 15 软件创建新的 PCB 设计文件；
②会规划电路板并对相关参数进行设置；
③会对元件进行自动布局并手动调整；
④会设置布线规则并进行 PCB 的自动布线；
⑤会进行设计规则的检查。

1.2 工作任务

在 Altium Designer 15 窗口中创建一个名为"555 定时电路.PrjPCB"的新项目。要求：
①在"C：\Documents and Settings\Administrator\桌面\新建文件夹"目录下建立"555 定时电路.PrjPCB"工程；
②在该工程下建立"555 定时电路.SchDoc"原理图文件；
③在该工程下建立"555 定时电路. PcbDoc"PCB 文件；
④按照 PCB 设计流程，完成 555 定时电路单面板的设计。

1.3　知识准备

1.3.1　PCB 基础

印制电路板英文简称为 PCB(Printed Circle Board),如图 5.1.1 所示。印制电路板的结构原理为:在塑料板上印制导电铜箔,用铜箔取代导线,只要将各种元件安装在印制电路板上,铜箔就可以将它们连接起来组成一个电路。

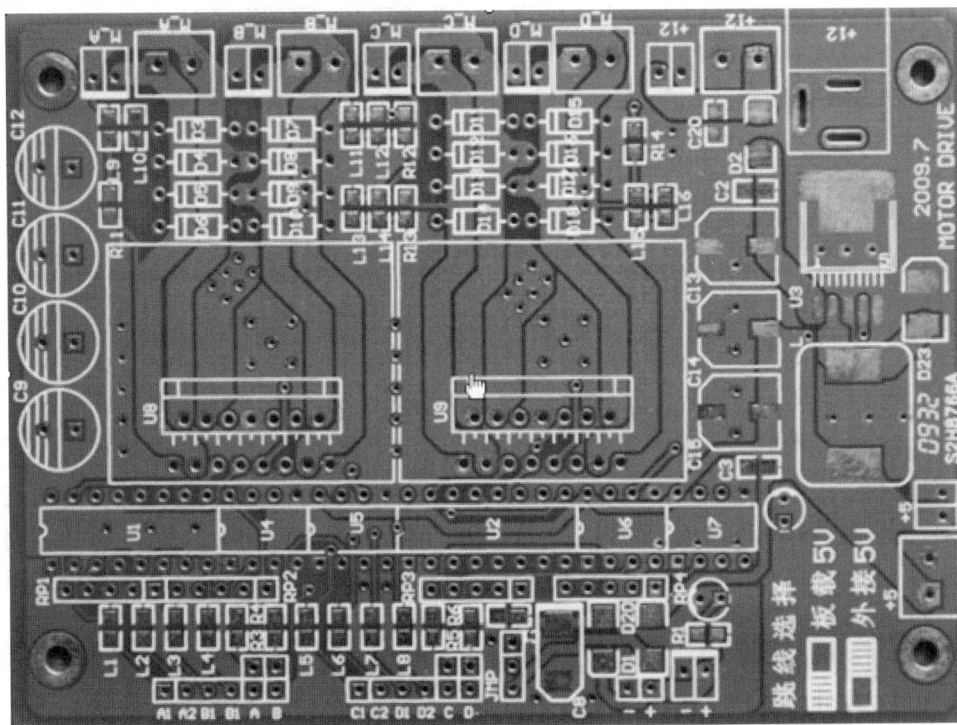

图 5.1.1　PCB 板

(1)印刷电路板的结构

一般来说,印刷电路板的结构有单面板、双面板和多层板三种。

1)单面板

顾名思义,单面板是一种一面敷铜、另一面没有敷铜的电路板。它只能在敷铜的一面放置元件和布线,具有不打过孔、成本低的优点。但实际上,由于单面板的布线只能在一面上进行,所以其设计工作往往比双面板或多层板困难得多。

2)双面板

双面板包括顶层(Top Layer)和底层(Bottom Layer)两层,两面敷铜,中间为绝缘层。双面板两面都可以布线,顶层一般为元件面,底层一般为焊锡面。双面板可用于比较复杂的电路,且布线比较容易,是现在最常见的一种印制电路板,如图 5.1.2 所示。

3)多层板

多层板是包含了多个工作层面的电路板。它是在双面板的基础上增加了内部电源层、内

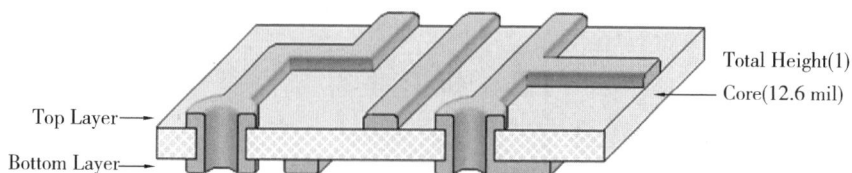

图 5.1.2　双层板结构

部接地层以及多个中间布线层,如图 5.1.3 所示。当电路更加复杂,双面板已经无法实现理想的布线时,即可采用多层板,随着电子技术的高速发展,电路的集成度越来越高,电路板也越来越复杂,多层板的应用也就越来越广泛了。

图 5.1.3　多层板结构

(2)零件封装

零件封装是指实际零件焊接到电路板时所指示的外观和焊点位置,通过零件封装可使得取用零件的引脚和印制电路板上的焊点一致。由于零件封装是空间上的概念,因此不同的零件可以共用一个零件封装;同种零件也可以有不同的封装。零件封装可以在设计电路图时指定,也可以在引进网络表时指定。

1)零件封装的分类

①针脚式零件封装:焊接时先要将零件针脚插入焊点导通孔,然后再焊锡,如图 5.1.4 所示。由于针脚式零件封装的焊点导孔贯穿整个电路板,所以在其焊点属性对话框中,Layer 板层的属性必须设为"MultiLayer"。

图 5.1.4　针脚式零件外形及其 PCB 焊盘

②SMT 零件封装:焊点只限于表面板层,所以在其焊点的属性对话框中,Layer 板层的属性必须设为单一表面,如"Top layer"或者"Bottom layer",如图 5.1.5 所示。

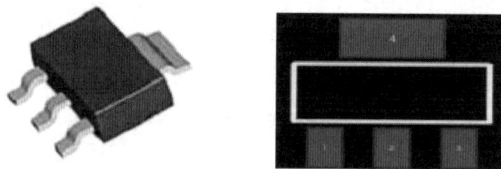

图 5.1.5　表面粘贴式封装的器件外形及其 PCB 焊盘

2）零件封装的编号

常见元件封装的编号原则为：元件封装类型+焊盘距离(焊盘数)+元件外形尺寸。可以根据元件的编号来判断元件封装的规格。例如有极性的电解电容，其封装为"RB.2-.4"，其中".2"为焊盘间距，".4"为电容圆筒的外径，"RB7.6-15"表示极性电容类元件封装，引脚间距为 7.6 mm，元件直径为 15 mm。

3）铜膜导线

铜膜导线简称导线，用于连接各个焊点，是印制电路板最重要的部分。与导线有关的另外一种线是预拉线，常称为飞线，是用来指引布线的一种连线。飞线是在引入网络表后由系统自动生成的，如图 5.1.6 所示。

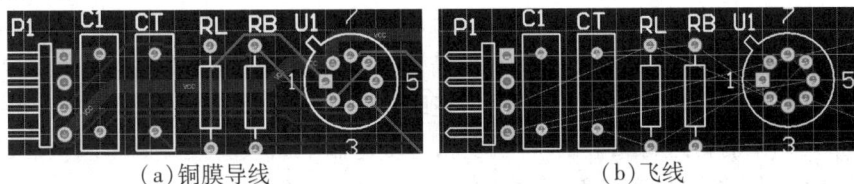

（a）铜膜导线　　　　　　　　　　（b）飞线

图 5.1.6　铜模导线与飞线样例

导线与飞线有着本质的不同，不能混淆。飞线只是一种形式上的连线，仅仅表示出各个焊点间的连接关系，并非电气连接意义上的实际连线。导线则是具有电气连接意义的实际连接线路，它是根据飞线所指示的焊点间连接关系来布置的。

4）焊盘

焊盘的作用是在焊接元件时放置焊锡，将元件引脚与铜箔导线连接起来。焊盘的形式有圆形、方形和八角形，常见的焊盘如图 5.1.7 所示。焊盘有针脚式和表面粘贴式两种，表面粘贴式焊盘无须钻孔；而针脚式焊盘要求钻孔，它有过孔直径和焊盘直径两个参数。

在设计焊盘时，要考虑到元件形状、引脚大小、安装形式、受力及振动大小等情况。例如，如果某个焊盘通过电流大、受力大并且易发热，可设计成泪滴状。

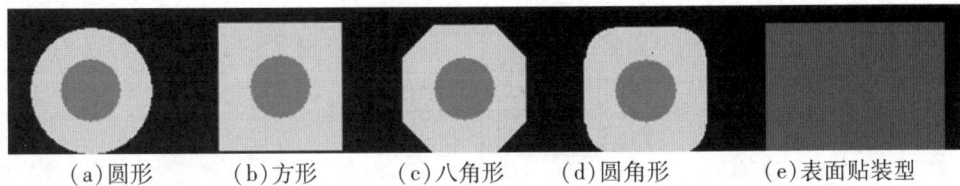

（a）圆形　　　（b）方形　　　（c）八角形　　　（d）圆角形　　　（e）表面贴装型

图 5.1.7　常见焊盘

5）焊点和导孔

焊点的作用是放置焊锡，连接导线和元件引脚。导孔的作用是连接不同板层间的导线。导孔分为 3 种，即从顶层贯通到底层的穿透式导孔、从顶层通到内层或从内层通到底层的盲导孔以及内层间的隐藏导孔(或盲过孔)，如图 5.1.8 所示。

（a）穿透式　　　　　　　　　　（b）盲过孔

图 5.1.8　两种类型的过孔

6）助焊膜和阻焊膜

为了使印制电路板的焊盘更容易粘上焊锡,通常在焊盘上涂一层助焊膜。另外,为了防止印制电路板不应粘上焊锡的铜箔不小心粘上焊锡,在这些铜箔上一般要涂一层绝缘层(通常是绿色透明的膜),称为阻焊膜。

7）丝印层

除了导电层外,印制电路板还有丝印层。丝印层主要采用丝印印刷的方法在印制电路板的顶层和底层印制元件的标号、外形和一些厂家的信息。

1.3.2　印刷电路板的设计流程

在印刷电路板的设计工作之前,必须了解设计工作的基本工序:通常要先设计印制电路板的尺寸、外形,然后再设置环境参数。一般情况下,环境参数的设置是一次完成的,以后不再修改。之后就可以装入预先准备好的网络表以及元件的外形,布置好各个元件后即可开始自动布线,布线结束后再进行相应的手工调整,一块印制电路板就设计好了。最后,用户还应该将设计完成的线路图文件存盘保存、打印输出,以便日后使用。

印刷电路板设计的一般流程如图 5.1.9 所示。

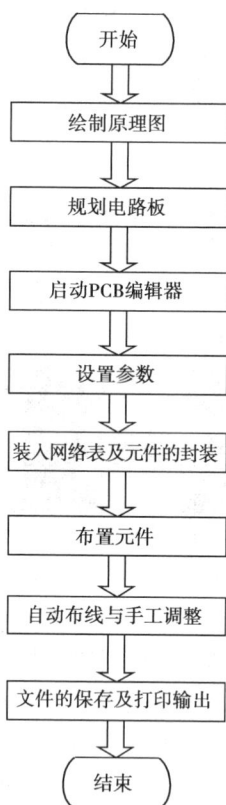

图 5.1.9　PCB 设计一般流程

(1)绘制电路原理图

电路板设计工作的第一步是绘制电路原理图,然后由原理图生成相应的网络表,而网络表正是印制电路板自动布线的基础和灵魂。

224

(2) 规划电路板

在绘制印制电路板之前,用户必须对所用电路板进行初步规划。比如电路板需要多大的尺寸,是采用单面板、双面板还是多层电路板,元件采用什么样的封装形式,是双列直插(DIP)还是其他形式,元件的安装位置等。这项工作非常重要,如果在这里出现问题,很可能会对后面的工作造成很大的麻烦,甚至使设计工作无法继续进行。

(3) 启动印制电路板(PCB)编辑器

启动 Altium Designer 15,进入印制电路板(PCB)编辑器的编辑环境。

(4) 设置参数

参数的设置主要是指元件的布置参数、板层参数、布线参数等的设置。其中,有些参数可以直接采用系统的缺省值,有些参数必须根据设计要求进行修改,而有些参数可以根据用户自己的习惯进行设置。

(5) 装入网络表及元件的封装

网络表是自动布线的灵魂,也是电路原理图编设计系统与印制电路板设计系统之间的接口和桥梁。每一个装入的元件还必须有相应的封装形式,这也是自动布线中所不能缺少的。对元件封装的说明包含在网络表文件中。因此,只有将网络表和元件的封装装入后,才能开始印制电路板的自动布线工作。

(6) 布置元件

在设定好电路板的尺寸和外形并装入网络表后,程序会自动装入元件,并自动将元件布置在电路板的边界外。尽管程序可以自动根据电路板的外形尺寸布置各个元件的位置,但是毕竟不可能完全满足设计的要求,因此用户还要对元件的位置进行手工调整,以便顺利地进行布线工作。

(7) 自动布线与手工调整

Altium Designer 15 的自动布线功能十分强大,只要各种参数设置合理、元件的位置布置得当,自动布线的成功率几乎是 100%。但是,由于算法的限制以及用户的特殊要求或习惯,自动布线往往也有许多不尽如人意的地方,设计人员还必须进行手工调整。手工布线中有很多至关重要的窍门,真正掌握了手工布线的技巧才算是真正学会了印制电路板的设计方法。

(8) 印制电路板文件的保存及打印输出

完成印制电路板的布线工作后,用户应该及时地将文件进行存盘保存及打印输出,以备日后使用。

1.3.3　创建 PCB 文件及 PCB 设计环境介绍

(1) 启动印制电路板(PCB)编辑器

在 Altium Designer 15 系统中,创建 PCB 文件有两种方法。一是使用系统提供的新建电路板向导创建,二是通过执行相应的命令来自行创建。

1) 使用电路板向导创建 PCB 文件

此方法使得 PCB 文件的创建简单易行,设计者可选择现成的模板,也可以快捷地设置电路板的参数,创建自定义的 PCB。

①启动 Altium Designer 15 系统,如图 5.1.10 所示,在主页的"Pick a Task"栏内选择"PCB Circuit Board Design",系统进入 PCB 设计页面,如图 5.1.11 所示。

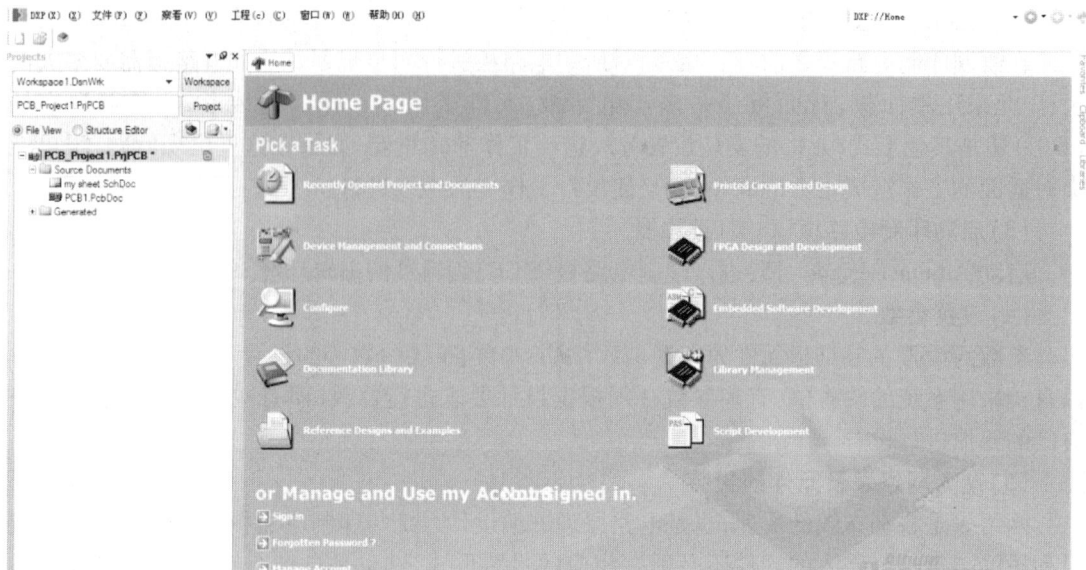

图 5.1.10　Altium Designer 15 主页

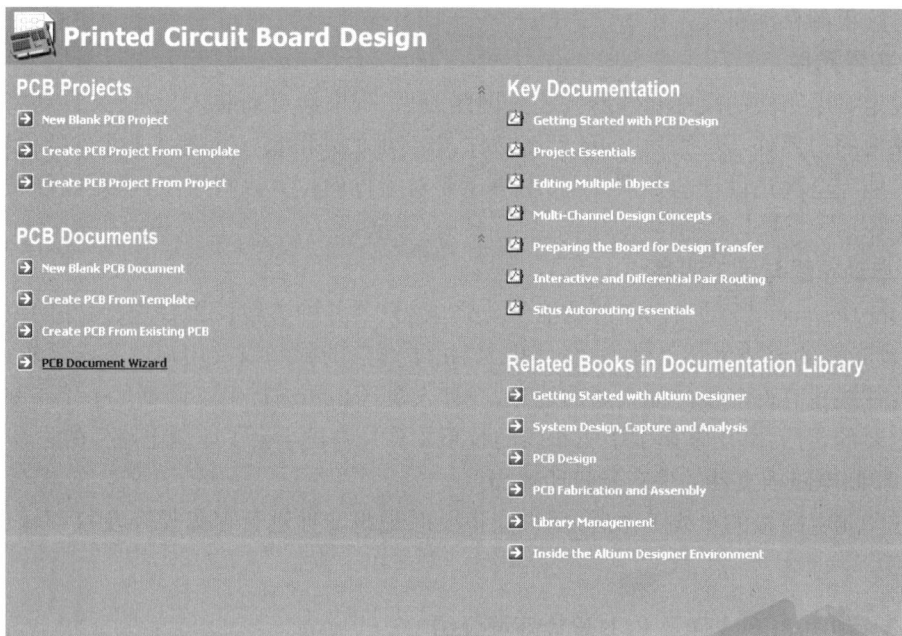

图 5.1.11　PCB 设计页面

　　②在设计页面中,单击"PCB Document"栏最下面的"PCB Board Wizard"项可以打开新建电路板向导,如图 5.1.12 所示。

　　③单击"下一步"按钮,系统提示用户选择 PCB 上使用的尺寸,如图 5.1.13 所示。尺寸有两种,分别为英制(Imperial)与公制(Metric)。注意,mil 代表千分之一英寸,而 1 英寸等于 25.4 mm,所以 1mil=0.025 4 mm。

　　④单击"下一步"按钮,进入选择电路板配置文件,可根据需要选择板子轮廓类型。如需自定义板子尺寸设置,即从板轮廓列表中选择"Custom",如图 5.1.14 所示。

图 5.1.12　新建电路板向导

图 5.1.13　选择设计尺寸的单位类型

⑤单击"下一步"按钮,进入选择电路板详细信息窗口,如图 5.1.15 所示。在该窗口中,用户可以自行设置 PCB 的各项参数,包括以下参数设置:

图 5.1.14　选择电路板配置文件

图 5.1.15　电路板详情窗口

a.外框设置:可选的板子形状有矩形、圆形、定制类型三种。

b.板子尺寸:与外框设置的类型相对应,如设置为矩形板,则可进行宽度与高度的设置。

c.尺寸层:选择用于尺寸标注的机械层。

d.边界线宽:即分界线宽度、尺度线宽度,一般均采用默认值。

e.与板边缘保持距离:一般设置为 50 mil。

f.其他设置:包括标题块与比例、尺寸线、图例串、切掉拐角、切掉内角等,其可通过前面方框中√的形式选择使用与否,一般采用默认设置。

⑥单击"下一步"按钮,进入选择电路板板层设置窗口,可分别设置信号层与内电层(电源平面)的层数,如图 5.1.16 所示。

⑦单击"下一步"按钮,进入选择过孔类型窗口,主要包括"仅通孔的过孔"与"仅盲孔和埋孔"两种类型,如图 5.1.17 所示。

图 5.1.16 选择电路板配置文件

图 5.1.17 选择过孔类型

⑧单击"下一步"按钮,进入选择元件和布线工艺窗口。该窗口用于设置所设计的 PCB 是以标贴元件为主还是以通孔元件为主,还可以设置邻近焊盘间通过的导线个数,如图 5.1.18 所示。

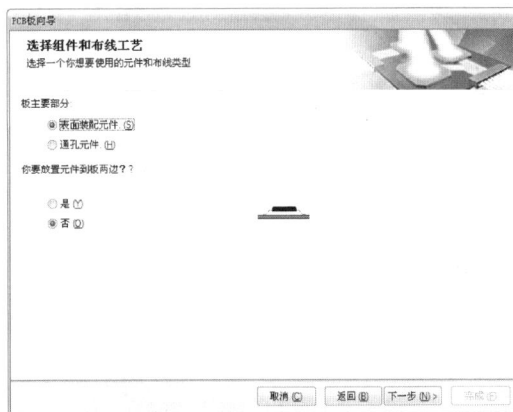

(a)板子以标贴元件为主的设置

(b)板子以通孔元件为主的设置

图 5.1.18 选择元件与布线工艺

⑨单击"下一步"按钮,进入选择默认线径和过孔尺寸窗口。该窗口用于设置 PCB 最小导线尺寸、过孔尺寸和导线之间的距离,如图 5.1.19 所示。

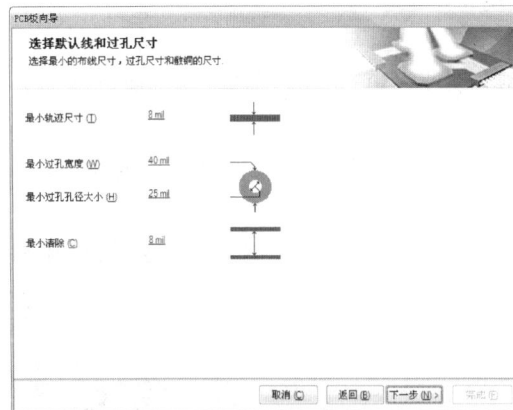

图 5.1.19 选择默认线径与过孔尺寸按钮

图 5.1.20 选择电路板配置文件

⑩单击"下一步"按钮,如图 5.1.20 所示,单击"完成"按钮,系统可根据前面的设置生成一个默认名为"PCB1.PcbDoc"的新 PCB 文件,同时进入 PCB 设计环境,如图 5.1.21 所示。如果需要重新命名,执行"文件"→"保存为"命令,可以对该 PCB 文件进行重新命名。

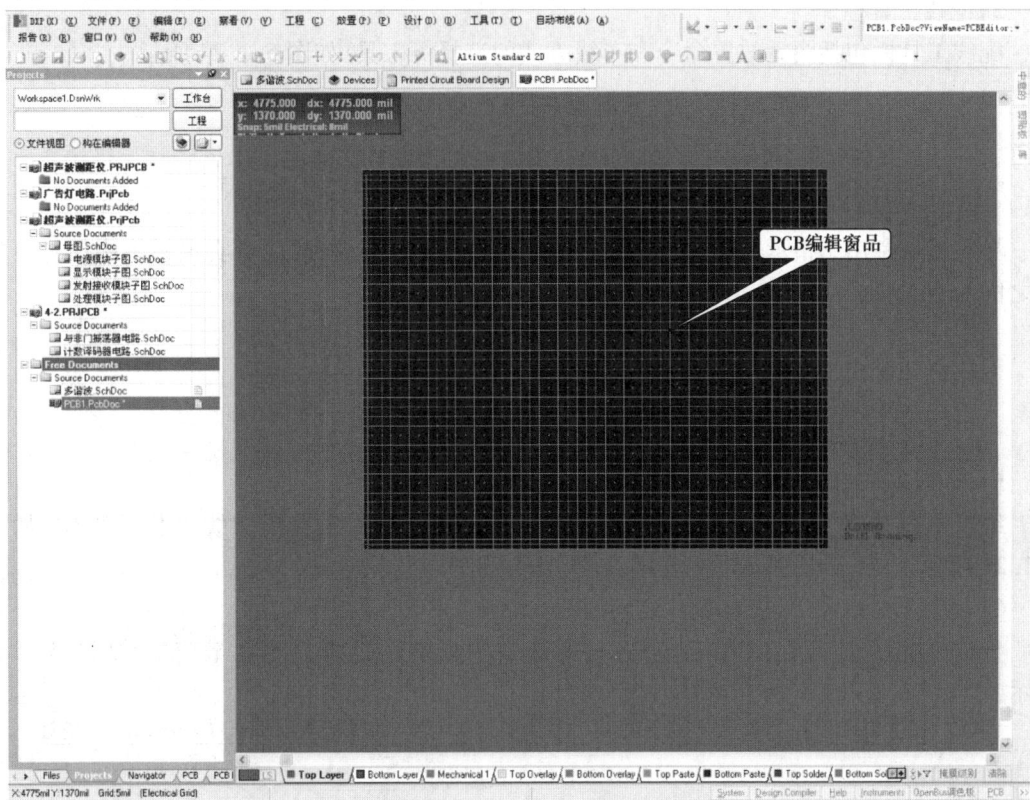

图 5.1.21　PCB 编辑环境

2)自行创建 PCB

在主页中,执行"文件"→"新建"→"PCB"命令,则可以新建一个 PCB 文件。自行创建的 PCB 文件的各项参数均为系统默认值。在具体设计时,还需要进行全面设置,相关内容将在下面规划电路板及参数设置中详细介绍。

(2)PCB 设计环境

在创建一个新的 PCB 文件或者打开一个现有的 PCB 文件之后,则进入 PCB 编辑环境,如图 5.1.21 所示。下面具体介绍 PCB 编辑环境界面。

1)主菜单栏

主菜单栏显示了供用户选用的菜单操作,如图 5.1.22 所示,可使用菜单命令完成各项操作。

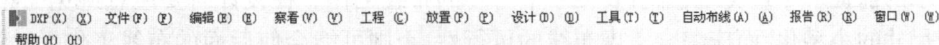

图 5.1.22　PCB 主菜单栏

2)PCB 标准工具栏

PCB 标准工具栏提供了打开、存储、缩放、快速定位、浏览元件等基本操作命令,如图 5.1.23 所示。

图 5.1.23   PCB 标准工具栏

3）配线工具栏

配线工具栏包括图元放置命令和布线方式的选择等工具，如图 5.1.24 所示。

图 5.1.24   PCB 配线工具栏

4）导航工具栏

导航工具栏用于指示当前页面的位置，借助所提供的左、右按钮可实现系统中所打开窗口之间的相互切换，如图 5.1.25 所示。

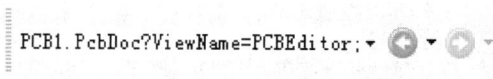

PCB1.PcbDoc?ViewName=PCBEditor;▾

图 5.1.25   导航工具栏

5）PCB 编辑窗口

编辑窗口是进行 PCB 设计的主要平台，用于进行元件的布局布线等相关工作，如图 5.1.21 所示。

6）板层标签

板层标签用于切换 PCB 工作层面，所选中的板层颜色将显示在最前端，如图 5.1.26 所示。

Top Layer / Internal Plane 1 / Internal Plane 2 / Bottom Layer / Mechanical 1 / Mechanical 2 / Mechanical 3 / Mechanical 4 / M

图 5.1.26   板层标签

7）状态栏

状态栏用于显示光标指向的坐标值、所指向元器件的网络位置、所在板层的相关参数，以及编辑器当前的工作状态，如图 5.1.27 所示。

X:2495mil Y:3285mil   Grid:5mil   (Electrical Grid)

图 5.1.27   状态栏

1.3.4   规划电路板及参数设置

(1) 电路板物理边界的规划

创建好了 PCB 文件，并且启动了 PCB 编辑器，然后就需要对电路板进行边界规划，即根据所设计电路的规模以及要求来确定电路板的物理外形尺寸和电气边界。其原则是在满足设计要求的前提下尽量美观，并且要便于下一步的布线工作。在设计时要注意避免一味追求电路板尺寸的小型化，而应综合考虑布线的可行性，否则可能会使后面的布线工作无法进行，这一点在单面板的设计中是很重要的。规划电路板有两种方法：一种是利用 Altium Designer 15 的创建向导，这种方法在前面已经介绍过，不再赘述；另一种是手动规划电路板。下面介绍手动规划电路板的过程：

对电路板物理边界的具体要求通常包括角标、参考孔位置、外部尺寸等。通常在 4 个机械层中的一个上确定电路板物理边界,而将尺寸、对齐标志等放置在其他机械层上。这里仅介绍电路板物理边界的规划,其他机械定义读者不妨自己尝试设定一下。

1)切换编辑区域

单击编辑区域下方的标签,将编辑区域切换到机械层,如图 5.1.28 所示。

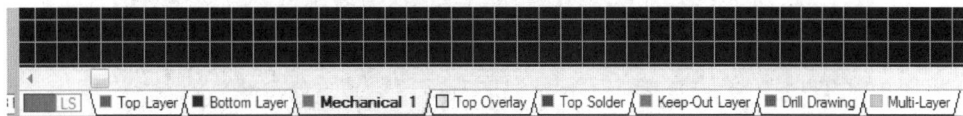

图 5.1.28　将工作层面切换至 Mech1 层面

2)重新定义电路板外形

①执行"设计"→"板子形状"→"重新定义板子形状"命令,进入重新定义电路板外形界面,如图 5.1.29 所示。

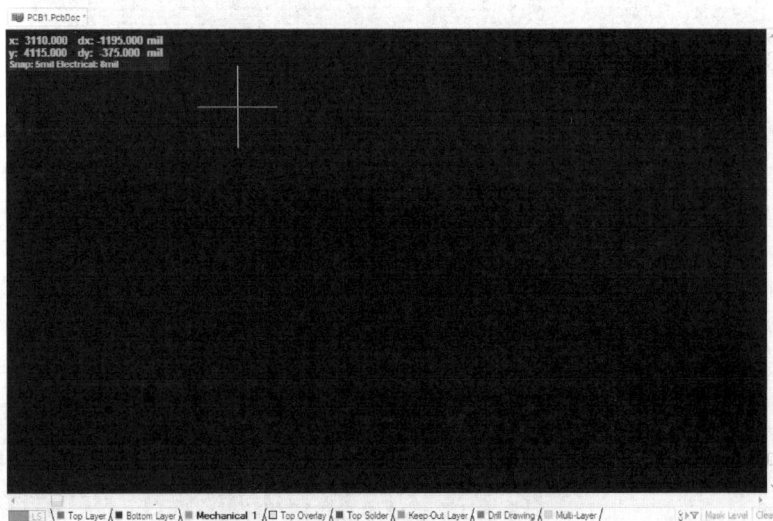

图 5.1.29　进入规划电路板外形界面

②用"十"字光标绘制出满足设计的电路板外形,如图 5.1.30 所示。

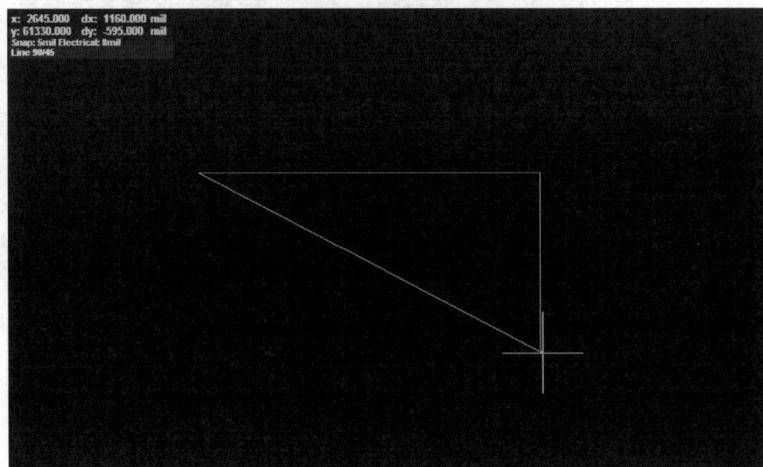

图 5.1.30　规划电路板外形

③单击鼠标右键,退出重新定义电路板外形界面,显示裁剪好的电路板外形,如图 5.1.31 所示。

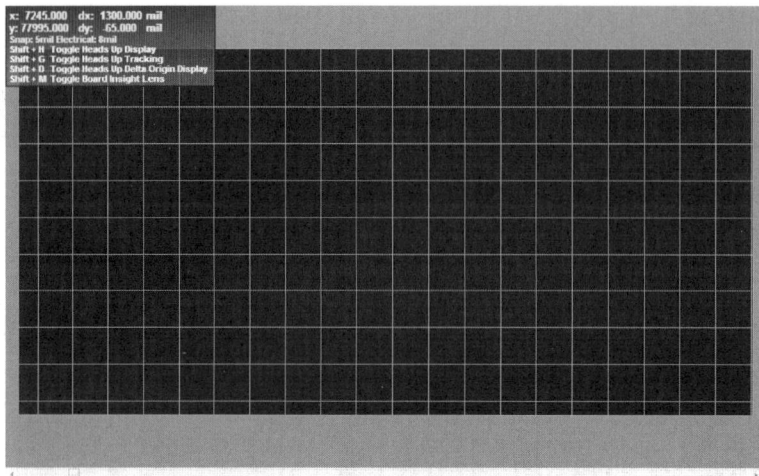

图 5.1.31　裁剪好的电路板外形

3)绘制物理边界

在进行物理边界设置之前可首先放置原点,以便确定电路板外形尺寸。执行"编辑"→"原点"→"设置"命令,如图 5.1.32 所示,在选定的区域单击;然后执行"放置"→"禁止布线"→"线径"命令,绘制电路板的物理边界,如图 5.1.33 所示。

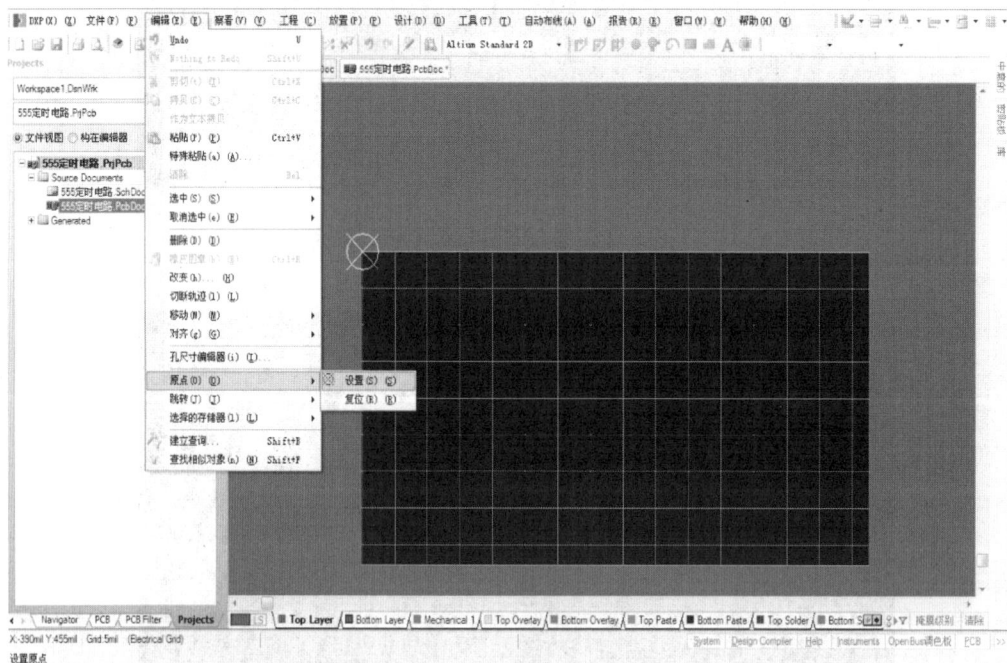

图 5.1.32　板子原点的设置

(2)电路板电气边界的规划

规划完电路板的物理边界后,接下来应该确定电路板的电气边界。电气边界是用来限定布线和元件放置的范围,可以通过在禁止布线层(Keep Out layer)绘制边界来实现。该层一般

图 5.1.33 物理边界的绘制

用来设置电路板的板边。用户通常应将电气边界的范围与物理边界的范围规划成相同大小，也可以稍微进行区分，适当间隔。

①单击工作窗口下方的"Keep Out layer"标签即可将当前的工作平面切换到"Keep Out layer"层面，如图 5.1.34 所示。

图 5.1.34 将工作层面切换至"Keep Out"层面

②执行"放置"→"禁止布线"→"线径"命令，其步骤和电路板的物理边界规划相同。绘制好的电路板电气边界如图 5.1.35 所示。

图 5.1.35 绘制好的电路板电气边界

(3)参数设置

1)设置工作层

执行"设计"→"管理层设置"→"板层设置"命令，打开"层设置管理器"对话框，如图 5.1.36 所示。

单击"新设定""移除设备"按钮可以加入新设置和删除设置，一般保持默认值，不需要进行另外设置。

2)设置网格及图纸页面

网格是指 PCB 编辑窗口内显示出来的横竖交错的格子。借助网格可以更加准确地进行

图 5.1.36　"层设置管理器"对话框

元器件的定位及布局布线,网格设置主要通过"板选项"对话框进行设置。执行"设计"→"板子参数选项"命令,弹出如图 5.1.37 所示对话框。

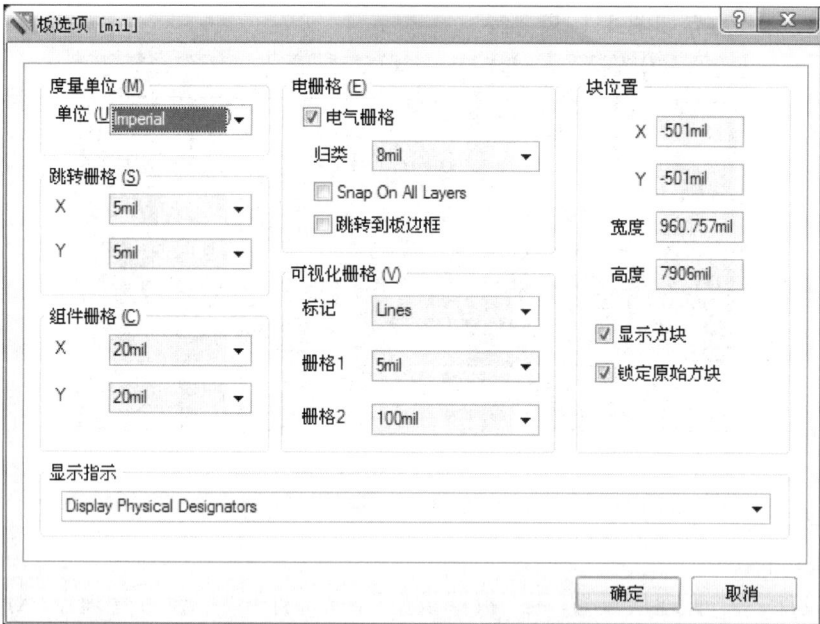

图 5.1.37　"板选项"对话框

"板选项"对话框主要由 7 部分组成。

①度量单位:主要用于设置 PCB 设计中使用的测量的单位,分为英制(Imperial)与公制(Metric)两种。

②跳转栅格:用于设定光标移动时的基本单位,默认值为 5 mil。

③组件网栅格:用于设定在元器件放置或者移动时,光标带动元器件移动的基本单位,默认值为 10 mil。

④电气栅格:选中电气栅格,则激活了系统的电气栅格捕获功能,即以光标为圆心、以捕获范围为半径自动寻找电气节点,默认值为 8 mil。

⑤可视化栅格:用于设定 PCB 视图中可视栅格的类型及大小。栅格可视化是编辑窗口绘图区域内作为视觉参考的网线,系统提供了直线式(Lines)与点阵式(Dots)两种类型,并可自定义栅格大小。网格 1 与网格 2 设置成不同的大小,以便视图缩放过程中能够得到不同的栅格参考效果。

⑥块位置(表单位置):用于设定图纸的起始 X 轴、Y 轴、宽度和高度。

⑦显示指示:用于设定元器件标识符的显示方式,选择是显示物理标识符还是显示逻辑标识符。

需要注意的是:在参数设置时,如果电气栅格设置与跳转栅格设置相差过大,则连线时光标就很难捕捉到用户所需要的电气连接点。一般地,电气栅格和跳转栅格的大小不能大于元器件封装的引脚间距。

设置完成所有参数之后,单击"确定"按钮,退出"板选项"对话框。

3)设置工作层面的颜色及显示

一般地,不同工作层的颜色应加以区分,可通过板层颜色进行设置。执行"设计"→"板层颜色"命令,设置对话框如图 5.1.38 所示。

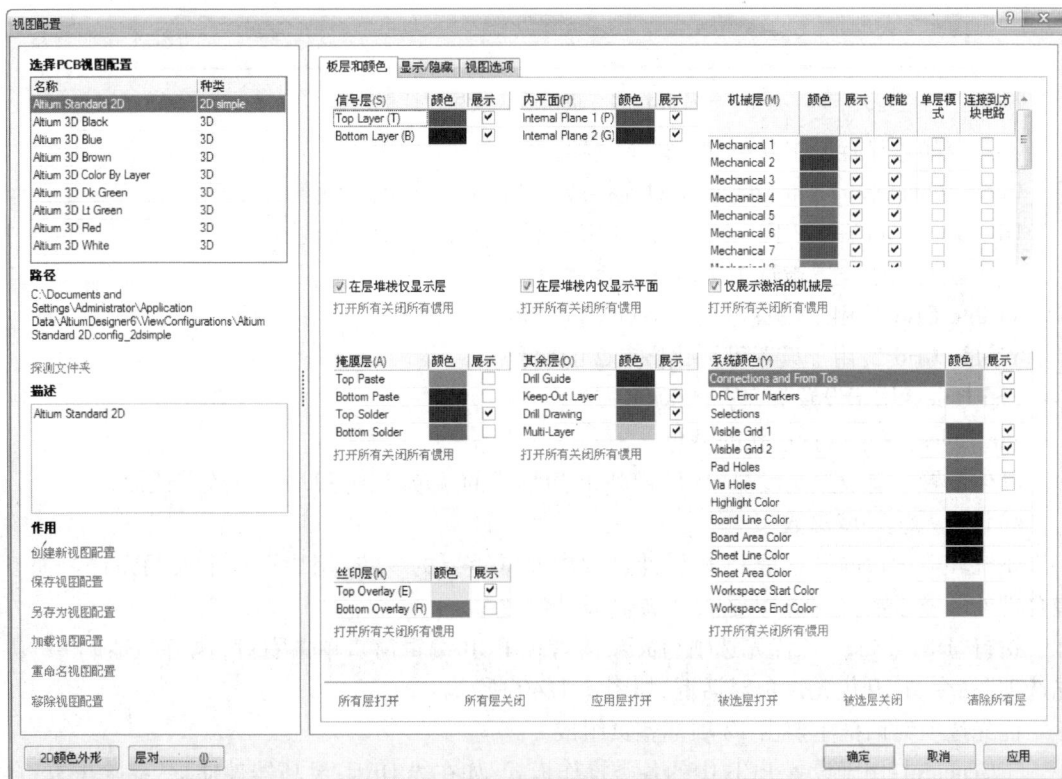

图 5.1.38　板层颜色设置对话框

①板层颜色设置。PCB 的工作层面是按照信号层、掩膜层、机械层、掩膜层、其他层及丝印层 6 个区域分类设置的,各个区域都可单独进行设置。单击"颜色"复选框,则会弹出如图 5.1.39 所示的对话框,可根据需要进行设置。

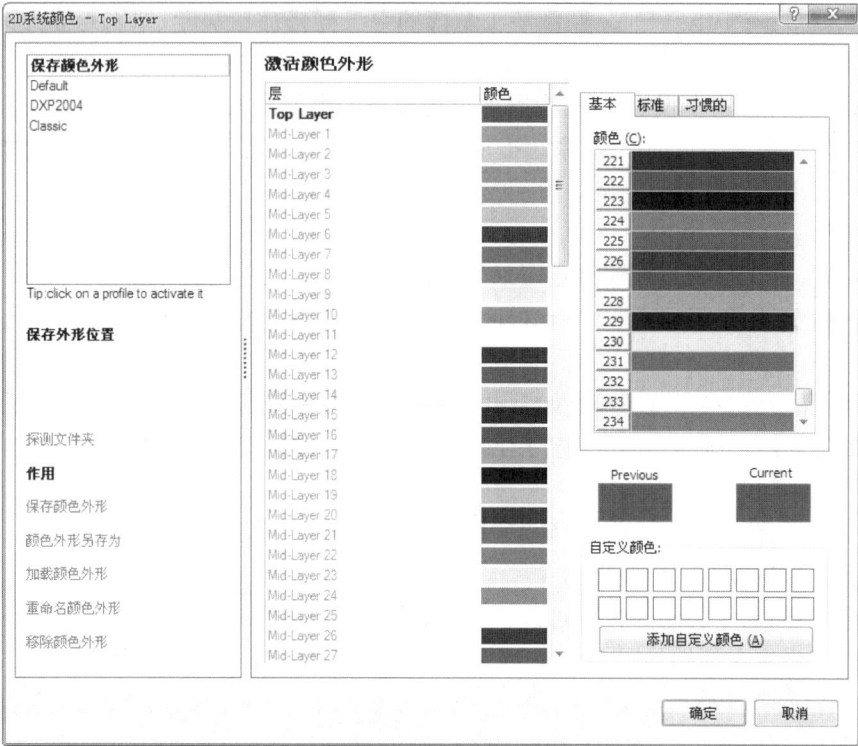

图 5.1.39　板层颜色设置对话框

②系统颜色设置。主要包括有以下选项:

Connections and From Tos:用于对连接线与飞线进行颜色设置。

DRC Error Markers:用于设置违反 DRC 设计规则的错误信息显示。

Selection:用于设置被选中区域的覆盖颜色。

Visible Grid 1:用于设置可视化格点 1 的颜色。

Visible Grid 2:用于设置可视化格点 2 的颜色。

Pad Holes:用于设置焊盘孔的颜色。

Via Holes:用于设置过孔的颜色。

其他设置还有设置高度显示、设置 PCB 边界线的颜色等,一般均取系统默认值。

4)设置系统环境参数

系统环境参数的设置是 PCB 设计过程中非常重要的一步,用户根据个人的设计习惯设置合理的环境参数,会在很大程度上提高设计的效率。

执行"DXP(X)"→"优先选项"命令,或者在 PCB 编辑窗口单击右键,执行"选项"→"优先选项"命令,打开优先选项对话框,如图 5.1.40 所示。

优先选项对话框主要由 12 项标签页组成。

①Genenral:用于设置 PCB 中的各类操作模式,如在线 DRC、灵巧器件捕捉、移除重复、自动缩放,多边形重新敷铜等,其设计界面如图 5.1.41 所示。

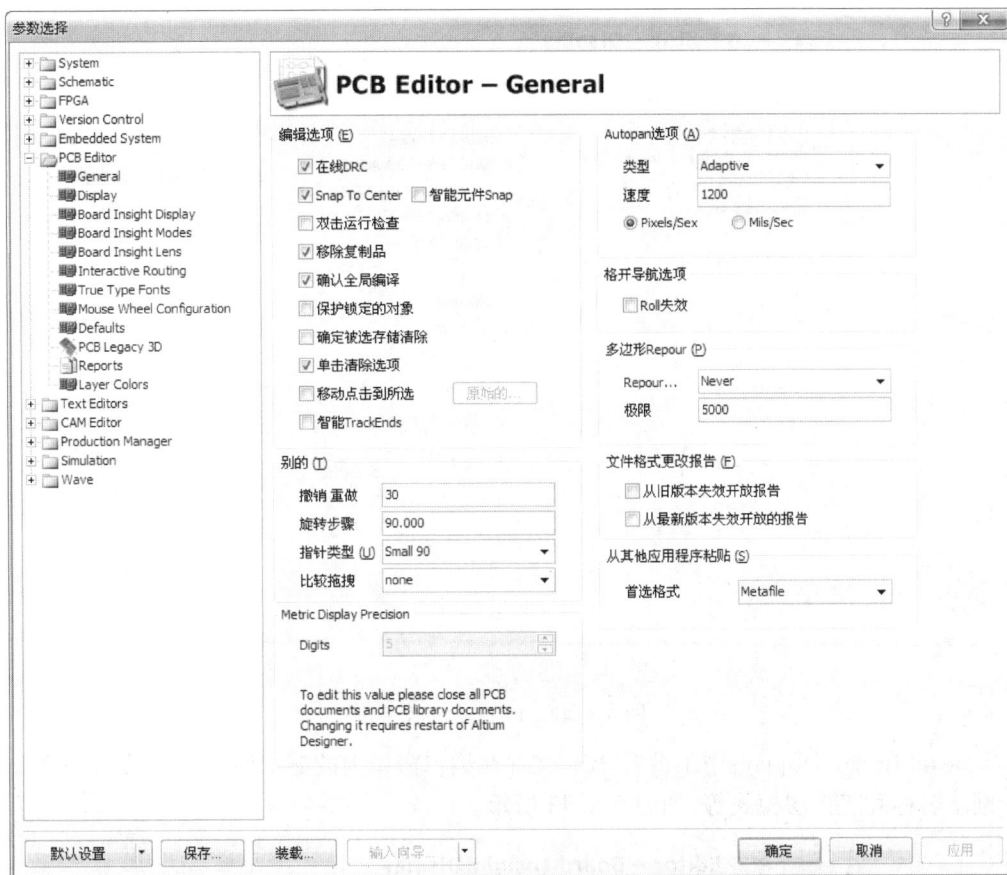

图 5.1.40 优先选项对话框

②Display：用于设置 PCB 编辑窗口内的显示模式，如对象的高亮选项、测试点的显示和草图阈值的设置等，如图 5.1.42 所示。

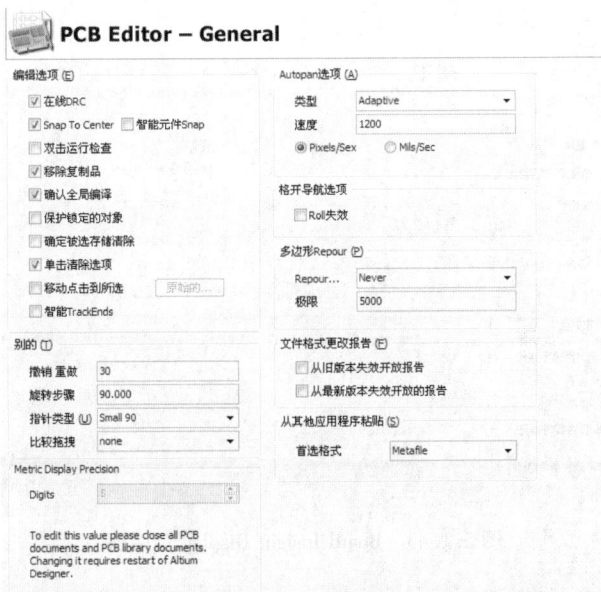

图 5.1.41 Genenral 对话框

图 5.1.42　Display 对话框

③Board Insight Display：用于设置 PCB 文件在编辑窗口内的显示模式，包括焊盘、过孔、导线上网络名称和工作层模式等，如图 5.1.43 所示。

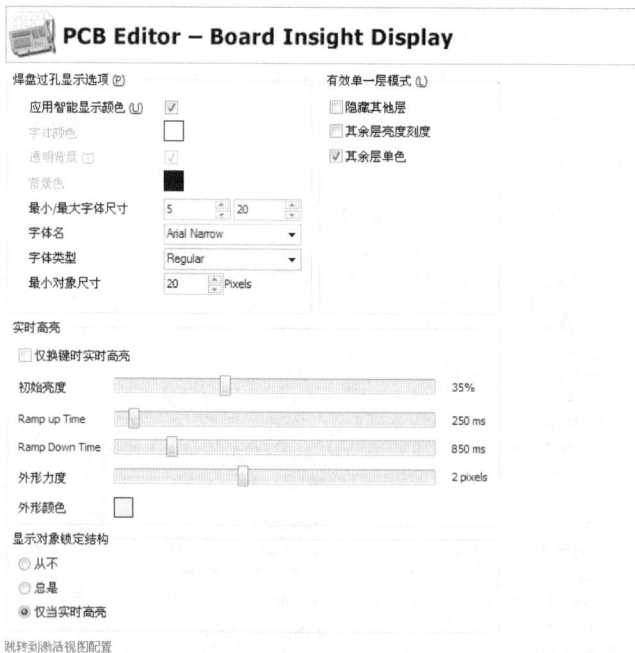

图 5.1.43　Board Insight Display 对话框

238

④Board Insight Modes：用于设置 Board Insight 系统的显示模式，其设置界面如图 5.1.44 所示。

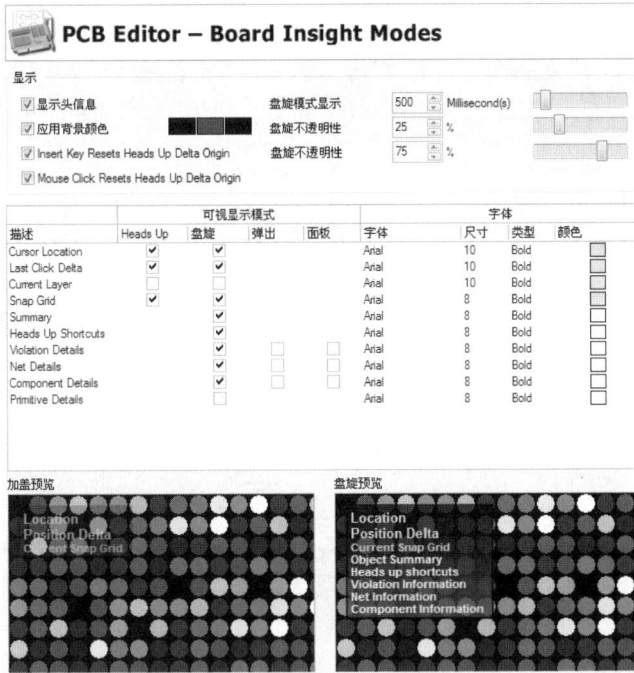

图 5.1.44　Board Insight Modes 对话框

⑤Board Insight Lens：用于设置 Board Insight 系统放大镜的模式，其设置界面如图 5.1.45 所示。

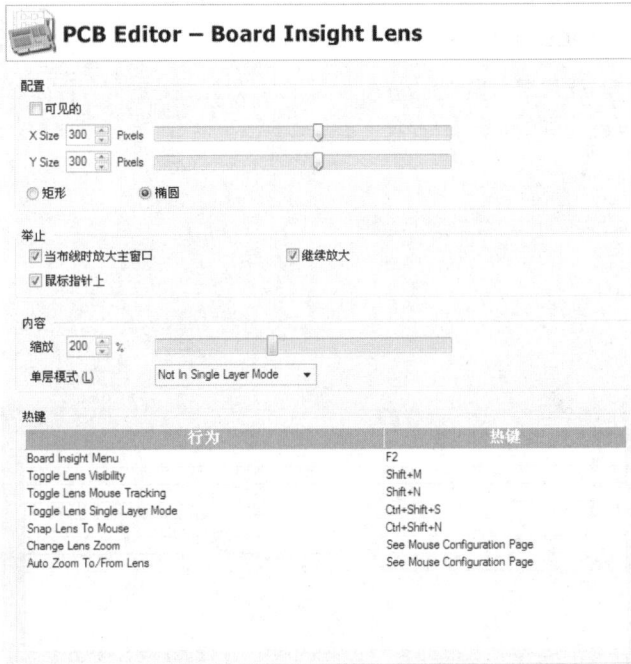

图 5.1.45　Board Insight Lens 对话框

⑥Interactive Routing：用于交互式布线操作的相关设置，包括交互式布线冲突解决方案、智能连线布线冲突解决方案和交互式布线选项等设置，其设置界面如图 5.1.46 所示。

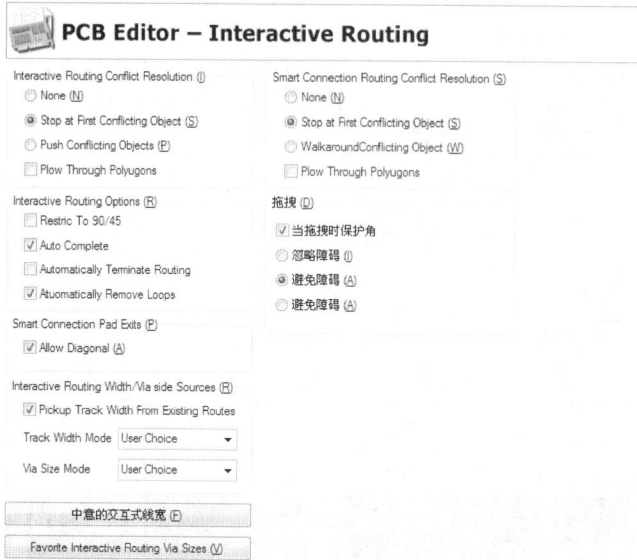

图 5.1.46　Interactive Routing 对话框

⑦True Type Fonts：用于设置 PCB 中所用的 True Type 字体，其设置界面如图 5.1.47 所示。

图 5.1.47　True Type Fonts 对话框

⑧Mouse Wheel Configuration：用于设置鼠标滚轴的功能，实现对编辑窗口的快速移动及板层间快速切换等，其设置界面如图 5.1.48 所示。

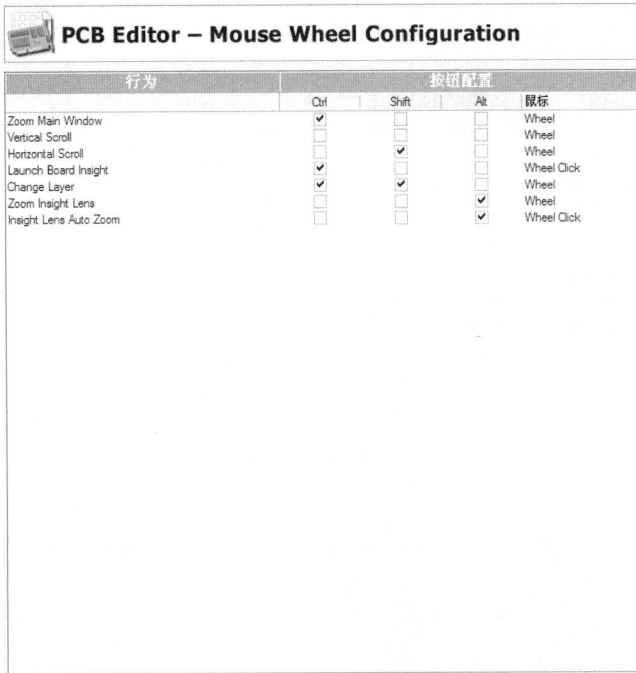

PCB Editor – Mouse Wheel Configuration

行为	按钮配置			
	Ctrl	Shift	Alt	鼠标
Zoom Main Window	✓			Wheel
Vertical Scroll				Wheel
Horizontal Scroll		✓		Wheel
Launch Board Insight	✓			Wheel Click
Change Layer	✓	✓		Wheel
Zoom Insight Lens			✓	Wheel
Insight Lens Auto Zoom			✓	Wheel Click

图 5.1.48　Mouse Wheel Configuration 对话框

⑨Defaults：用于设置各种图元的默认值，可将设置之后的值恢复至默认值，其设置界面如图 5.1.49 所示。

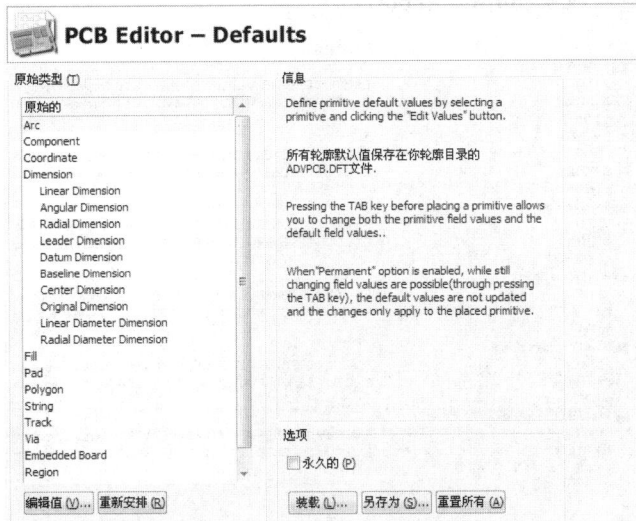

PCB Editor – Defaults

原始类型 (T)

原始的
Arc
Component
Coordinate
Dimension
　Linear Dimension
　Angular Dimension
　Radial Dimension
　Leader Dimension
　Datum Dimension
　Baseline Dimension
　Center Dimension
　Original Dimension
　Linear Diameter Dimension
　Radial Diameter Dimension
Fill
Pad
Polygon
String
Track
Via
Embedded Board
Region

信息

Define primitive default values by selecting a primitive and clicking the "Edit Values" button.

所有轮廓默认值保存在你轮廓目录的 ADVPCB.DFT文件.

Pressing the TAB key before placing a primitive allows you to change both the primitive field values and the default field values..

When "Permanent" option is enabled, while still changing field values are possible(through pressing the TAB key), the default values are not updated and the changes only apply to the placed primitive.

选项
☐永久的 (P)

编辑值 (V)...　重新安排 (R)　　　装载 (L)...　另存为 (S)...　重置所有 (A)

图 5.1.49　Defaults 对话框

⑩PCB Legacy 3D：用于设置 PCB 中 3D 效果图参数，包括高亮色彩、打印质量和 PCB3D 文档的设置等，其设置界面如图 5.1.50 所示。

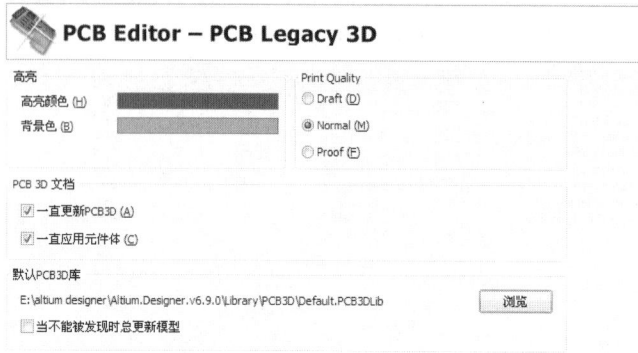

图 5.1.50　PCB Legacy 3D 对话框

⑪Reports：用于对 PCB 相关文档的批量输出进行设置，其设置界面如图 5.1.51 所示。

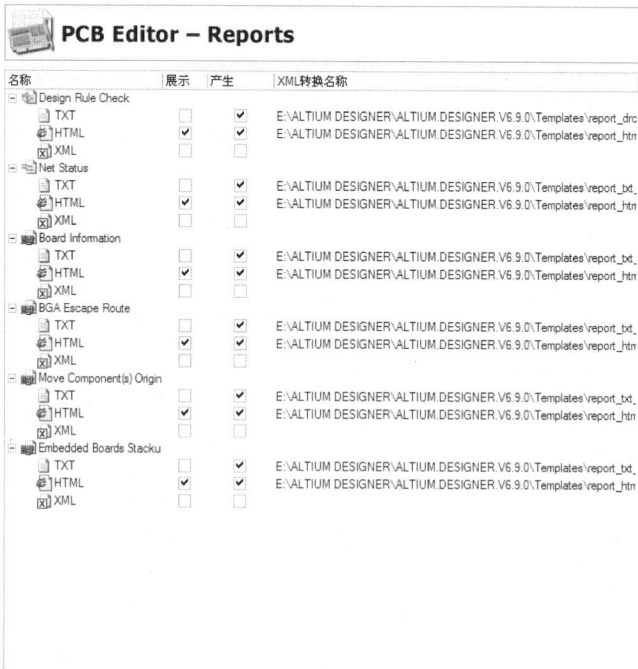

图 5.1.51　Reports 对话框

⑫Layer Colors：用于设置各板层的颜色，其设置界面如图 5.1.52 所示。

图 5.1.52　Layer Colors 对话框

1.4　任务实施

1.4.1　准备电路图与网络表

建立"555 定时电路.PrjPCB"工程，按照 PCB 文件的创建方法在工程下创建"555 定时电路.PCBDoc"子文件，并按照前述方法规划电路板物理边界为 1 560 mil×855 mil，电气边界为 1 500 mil×800 mil 。"555 定时电路.SchDoc"原理图文件可参考前面所述建立，此处不再赘述，如图 5.1.53 所示。

下面介绍载入网络表的过程。

（1）准备设计转换

要将原理图的设计信息转换到新建的"555 定时电路.PrjPCB"中，首先应该完成以下准备工作：

①对项目中所绘制的电路原理图进行编译检查，验证设计的正确性，确保电气连接及元件封装没有错误。

②确认与电路图原理图与 PCB 文件相关联的元器件库均已加载，保证原理图文件中所指定的封装形式在库文件中均可以找到并可以使用。PCB 元器件库加载与原理图元器件库加载方法完全相同。

③将新建的 PCB 文件添加到与原理图相同的项目中。

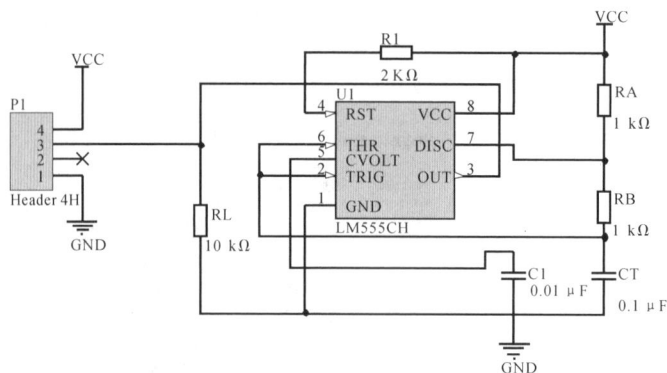

图 5.1.53　"555 定时电路.SchDoc"原理图文件

(2)网络与元器件封装的载入

Altium Designer 15 系统为用户提供两种方法装入网络与元器件封装。

1)使用设计同步器装入网络与元器件封装

①创建新的工程项目"555 定时电路.PrjPCB",并打开工程中已经绘制好的原理图文件。执行"工程"→"Compile PCB Project 555 定时电路.PrjPcb"命令,如图 5.1.54 所示。

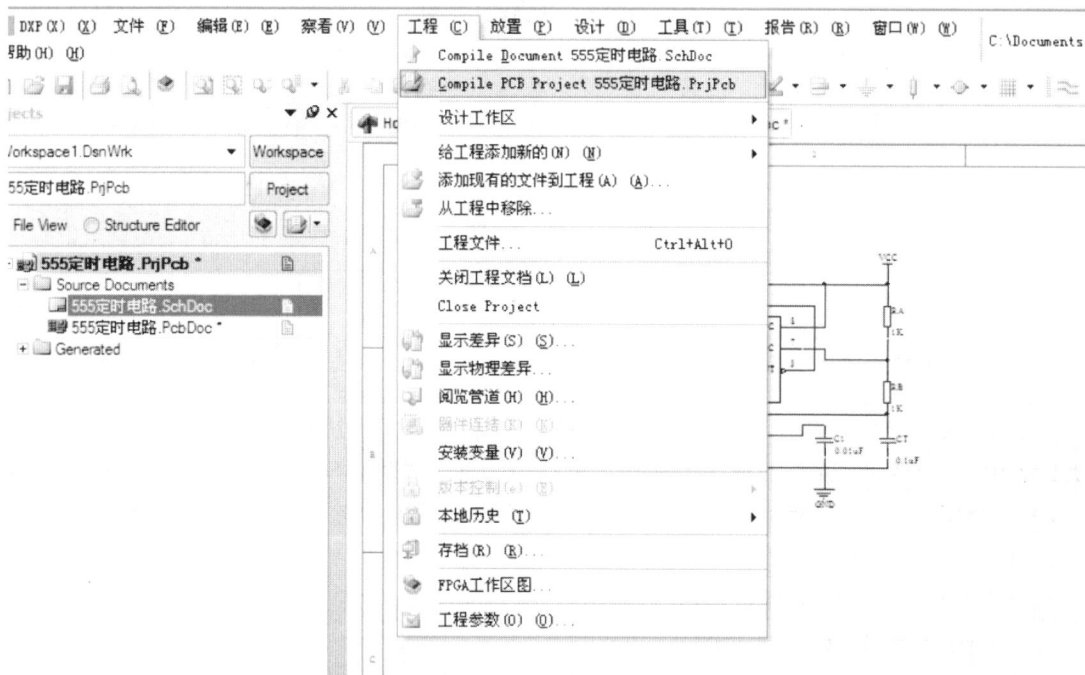

图 5.1.54　项目编译对话框

　　若没有任何弹出,则表明电路原理图绘制正确。若有弹出,应及时对原理图绘制中的错误进行修改。

　　②在原理图编辑器中,执行"设计"→"Update PCB Document 555 定时电路.PcbDoc"命令,系统打开如图 5.1.55 所示的 Engineering Change Order 对话框,显示了本次设计要载入的器件封装及载入的 PCB 文件名等。

　　③单击"使更改生效"按钮,"状态"区域中的"检查"栏中将会显示检查的结果,如图

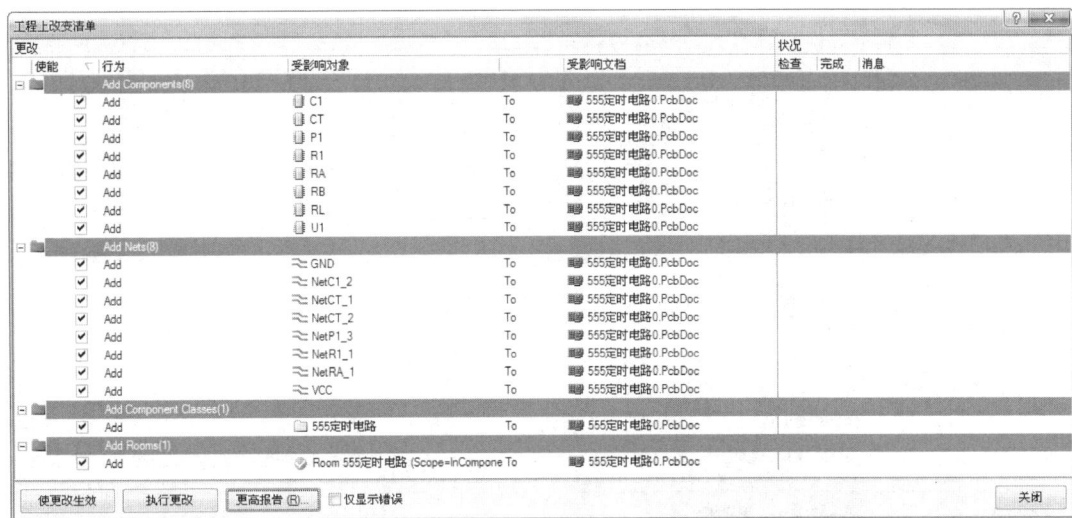

图 5.1.55　Engineering Change Order 对话框

5.1.56 所示。出现绿色的对号标志,表明对网络及元器件封装的检查是正确的,说明变化有效;当出现红色的"×"号,表明网络及元器件封装检查是错误的,说明变化无效。如果出现错误,一般是由于没有装载可用的集成库,无法找到正确的元器件封装所导致。

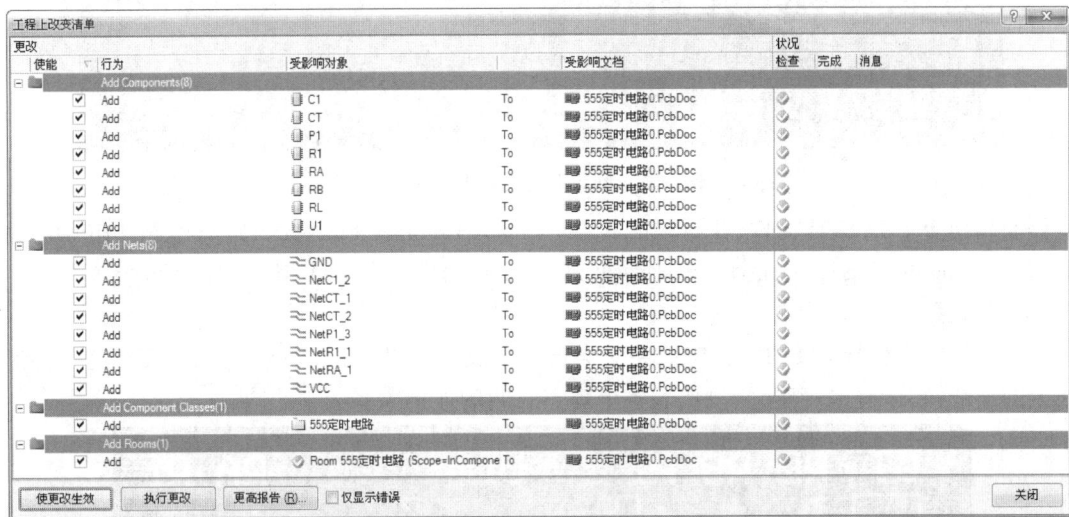

图 5.1.56　检查网络及元器件封装对话框

④单击"执行更改"按钮,将网络及元器件封装装入到 PCB 文件"555 定时电路.PcbDoc"。如果装入正确,则"状态"区域中的"完成"栏中会显示出绿色"√"号的标志,如图 5.1.57 所示。

⑤关闭"Engineering Change Order"对话框,则可以在 PCB 编辑器中看到装入的网络与元器件封装。其放置在 PCB 边界的旁边,并以飞线的形式显示网络和元器件之间的连接关系,如图 5.1.58 所示。

2)在 PCB 中编辑器环境中导入网络与元器件封装

首先,确认原理图文件与 PCB 文件均已经加载到新建的工程项目中,操作与前面相同。

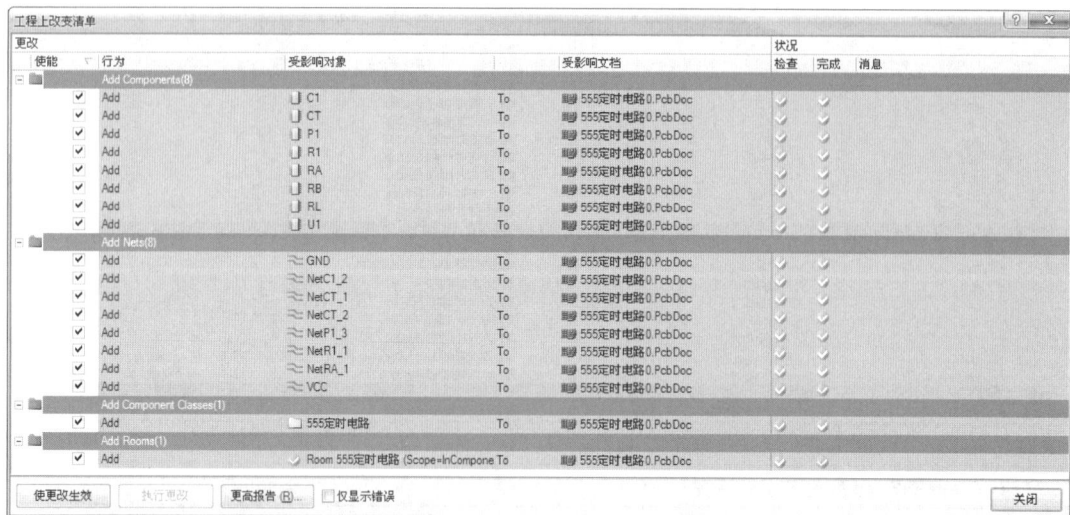

图 5.1.57　完成装载对话框

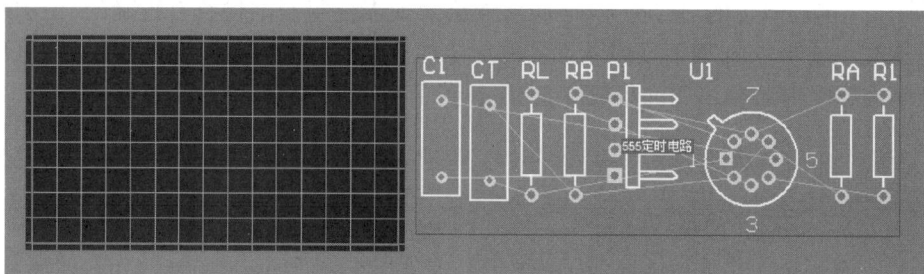

图 5.1.58　装入网络与元器件封装到 PCB 文件

将界面切换至 PCB 编辑文件,执行"设计"→"Import Changes From 555 定时电路.PrjPCB"命令,打开"Engineering Change Order"对话框,后续操作与第一种方法相同,不再赘述。

（3）飞线

将原理图文件导入 PCB 文件后,系统会自动生成飞线,如图 5.1.59 所示。飞线是一种形式上的连线,它没有电气意义,只代表各个焊点之间的连接关系。

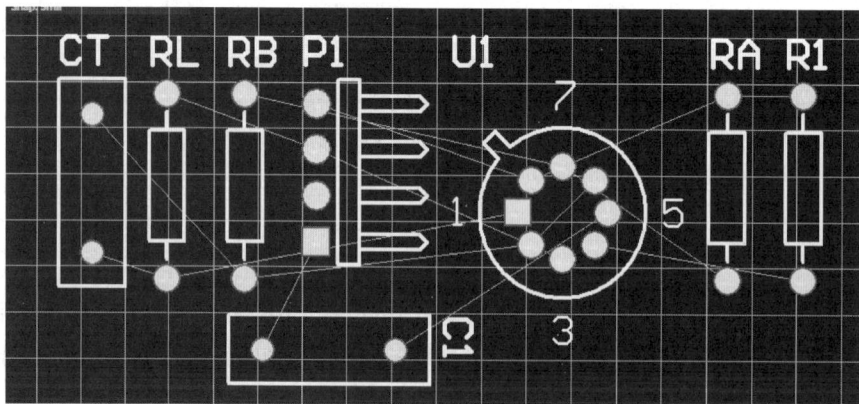

图 5.1.59　PCB 的飞线

1.4.2　元件布局

通过前面的步骤,已经将网络表和元件装入 PCB 工作区。下面要进行 PCB 设计中一个非常重要的环节——元件的布局工作。所谓布局,就是把元件封装放入工作区,可以利用 Altium Designer 15 所提供的自动布局功能对元件进行布局,但是自动布局常常不太理想,就需要进行手工调整。下面分别介绍自动布局与手动调整布局的方法。

(1)元件的自动布局

Altium Designer 15 提供了强大的元件自动布局功能,只要先定义好规则,系统程序算法会自动将元件分开,放置在规划好的电路板电气边界内。元件自动布局的具体操作步骤如下。

1)布局规则介绍

在 PCB 编辑器中,执行"设计"→"规则"命令,打开"PCB 规则及约束编辑器"对话框,如图 5.1.60 所示。

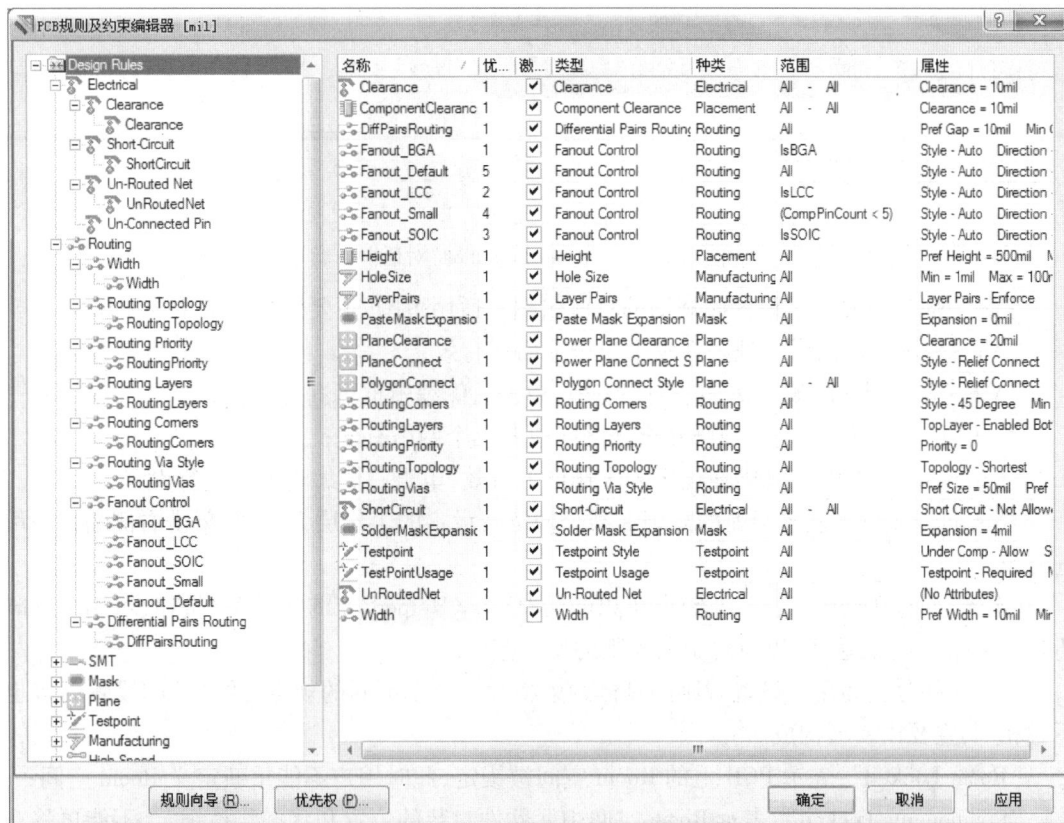

图 5.1.60　"PCB 规则及约束编辑器"对话框

在窗口的左侧列表中,包括电气规则、布线规则、贴片元件规则、屏蔽层规则、内层规则、测试点规则、制板规则、高频电路规则、布局规则、信号分析规则 10 项设计规则。

下面介绍布局规则"Placement"。单击"Placement"项前面的加号,可展开布局规则的 6 个子规则。

①"Room Definition":用来设置 Room 空间的尺寸以及它在 PCB 中所在的工作层面。单击前面的加号,则可以打开如图 5.1.61 所示的对话框,主要分为两部分。

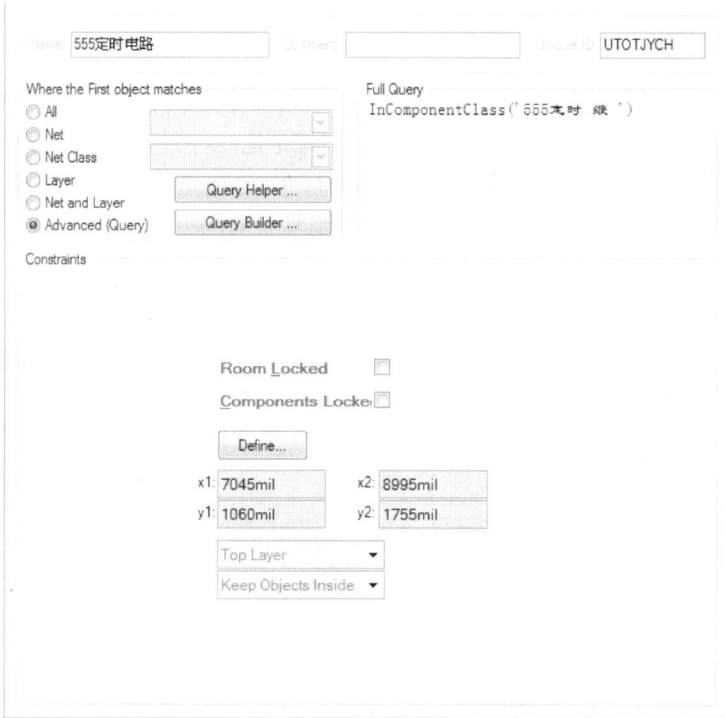

图 5.1.61　"Room Definition"对话框

上面一部分主要用于设置该规则的具体名称及适用范围,主要包括 6 个单选按钮。

"All":表示当前的设定规则在整个板子上面均有效;

"Net":表示当前的规则在某个网络有效,单击右侧编辑框可进行设置;

"Net Class":表示当前的规则在全部网络或者几个网络有效;

"Layer":表示当前的规则在设定的工作层上有效,单击右侧编辑框可进行设置;

"Net and Layer":表示当前的规则在某个网络及设定的工作层上有效,单击右侧编辑框可进行设置;

"Advanced（Query）":选中该项,可以激活"Query Helper"（询问助手）按钮,可用"Query Helper"编辑一个表达式,以便自定义规则的使用范围。

下面一部分主要用于设置规则的具体约束特性。对于不同的规则,约束性的设置内容也不尽相同,主要由 4 项构成。

"Room Locked":表示 PCB 上的 Room 空间被锁定,此时用户不能重新定义 Room 空间;

"Components Locked":表示 Room 空间中元器件封装的位置和状态将被锁定,不能再移动其位置与编辑其状态;

"Define":对于 Room 空间大小,可通过定义按钮或者输入"x1""x2""y1""y2"4 个对角坐标完成;

"Constraint":该区域最下方的两个下拉菜单用于设置 Room 空间所在工作层面及元器件所在的位置。

②"Component Clearance":用来设置自动布局时元器件封装之间的安全距离。单击其前面的加号,则可以展开对应的窗口,如图 5.1.62 所示。

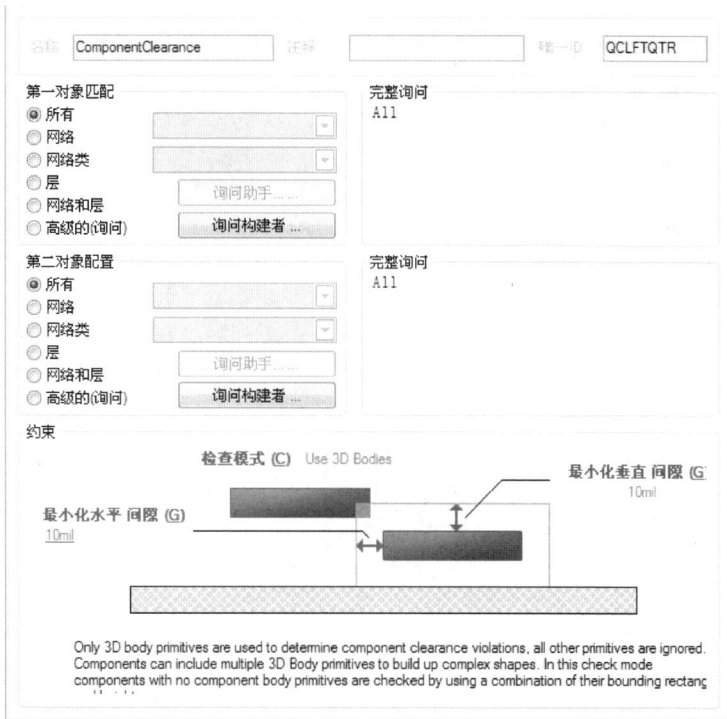

图 5.1.62　"Component Clearance"对话框

间距是相对于两个对象而言的,在设置该规则时,相应会有两个规则匹配对象范围的设置,设置方法与前面类似。

"Constraint"的检查模式有" Quick Check"、" Multi Layer Check"、" Full Check"、"Use 3D Bodies"4 种模式,主要是确定元器件的布局间隙,一般默认为"Use 3D Bodies"。

③"Component Orientations":用来设置元器件封装在 PCB 上的放置方向。它提供了 5 种放置方向的复选框。

0°:表示元器件封装放置时不用旋转;

90°:表示元器件封装放置时可以旋转 90°;

180°:表示元器件封装放置时可以旋转 180°;

270°:表示元器件封装放置时可以旋转 270°;

360°:表示元器件封装放置时可以旋转 360°;

全方位:表示元器件封装放置时可以旋转任意角度。

④"Permitted Layers":用来设置元器件封装所放置的工作层。该规则提供了两个工作层选项允许放置元器件封装,包括顶层与底层。一般地,过孔式元器件封装都放置在 PCB 顶层,而贴片式元器件封装则既可以放置在顶层也可以放置在底层。

⑤"Net to Ignore":用于设置自动布线时可以忽略的一些网络,这样可以在一定程度上提高布局的质量和效率,一般取默认选项。

⑥"Height":用于设置元器件封装的高度范围。单击其前面的加号,则展开一个子规则,如图 5.1.63 所示。在约束区域内可以对元器件封装的最小的、首选的、最大的高度进行设置。

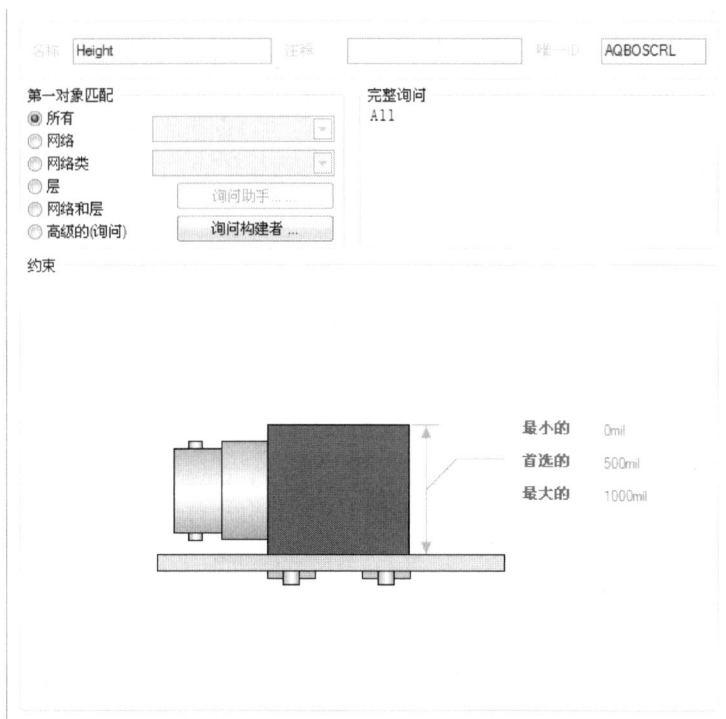

图 5.1.63　"Height"对话框

2）元器件的自动布局

①首先对于自动布线规则进行设置，这里均取默认值，如图 5.1.64 所示。

图 5.1.64　自动布局规则设置

②打开已经导入网络和元器件封装的 PCB 文件，单击选中 Room 空间"555 定时电路"，将其拖入 PCB 文件内部，如图 5.1.65 所示。

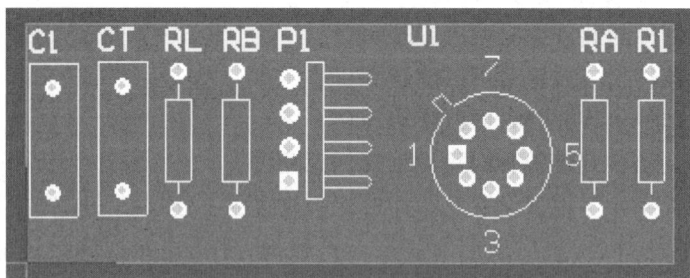

图 5.1.65　拖动 Room 至 PCB 内部

③执行"工具"→"器件布局"→"自动布局"命令，系统弹出"自动放置"对话框，如图 5.1.66 所示，用于设置元器件自动布局的方式。系统给出了两种自动布局方式。

"串放置器"：是基于元件的连通性将元件分为不同的元件簇，并将这些元件簇按照一定的几何位置布局。这种布局方式适合元件数比较少的 PCB 设计，这里即采用此种方法。可选中快读元件布局复选框,则可以实现快速的布置元件,如图 5.1.66(a)所示。

"统计放置器":是基于统计方法放置元件,以便使连接长度最优化,在元件较多时宜采用此种方法。如图 5.1.66(b)所示,其"元件组"用于将当前网络中连接密切的元件归为一组。在排列时,将该元件作为群体而不是个体考虑,系统默认为选中状态;"旋转元件"是根据当前的网络连接与排列的需要,使元件重组转向,默认为选中状态;"自动更新"是在布局时允许系统自动根据设计规则更新 PCB;"电网络"定义电源网络的名称;"地网络"定义接地网络的名称;"栅格尺寸"设置自动布线时的栅格间距。

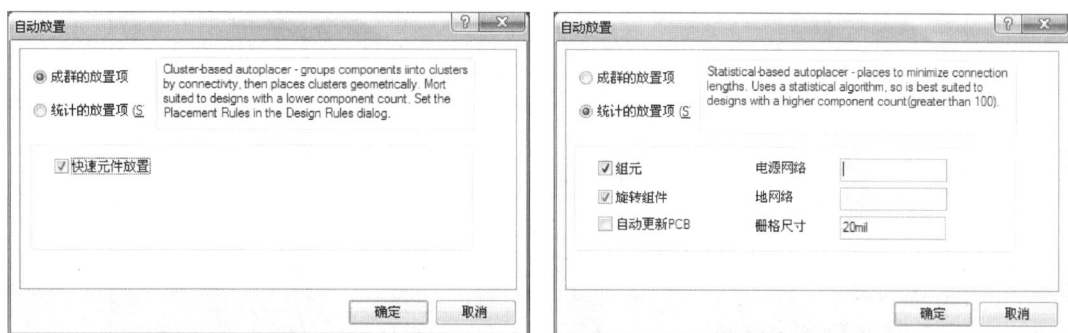

(a)串放置器(成群的放置项)　　　　(b)统计放置器

图 5.1.66　设置元件自动布线对话框

这里采用"串放置器"(成群的放置项)自动布局。自动布局完成之后,如图 5.1.67 所示,显然布局不够合理,用户需要进一步调整。下面介绍手动调整布局。

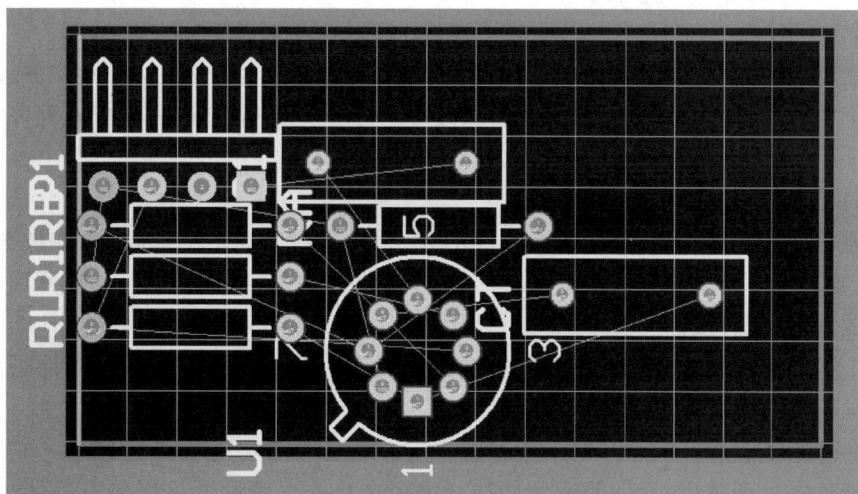

图 5.1.67　设置元件自动布线对话框

(2)手动调整元件布局

元件布局的合理性将直接影响到布线工作是否能够完成,同时也涉及电路能否正常工作和电路的抗干扰等问题。而系统对元件的自动布局常常不是十全十美的,所以对元件布局进行手工调整是必要的。

手工调整元件布局的主要工作包括对元件进行调整和对元件标注进行调整。

1)设定栅格的间距和光标移动的单位距离

执行"设计"→"板参数选项"命令,打开"板选项"对话框,然后在选项卡中设定栅格的各项参数,如图 5.1.68 所示,最后单击"确定"按钮即可。设定好栅格间距和光标移动单位距离后,就可以开始手工调整元件了。

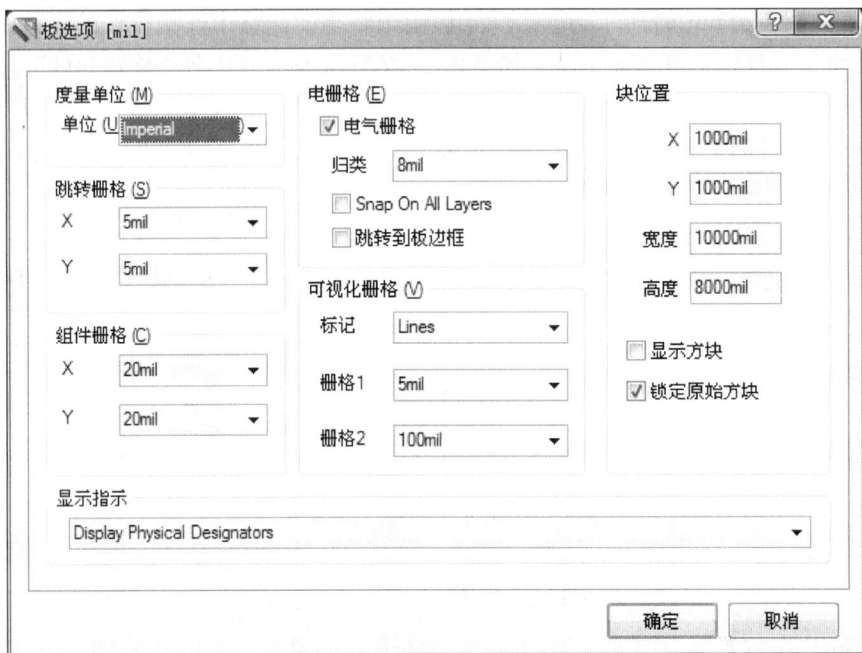

图 5.1.68　"板选项"对话框

2)旋转元件

单击要旋转的元件,同时按住鼠标左键不放,此时光标变为十字形状,元件被选中;按住鼠标左键不放,按空格键可进行逆时针旋转、按"X"键可实现左右翻转、按"Y"键可实现上下翻转。

3)元件移动到一个新的位置

单击要移动的元件,同时按住鼠标左键不放,此时光标变为十字形状,元件被选中;然后拖动鼠标,则被选中的元件会被光标带着移动,将元件移动到所需的位置后,松开鼠标左键即可将元件放置在当前位置。

利用上述方法对其他元件的位置和方向进行反复修改、调整,就得到了元件布局的最终结果。

4)元件标准的设置

在对元件布局调整后,元件的标注往往显得很杂乱。尽管这并不影响电路的正确性,却严重影响了电路板的美观,所以还需要对元件标注进行调整,主要包括元件标注的移动、旋转和编辑等操作。元件标注移动、旋转的方法和前面介绍的元件移动和旋转的方法完全相同,用户可自行调整,这里只简单说明一下对元件标注进行编辑的具体步骤。

双击要编辑的元件标注,例如电阻的序号"R1",即出现如图 5.1.69 所示的设置文字标注对话框。在其中可以对文字标注的内容(Text)、板层(Layer)、字体的高度、大小等属性进行设定。这里主要以修改文本中的元件标号为主。

5)元件属性的设置

元件属性的设置包括元件属性、标注、名称、封装修改、字体变换、原理图来源信息等项

图 5.1.69 标注对话框

目,可根据需要进行设置。双击电阻"RL 封装",打开属性设置对话框,如图 5.1.70 所示,可根据需要进行设置。在进行设置时注意对封装进行修改和核对,以保证 PCB 设计的正确性。

图 5.1.70 元件属性设置对话框

对元件进行布局、标注位置、放置方向和属性等调整和编辑后,最终结果如图 5.1.71 所示。本设计结果仅供参考,用户可根据设计的具体要求与形式按照规则灵活设计。

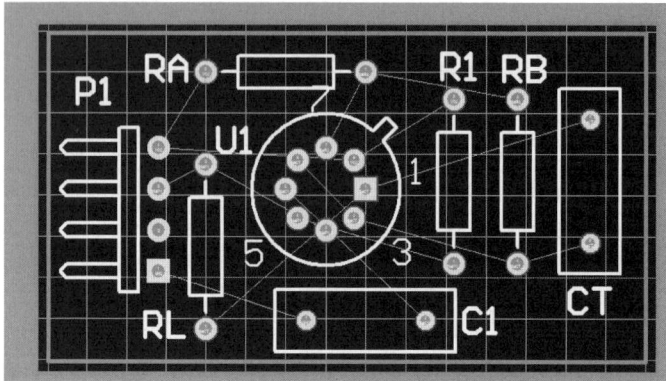

图 5.1.71　手工调整元件布局后的结果

1.4.3　元件布线

在 PCB 设计中,布线是完成产品设计的重要步骤。在整个 PCB 设计中,布线过程限定最多、技巧最细、工作量最大。PCB 布线大致分为三种:单层布线、双层布线、多层布线。PCB 布线可使用自动布线或者手动布线两种方式。

(1) 布线规则设置

布线规则是通过"PCB 规则与约束编辑器"对话框来完成设置的。执行"设计"→"规则"命令,打开"PCB 规则与约束编辑器"对话框,如图 5.1.72 所示。在对话框提供的 10 类规则

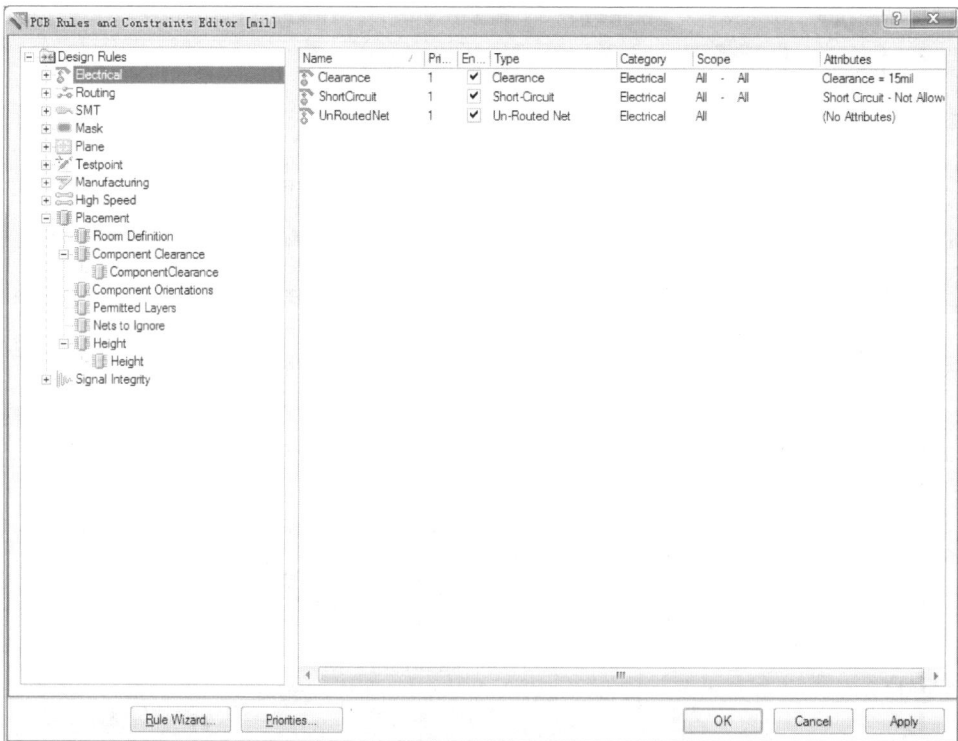

图 5.1.72　"PCB 规则与约束编辑器"对话框

中,与布线有关的主要是"电气规则"与"布线规则",下面主要介绍这两种规则的设置。

1)电气规则

①安全间距(Clearance) 设置:用于定义同一个工作层面上的两个元件之间的最小间距,如图 5.1.73 所示。如果要对当前系统默认的安全间距进行修改,则单击"15 mil"按钮,重新输入即可。

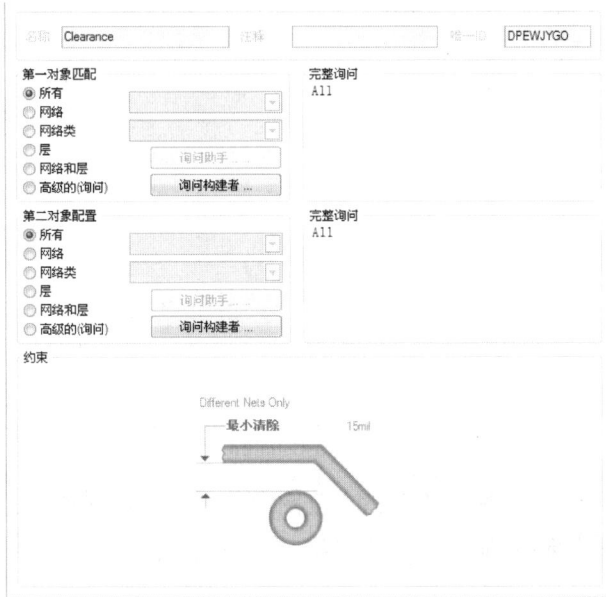

图 5.1.73　安全间距(Clearance) 设置

②Shirt-Circuit 设置:用于设置短路的导线是否允许出现在 PCB 上,其设置窗口如图 5.1.74。

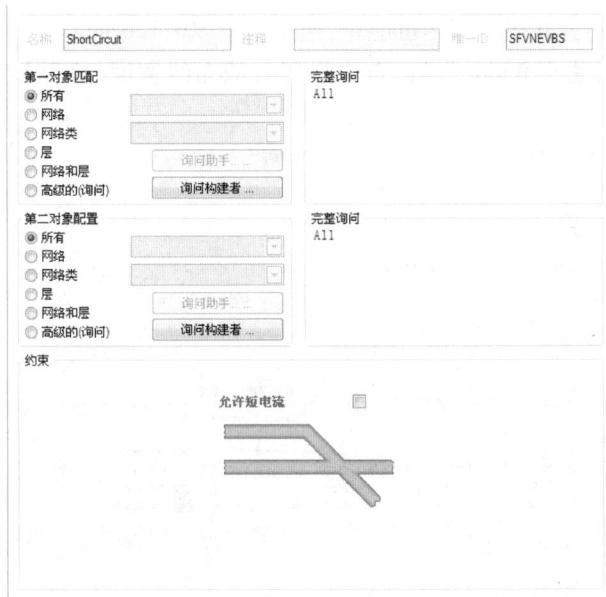

图 5.1.74　Shirt-Circuit 设置

③Un-Routed Net 设置:用于检查 PCB 中指定范围内的网络是否完成布线。对于没有布

线的网络,仍然按照飞线保持连接,其设置窗口如图 5.1.75 所示。

图 5.1.75 Un-Connected 设置

④Un-Connected Pin 设置:用于检查指点范围内的器件引脚是否已连接到网络。对于没有连接的引脚,给予警告提示,显示为高亮状态。

2)布线规则

①走线宽度(Width)设置:用于设置走线时导线宽度的最大、最小允许值。印制电路板的导线宽度既要满足电气性质,又要便于生产。最小宽度主要由导线与绝缘板间的黏附程度和流过的电流值所决定,但是最小不宜小于 8 mil。若考虑温升且为大电流时,最大距离一般取 40~60 mil;印制导线的公共接地端尽可能粗,通常大于 80~120 mil。

如图 5.1.76 所示进入 Width 设置,首先设置一般布线宽度,这里都采用系统默认设置,

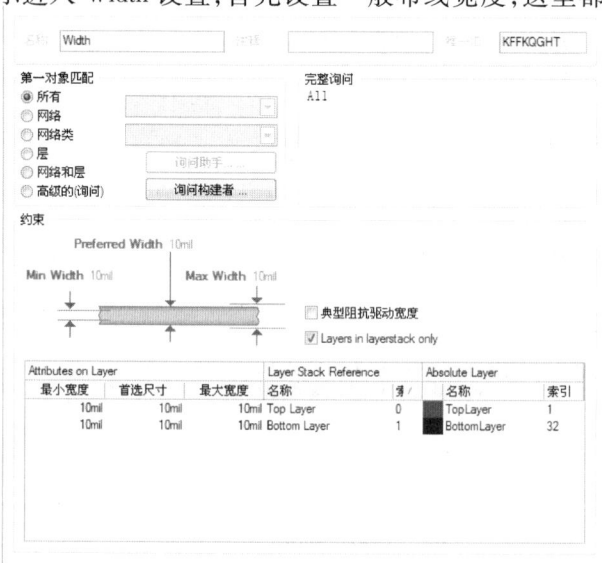

图 5.1.76 Width 设置

Attributes on Layer 中最小宽度为"10 mil"，最大宽度为"10 mil"，默认宽度为"10 mil"。

下面设置电源与地线的宽度。在"PCB 规则与约束编辑器"对话框左侧单击列表中"Width"项，则出现如图 5.1.77 所示的新规则。在列表中将出现一个新的默认名为"Width"的导线宽度设置规则项，单击"新规则"项，打开其他布线宽度规则设置窗口。

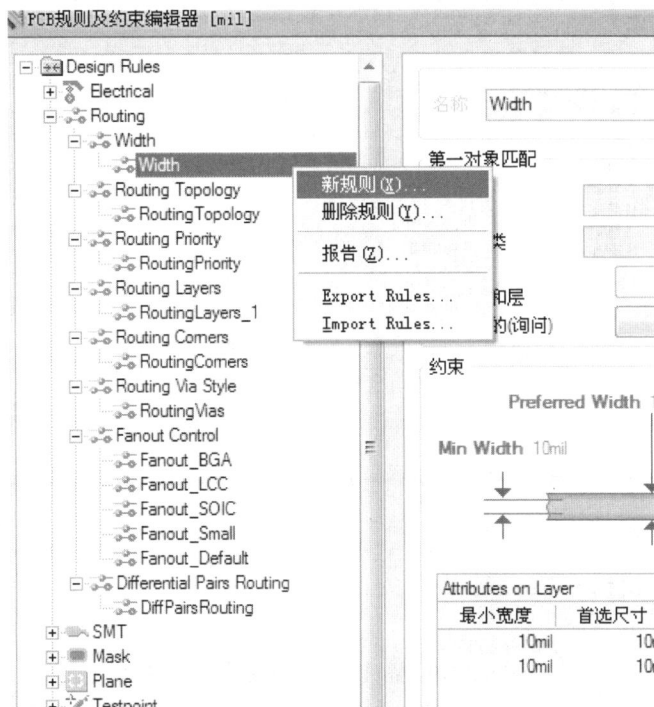

图 5.1.77   添加 Width 设置

接下来对接地"GND"布线宽度进行单独设置，这里选择"网络"，在下拉菜单中选择网络"GND"，然后在 Attributes on Layer 中设置最小宽度为"10 mil"，最大宽度为"100 mil"，默认宽度为"40 mil"，单击"应用"按钮，表明添加成功。电源"VCC"的设置与接地相同，首先添加布线规则，然后进行后续设置，本设计"VCC"布线宽度设置为"30 mil"。单击 PCB 规约及约束编辑器左下角的优先权按钮，可对布线宽度优先级进行确定，可在自动布线时按照优先顺序进行布线。本设计优先布线顺序如图 5.1.78 所示，可通过"增加优先权""减少优先权"按

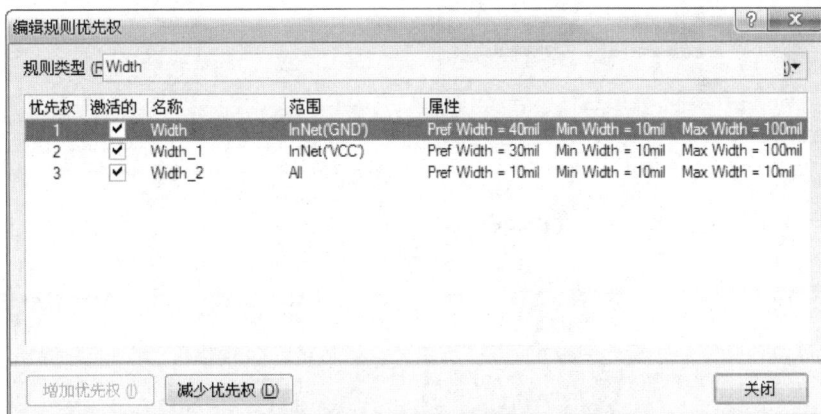

图 5.1.78   添加 Width 设置

钮进行适当调整。设计完成后单击"确定"按钮。

　　②布线拓扑结构(Routing Topology)的设置:用于定义管脚到管脚(Pin To Pin)的布线规则。选取"PCB 规则与约束编辑器"列表框中的"Routing Topology"选项,进入图 5.1.79 所示的布线拓扑结构设置对话框。这里采用系统默认设置,选择"All""Constraints"为"Shortest"(最短线),单击"确定"按钮完成设置。

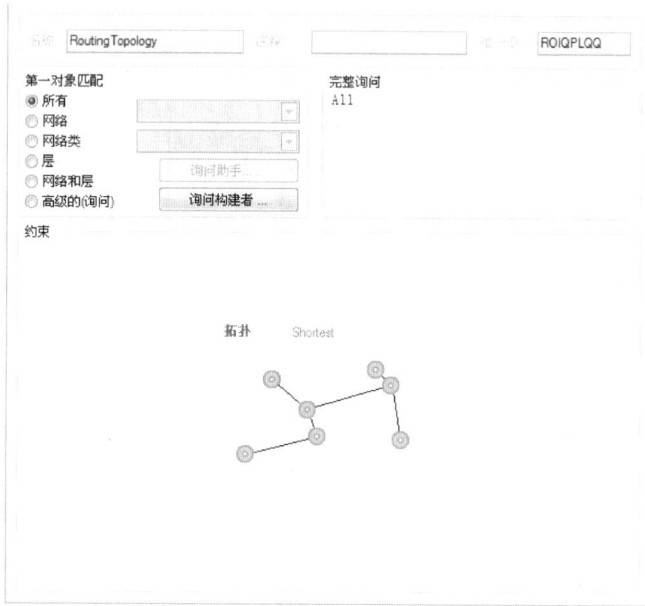

图 5.1.79　布线拓扑结构设置对话框

　　③布线优先级(Routing Prionty)设置。优先级是指允许用户设定网络布线的顺序,优先级高的网络先布线,优先级低的网络后布线,有从 0(低)到 100(高)共 101 种优先级。选取图 5.1:80 所示对话框中的"Routing Priority"选项,然后单击进入布线优先级设置对话框。这里采用系统默认设置,即"Routing Priority"设置为"0",单击"确定"按钮完成设置。

图 5.1.80　布线优先级设置对话框

④工作层面(Routing Layers)的设置:用于设置布线的工作层面以及各层面上的走线的方向。选取图 5.1.81(a)所示对话框中的"Routing Layers"选项,进入工作层面参数设置对话框。本设计 555 定时电路要求设计为单面板,在"Constraints"的"Enable Layers"(激活的层)中选择顶层或底层均可以实现单层布线。本设计选择布线层为"Bottom Layer",单击"确定"按钮完成设置。还可以通过执行"自动布线"→"全部"→"状态行程策略"→"编辑层用法"命令进行布线层设置,如图 5.1.81(b)所示。当前设定对话栏中把"Top Layer"层设置为"Not Used"即可实现"Bottom Layer"层的单层布线。

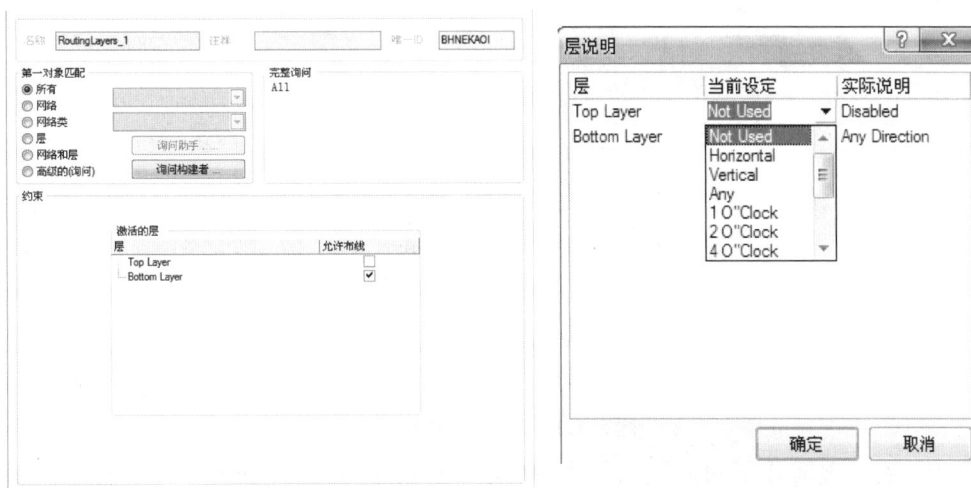

(a)单层板设置方法 1   (b)单层板设置方法 2

图 5.1.81 工作层面参数设置对话框

⑤导线拐角(Routing Corners)的设置:用于设置自动布线时导线拐角的模式。系统提供了三种可选择的拐角模式,分别为 90°、45°与圆弧形,系统默认为 45°拐角。其中,45°拐角可改善 PCB 板的电磁干扰能力;圆弧形拐角比较适合高电压、点电流电路的布线,90°拐角一般不建议使用,容易积累电荷,电磁兼容性能较差。本设计采用常用的 45°拐角,设置完成后如图 5.1.82 所示,单击"确定"按钮完成设置。

图 5.1.82 拐角设置对话框

⑥过孔(Routing Vias)的设置:用于设置自动布线时放置过孔的尺寸,可以进行过孔内径、外径、最小值、最大值与首选值的设置。本设计采用默认值即可,设置完成后如图 5.1.83 所示,单击"确定"按钮完成设置。

图 5.1.83　过孔设置对话框

⑦扇出布线规则(Fanout Control)的设置:用于对贴片式元器件进行扇出式布线规则的设置。扇出指的是将贴片元器件的焊盘通过导线引出并在导线末端添加过孔,使其可以在其他层面上继续布线。如图 5.1.84 所示,系统提供了五种扇出规则,分别对应于不同的元件封装的元器件,主要设置项包括扇出类型、扇出方向、从焊盘方向、过孔放置模式等。本设计暂未使用贴片元器件,设计采用默认值,单击"确定"按钮完成设置。

图 5.1.84　扇出布线规则设置对话框

⑧差分对(Diffpairs Routing)的设置:用于对一组差分对设置相应的参数,以便在交互式差分对布线器中使用,并在DRC校验中进行差分对布线的验证。设置参数包括最小间隙、最大间隙、首选间隙及最大非耦合长度等。本设计采用系统默认值,完成后如图5.1.85所示,单击"确定"按钮完成设置。

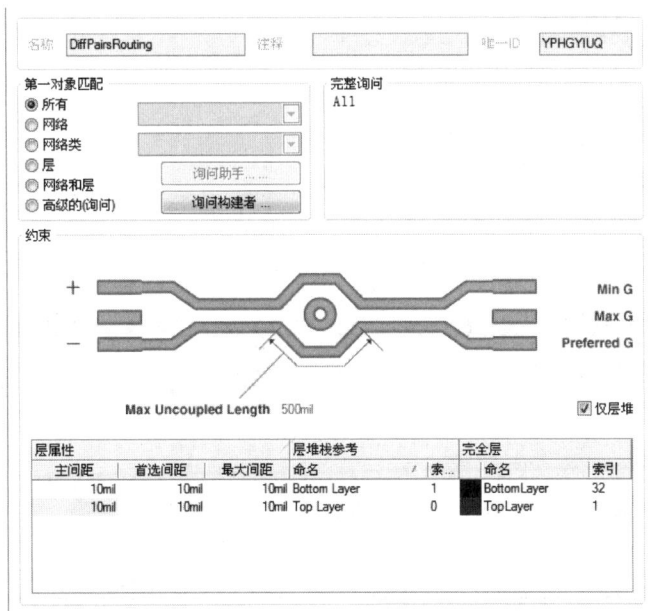

图5.1.85 扇出布线规则设置对话框

(2) 自动布线

所谓自动布线,就是程序根据用户设定的有关布线参数和布线规则,依照一定的程序算法,按照事先生成的网络宏,自动在各个元件之间进行连线,从而完成印制电路的布线工作。

布线参数设置完成后,即可利用Altium Designer 15系统提供的自动布线功能,进行自动布线。执行"自动布线"→"全部"命令,出现如图5.1.86所示的"状态行程策略"对话框,主要包括"Routing Setup Report""Routing Strategy"两部分。"Routing Setup Report"(行程设置报告)区域用于对布线规则的设置及其受影响的对象进行汇总报告,其中的"Edit Layer Directions"(编辑层用法)用于设置各信号层的布线方向、"Edit Rules"(编辑规则)可打开"PCB规则和约束编辑器"对话框、"Save Report As"(报告另存为)可将规则报告导出,并以后缀名".htm"的文件保存。"Routing Strategy"(行程策略)区域用于选择可用的布线策略或者编辑新的布线策略。系统提供了6种默认的布线策略。其中,"Cleanup"为默认优化的布线策略,"Default 2 Layer Board"为默认的双面板布线策略,"Default 2 Layer With Edge Connectors"为默认具有边缘连接器的双面板布线策略,"Default Multi Layer Board"为默认的多层板布线策略,"General Orthogonal"为默认的常规正交布线策略,"Via Miser"为默认的尽量减少过孔使用的多层板布线策略。

该窗口的下方还包括两个复选框。

"Lock All Pre-routes"(锁定所有预布线):选中该复选框,表示可将PCB上原有的预布线锁定,在开始自动布线过程中自动布线器不会更改原有的预布线。

"Rip-up Violation After Routing"(行程后取消障碍):选中该复选框,表示重新布线后,系

图 5.1.86　"状态行程策略"设置对话框

统可以自动删除原有布线。

　　如果系统提供的默认布线策略不能满足用户的设计要求,可以单击"Add"(添加)按钮,打开"位置策略编辑器"对话框,如图 5.1.87 所示。

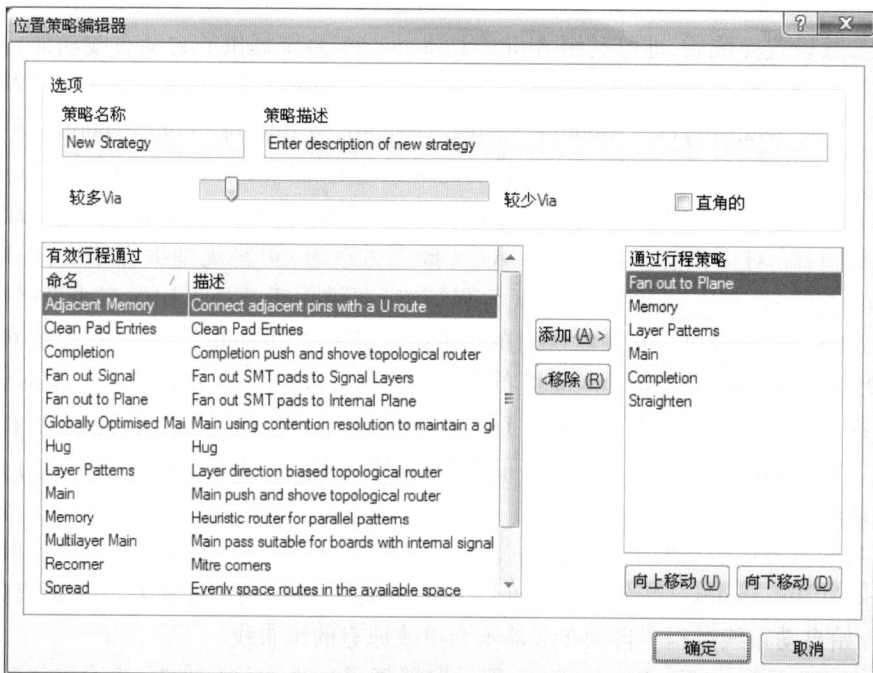

图 5.1.87　位置策略编辑器设置对话框

在该对话框中,用户可以编辑新的布线策略或者设定布线时的速度。本设计采用默认值。

在设定好所有的布线策略后,单击"Route All"按钮,开始对 PCB 全局进行自动布线。在布线的同时系统的"Message"面板会同步给出布线的状态信息,显示布线的效果图,如图 5.1.88 所示。

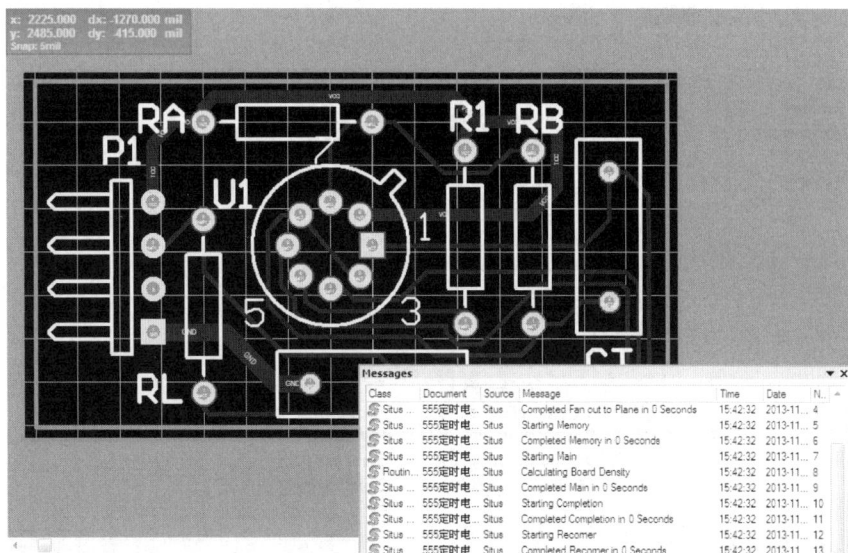

图 5.1.88　全部自动布线结果

1.4.4　设计规则检查

布线完成后,用户可利用 Altium Designer 提供的检测功能进行功能检测,查看布线后的结果是否符合所设置的要求,或电路中是否还有未完成的网络布线。

执行"工具"→"设计规则检查"命令,系统将弹出检测选项对话框,如图 5.1.89 所示。

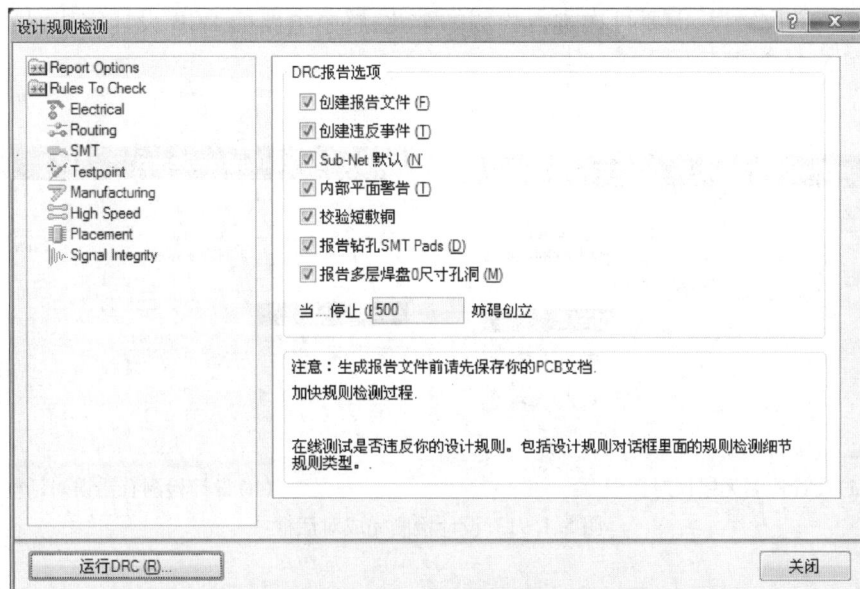

图 5.1.89　DRC 检测对话框

该对话框中包含两部分设置内容,即"DRC 报告"用于 DRC 报告选项设置,"Rule To Check",用于设置需要进行检验的设计规则及进行校验时所采用的方式。其设置界面如图 5.1.90 所示。

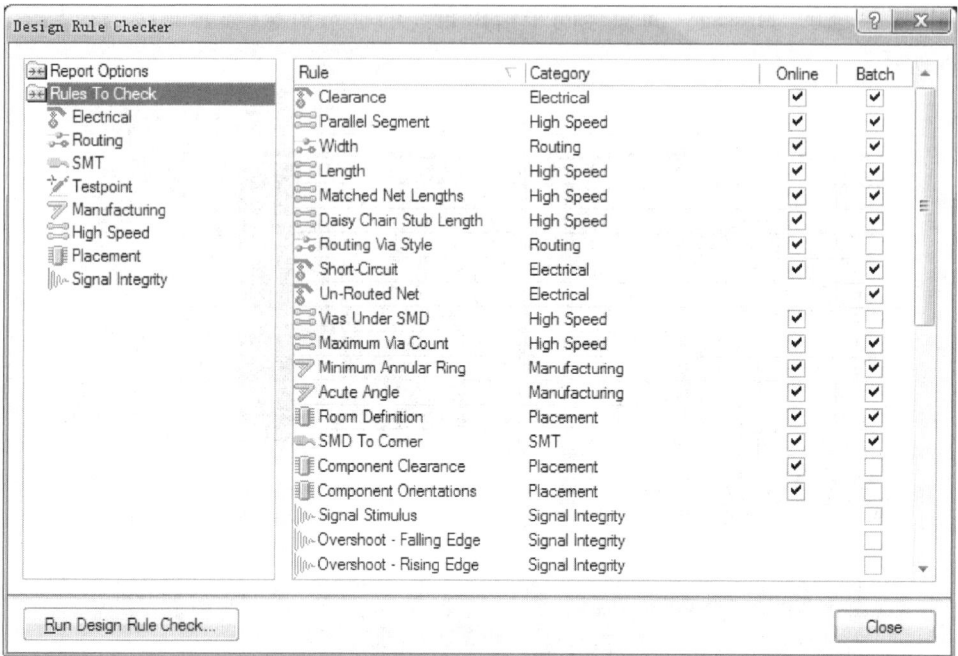

图 5.1.90　"Rule To Check"检测对话框

设置完成后(本设计均采用 DRC 默认值),单击"运行设计规则检查"按钮,Altium Designer 系统会自动弹出"Message"对话框,并同时出现设计规则检测报表。如果检测没有错误,"Message"对话框中将会是空白的;如果检测有错误,"Message"对话框中将会出现该错误的类型提示,如图 5.1.91 所示。如果自动布线不是很完美,可通过手动布线来进行调整。若按照提示修改完成错误,需要再次进行检测。至此,整个电路的 PCB 设计完毕,最终参考布线效果如图 5.1.92 所示。

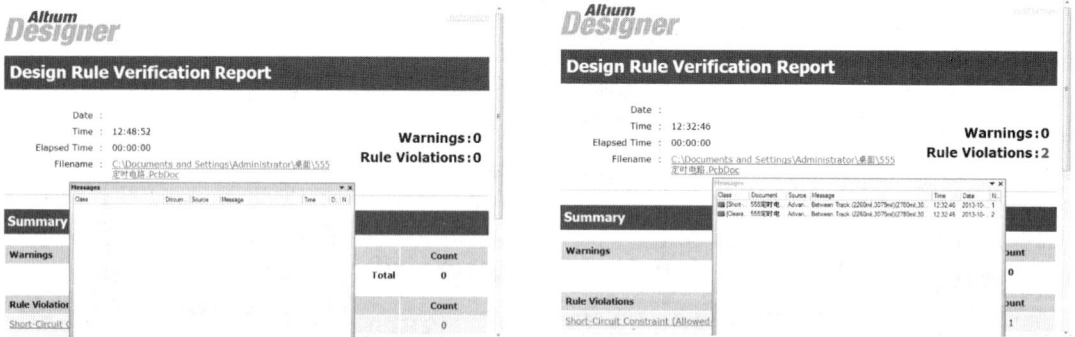

（a）设计检测无错误对话框　　　　　　　　　　（b）设计检测有错误对话框

图 5.1.91　设计检测完成对话框

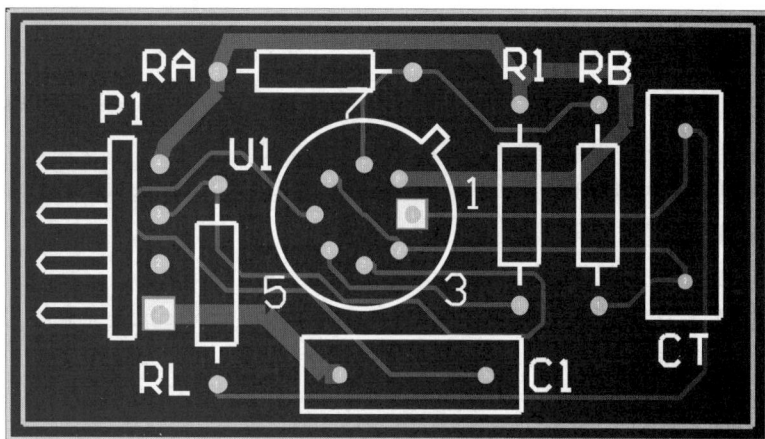

图 5.1.92　555 定时电路 PCB 设计结果

1.5　实训练习

1.5.1　实训一

根据第 4 篇原理图设计项目 2 实训中绘制的图 4.2.30 所示晶体管两级放大电路,进行后续的 PCB 单面板设计,原理图要求参见前面所述。PCB 设计要求如下:

①在上述工程中建立 PCB 文件,命名为"两级放大电路"(扩展名为.PcbDoc)。

②使用单层板进行 PCB 设计。

③参考 PCB 大小为 1 490 mil×1 450 mil,采用底层布线。

④一般布线宽度为 10 mil,电源地线宽度为 25 mil。

⑤布局采用自动与手动相结合,布线采用自动布线为主。

⑥设计后进行规则检查,若有错误则进行修正。

⑦保存所构建的电路,退出操作环境。

参考 PCB 板图如图 5.1.93 所示。

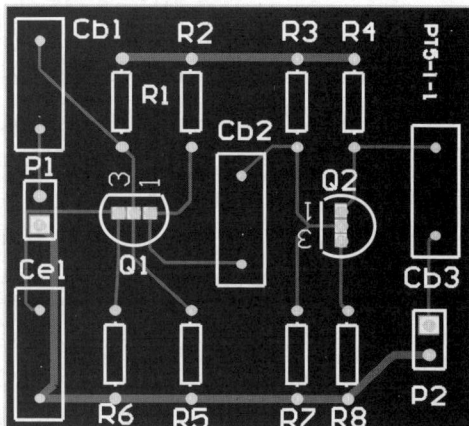

图 5.1.93　两级放大电路参考 PCB 板图

1.5.2　实训二

根据第 4 篇原理图设计项目 2 实训中绘制的图 4.2.31 所示正负电源电路,进行后续的
PCB 单面板设计,原理图要求参见前面所述。PCB 设计要求如下:

①在上述工程中建立 PCB 文件,命名为"正负电源电路"(扩展名为.PcbDoc)。

②使用单层板进行 PCB 设计。

③参考 PCB 大小为 2 310 mil×2 070 mil,采用底层布线。

④一般布线宽度为 25 mil,Net D3-2 与 D3-4 布线宽度为 35 mil,地线宽度为 50 mil。

⑤布局采用自动与手动相结合,布线采用自动布线为主。

⑥设计后进行规则检查,若有错误则进行修正。

⑦保存所构建的电路,退出操作环境。

参考 PCB 板图如图 5.1.94 所示。

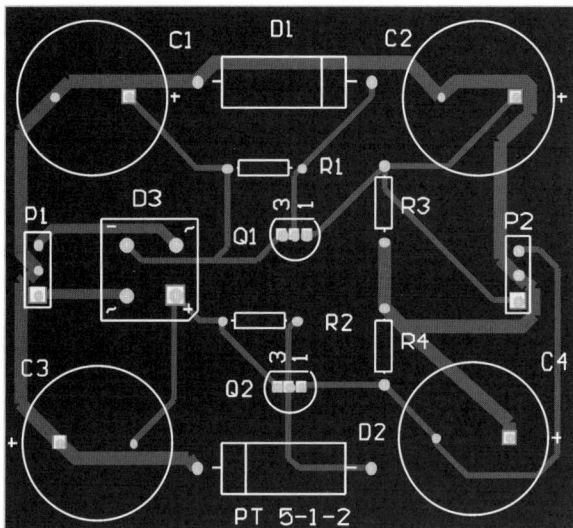

图 5.1.94　正负电源电路参考 PCB 板图

1.5.3　实训三

根据第 4 篇原理图设计项目 2 实训中绘制的图 4.2.32 所示与非门振荡电源电路,进行后
续的 PCB 单面板设计,原理图要求参见前面所述。PCB 设计要求如下:

①在上述工程中建立 PCB 文件,命名为"与非门振荡电源电路"(扩展名为".PcbDoc")。

②使用单层板进行 PCB 设计。

③参考 PCB 大小为 785 mil×925 mil,采用顶层布线。

④一般布线宽度为 10 mil,电源线宽度为 20 mil,地线宽度为 30 mil。

⑤布局采用自动与手动相结合,布线采用自动布线为主。

⑥设计后进行规则检查,若有错误则进行修正。

⑦保存所构建的电路,退出操作环境。

参考 PCB 板图如图 5.1.95 所示。

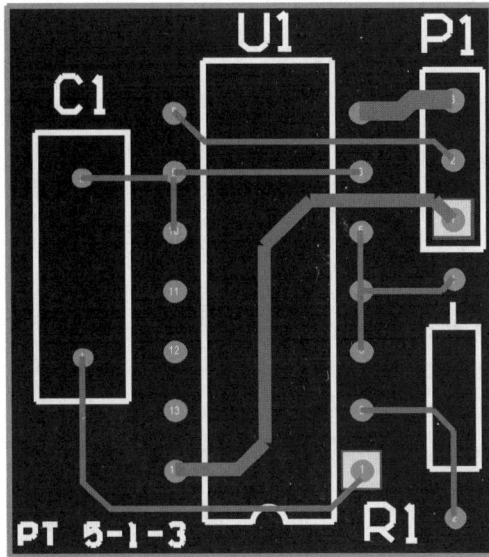

图 5.1.95   与非门振荡电路参考 PCB 板图

项目 **2**

计数译码电路的 PCB 设计

2.1　学习目标

2.1.1　**最终目标**

会用 Altium Designer 15 软件绘制 PCB 双层板。

2.1.2　**促成目标**

①会使用自动、手动相结合的方式进行布局与布线；
②会给 PCB 中空白区域进行敷铜设计；
③会使用网络密度分析并根据需求调整元件布局；
④会放置电路板标识并进行尺寸标注；
⑤能够对电路板进行 3D 效果显示。

2.2　工作任务

在 Altium Designer 15 窗口中创建一个名为"计数译码电路.PrjPCB"的新项目。要求：
①创建"计数译码电路.PrjPCB"新工程；
②使用双层电路板进行布线；
③布局布线采取自动与手动相结合进行；
④给未布线的区域敷铜；
⑤电路板命名为"count-1"，并标识电路板尺寸大小；
⑥3D 显示 PCB 布局布线效果图。

2.3　知识准备

2.3.1　网络密度分析

由于电子元件的对温度比较敏感,且元件在电路工作的时候都会产生热量,从而会影响 PCB 板电路功能的实现。特别是当电路板上的某个区域元件密度过高时,会导致热能过于集中,从而会降低这一区域内的电子元件的使用寿命。因此,用户应在元件布局结束后,对布局好的电路板进行密度分析,即执行"工具"→"密度图"菜单命令,如图 5.2.1 所示。

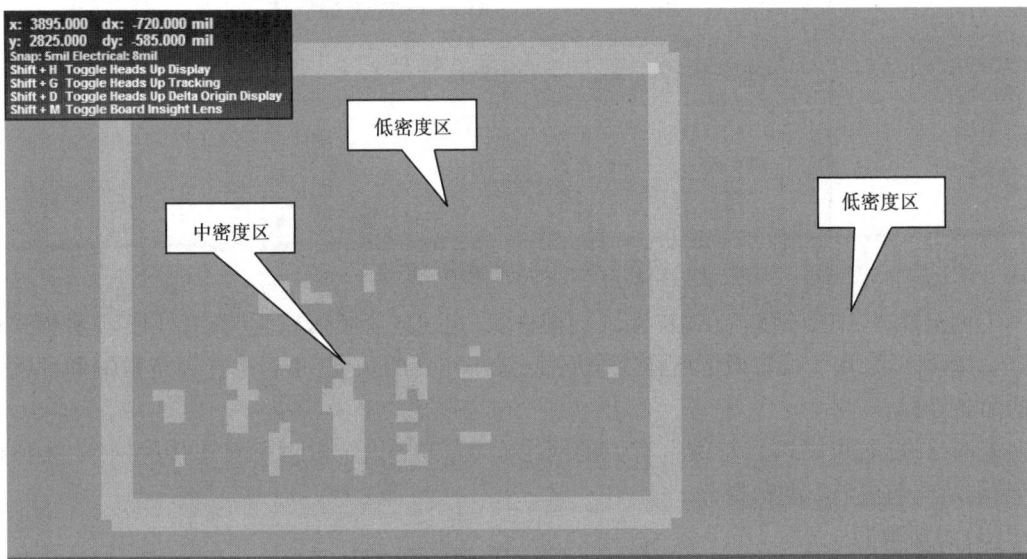

图 5.2.1　网络密度分析结果

在密度分析中,用颜色表示密度级别,其中绿色表示低密度,黄色表示中密度区,而红色表示高密度。从图中的密度分析结果可知,本例密度分布差异不大,密度分布较均匀。

2.3.2　敷铜

(1)敷铜及其意义

所谓敷铜,就是将 PCB 闲置的空间作为基准面,然后用固体铜填充。敷铜的意义主要有以下 4 个方面:

①对于大面积的"地"或者电源敷铜,会起到屏蔽的作用,对某些特殊"地",可以起到防护作用;

②一般地,为了保证电镀的效果或层压不变形,会对布线较少的 PCB 板层敷铜;

③敷铜可以给高频数字信号一个完整的回流路径,并减少直流网络的布线;

④散热及特殊器件安装时也要求敷铜。

(2)敷铜的规则设置

执行"放置"→"多边形敷铜"菜单命令,弹出如图 5.2.2 所示对话框,该对话框主要包括以下 3 个区域的设置内容。

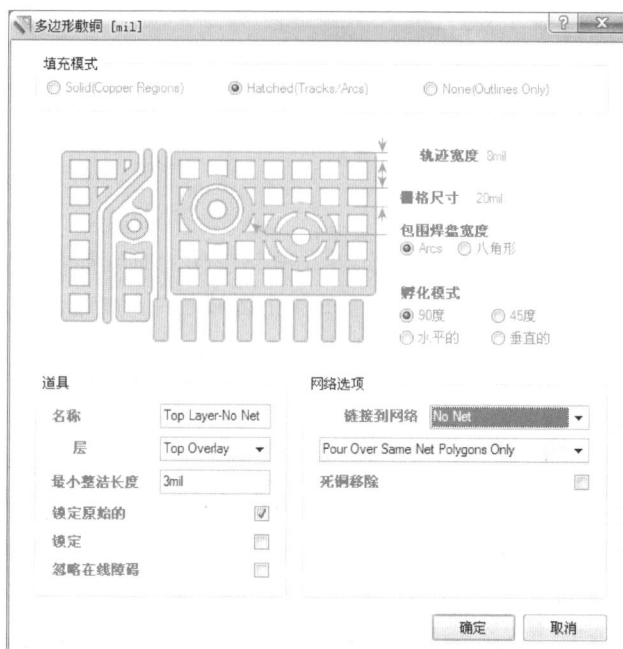

图 5.2.2　多边形敷铜对话框

①填充模式:主要有实心(铜皮区域)、栅格状(走线或者圆弧)、无(只有外形)3 种模式;

②特性区域:用于设置敷铜所在工作层面、最小图元的长度、是否选择锁定敷铜和敷铜区域的命名等;

③网络设置:可以进行与敷铜有关的网络设置,包括设定敷铜所要连接的网络、去掉死铜、敷铜填充的覆盖类型选择等。

(3)添加敷铜

设置敷铜的规则之后,单击"确定"按钮,此时鼠标以"十"字形式显示,按下鼠标左键并拖动鼠标即可进行敷铜区域绘制。敷铜完成之后,效果图如图 5.2.3 所示。

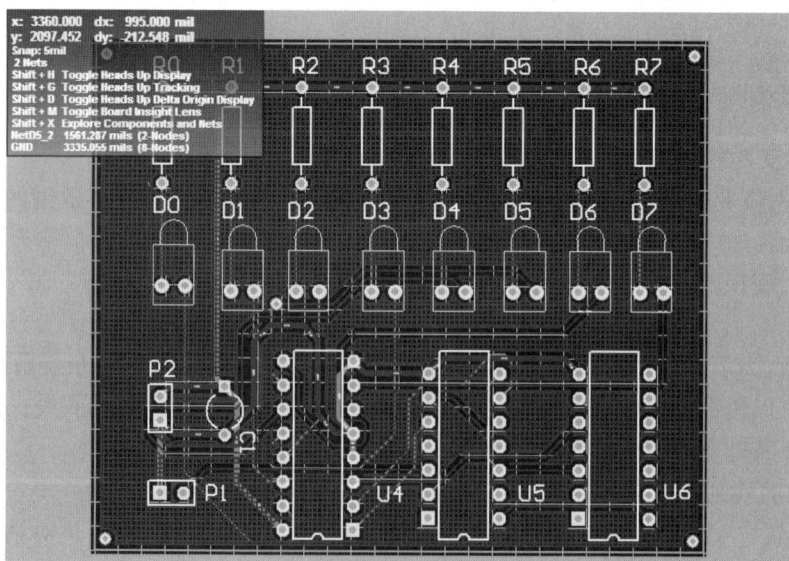

图 5.2.3　敷铜效果图

(4)删除敷铜

删除敷铜的方法是在 PCB 编辑界面的板层标签中选择层面为"Bottom Layer",在敷铜区域单击鼠标,选中敷在底层的敷铜,然后拖动鼠标,将顶层敷铜拖到电路之外,再释放鼠标,此时系统将弹出询问对话框,如图 5.2.4 所示,单击"No"按钮,选中顶层敷铜,然后单击"剪切"工具或者直接使用"Delete"键将顶层敷铜删除,如图 5.2.4 所示。

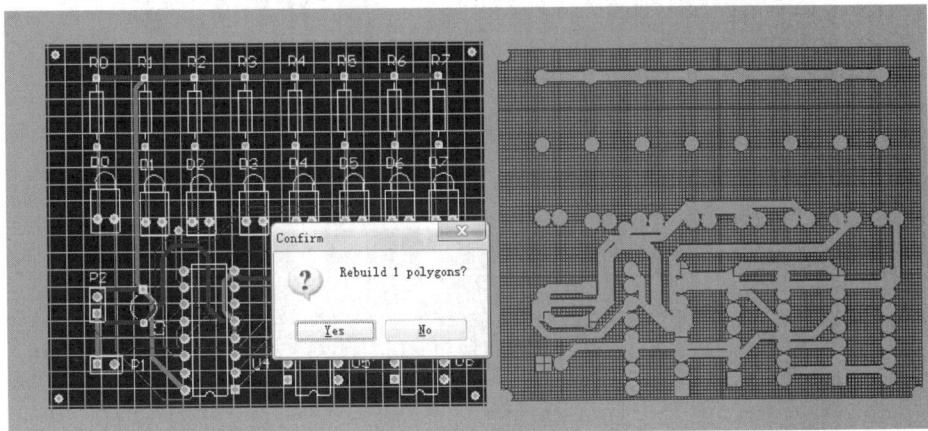

图 5.2.4   删除敷铜

2.3.3   标注印刷电路板说明性文字、放置尺寸标识

(1)标注印刷电路板说明性文字

①切换电路板至丝印层 **Top Overlay**,因为标注与说明性文字一般都放置在丝印层。

②执行"放置"→"字符串"菜单命令或者单击 **A** 按钮,之后按"Tab"键即可打开属性对话框,在"Text"栏输入要添加的文字标注,如"circuit-1",可进行文字宽度、高度的设置。单击"OK"按钮,则可出现文字标注,如图 5.2.5 所示。

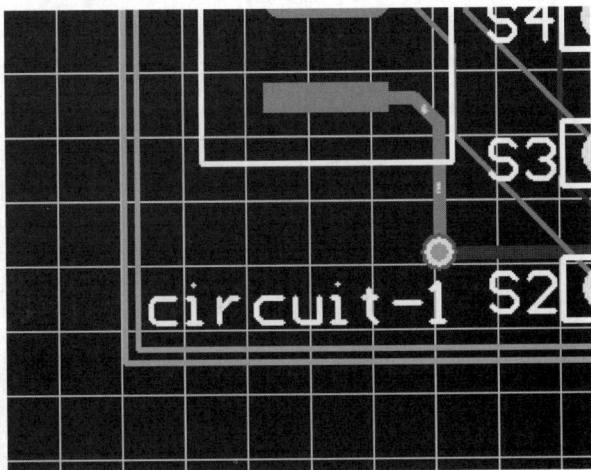

图 5.2.5   放置文字标注

(2)放置尺寸标识

①切换电路板至丝印层 **Top Overlay**;

②执行"放置"→"尺寸"→"线性"菜单命令,即可进行尺寸标识的放置。首先单击确定起始位置,然后拖动鼠标到放置的终点,单击左键即可生成尺寸标识,如图 5.2.6 所示。水平放置与垂直放置可通过空格键相互转换。

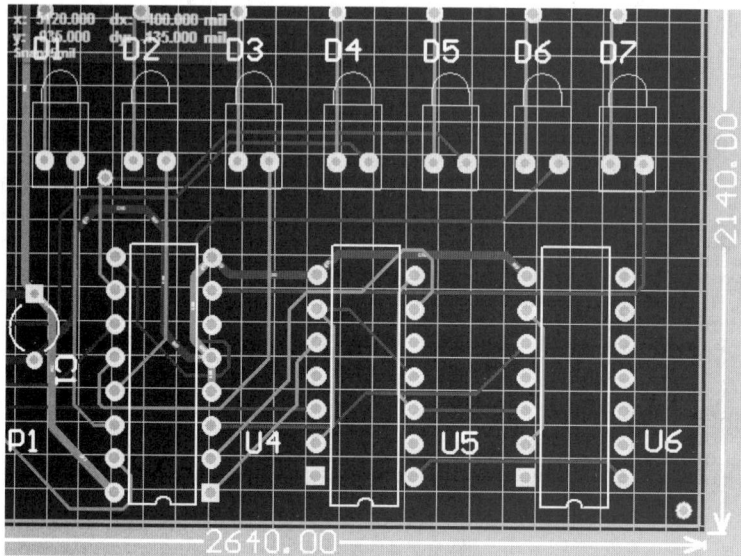

图 5.2.6　放置尺寸标识

2.3.4　三维预览(3D 显示)

用户可通过 3D 图查看电路布局的密度。Altium Designer 15 中的 3D 拟真特性可让用户提前看到焊接、安装元件后电路板的外观。执行"察看"→"3D 显示"菜单命令,如图 5.2.7 所示。具体的 3D 面板如图 5.2.8 所示。

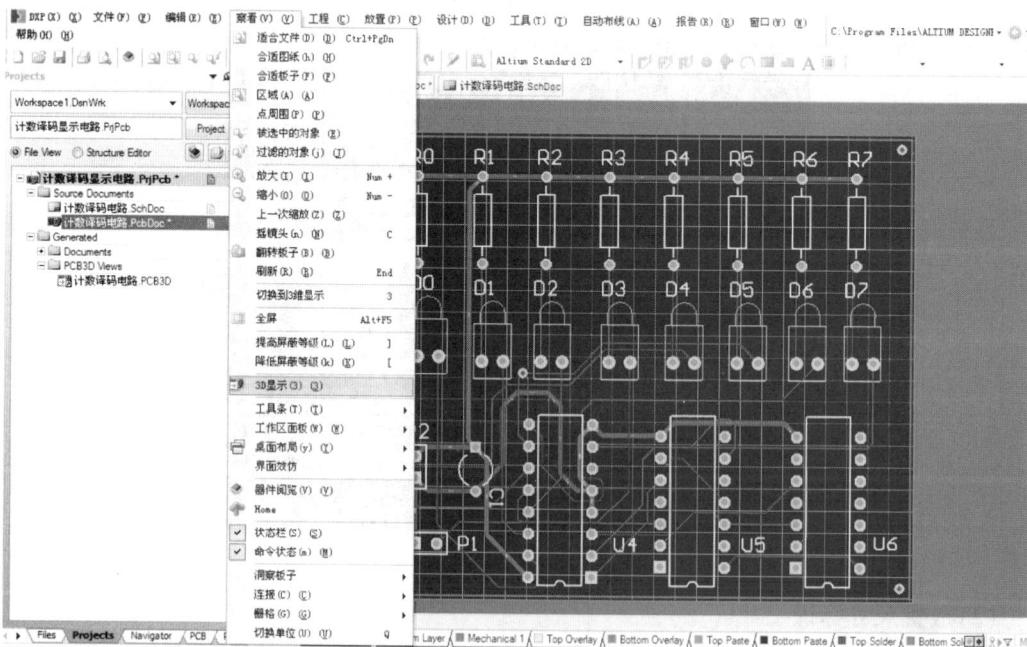

图 5.2.7　执行 3D 显示命令对话框

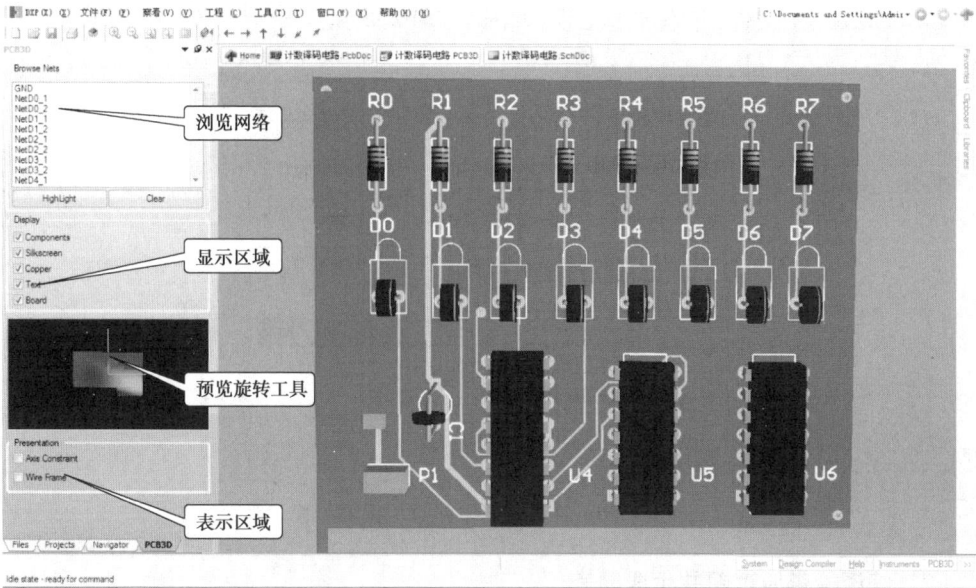

图 5.2.8　3D 面板

2.4　任 务 实 施

2.4.1　准备计数译码电路原理图

按照 PCB 设计文件的创建方法,建立"计数译码电路.PrjPCB"工程,"计数译码电路.
SchDoc"原理图文件可参考前面讲述建立,如图 5.2.9 所示,不再赘述。在工程下创建"计数

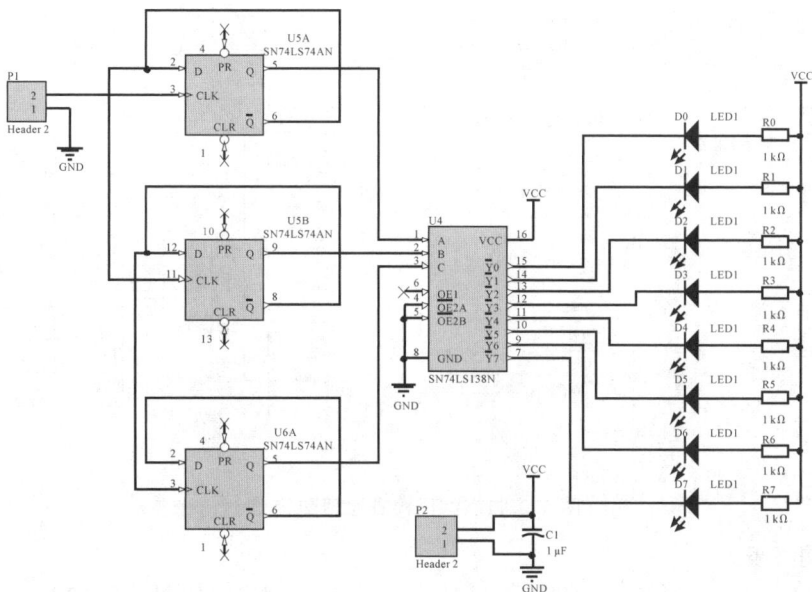

图 5.2.9　计数译码电路原理图

译码电路.PCBDoc"子文件,并添加进工程,如图 5.2.10 所示。

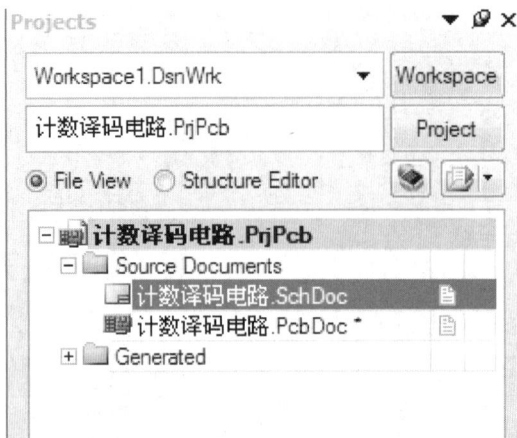

图 5.2.10　计数译码电路添加进入工程

2.4.2　编译检查原理图并生成网表

(1) 编译检查原理图

利用工程编译可以对原理图中的导线连接、元器件编号等进行电气规则检查,对违反电气规则的元器件和导线等对象产生相应的报告,提示用户进行相应修改。

执行"工程"→"Compile PCB Project 计数译码电路.PrjPCB"菜单命令,如图 5.2.11 所示。如没有错误,系统不显示任何信息;如有错误,系统将出现"Message"信息框,具体参见前面章节的编译检查过程进行修改。

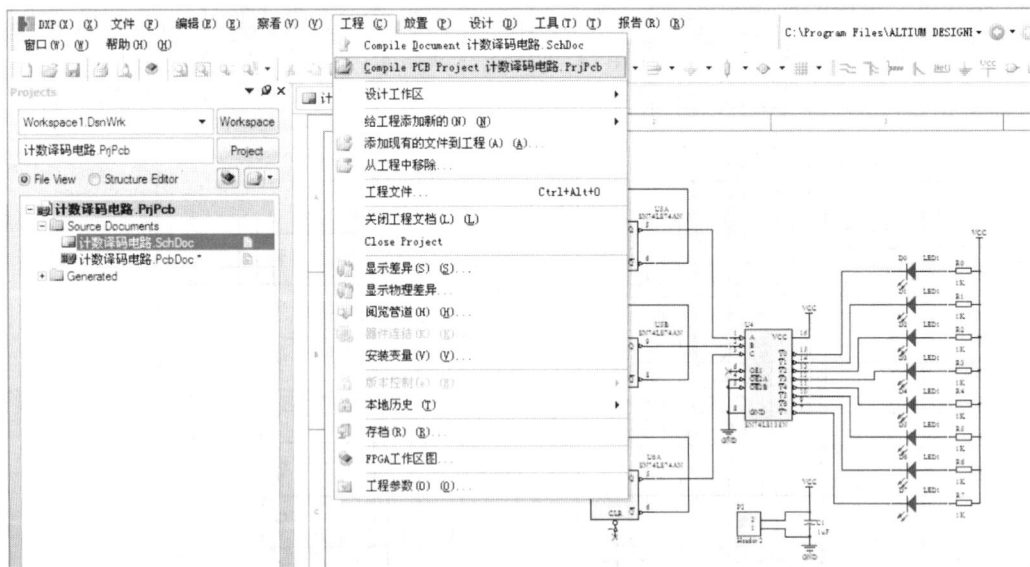

图 5.2.11　编译检查原理图

(2) 生成网络表

执行"设计"→"工程网络表"→"Protel"菜单命令,生成网络表如图 5.2.12 所示。

```
[
C1
CAPR5-4X5


]
[
D0
LED-1
LED1


]
[
D1
LED-1
LED1


]
[
D2
LED-1
LED1


]
[
D3
LED-1
LED1
```

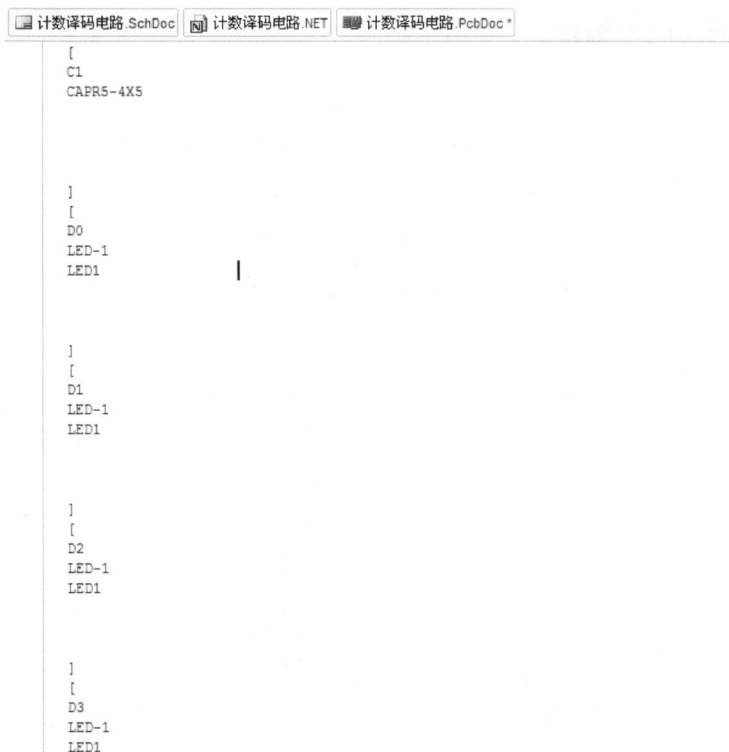

图 5.2.12　生成网络表

2.4.3　规划电路板边界

打开"计数译码电路.PCBDoc"子文件,规划电路板大小。本例电气边界为 2 600 mil× 2 100 mil,物理边界为 2 640 mil×2 140 mil,按照前面介绍的两种方法可以进行电路板边界的大小设置。规划好的电路边界如图 5.2.13 所示。

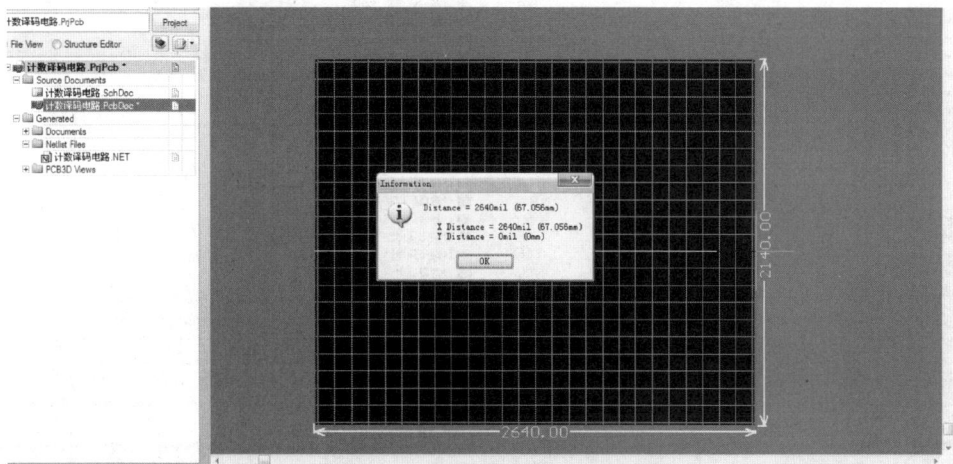

图 5.2.13　规划电路板边界

2.4.4　将元件封装与网络载入 PCB

①在原理图编辑器中,执行"设计"→"Update PCB Document 计数译码电路.PcbDoc"命令,系统打开如图 5.2.14 所示的 Engineering Change Order 对话框,显示了本次设计要载入的器件封装及载入的 PCB 文件名等。

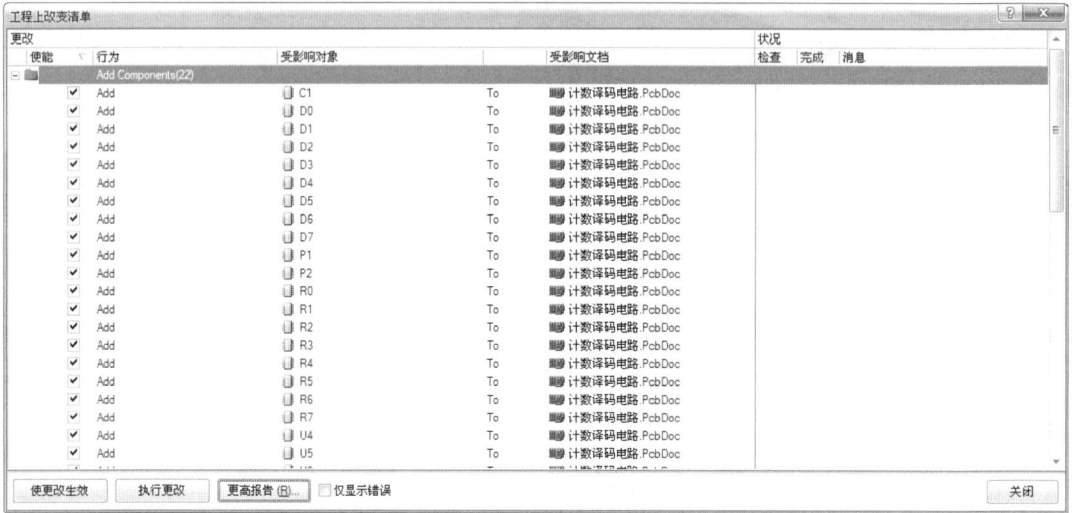

图 5.2.14　Engineering Change Order 对话框

②单击"使更改生效"按钮,"状态"区域中的"检查"栏中将会显示检查的结果,如图 5.2.15 所示。出现绿色的"√"标志,表明对网络及元器件封装的检查是正确的,说明变化有效;当出现红色的"×"标志,表明网络及元器件封装检查是错误的,说明变化无效,需要作出修改。

图 5.2.15　检查网络及元器件封装对话框

③单击"执行更改"按钮,将网络及元器件封装装入 PCB 文件"计数译码电路.PcbDoc"。如果装入正确,则会在"状态"区域中的"完成"栏中显示出绿色"√"的标志,如图 5.2.16 所示。

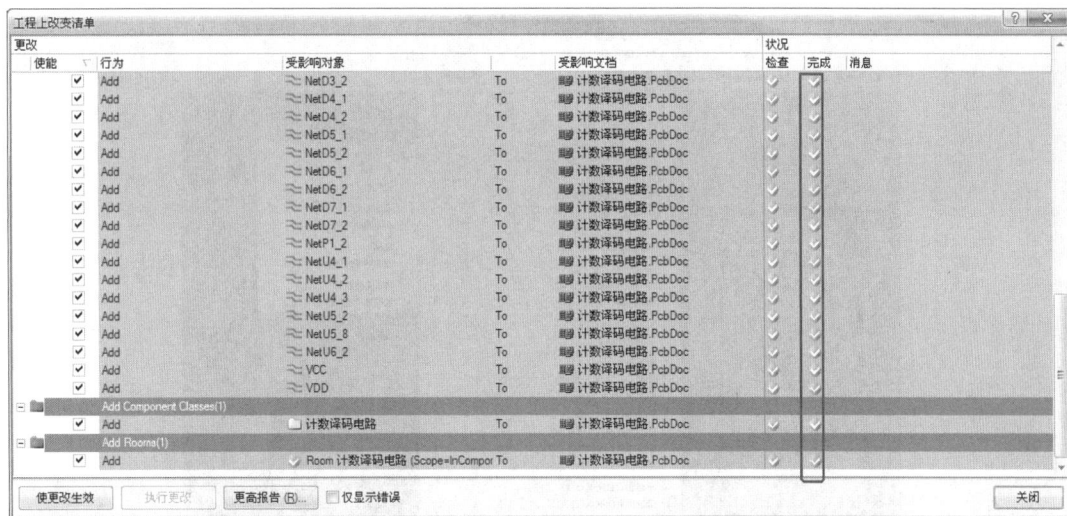

图 5.2.16　完成装载对话框

④关闭 Engineering Change Order 对话框,则可以在 PCB 编辑器中看到装入的网络与元器件封装,放置于 PCB 的电气边界一侧,并以飞线的形式显示网络和元器件之间的连接关系,如图 5.2.17 所示。

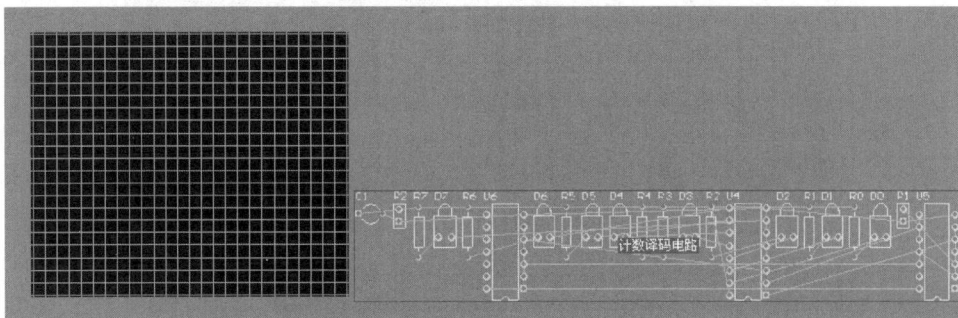

图 5.2.17　装入网络与元器件封装到 PCB 文件

2.4.5　元器件布局及调整 PCB

(1)通过"Room"框调整与移动元器件封装

拖动计数译码电路到规划好的电路板的上部,执行菜单命令"工具"→"器件布局"→"按照 Room 排列"命令,如图 5.2.18 所示,移动鼠标至"计数译码电路"的内部,单击鼠标左键,元器件将按照类型整齐地排列,然后单击右键结束,最后删除"Room"框。

(2)手动调整元器件位置

参照电路图,首先可以将核心的元件 U4、U5、U6 移动到 PCB 上面,随后根据"飞线尽量短且交叉少"的原则将其他元器件移动到核心元件的周围。同类型的元器件可以放置到一起,并尽量对齐。若要对一些排列对齐操作,可执行"编辑"→"对齐"命令,如图 5.2.19 所示,系统会弹出对齐菜单,主要包括中心对齐、左对齐、右对齐、水平分布、垂直分布操作。

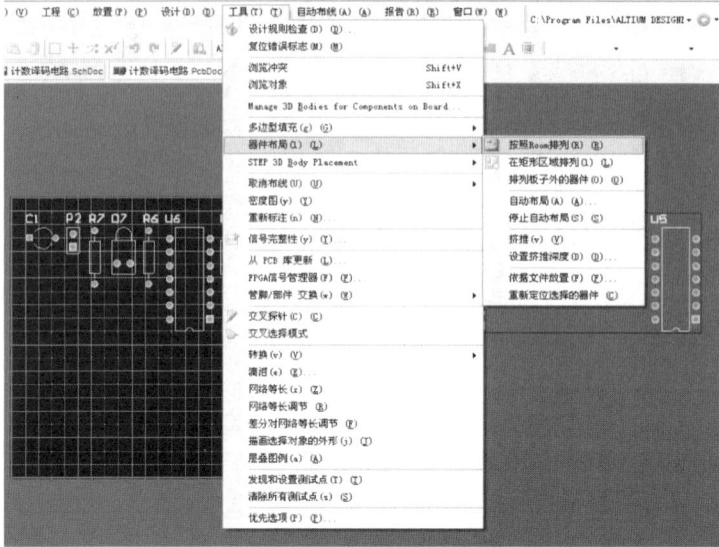

（a）步骤 1

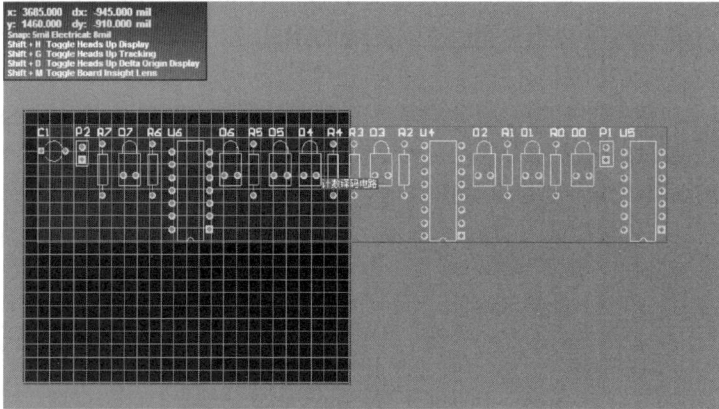

（b）步骤 2

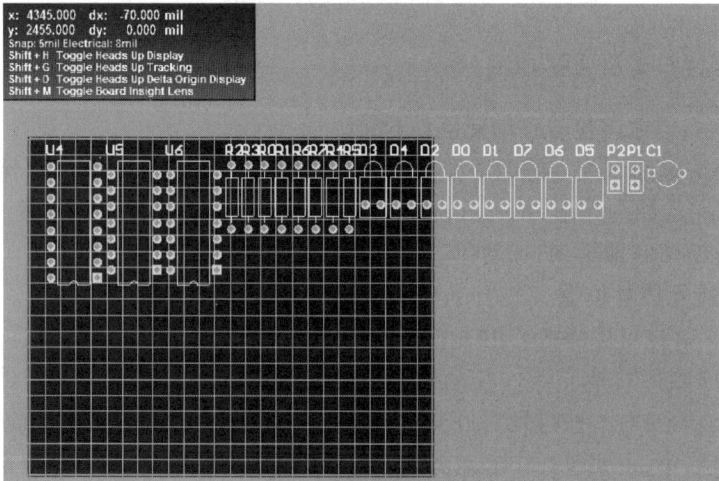

（c）步骤 3

图 5.2.18　通过"Room"框调整与移动元器件封装

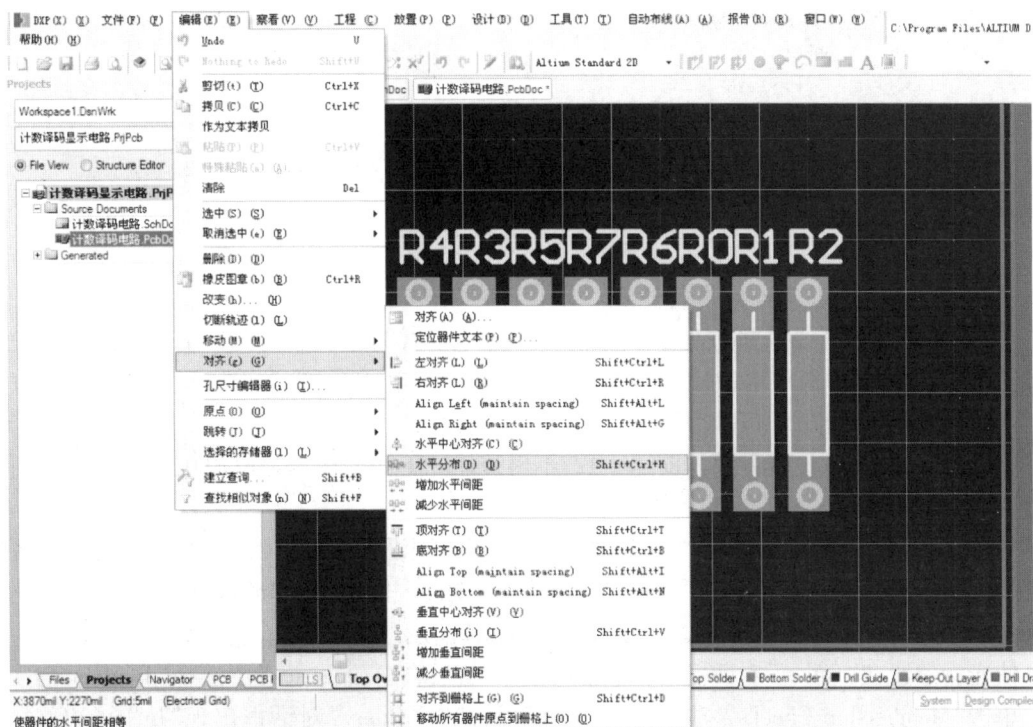

图 5.2.19　"对齐"对话框

最终,计数译码电路经过自动布局与手动布局之后的布局如图 5.2.20 所示。

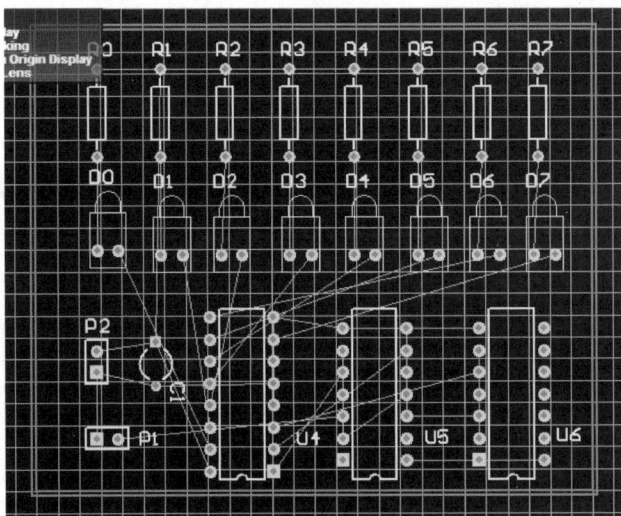

图 5.2.20　布局效果图

2.4.6　PCB 双面板设置

(1) 双面板设置

执行"设计"→"规则"命令,单击右侧"布线层"对话框,选中"顶层"和"底层"项,如图 5.2.21 所示。

图 5.2.21　双面板设置

(2)设置布线宽度及布线层优先级

参照前面章节布线宽度的设置方法,分别设置电源线与地线宽度为 25 mil,设置一般信号线的宽度为 10 mil。由于本设计电源线与接地线宽度一致,下面就介绍如何定义两种同宽度的导线设置方法。此方法可推广至多重一致线宽的设置。

一般导线的宽度设置方法与前述一致,不再赘述。下面主要学习电源线与地线宽度相同时统一的设置过程。

①首先新建一个宽度规则,在打开的"Witch"子规则设置窗口中,在名称栏命名规则名称为"VCC and GND",选择网络为"VCC",此时"完整询问"里更新为"InNet(VCC)"。然后执行"高级的问询"→"询问助手"命令,打开如图 5.2.22 所示"Query Helper"对话框,单击"Or"按钮,使光标停留在"Query"对话框的"Or"的右边。然后在"Categories"中选择"PCB Function"项,单击"Membership Checks"项,双击"InNet"项,此时"Query"对话框出现"InNet(VCC) Or InNet( )",然后把光标放置在括号里,单击"PCB Objects Lists"项,单击"Nets"项,双击"GND"项,最后单击"Check Syntax"项,检查语法是否正确,如图 5.2.22 所示。全部设置完成之后,单击"OK"按钮。

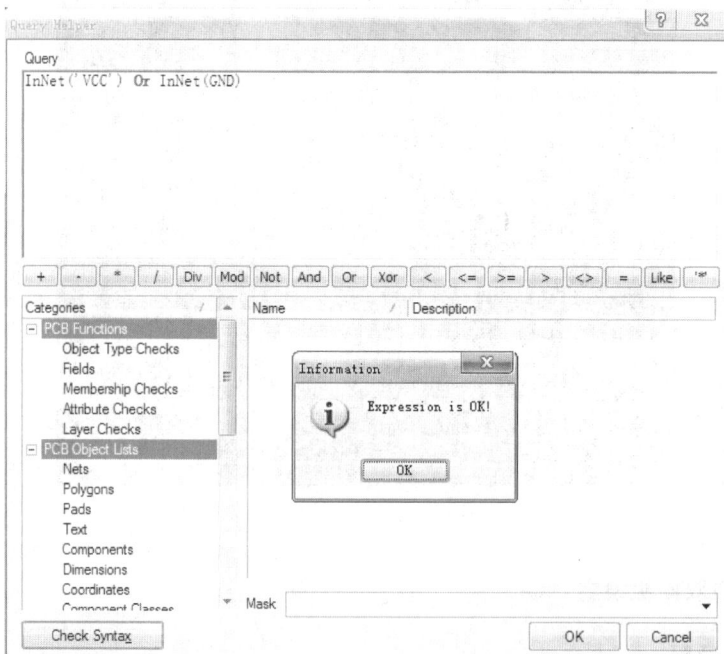

图 5.2.22　询问助手对话框

②返回规则设置窗口,进行线宽设置。设置电源与接地"最大宽度"为 30 mil,"最小尺

寸"为 10 mil,"首选尺寸"为 25 mil,如图 5.2.23 所示。设置完成后,单击"应用"按钮。

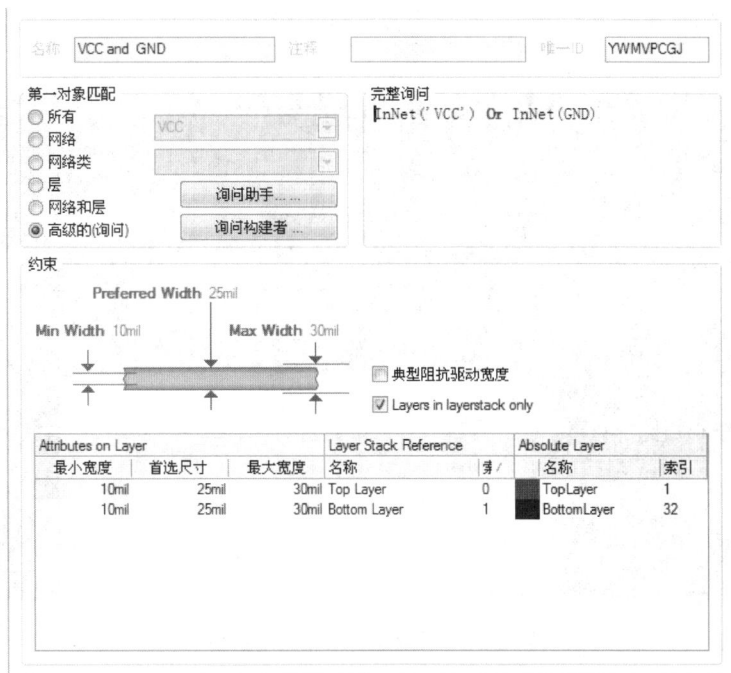

图 5.2.23　电源线与地线宽度设置

为使布线按设置要求进行,必须保证有特殊要求或约束条件的布线级别高于其他一般导线。单击"规则"对话框左下角的"Priority"按钮,系统将弹出如图 5.2.24 所示对话框。选择下方的"增加优先权"可以提高布线的优先性,选择"减少优先权"则会降低布线的优先性。本设计电源与接地优先性高于一般布线,故优先权设置为"1"。

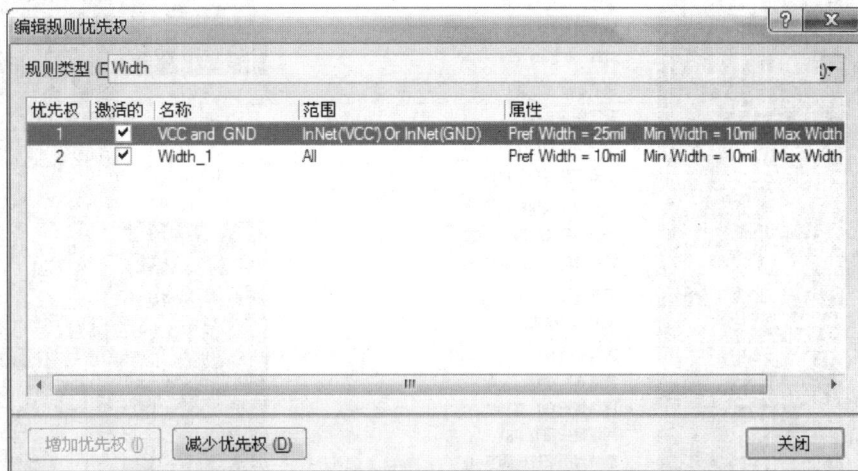

图 5.2.24　编辑规则优先权设置对话框

2.4.7　按布线规则设置进行自动布线

执行"自动布线"→"全部"命令,则系统进行自动布线,布线完成效果如图 5.2.25 所示。如果布线规则需要修改,需要重新设置并进行布线,则需要删除此次布线。执行"工具"→

"取消布线"→"全部"命令,如图 5.2.26 所示,即可撤销本次布线。注意,对于同一电路而言,每一次自动布线的结果都不尽相同,而且自动布线往往存在一些不足和缺陷,所以就需要进行仔细检查与修改。

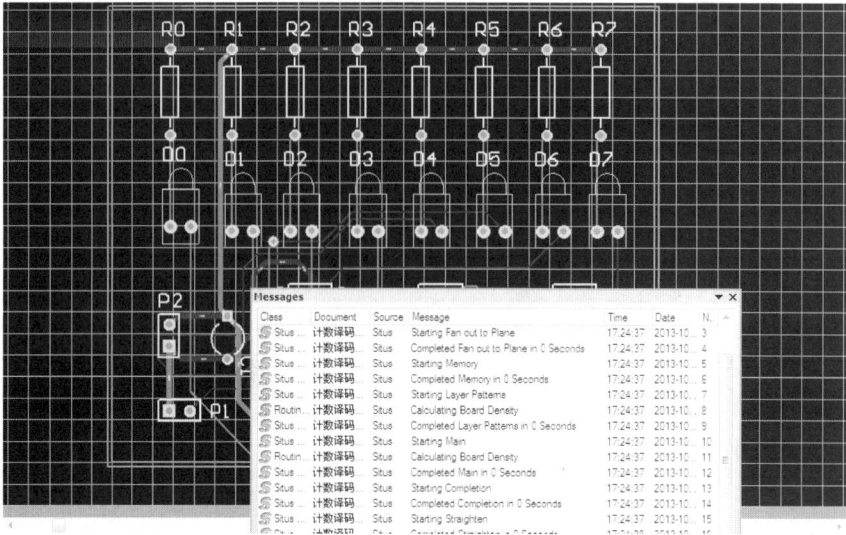

图 5.2.25　双层自动布线对话框

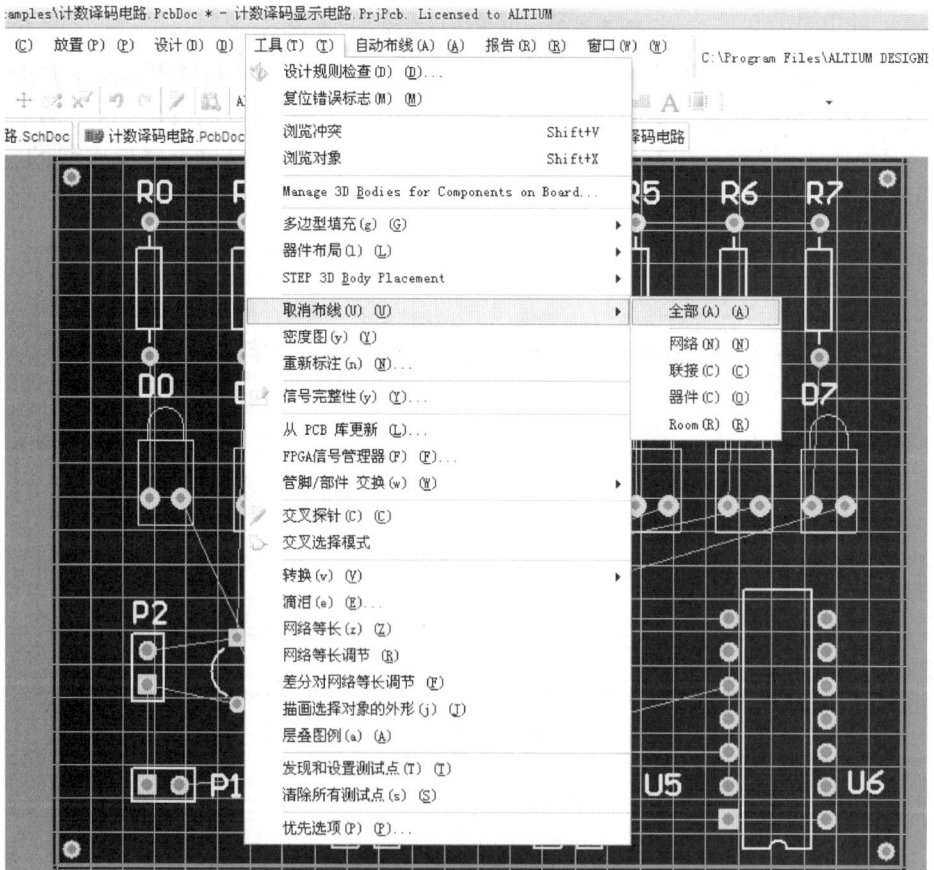

图 5.2.26　取消布线

2.4.8　手动修改布线

自动布线提供了一个简单而强大的布线功能,但是仍存在一些问题,如走线凌乱、拐弯较多、舍近求远等。对于一些需要特殊考虑的电气性能,自动布线不能很好地处理,在这些情况下,可对自动布线的结果进行手动修改或者进行全盘的手动布线。

Altium Designer 提供了三种布线模式,分别为交互式布线、智能布线、差分对布线。交互式布线并不是简单地放置线路使得焊盘连接起来。Altium Designer 支持全功能的交互式布线,交互式布线工具能直观地帮助用户在遵循布线规则的前提下取得更好的布线效果,包括跟踪光标确定布线路径、单击实现布线、推开布线障碍或绕行、自动跟踪现有连接等。智能交互式布线可以根据系统所提供的布线路径进行相应的布线操作,可以减少布线工作量,提高布线的效率。它分为两种模式,一种是自动模式,使用时系统会以虚线轮廓的方式给出完成整个连接的线径。若可以满足用户设计需求,用户只需要按住"Ctrl"键,然后单击鼠标左键,即可完成飞线网络的整个布线过程。另一种是非自动模式,使用方法与交互式布线基本类似,可通过数字"5"进行切换。而要使用差分对布线方式,一定要有信号源,且接收端都是差分信号才有意义。差分信号也称差动信号,是指用两路完全一样、极性相反的信号传输一路数据,依靠两路信号电平差进行判决。为了保证两路信号完全一致、在布线时要保持平行,线宽、线间距保持不变。本项目实例主要介绍交互式布线模式的使用过程。

(1)放置交互式走线

单击![按钮]按钮或者执行"放置"→"交互式布线"菜单命令,则可进入交互式布线模式。当进入交互式布线模式后,光标便会变成十字准线,单击某个焊盘开始布线。当单击线路的起点时,当前的模式就在状态栏显示或悬浮显示(如果开启此功能),此时向所需放置线路的位置单击或按"Enter"键放置线路。把光标的移动轨迹作为线路的引导,布线器能在最少的操作动作下完成所需布线。光标引导线路使得需要手工绕开阻隔的操作更加快捷、容易和直观。也就是说,只要用户用鼠标创建一条线路路径,布线器就会试图根据该路径完成布线,这个过程是在遵循设定的设计规则和不同的约束以及走线拐角类型下完成的。在布线的过程中,在需要放置线路的地方单击然后继续布线,这使得软件能精确根据用户所选择的路径放置线路。如果在离始点较远的地方单击放置线路,部分线路路径将和用户期望的有所差别。注意:在没有障碍的位置布线,布线器一般会使用最短长度的布线方式,如果用户在这些位置要求精确控制线路,在需要放置线路的位置单击即可。

在使用交互式布线时可使用以下快捷键:

①Enter(回车)键及单击——在光标当前位置放置线路。

②Esc 键——退出当前布线,在此之前放置的线路仍然保留。

③BackSpace(退格)键——撤销上一步放置的线路。若在上一步布线操作中其他对象被推开到别的位置以避让新的线路,它们将会恢复原来的位置。本功能在使用 Auto-Complete 时则无效。

④Space 键——可以对拐角的方向进行控制切换。

(2)连接飞线自动完成布线

在交互式布线中,可以通过按"Ctrl"键+单击的操作对指定连接飞线自动完成布线。这比单独手工放置每条线路效率要高得多,但本功能有以下几方面的限制:

①起始点和结束点必须在同一个板层内；

②布线以遵循设计规则为基础。

按"Ctrl"键+单击操作可直接单击要布线的焊盘,无须预先对对象在选中的情况下完成自动布线。对部分已布线的网络,只要用该操作单击焊盘或已放置的线路,便可以自动完成剩下的布线。如果自动完成功能无法完成布线,软件将保留原有的线路。

（3）状态栏与悬浮显示栏

状态栏和悬浮显示可通过快捷键"Shift"+"H"打开,其显示了当前的布线模式。用户可以通过"Preferences"下"PCB Editor"→"Board Insight Modes"页面中的 Summary 复选框对悬浮显示进行设置,如图 5.2.27 所示。

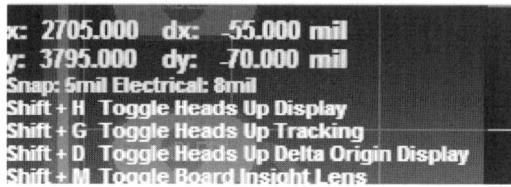

图 5.2.27　状态栏与悬浮显示栏

（4）在 PCB 中查看元器件和网络连接

单击控制面板的 PCB 选项卡,选择"Components"项,在相应的栏目中选择元器件名称,就可以在编辑区域放大高亮显示。若选择 U4,如图 5.2.28 所示。

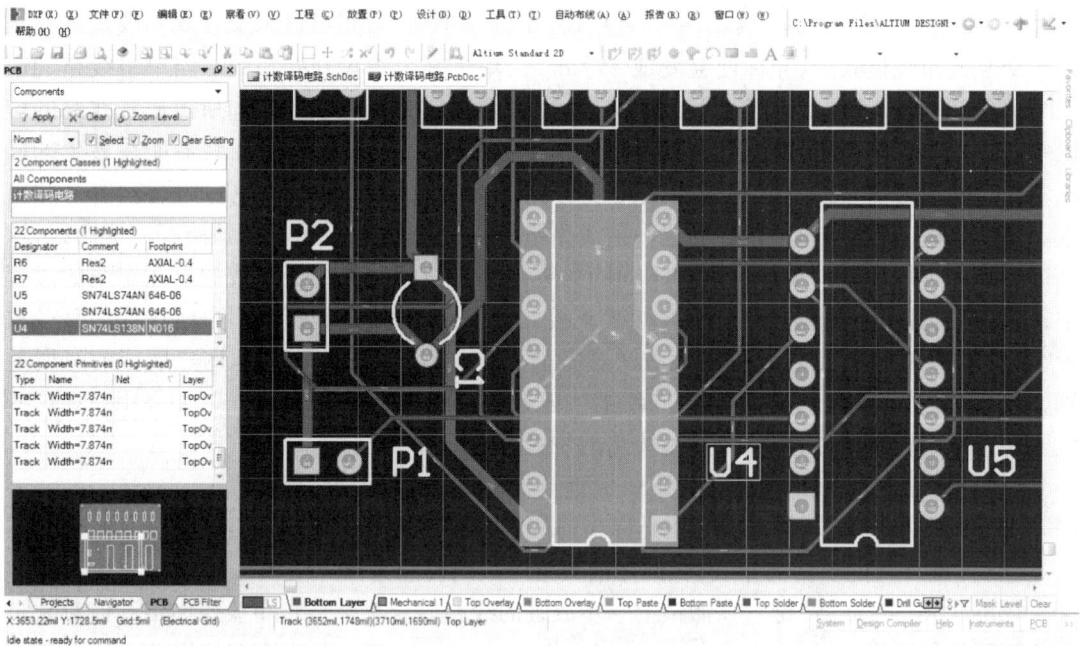

图 5.2.28　查看元器件

单击控制面板的 PCB 选项卡,选择"Nets"项,在相应的栏目中选择网络名称。若选择 GND 网络,如图 5.2.29 所示,可对应出现与 GND 相连的所有网络;右键单击,选择"Select All"项,则与 GND 相连的导线出现网格状,在 PCB 空白区域单击即可清除选中状态。

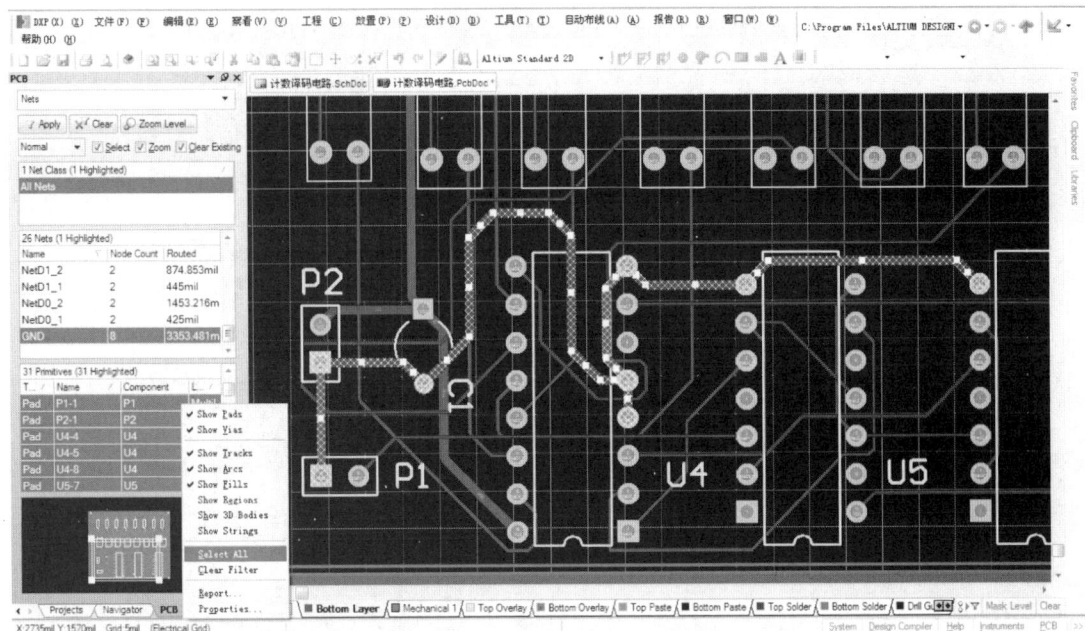

图 5.2.29　查看部分网络连接

(5)修改走线

导线的修改主要有以下几种类型：

①对于重叠导线,则直接删除。

②对于绕行较远的导线,则移动元件,重新布线。

③导线较弯曲、拐弯处有锐角出现时,则重新布线。

④顶层导线在走线过程遇到同层导线的障碍,为继续走线,必须改变层面,可通过放置过孔来实现。

放置过孔有两种方法,一种方法是在手动布线过程中,需要转换布线层时,按"Tab"键,系统将自动弹出如图 5.2.30 所示对话框。此对话框用于设置换层的过孔,可对过孔的大小、线径等进行设置,设置完成后,单击"OK"按钮退出。本方法不需要对过孔进行网络设置,只需要选择过孔放置层的位置。

另一种方法是调整布线之前先放置过孔,可执行"放置"→"过孔"命令,然后弹出如图 5.2.31 所示的对话框。注意要选择过孔和布线网络的连接,除了选择"开始层"与"结束层"的位置外,还应该选择"网络",本例"Net"选择"NetD6_2"。

注意:一般而言,一块电路板在布线的过程中,应该尽量少使用过孔,一方面是因为过孔数量越少则在规定的尺寸上可布线的空间越大;另一方面,过孔数量少可以降低电路的工艺成本。增加过孔的布线效果如图 5.2.32 所示。

手动修改完成后的布线如图 5.2.33 所示。注意:修改哪一层的布线,应该将当前工作层切换到哪一层上面。手动布线调整的工作不会一步到位,是一项艰巨的任务,往往还需要结合局部元件的调整进行。在实践中,应该不断地积累布局布线的经验,为后续开展更加复杂的手动布局、布线做好准备。

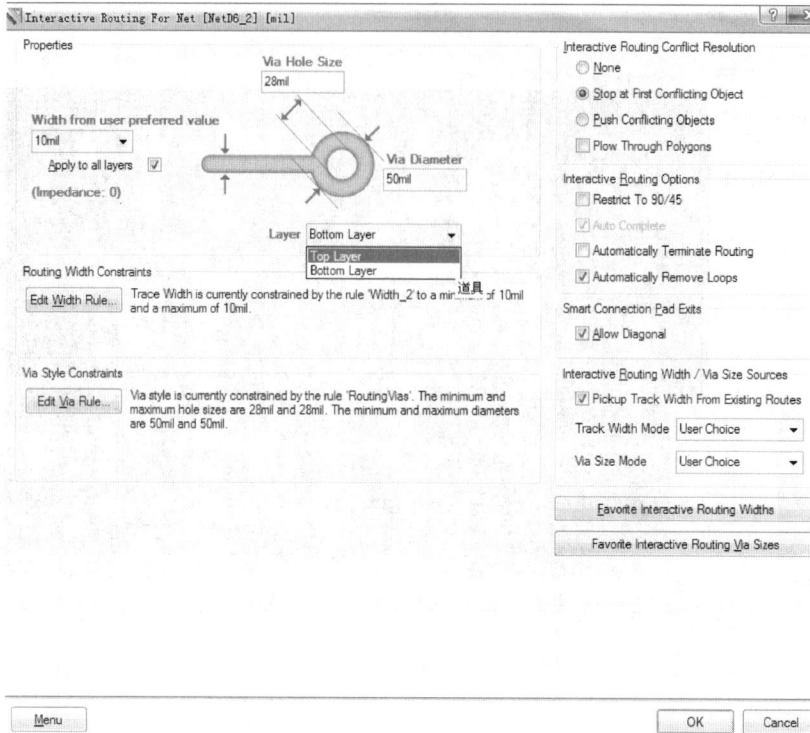

图 5.2.30　过孔参数设置

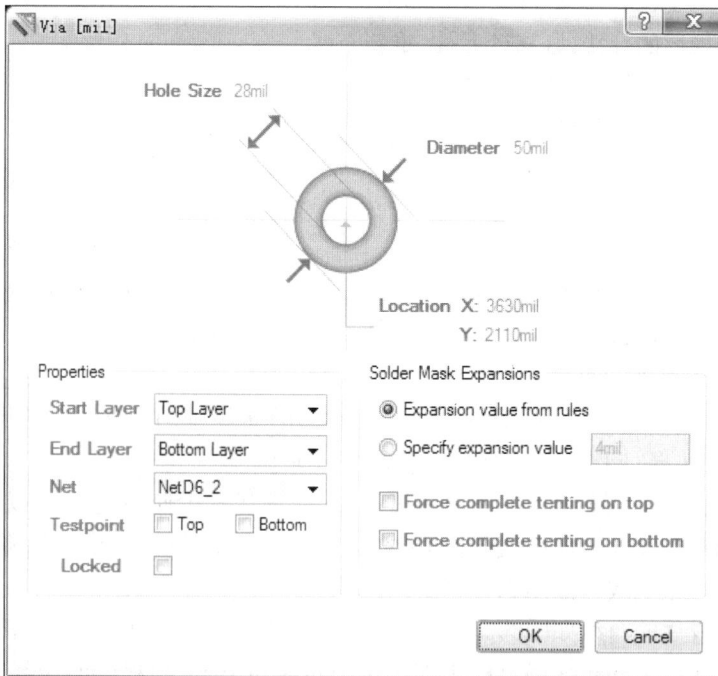

图 5.2.31　过孔设置

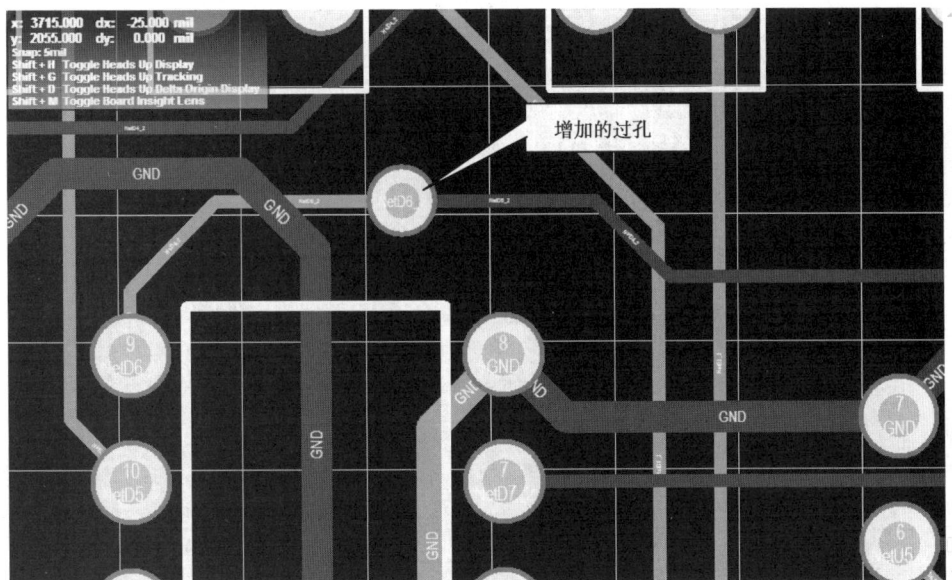

图 5.2.32　电路中增加的过孔效果

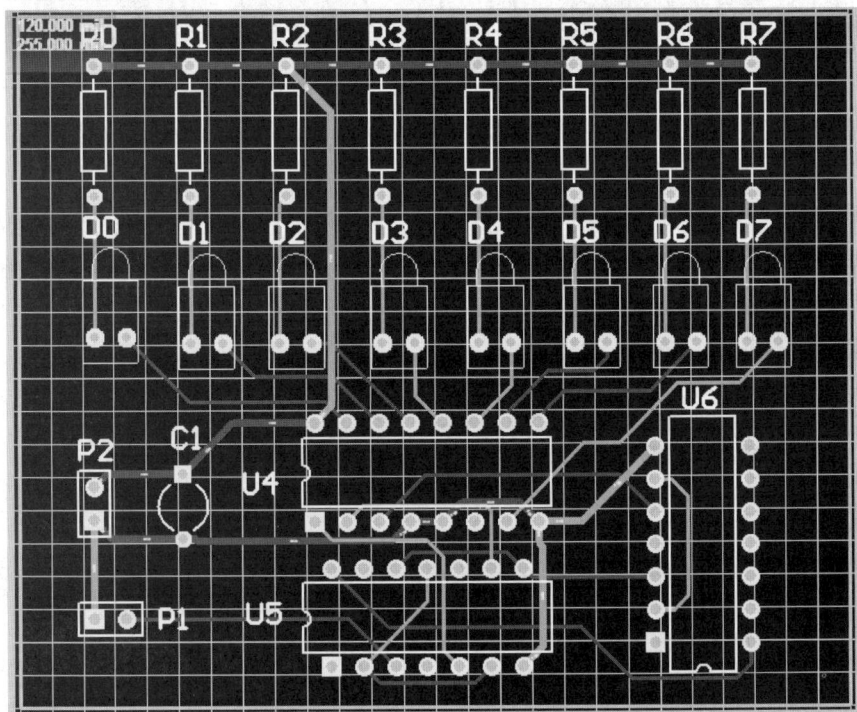

图 5.2.33　手动布线完成图

2.4.9　添加注释及增加板子尺寸大小

切换电路板至丝印层 ☐ **Top Overlay**，分别执行"放置"→"字符串"菜单命令或者单击 **A** 按钮，在"String"中输入本设计编号"CD-1/SXPI"；执行"放置"→"尺寸"→"线性"菜单命令，放置坐标尺，如图 5.2.34 所示。

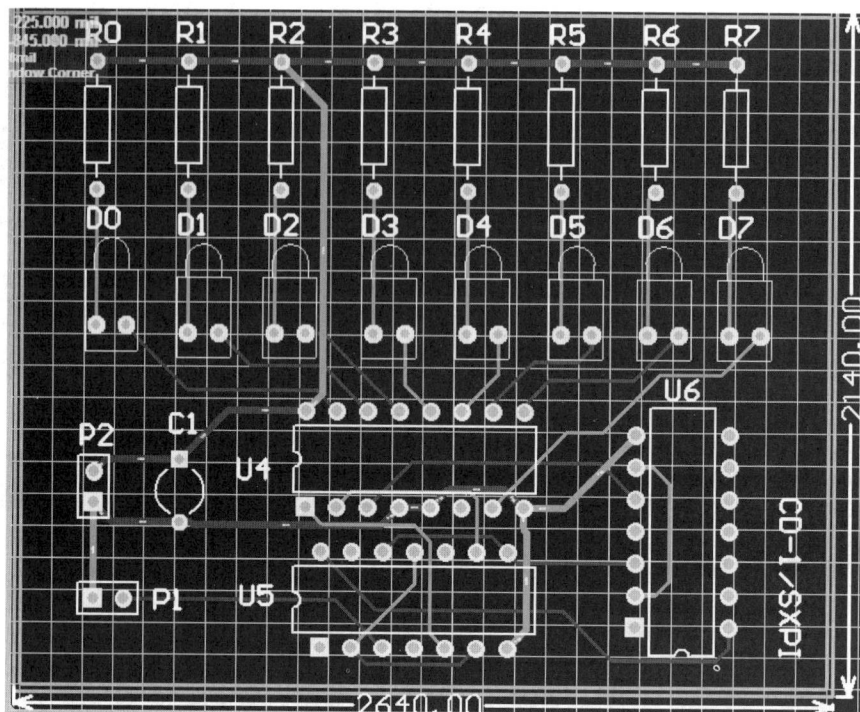

图 5.2.34　添加标注与尺寸标识

2.4.10　PCB 设计规则检查

执行"工具"→"设计规则检查"命令,检查布线后是否违反设计规则,同时生成"Design Rule Check-计数译码电路.html"文件,如图 5.2.35 所示。如果有错误就需要进行修改,修改完成后方可投版进行制作。

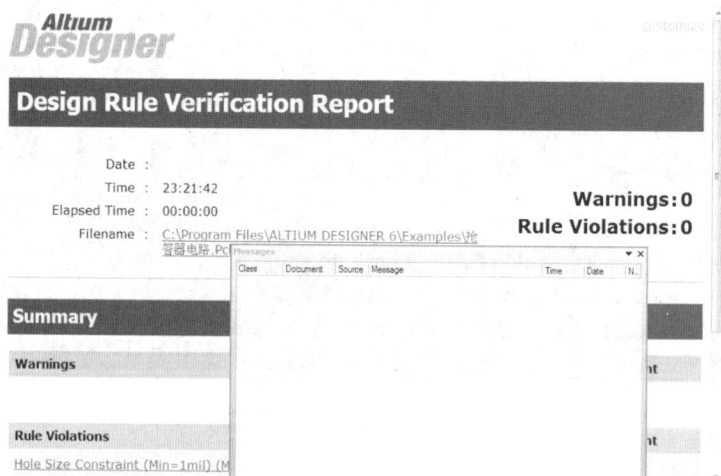

图 5.2.35　设计规则检查

2.4.11　PCB 的 3D 效果图

执行"察看"→"3D 显示"菜单命令,则生成如图 5.2.36 所示 3D 效果图,同时生成"计数译码电路.PCB3D"文件,如图 5.2.36 所示。通过 3D 效果图可查看电路板的元件布局及布线的合理性,若不合理则需要进行修改。

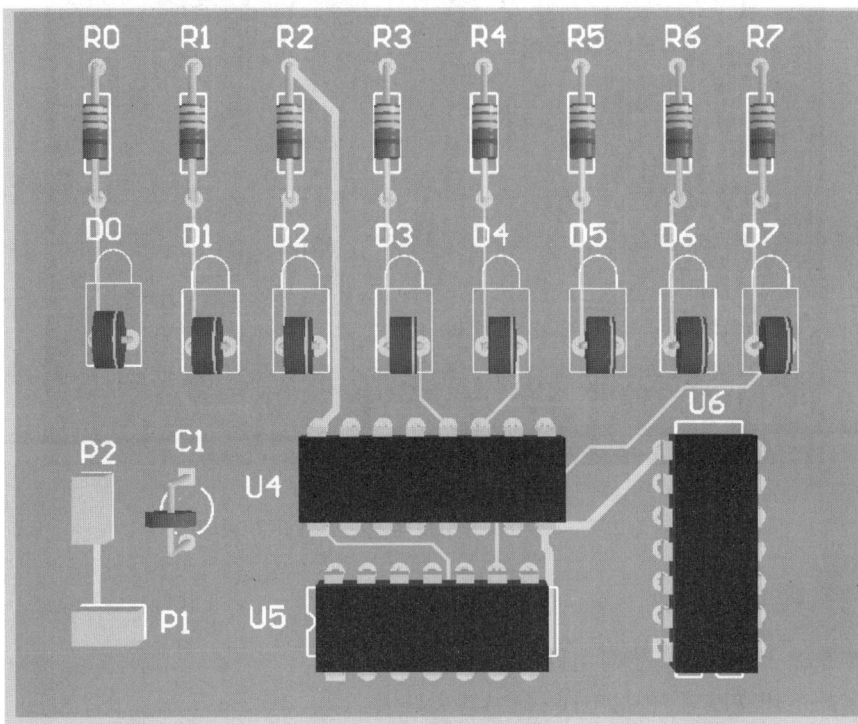

图 5.2.36　3D 效果显示

2.5　实训练习

2.5.1　实训一

根据第 4 篇原理图设计项目 3 实训练习中绘制的图 4.3.18 模拟信号采集器电路,进行后续的 PCB 双面板设计,原理图要求参见前面所述。PCB 设计要求如下:

①在上述工程中建立 PCB 文件,命名为"模拟信号采集器电路"(扩展名为.PcbDoc)。

②使用双层板进行 PCB 设计。

③参考 PCB 大小为 3 945 mil×2 455 mil,采用双面布线。

④一般布线宽度为 10 mil,电源线、地线宽度均为 25 mil。

⑤布局采用自动与手动相结合,布线采用自动布线为主。

⑥进行未布线区域的敷铜操作,要求敷铜在底层且与 GND 相连。

⑦进行网络密度分析,确定布局的合理性。

⑧设计后进行规则检查,若有错误则进行修正。

⑨添加标注与尺寸标识,并输出 3D 效果。

⑩保存所构建的电路,退出操作环境。

参考 PCB 板图如图 5.2.37 所示。

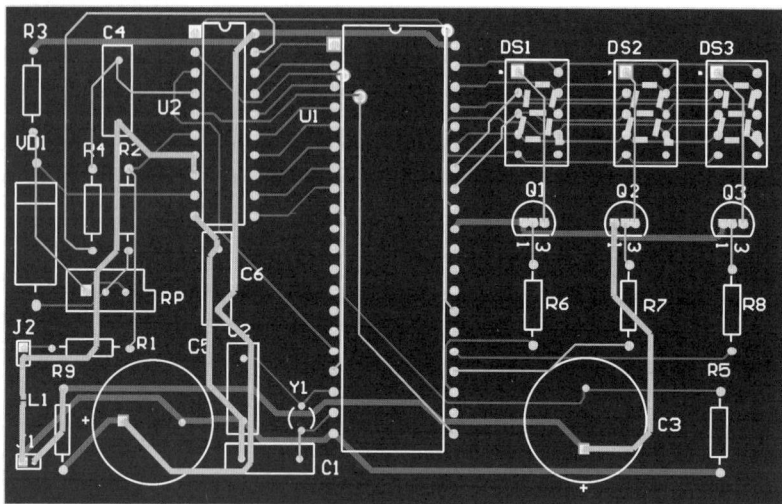

图 5.2.37　模拟信号采集器电路参考 PCB 板图

2.5.2　实训二

绘制图 5.2.38 所示"广告灯电路",要求:

①在桌面下建立以"广告灯电路"命名的文件夹。

②以"广告灯电路"为名字建立工程文件,保存在上述"广告灯电路"文件夹中。

③在上述工程中建立原理图文件,命名为"广告灯电路"(扩展名为.SchDoc),建立 PCB 文件,命名为"广告灯电路"(扩展名为.PcbDoc)。

④参照图 5.2.38 在原理图中放置元件,并按照表 5.2.1 工程元件清单相应设置各元件参数。

⑤正确连线及放置网络标识。

⑥运行编译命令,若有错误则进行修正。

⑦使用双层板进行 PCB 设计。

⑧参考 PCB 大小为 3 472 mil×2 200 mil,采用双面布线。

⑨一般布线宽度为 10 mil,电源线宽度为 30 mil、地线宽为 40 mil。

⑩布局采用自动与手动相结合,布线采用自动布线为主。

⑪进行未布线区域的敷铜操作,要求敷铜在顶层且与 GND 相连。

⑫进行网络密度分析,确定布局的合理性。

⑬设计完成后进行规则检查,若有错误则进行修正。

⑭添加标注与尺寸标识,并输出 3D 效果。

⑮保存所构建的电路,退出操作环境。

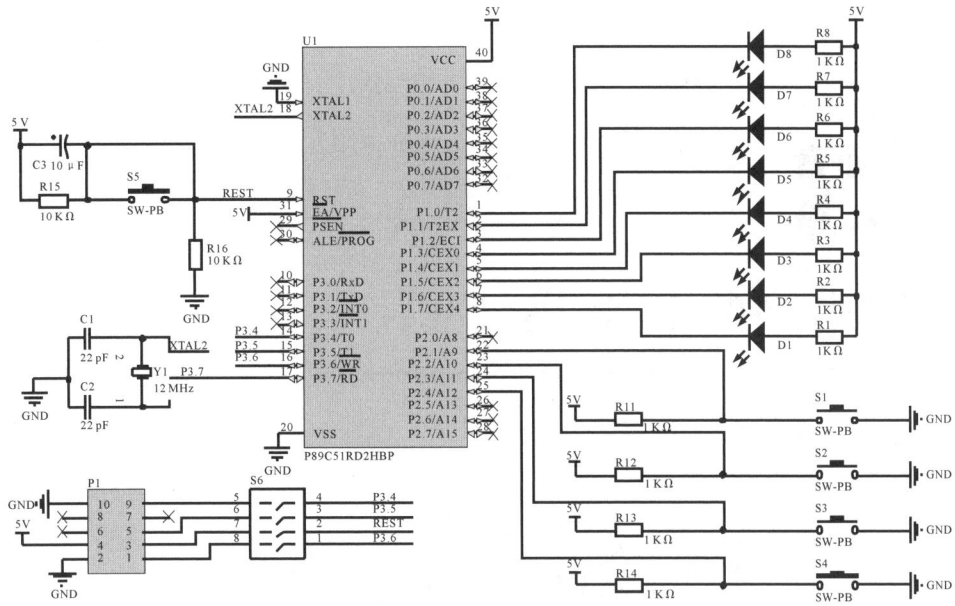

图 5.2.38   广告灯电路原理图

表 5.2.1   工程元件清单

Comment	Designator	Footprint	LibRef	Quantity
22 pF	C1, C2	RAD-0.3	Cap	2
10 μF	C3	RB7.6-15	Cap Pol1	1
LED1	D1, D2, D3, D4, D5, D6, D7, D8	LED-1	LED1	8
Header 5X2H	P1	HDR2X5H	Header 5X2H	1
Res2	R1, R2, R3, R4, R5, R6, R7, R8, R11, R12, R13, R14	AXIAL-0.4	Res2	12
10 kΩ	R15, R16	AXIAL-0.4	Res2	2
SW-PB	S1, S2, S3, S4, S5	SPST-2	SW-PB	5
SW-DIP4	S6	DIP-8	SW-DIP4	1
P89C51RD2HBP	U1	SOT129-1	P89C51RD2HBP	1
12 MHz	Y1	R38	XTAL	1

参考 PCB 板图如图 5.2.39 所示。

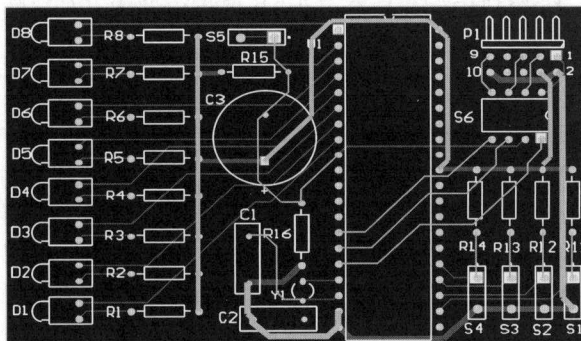

图 5.2.39   广告灯电路参考 PCB 板图

项目 3
抢答器电路的 PCB 设计

3.1 学习目标

3.1.1 最终目标

进一步熟练使用 Altium Designer 15 软件制作双面板。

3.1.2 促成目标

①会运用全局属性修改同类元件的相关参数；
②会排除电路原理图载入 PCB 出现的错误；
③会进行 PCB 后续敷铜、包地、泪滴化焊盘等优化处理；
④会修改 PCB 设计规则错误；
⑤会精确制作电路板安装孔。

3.2 工作任务

在 Altium Designer 15 窗口中创建一个名为"抢答器电路.PrjPCB"的新项目。要求：
①创建"抢答器电路.PrjPCB"新工程；
②使用双层电路板进行布线；
③布局布线采取自动与手动相结合进行；
④给未布线的区域敷铜，并对某些网络学会包地处理、对部分焊盘进行泪滴化处理；
⑤能够利用全局属性调整元器件封装、注释等参数；
⑥制作安装孔，生成 3D 文件。

3.3　知识准备

3.3.1　批量修改元器件的相关参数

批量修改元器件的相关参数,也称为全局属性的修改,是对具有相同属性的元器件的参数进行统一全局修改的过程。利用全局性修改元器件的相关参数,可以起到事半功倍的作用。

要批量修改元件时,执行"编辑"→"查找相似对象"命令或者在图纸上右击出现的图框中选择该功能,或者按快捷键"Shife+F"。光标出现"十"字形时,点击要修改的选件,在弹出框中设置所选元件相同的地方(筛选),点击"确定"后出现"SCH Inspector"面板,在该面板上可进行整体修改,包括修改封装、元件说明等。

下面以元器件注释大小的统一调整为例介绍全局性修改参数的使用过程,修改全局性封装与线宽等过程与注释修改的过程类似,不再赘述。

在元件名称(比如 R1)上单击右键,选择查找相似对象,如图 5.3.1 所示,弹出"发现相似目标"对话框。

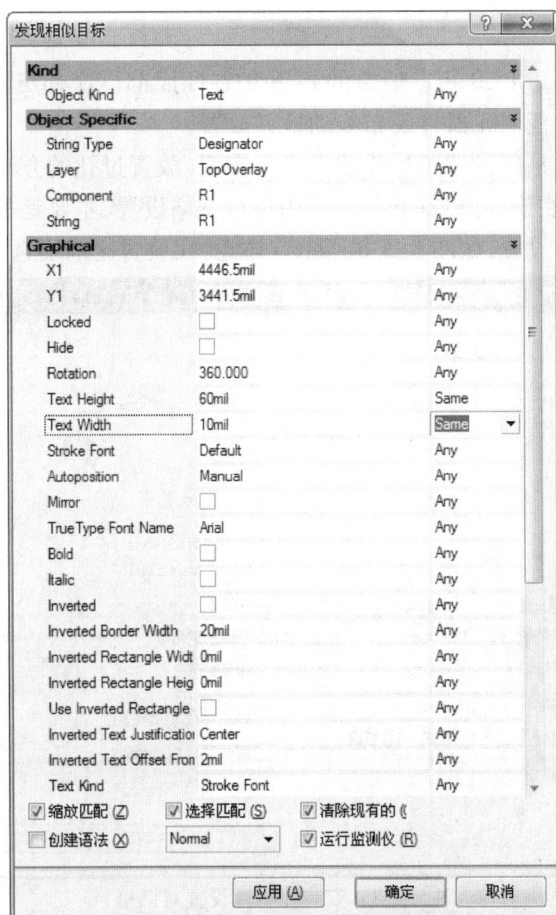

图 5.3.1　"发现相似目标"对话框

在 PCB 文档中,字体默认大小为 Text Hight 60 mil,Text Wideth 10 mil。现在要全局更改成 Text Hight 30 mil,Text Wideth 5 mil。操作是:把 Text Hight 默认值 60 mil 后面的"Any"改为"Same",同理设置 Text Wideth,然后单击"确定"按钮,则会出现"PCB Inspector"对话框,如图 5.3.2 所示。在其中找到 Text Hight 和 Text Wideth,把期望的字体高度和大小写进去,按"Enter"键退出。这时所有的封装的名称都变成了"30 mil×5 mil",实现了全局注释的修改。

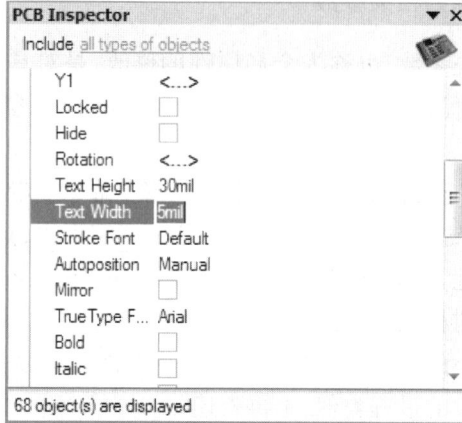

图 5.3.2　"PCB Inspector"对话框

3.3.2　放置安装孔

安装孔的作用是固定 PCB 板。通常的 PCB 板在四周都设计有安装孔。安装孔的位置可以选择在电路板中没有任何元器件及布线的地方放置。

安装孔的设计方法是通过放置过孔的方式来实现(放置过孔的方法在前面的内容已经讲述,不再赘述)的,只是在属性设置的时候,不用进行网络设置,主要是根据安装螺钉的尺寸大小进行过孔内径大小的设置,如图 5.3.3 所示。注意:在放置之前要选择"Multi-Layer"层。

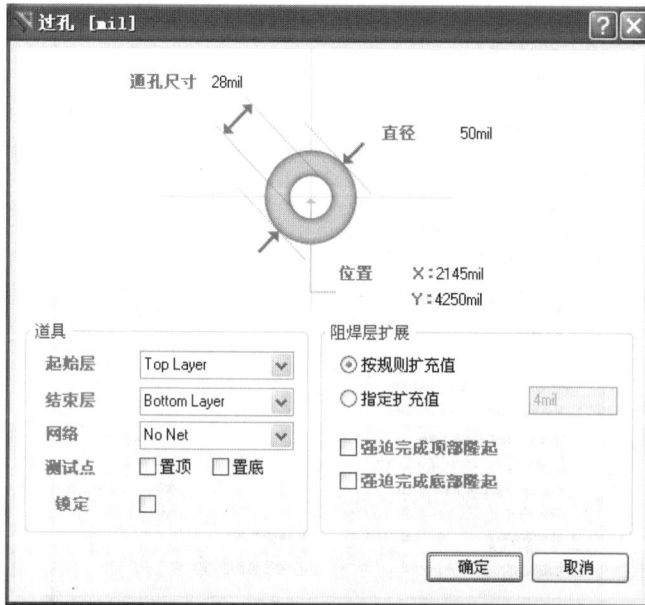

图 5.3.3　安装孔属性设置对话框

3.3.3 小信号包地

将包围某些小信号导线的外围导线接地,称为"包地"。包地处理可以保护某些网络布线不受噪音信号干扰。默认的外围导线没有网络名称,因此它不属于印刷电路板中的任何网络,也起不到什么屏蔽作用,一定要接到地线网络,以提高小信号抗干扰能力。

执行"编辑"→"选中"→"网络"菜单命令,再执行"工具"→"描画选择对象外形"菜单命令,即在选中网络周围生成包地线,将该网络中的导线、焊盘与过孔等包围起来,如图 5.3.4 所示。

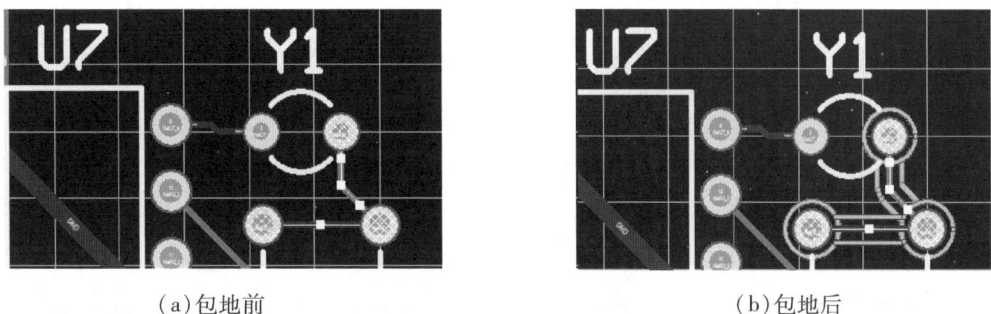

(a)包地前   (b)包地后

图 5.3.4 包地前后效果图

双击每段包地布线,可以打开它们的属性设置对话框,将其"网络"设置成"GND",如图 5.3.5 所示,然后执行自动布线或采用手动布线来完成包地的接地操作。注意:包地线的线径应该与"GND"相匹配。

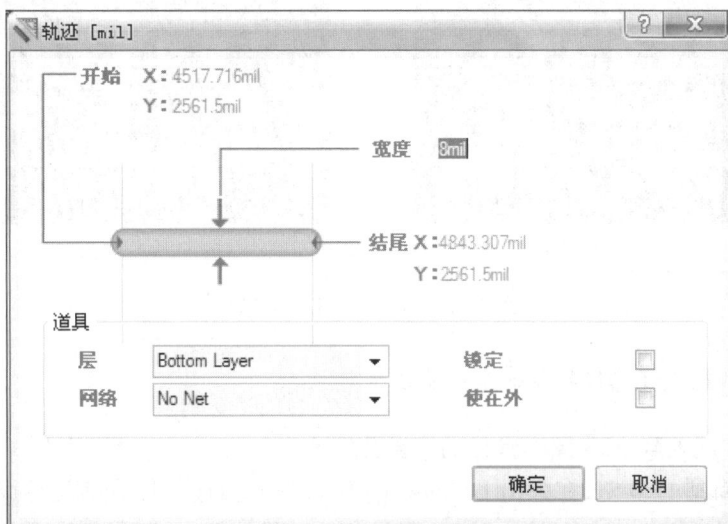

图 5.3.5 包地属性设置

如需删除包地,可执行"编辑"→"选中"→"连接的铜皮"菜单命令,此时光标变成"十"字光标,单击要删除的包地线整体,然后按"Delete"键即可进行删除操作。

3.3.4 泪滴化焊盘

在导线和焊盘或者过孔之间有一段过渡,把过渡的区域做成泪滴状,可以起到保护焊盘的作用,避免出现在导线与焊盘或者过孔接触点出现应力集中而断裂的现象。

执行"工具"→"泪滴"菜单命令,则弹出如图 5.3.6 所示对话框,主要包括概要、行为、泪滴类型三部分选项。按照要求选择完成之后,单击"确定"按钮即可执行泪滴化焊盘的过程;需撤销泪滴化时,在"行为"区域中选择"移除"项即可。泪滴化前后对比如图 5.3.7 所示。

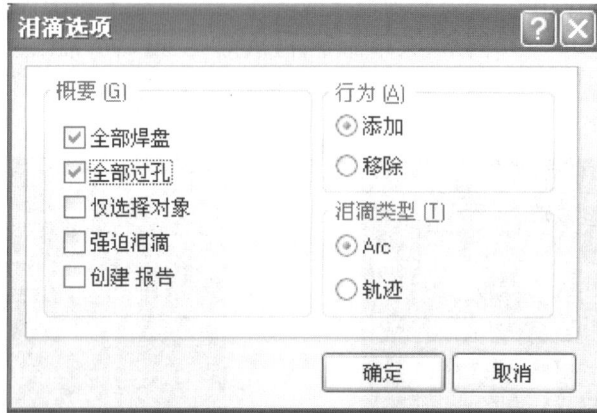

图 5.3.6　泪滴选型对话框

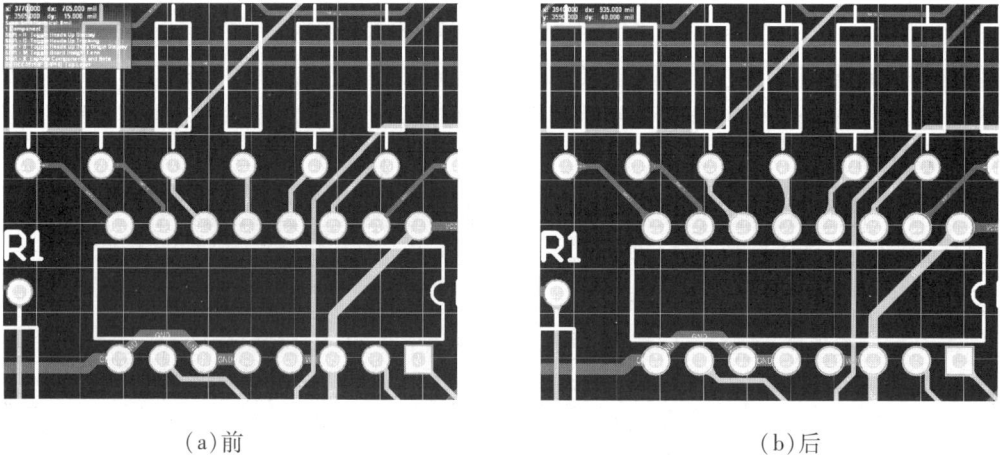

(a)前　　　　　　　　　　　　　　　　　(b)后

图 5.3.7　泪滴化前后效果图

3.3.5　PCB 载入元器件封装时常见错误

(1) 将 SCH 载入到 PCB 图时常见的错误及修改

将 SCH 更新到 PCB 时,在弹出 Engineering Change Order(工程清单改变)对话框后,单击"使更改生效"对话框之后,若"检查"栏出现红色的叉号"×",通常表示找不见元件所在的元件库,如图 5.3.8 所示。

一种原因是集成库文件(.InLib)封装库已经损坏,或者使用了 PCB 板中没有的封装,或者是使用了与库文件中名称不一致的封装。下面以抢答器电路中的电阻 R_1 为例进行说明。

首先查看元器件封装,回到原理图文件,双击元件 R_1 进入属性菜单,如图 5.3.9 所示。

单击至右下角封装一栏,然后再单击"编辑"按钮,打开 PCB 模型对话框,如图 5.3.10 所示。其主要包括封装模型、PCB 库、选择封装三部分。用户在出现错误的时候要首先核对封

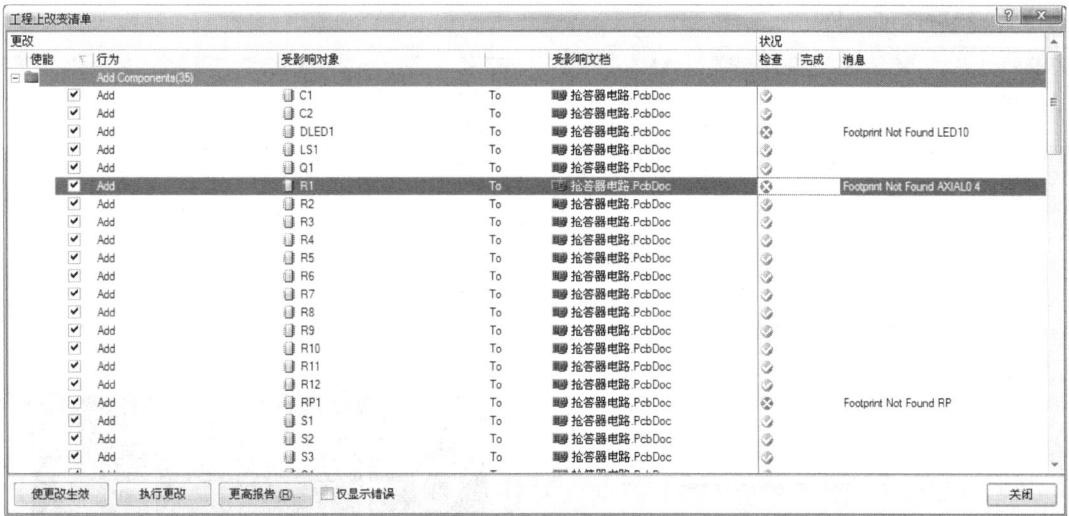

图 5.3.8 原理图载入错误

图 5.3.9 电阻属性对话框

装的名称是否正确。若名称不正确,则首先需要修改名称,本例中即是出现名称错误,实际封装名称应该为"AXIAL-0.4"。单击"任意"按钮,在名称一栏修改为正确的封装名称,即可在选择封装部分中出现安装库中有此封装的元件的封装图样及所在库的位置,如图 5.3.11 所示。若名称正确,可单击 PCB 库中的"任意"按钮,自动在软件自带的库中搜寻相关名称的封装。若此元件为用户新建元件,则一般需要在 PCB 库中单击"库路径"找到新建元件封装库的位置,然后添加入库。

图 5.3.10　PCB 模型名称修改前

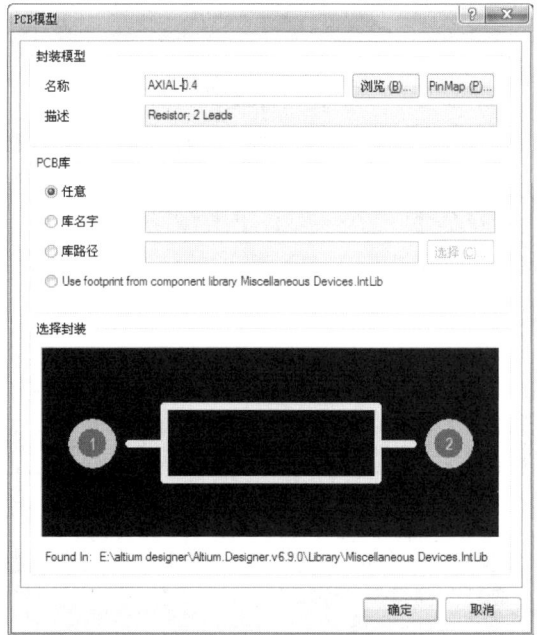

图 5.3.11　PCB 模型名称修改后

若电阻 R_1 封装原本为"AXIAL-0.4",现在根据需要修改成"AXIAL-0.8",则可以在 PCB 模型中"名称"栏的右侧单击"浏览"按钮,则出现"库浏览"对话框,如图 5.3.12 所示。可通

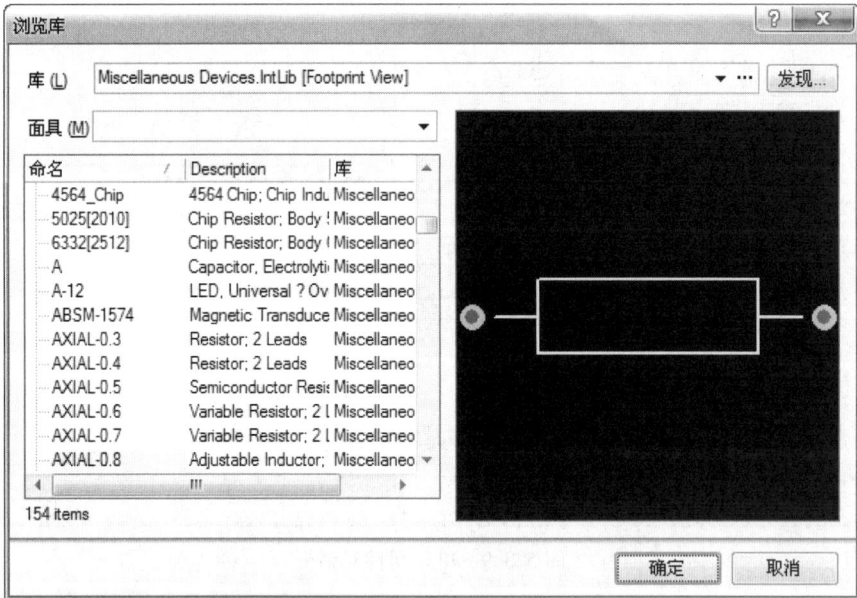

图 5.3.12　"浏览库"对话框

过"浏览库"中滚轴查看库文件中所有的封装类型,选择"AXIAL-0.8",单击"确定"按钮,电阻 R_1 的封装实现切换。

另一种原因是元器件的封装库没有装入当前的 PCB 库文件管理器中。

如之前已经绘制完成电路原理图,库文件已经加载,但是在另外一台电脑上使用软件打开时,更新 SCH 到 PCB 时总会出现封装找不到的错误信息。这是由于软件使用时若更换软件安装电脑或者电脑带有还原精灵,则软件本身可能会只安装默认的库文件,用户曾经安装的库文件可能未安装所致。这就需要重新安装库文件,库文件的安装详见原理图中库文件加载部分的介绍。另外,PCB 编辑界面的右侧部分也可实现库文件的加载,具体方法是单击"库"按钮,出现如图 5.3.13 所示对话框,然后单击"Libraries 按钮"打开如图 5.3.14 所示对话框,单击"安装"按钮寻找要使用元件封装库,如本例中电阻所在库"Miscellaneous Devices",单击"打开"按钮即可实现元件库的加载过程。

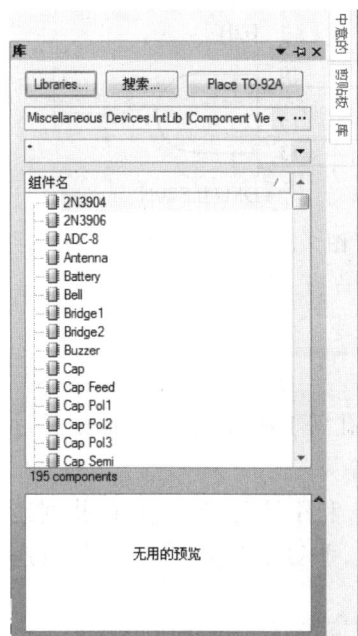

图 5.3.13 "库"对话框

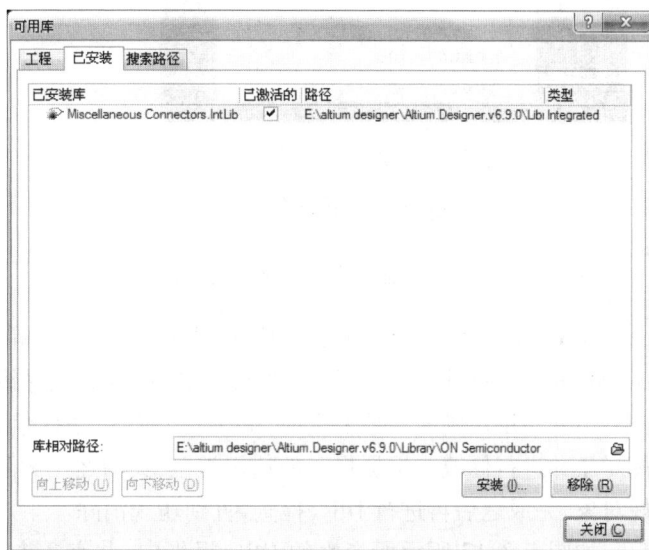

图 5.3.14 "安装库"对话框

(2)SCH 更新到 PCB 时出现的典型错误与原因

1)不能执行更新

在原理图中执行"设计"命令时找不到"更新 PCB 文件",或者是在 PCB 文件中执行"设计"命令"Import Changes From"灰色显示,如图 5.3.15 所示,表示不可用,均可能是由于创建的 PCB 文件未加载进工程中所致,将其加入工程中即可。

2)执行更新 PCB 时出现错误

这种情况可能是由于元器件的引脚数与焊盘数不对应所致,尤其是集成块元器件,由于 SCH 中电源、接地引脚隐藏,认为显示的引脚数即为焊盘数,造成集成块引脚没有与焊盘相匹配。注意:元器件引脚编号与焊盘编号要一致。

3)在装入的 PCB 中,集成封装没有充分利用

原理图设计中,若一个集成块封装包括多个元件单元,为避免网络关系复杂,应该使用相同编号名称。如图 5.3.16 所示 DM74LS20N 中若使用"U2"的两个单元,不需要输入"U2A"、"U2B",只需要输入"U2"即可。特别强调同一集成块的不同单元必须使用同一个元器件编号,否则就出现集成块重复使用、网络混乱等错误。

4)装入的 PCB 中集成块电源、接地有误

电源、接地缺少网络或者电源与接地短路,原因可能是绘制原理图时只看电源和接地符

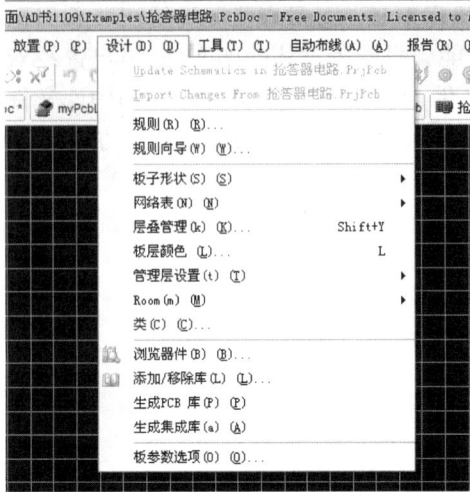

图 5.3.15　无法更新 PCB

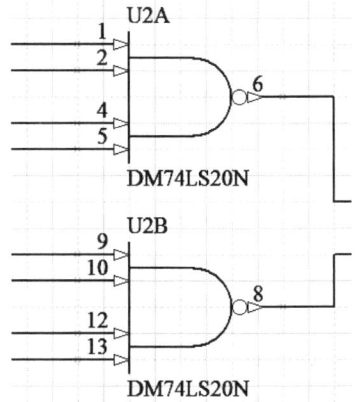

图 5.3.16　多模块封装元件

号,没进入属性编辑界面查看网络。

3.3.6　PCB 设计规则错误的修改提示

DRC 用于检查印制电路板中的对象(如导线、焊盘、过孔等)是否违反了前面通过 Design/Rules 命令设置的各种规则要求,如安全间距、导线宽度等。

当有违反规则的现象发生时,必须认真分析错误信息报告,利用导航(Navigator)找到违规对象并进行修改。根据提示的违规类型,灵活运用删除、移动、手动布线等编辑方法修改违规对象,完成之后再进行 DRC 检查,直到违规消除。

如图 5.3.17 所示所产生的 DRC 报告中,共有 3 个错误,分别是由于网络未连接两个错

图 5.3.17　DRC 错误的情况

误,包括 D0-1 和 D0-2 网络铜膜导线断开;线宽违反规则,超出设计规范等,需要重新修改。旁边的 Messsges 框中同时也说明了错误的类型和个数,可以结合信息框中的提示来进行逐步修改,直到消除错误为止。

3.4　项目实施

3.4.1　准备抢答器电路原理图

按照 PCB 文件的创建方法建立"抢答器电路.PrjPCB"工程。"抢答器电路.SchDoc"原理图文件可参考前面讲述建立,如图 5.3.18 所示,不再赘述;在工程下创建"抢答器电路.PCB-Doc"子文件,并添加到工程内。

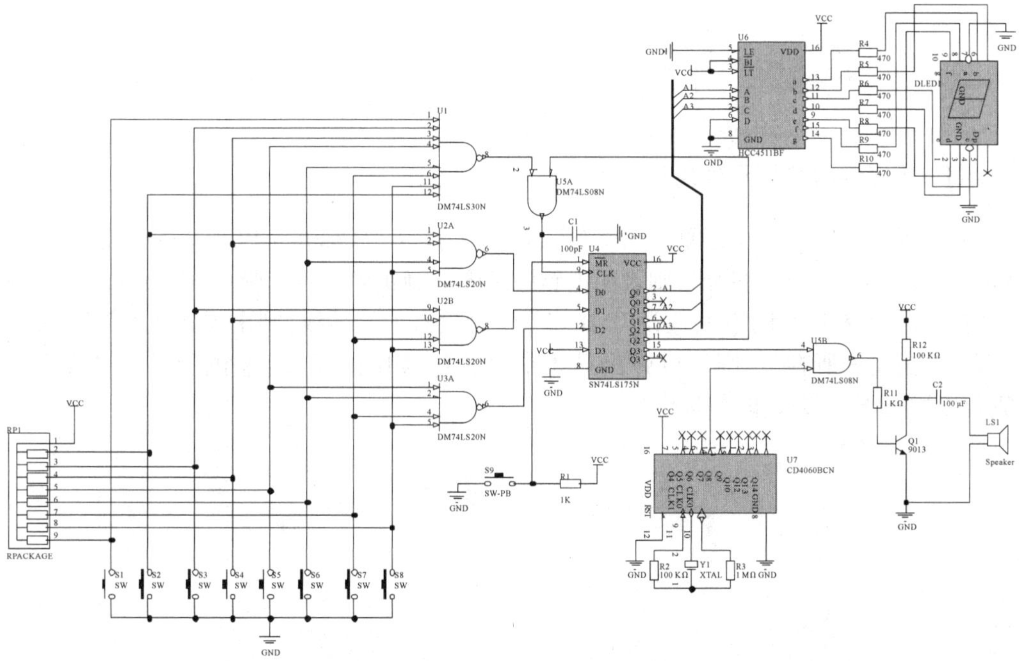

图 5.3.18　抢答器电路原理图

注意:由于本设计使用了自制的 PCB 元器件,所以在编译之前一定要检查自制的元件封装库是否加载成功,否则就会出现编译错误。原理图元件库与 PCB 元件封装库的使用将在后面章节具体介绍。

3.4.2　编译检查原理图并生成网表

(1)编译检查原理图

执行"工程"→"Compile PCB Project 抢答器电路.PrjPCB"菜单命令,如没有错误,不显示任何信息;如有错误,将出现"Message",具体参见前面章节的编译检查过程进行修改。

(2)生成网络表

按照前面介绍的方法,执行"设计"→"工程网络表"→"Protel"菜单命令,生成网络表如

图 5.3.19 所示。

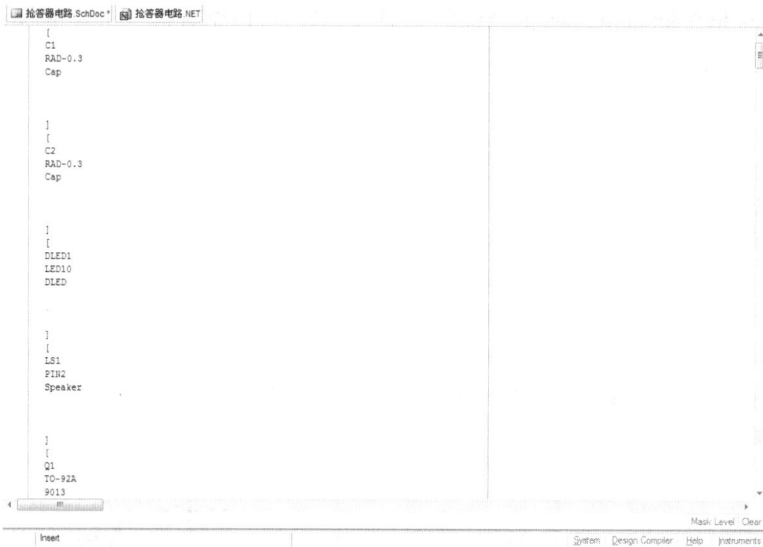

图 5.3.19　抢答器电路网络表

3.4.3　将元件封装与网络载入 PCB

打开工程中已经绘制好的原理图文件,执行"工程"→"Compile PCB Project 抢答器电路.PrjPcb"命令。若没有任何弹出,则表明电路原理图绘制正确。若有弹出,应及时对原理图绘制中的错误做出修改。本例中,假设 U5B 部分管脚没有连接导线,则出现如图 5.3.20 所示的对话框。双击错误所在行,则可以弹出具体错误信息,如图 5.3.20 左侧所示。修改完成之后,则可以进行下一步操作。

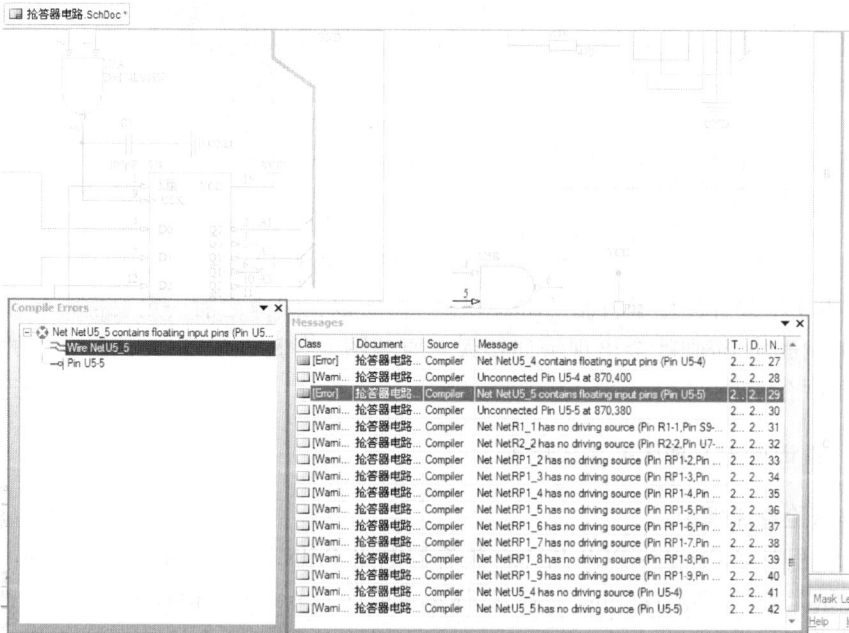

图 5.3.20　编译错误实例

在原理图编辑器中执行"设计"→"Update PCB Document 抢答器电路.PcbDoc"命令,系统打开如图 5.3.21 所示的 Engineering Change Order 对话框,显示了本次设计要载入的器件封装及载入的 PCB 文件名等。

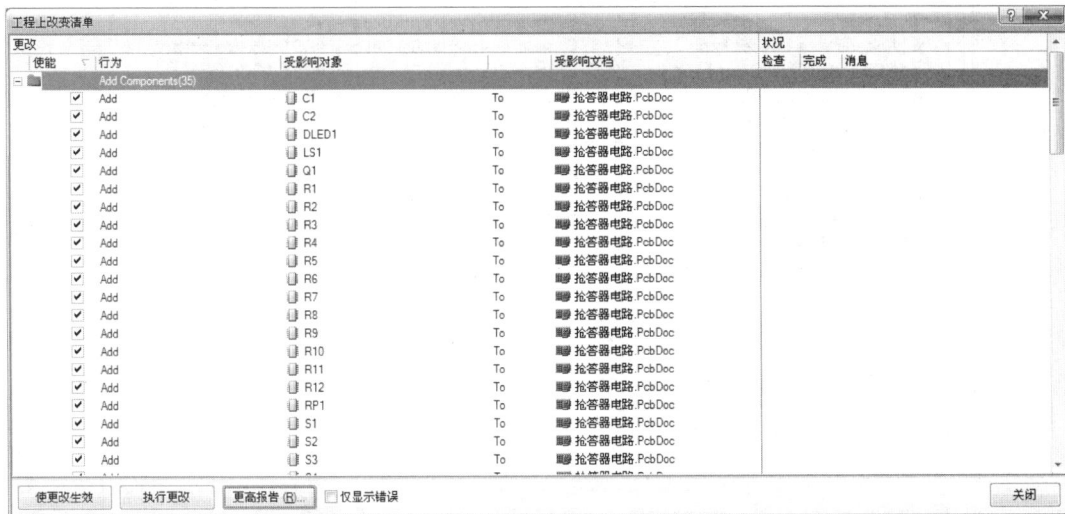

图 5.3.21 Engineering Change Order 对话框

单击"使更改生效"按钮,"状况"区域中的"检查"栏中将会显示检查的结果。若出现绿色的"√"标志,表明对网络及元器件封装的检查是正确的,说明变化有效。当出现红色的"×",表明网络及元器件封装检查是错误的,说明变化无效,需要作出修改。如图 5.3.22 所示,出现的错误是因为部分元件封装库及新建的封装没有添加进 PCB 封装库中,把所用的元件库及建好的库添加进对应的 PCB 文件即可。新建元件库具体添加过程是在 PCB 编辑文件的右侧单击"Libraries",打开库文件编辑窗口,然后单击浏览库文件路径按钮 ,找出新建的 PCB 封装文件(本例为抢答器电路.PcbLib 文件),然后单击"安装"按钮进入设计库即可,如图 5.3.23 所示。

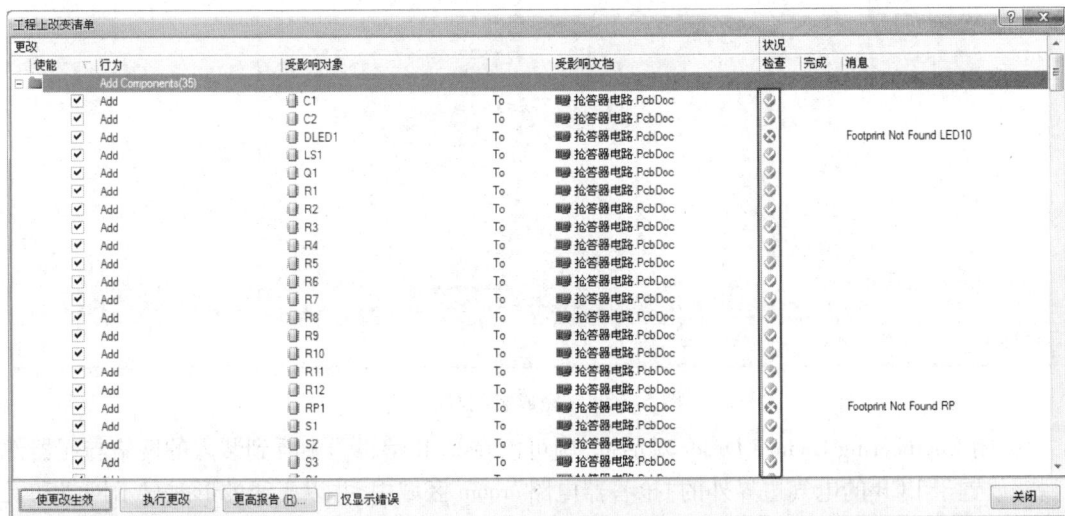

图 5.3.22 PCB 封装载入错误

303

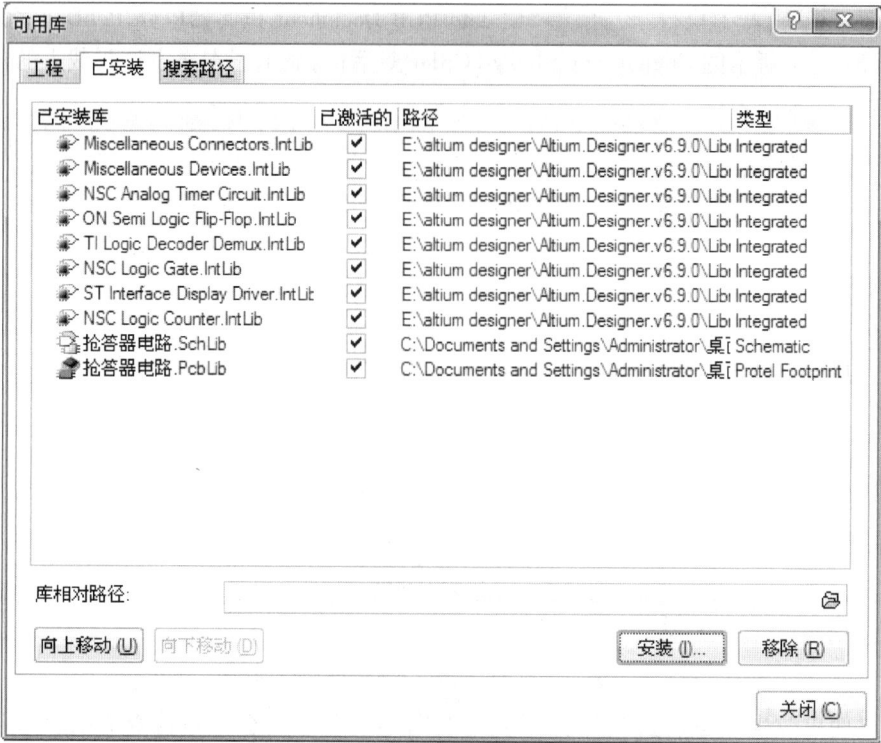

图 5.3.23　加载自制元件库

单击"执行更改"按钮,将网络及元器件封装装入到 PCB 文件"抢答器电路.PcbDoc"。如果装入正确,则"状态"区域的"完成"栏中会显示出绿色"√"的标志,如图 5.3.24 所示。

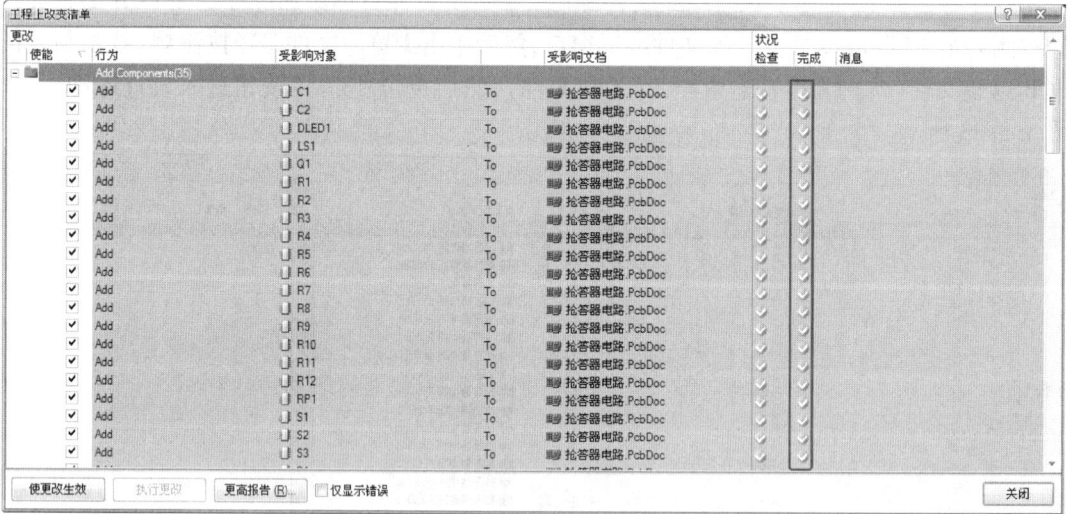

图 5.3.24　完成装载对话框

关闭 Engineering Change Order 对话框,则可以在 PCB 编辑器中看到装入的网络与元器件封装,放置于 PCB 的电气边界外的"抢答器电路"room 区域中,并以飞线的形式显示网络和元器件之间的连接关系,如图 5.3.25 所示。

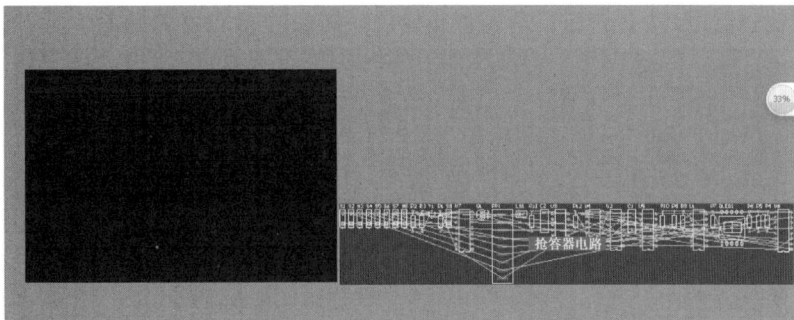

图 5.3.25　装入网络与元器件封装到 PCB 文件

3.4.4　元器件布局及调整 PCB

（1）通过 Room 框调整与移动元器件封装

拖动抢答器电路 Room 框到规划好的电路板上部，如图 5.3.26 所示，执行"工具"→"器件布局"→"按照 Room 排列"命令，移动鼠标至"抢答器电路"的内部，单击鼠标左键，元器件将按照类型整齐排列，然后单击右键结束，最后删除 Room 框。

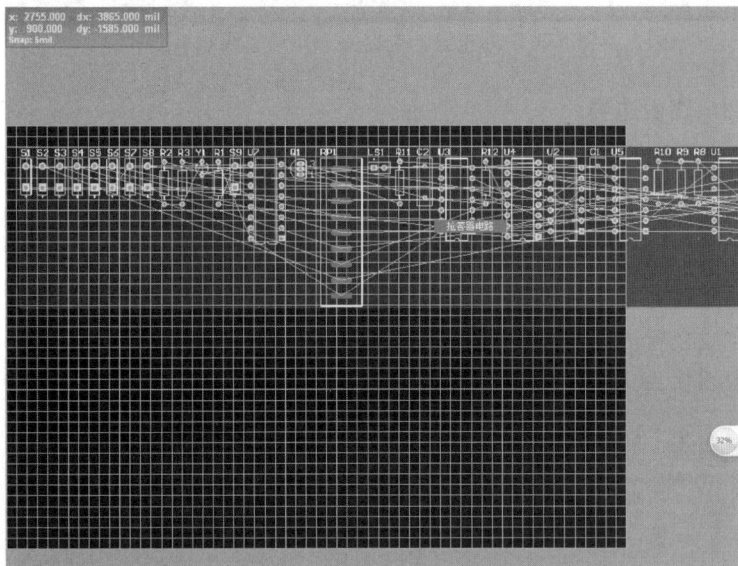

图 5.3.26　通过 Room 框调整与移动元器件封装

（2）手动调整元器件位置

参照电路图，首先可以将核心的元件 U1—U7 移动到 PCB 核心部分，随后根据"飞线尽量短且交叉少"的原则将其他元器件移动到核心元件的周围。同类型的元器件可以放置到一起，并尽量对齐。

手动调整元器件的位置时要不断反复地进行观察与验证，期间还需要适时地调整元器件的位置，比如上下、左右翻转等，最终找到最合适的位置进行布局。布局时，如需方便地定位电路原理图中元件与 PCB 中封装的位置，还可以执行"工具"→"交叉探针"菜单命令，进行原理图元器件与 PCB 封装之间的切换，单击之后光标变成"十"字，然后单击需要切换的元器件，即可快速定位某个元件的位置；如需取消，则可单击"清除当前过滤器" 按钮即可。

抢答器电路经过自动布局与手动调整布局之后的最终布局效果如图 5.3.27 所示。

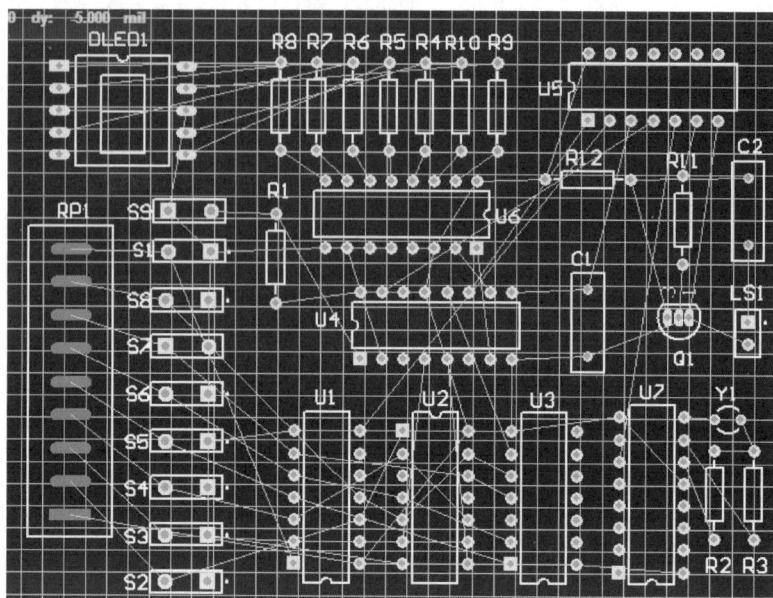

图 5.3.27　抢答器电路参考布局完成效果图

3.4.5　规划电路板边界

之前的项目都是在布局之前进行边界规划,这种方法是基于已经明确元器件封装的类型及电路板大小的前提下给出的。另一种方法是用户可根据自己制作 PCB 的实际过程来自行确定电路板的大小(这种方法是在用户事先了解客户的设计需求下,然后根据实际布局情况自行设计制定电路板的大小),即根据元器件封装大小布局完成之后进行边界规划。本例就是在元件布局完成之后进行电路板规划。本例最终电气边界为 3 600 mil×2 605 mil,规划好的电路边界如图 5.3.28 所示。如果需要进行坐标转换,可以在英文输入状态下按键盘上面

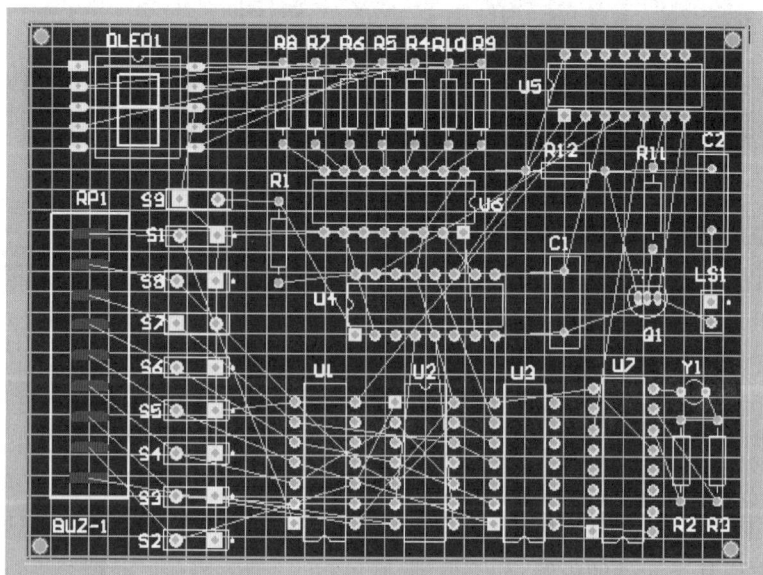

图 5.3.28　规划板子边界

的"Q"键,实现 mil 与 mm 单位之间的快速转换。

3.4.6　PCB 双面板布线前设置

(1)双面板设置

执行"设计"→"规则"命令,单击右侧"布线层"对话框,选中"顶层"和"底层"项。

(2)设置布线宽度及布线层优先级

参照前面章节布线宽度的设置方法,分别设置电源线为 20 mil、地线宽度为 25 mil,设置一般信号线的宽度为 10 mil。本设计优先性如图 5.3.29 所示。

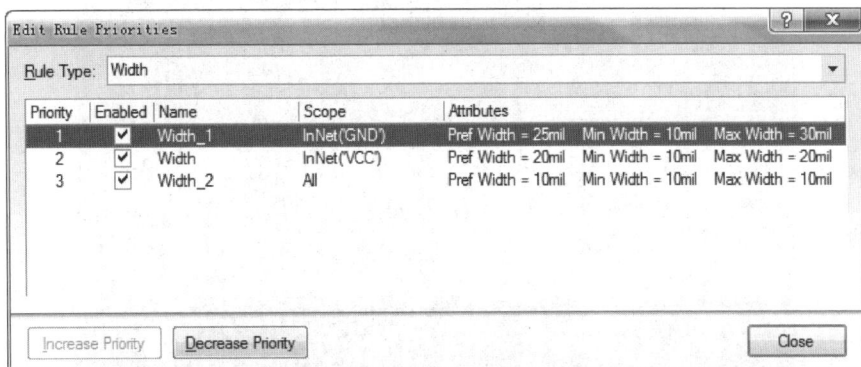

图 5.3.29　布线优先性设置

3.4.7　按布线规则设置进行自动布线

执行"自动布线"→"全部"命令,系统开始进行自动布线,布线完成效果如图 5.3.30 所示。

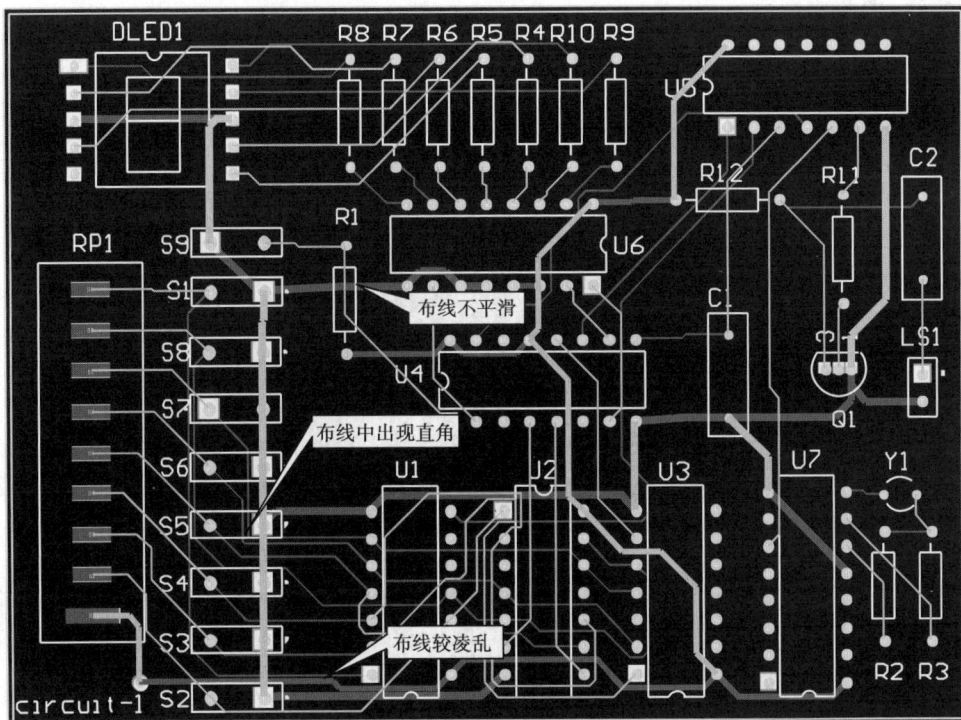

图 5.3.30　自动布线参考图

3.4.8　手动修改布线

自动布线提供了一个简单而强大的布线功能,但是自动布线存在一些问题,如走线凌乱、拐弯较多、直角布线、舍近求远等。对于一些需要特殊考虑的电气性能,自动布线不能很好地处理。在这些情况下,可对自动布线的结果进行手动修改,或者进行全盘的手动布线。手动布线参考图如图 5.3.31 所示。

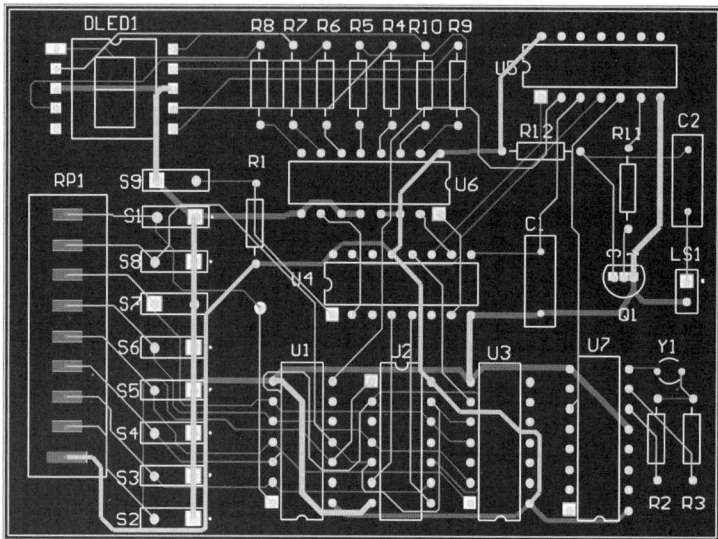

图 5.3.31　手动布线参考图

3.4.9　泪滴化处理

执行"工具"→"泪滴"菜单命令,在弹出对话框中选择全部焊盘、全部过孔,泪滴类型选择"Track",按要求选择完成之后,单击"OK"按钮即可执行泪滴化焊盘的过程。泪滴化后效果如图 5.3.32 所示。

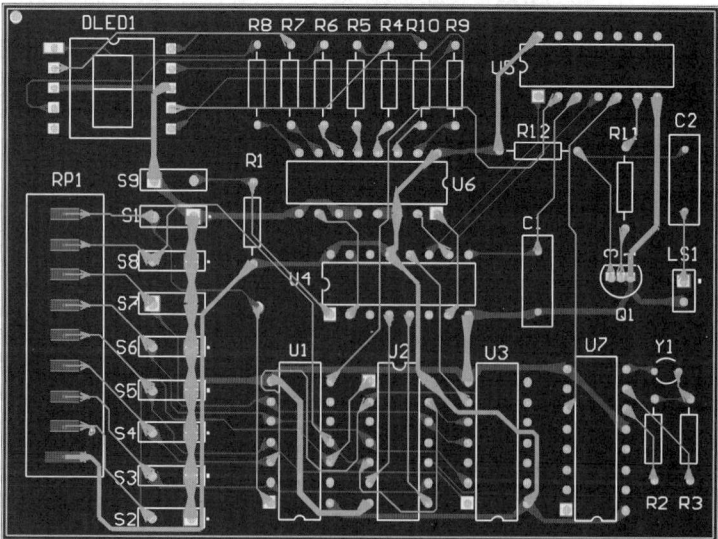

图 5.3.32　泪滴化焊盘效果图

3.4.10　放置合适的安装孔

执行"放置"→"过孔"菜单命令,然后双击过孔打开属性对话设置框,设置内径为 70 mil,外径为 80 mil,然后单击"确定"按钮完成过孔大小的设置。可利用"测量距离"工具配合使用正确完成安装孔的放置,完成后如图 5.3.33 所示。

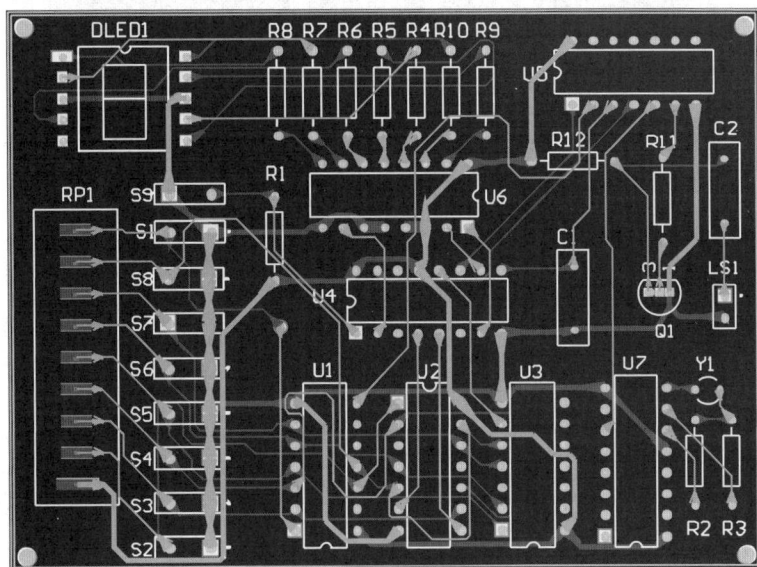

图 5.3.33　安装孔的放置

3.4.11　添加文字说明及尺寸标识

切换电路板至丝印层 ☐ **Top Overlay** ,执行"放置"→"字符串"菜单命令或者单击 **A** 按钮,输入"BUZ-1",给设计的 PCB 电路命名,如图 5.3.34 所示;执行"放置"→"尺寸"→"线性"菜单命令,放置尺寸标识,如图 5.3.35 所示。

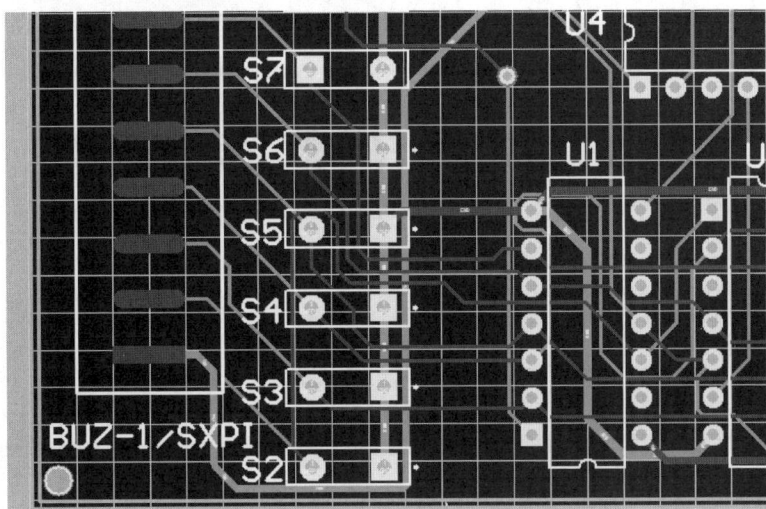

图 5.3.34　添加文字说明

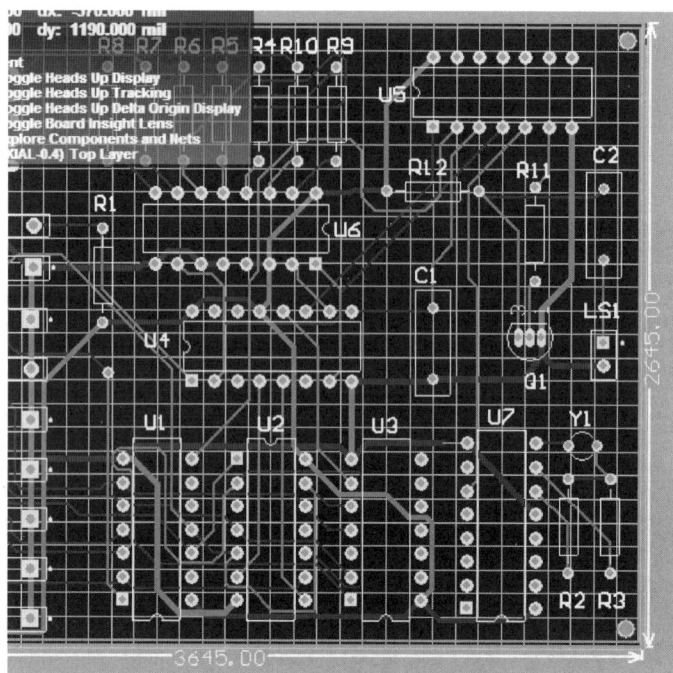

图 5.3.35　添加尺寸标识

3.4.12　PCB 设计规则检查

执行"工具"→"设计规则检查"命令,检查布线是否违反设计规则,同时生成"Design Rule Check-抢答器电路.html"文件,如图 5.3.36 所示。

图 5.3.36　设计规则检查

3.4.13 PCB 的 3D 效果图

执行"察看"→"3D 显示"菜单命令,则生成如图 5.3.37 所示的 3D 效果图,同时生成"抢答器电路.PCB3D"文件。通过 3D 效果图可查看板子的元件布局及布线的合理性,若不合理则需要进行修改。

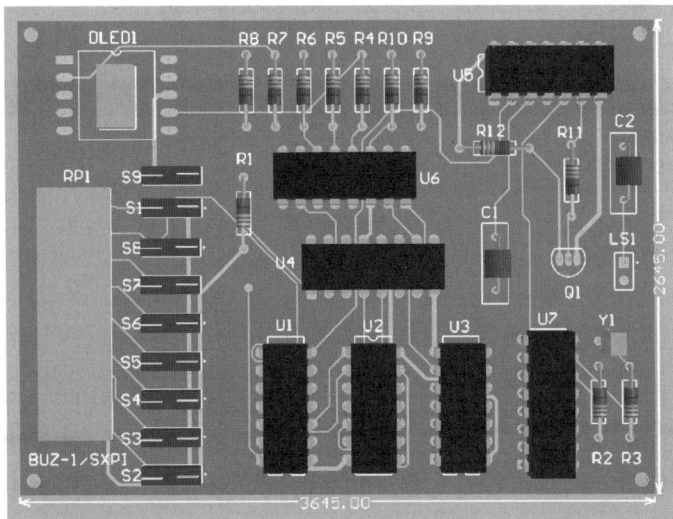

图 5.3.37 3D 参考效果

3.4.14 PCB 报表输出

(1) 电路板信息报表

电路板信息报表用于为用户提供电路板的完成信息,包括电路板尺寸、焊盘、导孔的数量,以及零件标号等。

执行"报告"→"板子信息"命令,系统弹出如图 5.3.38 所示对话框。单击"报告"按钮,打开如图 5.3.39 所示对话框,单击"全部打开"和"报告"按钮,则系统会生成网页形式的电路板信息报告"Board Information Report-抢答器电路.html",如图 5.3.40 所示。

图 5.3.38 PCB 信息对话框

图 5.3.39 板报告对话框

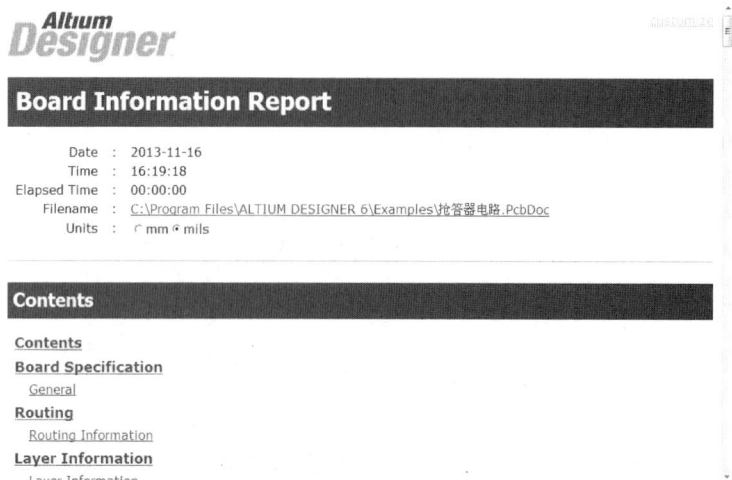

图 5.3.40　电路板信息报告

(2)元件报表

元件报表可以用来整理电路或工程的零件并生成元件列表,以便用户查询。执行"报告"→
"Bill of Materials"命令,则生成元件报表对话框,如图 5.3.41 所示。在弹出的对话框中单击
执行"菜单"→"报告"命令,则可打开元器件报表的预览对话框,如图 5.3.42 所示。

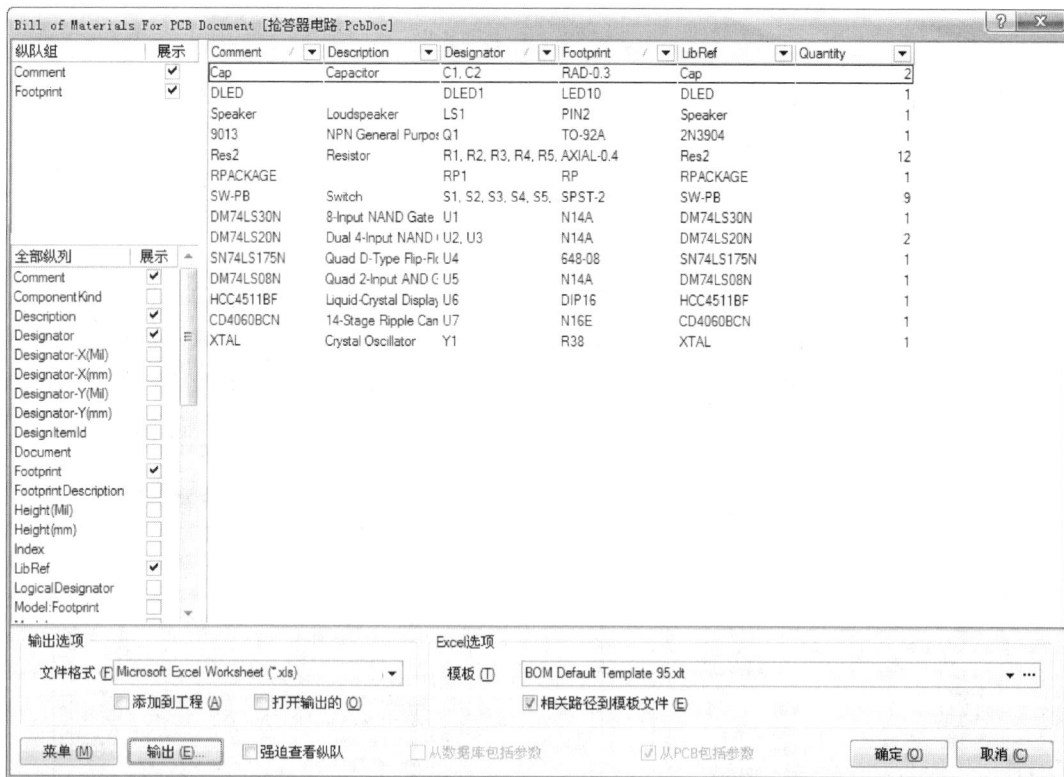

图 5.3.41　元件报表对话框

单击该对话框中的"输出"按钮,可以将该报表进行保存,并生成"Excel"形式的文件,文
件名为"抢答器电路.xls"。

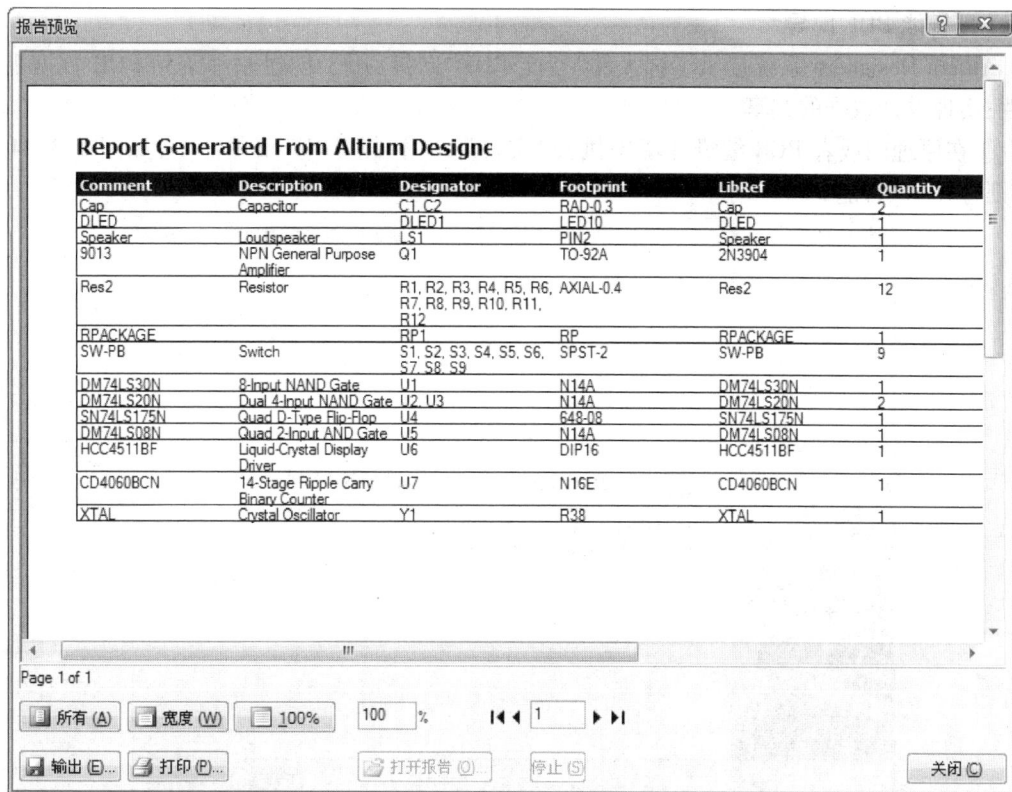

图 5.3.42　报告预览对话框

(3) 网络状态表

网络状态表用于给出 PCB 中各网络所在工作层面及每一网络中导线总长度。

执行"报告"→"网络表状态"→"网络状态表"命令,系统自动生成了网页形式的网络状态表,生成文件后缀名为".PcbDoc"的文件,如图 5.3.43 所示。

Net Status Report

Date	: 2013-11-16
Time	: 22:33:17
Elapsed Time	: 00:00:00
Filename	: C:\Program Files\ALTIUM DESIGNER 6\Examples\抢答器电路111.PcbDoc
Units	: ○mm ●mils

Nets	Layer	Length
A1	Signal Layers Only	665.061mil
A2	Signal Layers Only	565.446mil
A3	Signal Layers Only	266.274mil
GND	Signal Layers Only	9745.823mill

图 5.3.43　网络状态表

(4) 智能 PDF 向导

Altium Designer6 系统提供了强大的"智能 PDF"向导,用于创建原理图和 PCB 数据视图文件,实现设计数据的共享。

①在原理图或者 PCB 编辑环境中执行"文件"→"智能 PDF"菜单命令,如图 5.3.44 所示,则打开了"智能 PDF"向导。

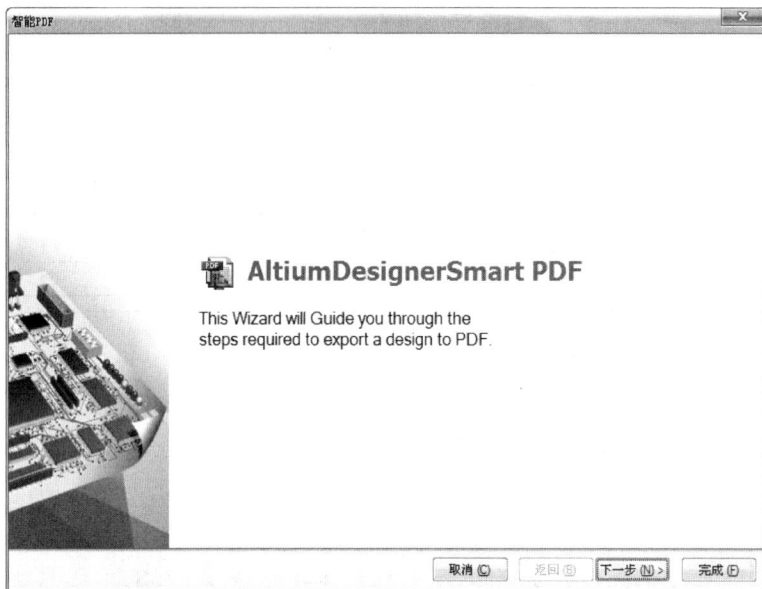

图 5.3.44　"智能 PDF"向导

②单击"下一步"按钮,进入选择输出项目对话框,用于设置是将当前项目输出为 PDF,还是将当前的文档输出为 PDF,并选择输出文件的名称与保存路径,如图 5.3.45 所示。

图 5.3.45　选择输出目标

③单击"下一步"按钮,进入选择项目文件对话框,用于选择项目中的设计文件,如图 5.3.46 所示。

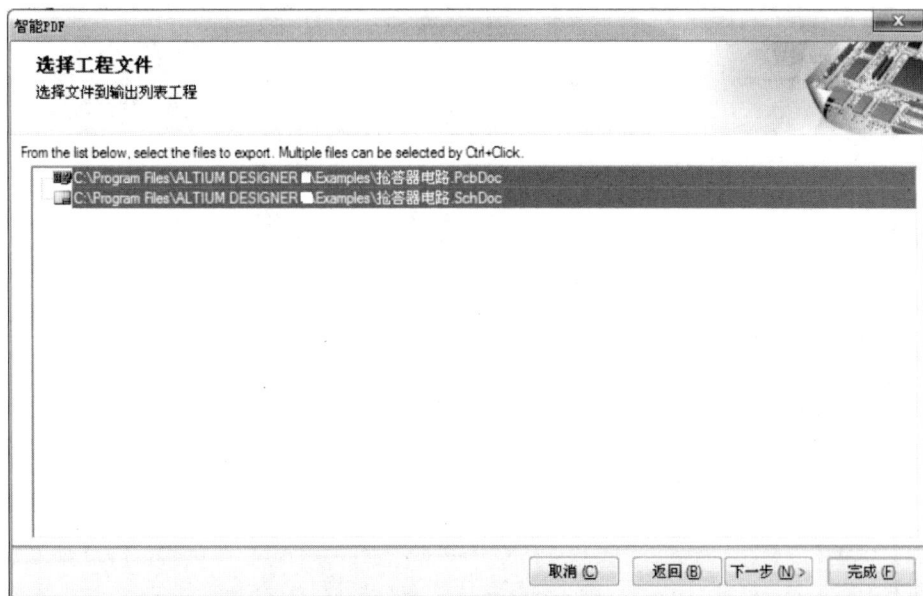

图 5.3.46　选择工程文件

④单击"下一步"按钮,进入 PCB 打印输出设置对话框,用于对项目中 PCB 文件的打印输出进行必要的设置,如图 5.3.47 所示。

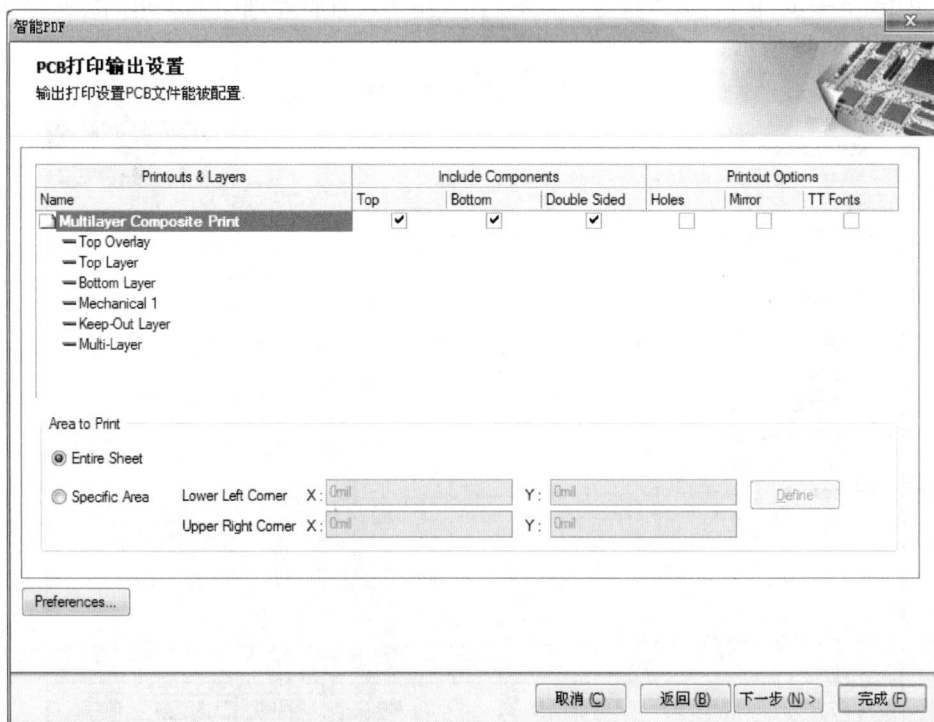

图 5.3.47　PCB 打印输出设置

⑤单击"下一步"按钮,进入附加的 PDF 设置对话框,用于对生成的 PDF 进行附加设定,包括图元的放缩、原理图和 PCB 的颜色、附加标签的生成等,如图 5.3.48 所示。

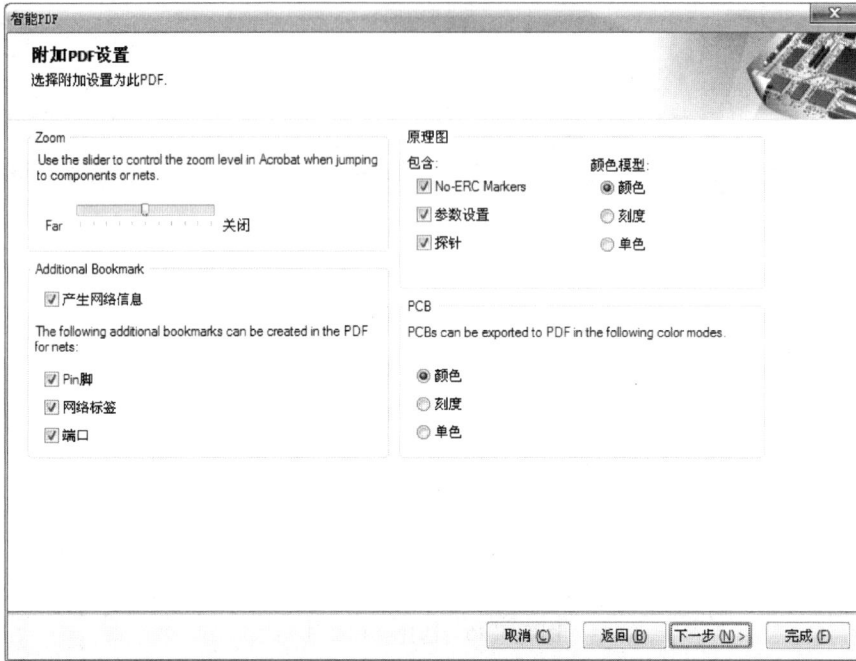

图 5.3.48　附加 PDF 设置

⑥单击"下一步"按钮,进入构建设置对话框,用于设置将原理图从逻辑图纸扩展为物理图纸。如图 5.3.49 所示。

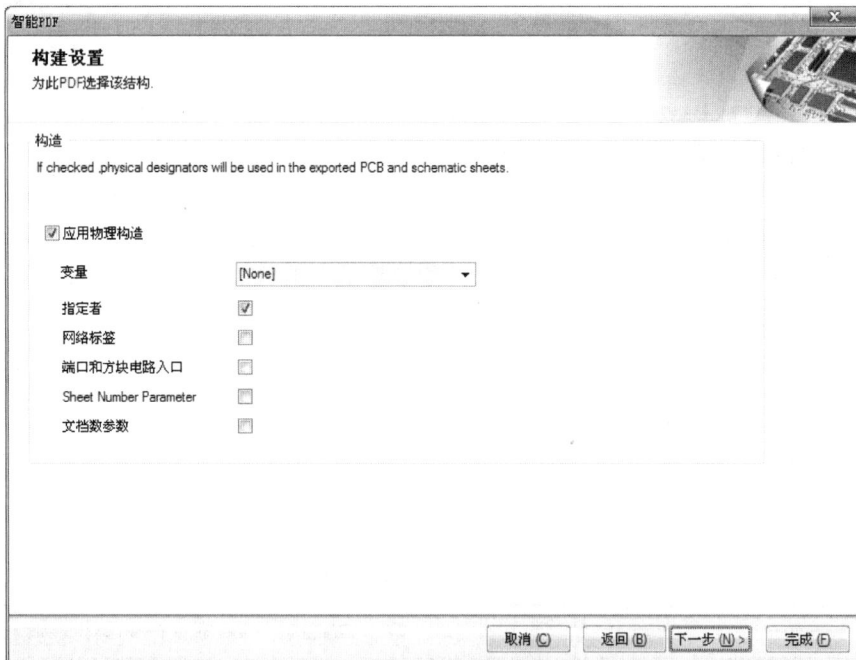

图 5.3.49　构建设置

⑦单击"下一步"按钮,进入最后步骤对话框。该对话框只有一项设置,即是否在生成 PDF 文件后打开该文件进行查看,如图 5.3.50 所示。

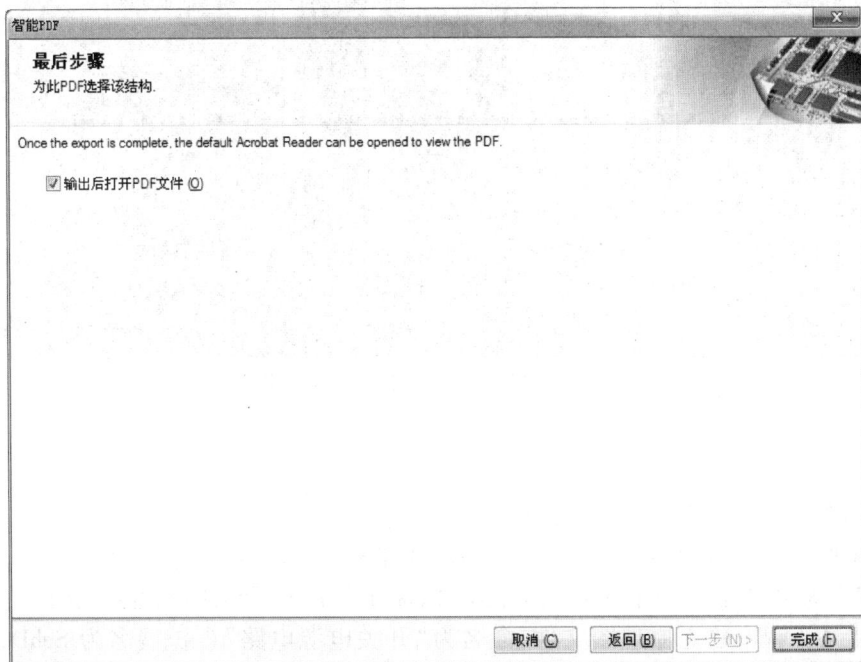

图 5.3.50　最后步骤对话框

⑧单击"完成"按钮,则系统生成了相应的 PDF 文档并打开该文件,分别生成抢答器电路的原理图文件与 PCB 文件。

3.5　实训练习

3.5.1　实训一

根据第 4 篇原理图设计项目 4 实训练习一中"超声波测距仪"电路绘制层次原理图后,进行后续的 PCB 双面板设计,原理图要求参见前面所述。PCB 设计要求如下:

①在上述工程中建立 PCB 文件,命名为"超声波测距仪电路"(扩展名为.PcbDoc)。

②使用双层板进行 PCB 设计。

③参考 PCB 大小为 5 300 mil×2 500 mil,采用双面布线。

④一般布线宽度为 10 mil,电源线、地线宽度均为 40 mil。

⑤布局采用自动与手动相结合,布线采用自动布线为主。

⑥设计后进行规则检查,若有错误则进行修正。

⑦给数码管进行泪滴化焊盘,并对处理模块进行接地、敷铜处理。

⑧添加标注与尺寸标识,并输出 3D 效果。

⑨保存所构建的电路,退出操作环境。

参考 PCB 板图如图 5.3.51 所示。

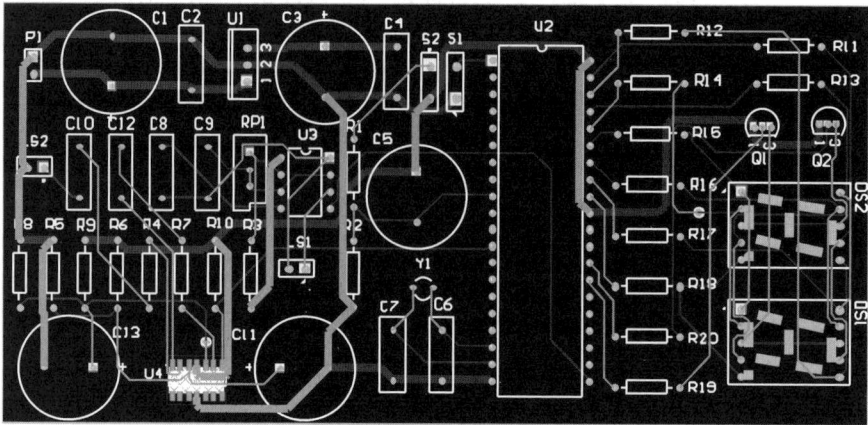

图 5.3.51　超声波测距仪电路参考 PCB 板图

3.5.2　实训二

绘制图 5.2.38 所示"开关电源电路",要求:

①在桌面下建立以"开关电源电路"命名的文件夹。

②以"开关电源电路"为名字建立工程文件,保存在上述"开关电源电路"文件夹中。

③在上述工程中建立原理图文件,命名为"开关电源电路"(扩展名为.SchDoc),建立 PCB 文件,命名为"开关电源电路"(扩展名为.PcbDoc)。

④参照图 5.3.52 在原理图中放置元件,并按照表 5.3.1 工程元件清单相应设置各元件参数。

⑤正确连线及放置网络标识。

⑥制作变压器、保险丝与 MOSFET 元件及其封装。

⑦运行编译命令,若有错误则进行修正。

⑧使用双层板进行 PCB 设计。

⑨参考 PCB 大小为 3 472 mil×2 200 mil,采用双面布线。

⑩布线安全间距为 15 mil,交流布线宽度为 25 mil,直流部分为 15 mil,地线宽为 50 mil,导线拐弯应为圆角。

⑪布局采用自动与手动相结合,布线采用自动布线为主。

⑫进行未布线区域的敷铜操作,要求敷铜在顶层且与 GND 相连。

⑬进行网络密度分析,确定布局的合理性。

⑭设计完成后进行规则检查,若有错误则进行修正。

⑮在板子四周制作 4 个 3 mm 安装孔。

⑯添加标注与尺寸标识,并输出 3D 效果。

⑰保存所构建的电路,退出操作环境。

参考 PCB 板图如图 5.3.53 所示。

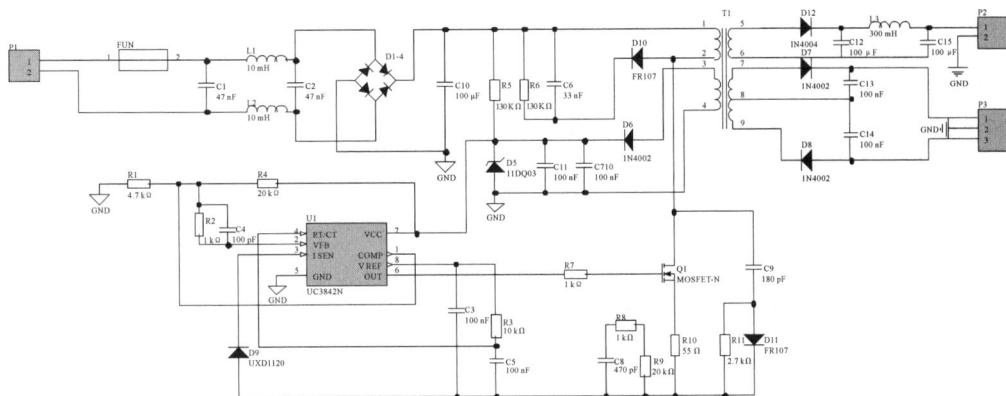

图 5.3.52 开关电源电路原理图

表 5.3.1 工程元件清单

Comment	Designator	Footprint	LibRef	Quantity
Cap	C1，C2，C3，C4，C5，C6，C7，C8，C9，C10，C11，C12，C13，C14，C15	RAD-0.3	Cap	15
Bridge1	D1-4	D-38	Bridge1	1
11DQ03	D5	DIODE-0.7	D Zener	1
1N4002	D6，D7，D8	DO-41	Diode 1N4002	3
UXD1120	D9	DO-201AD	Diode 1N5404	1
FR107	D10，D11	DO-201AD	Diode 1N5400	2
IN4004	D12	DO-201AD	Diode 1N5404	1
FUN	FUN	FUN	FUN	1
Inductor	L1，L2，L3	0402-A	Inductor	3
Header 2H	P1，P2	HDR1X2H	MHDR1X2	2
Header 3H	P3	HDR1X3H	MHDR1X3	1
MOSFET-N	Q1	Q1	MOSFET-N	1
Res2	R1，R2，R3，R4，R7，R8，R9，R10，R11	AXIAL-0.4	Res2	9
Res2	R5，R6	AXIAL-0.4	Res2	2
TRAN	T1	TRAN	TRAN	1
UC3842N	U1	MDIP8	UC3842N	1

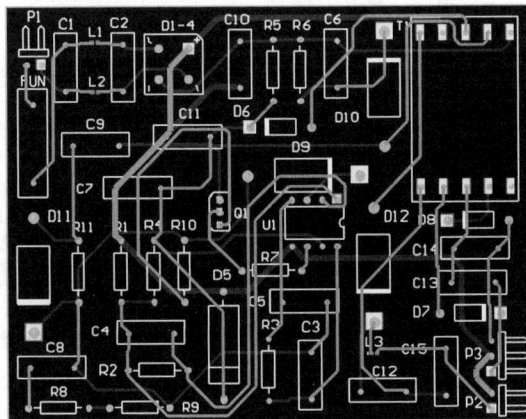

图 5.3.53 开关电源电路参考 PCB 板图

第 **6** 篇
使用 Altium Designer 15 设计元件图形及其封装

学习目标

最终目标：

会使用 Altium Designer 15 软件创建原理图元件以及元件封装。

促成目标：

- 会建立原理图元件库并绘制新的原理图元件；
- 会调用自制的原理图元件；
- 会建立 PCB 元件库并制作新的元件封装；
- 会调用自制的元器件封装。

项目 **1**
创建原理图元件

1.1 学习目标

1.1.1 **最终目标**

会用 Altium Designer 15 软件创建原理图元件。

1.1.2 **促成目标**

①会建立原理图元件库；
②会手动绘制元件；
③会利用已有的元件绘制新元件；
④会正确编写元件属性；
⑤会正确设置元件引脚参数。

1.2 工作任务

在 Altium Designer 15 窗口中创建一个名为"TLP521"的新元件，如图 6.1.1 所示。要求：
①建立名为"MySchlib.SchLib"的原理图库文件；
②在该库中创建名为"TLP521"的新元件；
③设置元件默认编号为"U?"，元件型号为"TLP521"，封装为"DIP16"；
④进行元件规则检查；
⑤保存文件，退出操作环境。

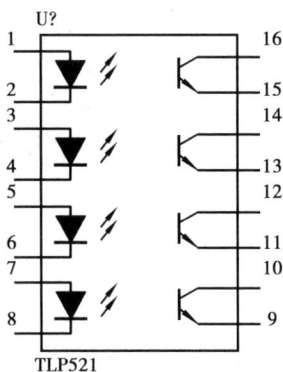

图 6.1.1　新元件 TLP521

1.3　知　识　准　备

虽然 Altium Designer 15 提供了众多的元件库,但在原理图设计过程中,难免会遇到库中元件不能满足要求的情况。这时就需要用元件编辑器创建或修改元件。

1.3.1　启动元件库编辑器

①执行"文件"→"新建"→"库"→"原理图库"菜单命令,系统将建立扩展名为".SchLib"的库文件,并自动进图原理图元件库编辑界面。这时,在工作区面板中增加了一个新的工作面板"SCH Library"。

②单击"SCH Library"面板或者执行"察看"→"工作区面板"→"SCH"→"SCH Library"菜单命令,打开元件库管理器。启动后的元件库编辑器如图 6.1.2 所示。

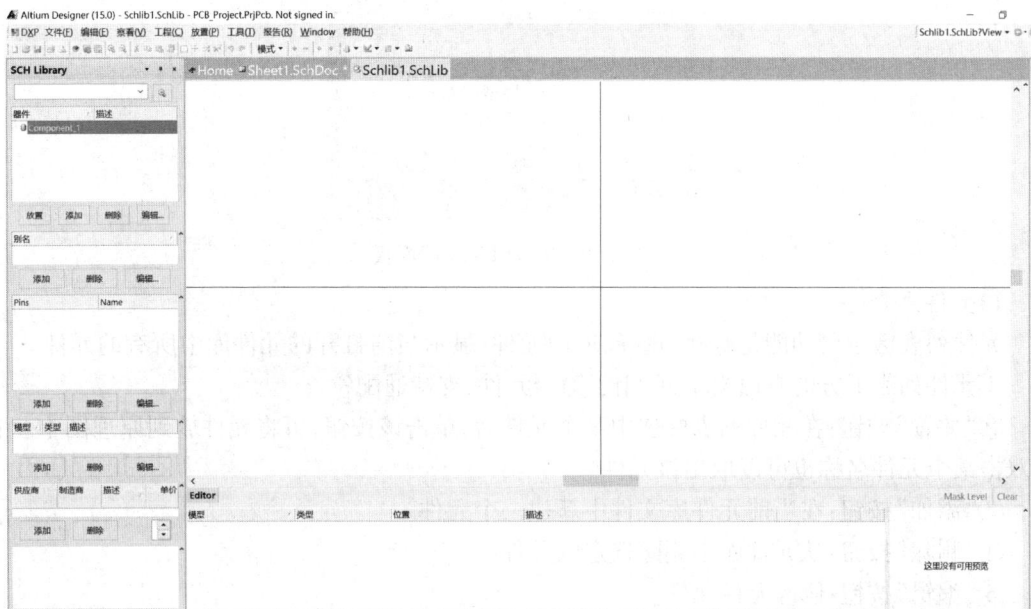

图 6.1.2　元件库编辑器

元件库编辑器与原理图编辑器界面非常相似,主要由元件库管理器、主工具栏、菜单栏、常用工具栏和编辑区等组成。但两者有一个明显的不同之处:在图 6.1.2 所示的元件库编辑器编辑区有一个大的"十"字坐标轴,将元件编辑区划分为 4 个象限。右上角为第一象限,逆时针方向依次是第二、三、四象限。一般情况下,用户在第四象限中进行元件的编辑工作。

1.3.2　元件库编辑器介绍

(1)"SCH Library"面板

单击"SCH Library"面板打开元件库管理器,如图 6.1.3 所示。它包括 4 个区域,从上到下依次为元件列表区、别名列表区、引脚信息区、模型列表区。

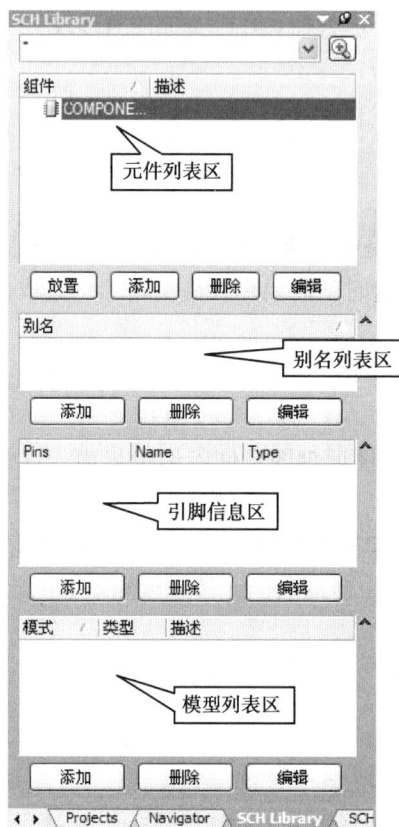

图 6.1.3　"SCH Library"面板

1)元件列表区

元件列表区主要功能是查找、选择、取用元件,显示当前打开的元件库中所有的元件。

①元件列表上方的空白文本框:用于筛选元件,支持通配符。

②"放置"按钮:在元件列表中选中某个元件后,单击该按钮,可将元件放到原理图中。直接双击某个元件名称也可以取出该元件。

③"添加"按钮:在当前元件库文件中新建一个元件。

④"删除"按钮:从元件库中删除选定的元件。

⑤"编辑"按钮:修改元件属性。

2）别名列表区

别名列表区用来设置和显示所选中元件的别名。

3）引脚信息区

引脚信息区用于显示在元件列表区所选中元件的引脚信息。

①"添加"按钮：向当前元件添加新的引脚。

②"删除"按钮：从当前元件中删除引脚。

③"编辑"按钮：单击该按钮，系统将弹出元件引脚属性对话框。

4）模型列表区

在此区域可以设置PCB封装、信号完整性或仿真模式等。

①"添加"按钮：单击该按钮，系统将弹出如图6.1.4所示的"添加新模型"对话框，可以为元件添加一个新的模型。

②"删除"按钮：删除选中的模型。

③"编辑"按钮：编辑选中的模型。

（2）"工具"菜单

"工具"菜单中包括12种常用工具。

图6.1.4 "添加新模型"对话框

①新器件（C）：在编辑的元件库中建立新元件。

②移除器件（R）：删除在元件库管理器中选中的元件。

③移除重复（S）：删除元件库中的同名元件。

④重新命名器件（E）：修改选中元件的名称。

⑤拷贝器件（Y）：将元件复制到当前元件库中。

⑥移动器件（M）：将选中的元件移动到目标元件库中。

⑦新部件（W）：给当前选中的元件添加一个新的功能单元（子件）。

⑧移除部件（T）：删除当前元件的某个功能单元（子件）。

⑨模式：用于增减新的元件模式，即在一个元件中可以定义多种元件符号。

⑩器件属性（I）：设置元件的属性。

⑪模式管理（A）：管理元件的模型。

⑫更新原理图（U）：修改元件库编辑器后，更新打开的原理图。

1.3.3 元件绘制工具

Altium Designer 15的元件库编辑器提供了绘图工具、IEEE符号工具等来完成元件绘制。绘图工具、IEEE符号工具集中在实用工具栏中。

执行"察看"→"工具条"→"实用"菜单命令打开实用工具栏。该工具栏中包含IEEE工具栏、常用绘图工具栏、栅格设置工具栏和模型管理器工具栏，如图6.1.5所示。

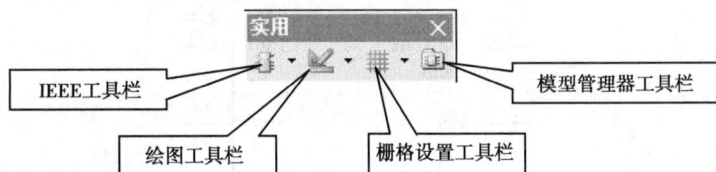

图6.1.5 实用工具栏

1.3.4　认识原理图元件

原理图元件由元件图形、元件引脚、元件属性三部分构成,如图 6.1.6 所示。

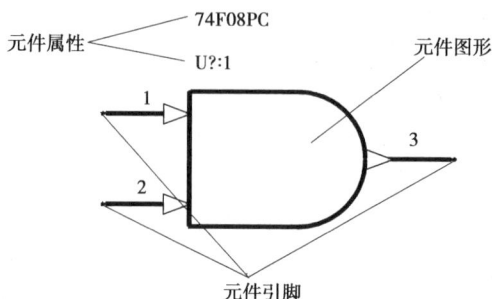

图 6.1.6　原理图元件的构成

(1)元件图形

元件图形是元件的主体和识别符号,没有实际的电气意义。

(2)元件引脚

引脚是元件的主要电气部分,引脚序号必须存在且唯一,管脚的端点是原理图中的电气节点。根据要求,引脚名称可以是空字符串。

(3)元件属性

元件属性包括元件名称、标号、元件封装形式、参数、各种标注栏和说明,它们是进行电路仿真和设计印制板不可缺少的部分。

Altium Designer 15 所提供的元件库虽然很完整,但不可能包括所有元件,所以在设计电路时,往往会遇到一些 Altium Designer 15 元件库中没有的元件,可在元件编辑器中对库中元件进行修改或创建新的原理图元件的图形符号。

1.3.5　手工绘制元件

绘制元件的基本过程:绘制元件图形→绘制元件引脚→设置引脚属性→设置元件属性→保存元件→元件规则检查。

下面以绘制新元件 PIC16C58B(如图 6.1.7 所示)为例,介绍手工绘制元件的流程。

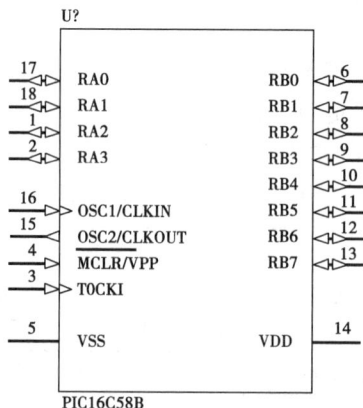

图 6.1.7　元件图形

（1）绘制元件图形

①执行"文件"→"新建"→"库"→"原理图库"菜单命令建立元件库文件，默认的文件名为"Schlib1.Schlib"，在存储管理器对话框下对该库文件重新命名为"MySchLib.SchLib"。打开"SCH Library"面板，可以看见元件列表中已经存在一个默认添加的名为"COMPONET_1"的元件。首先修改元件名称，执行"工具"→"重新命名器件"命令，打开"Rename Component"对话框，如图 6.1.8 所示，将元件命名为"PIC16C58B"。

图 6.1.8　"Rename Component"对话框

②取消自动滚屏。这是为了避免绘图过程中编辑区自动移动，执行此操作后，可用鼠标右键在编辑区移动。执行菜单命令"工具"→"设置原理图参数"命令，单击"Graphical Editing"选项卡，修改"自动面板选项"中的"类型"为"Auto Pan Off"，最后单击"确定"按钮。

③若编辑区看不到坐标原点（即十字交叉点），则执行"编辑"→"跳转"→"原点"命令，或按快捷键"Ctrl + Home"将光标定位到原点，然后在连续按键盘上的"Page Up"键或者"Ctrl"键的同时使用鼠标滚轮，把网络放大到适当的大小。

④执行"放置"→"矩形"菜单命令，或者单击一般绘图工具栏中的矩形按钮来绘制一个直角矩形。这时，鼠标指针旁边会出现一个大的十字形光标。

⑤移动鼠标，将矩形的左上角移动到坐标原点处（0,0），单击鼠标左键，固定矩形的左上顶点；移动鼠标到想要绘制的直角矩形的右下顶点，单击鼠标左键完成直角矩形的绘制。单击鼠标右键退出连续放置状态。

（2）绘制元件引脚

①执行"放置"→"引脚"菜单命令，或者单击一般绘图工具栏中的 按钮来绘制引脚。这时，鼠标指针旁会出现一个大的斜十字形符号和一条带有两个数字的短线（即引脚）。带有小"χ"的一端是有电气特性的，而另一端是没有电气特性的。放置元件引脚的时候，有电气节点的一端一定要向外，否则该元件不能与电路联通。

②调整引脚位置。在绘制引脚时可以通过按空格键来旋转引脚，每按一次空格键引脚旋转 90°。转到合适位置，单击鼠标就可以将引脚放到矩形上。

③设置引脚属性。双击已经放置的引脚，或者在放置前按"Tab"键，打开"Pin 特性"对话框，如图 6.1.9 所示，设置各引脚属性。

引脚 1：显示名称为"RA2"，选中"可视"复选框，电气类型为"I/O"，长度为"20"；

引脚 3：显示名称为"T0CKI"，选中"可视"复选框，电气类型为"Input"，内边沿选择"Clock"，长度为"20"；

引脚 16：显示名称为"OSC1/CLKIN"，选中"可视"复选框，电气类型为"Input"，内边沿选择"Clock"，长度为"20"；

引脚 15：显示名称为"OSC2/CLKOU"，选中"可视"复选框，电气类型为"Output"，长度为"20"；

引脚 14：显示名称为"VDD"，选中"可视"复选框，电气类型为"Power"，长度为"20"；

引脚 4：在显示名称中输入"M\C\L\R\/VPP"，则显示名称为"$\overline{MCLR}$/VPP"，选中"可视"复选框，电气类型为"Input"，长度为"20"。

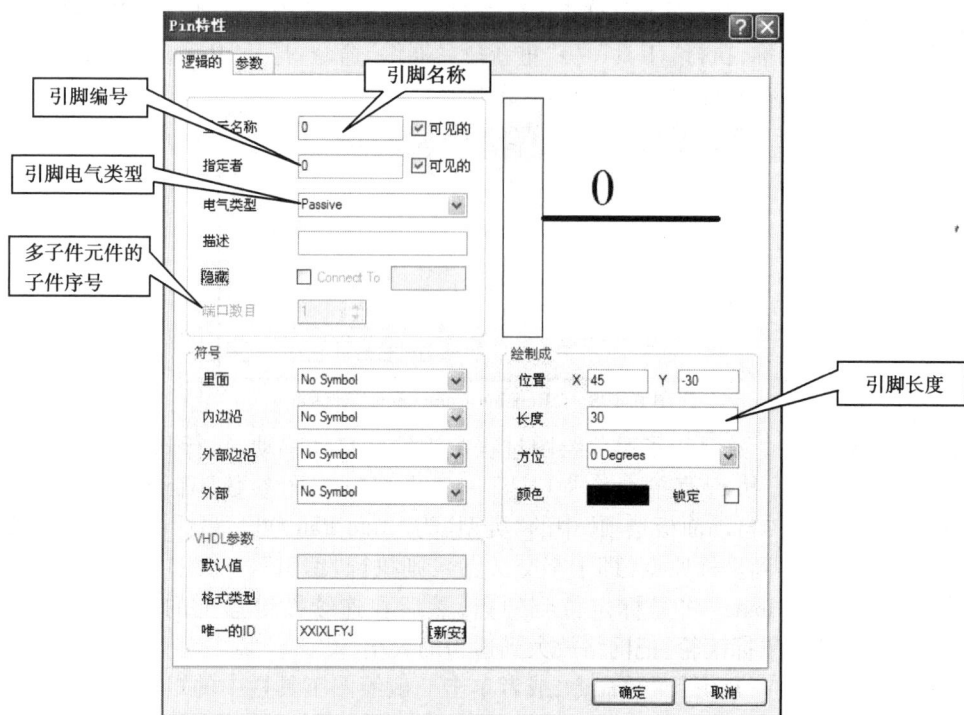

图 6.1.9 "Pin 特性"对话框

同理，完成其他引脚的设置，得到如图 6.1.10 所示的最终元件图。

如果"设置原理图参数"的"General"选项卡中的"Pin 说明"未选中，则图形如图 6.1.11 所示。

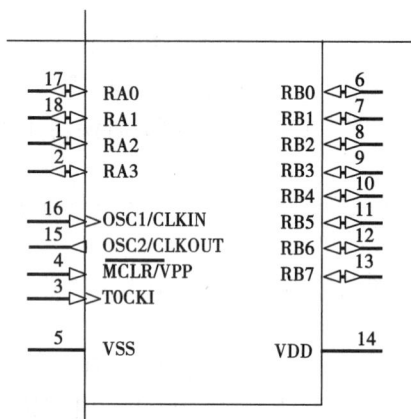

图 6.1.10 最终的元件图

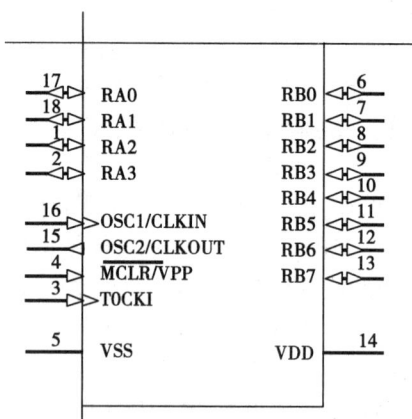

图 6.1.11 未选中"Pin 说明"的元件图

注意：

①显示名称一定采用英文输入法；

②当需要在引脚名称上放置上画线，表示该引脚低电平有效时，可在引脚名称每个字符后面插入"\"，如"M\C\L\R\"、"W\R\"等；

③引脚名称放在不具有电气特性的一端,具有电气特性的一端一定要向外,以便于导线的连接。

(3)设置元件属性

在元件库编辑器中选中该元件,执行"工具"→"器件属性"命令,或者单击元件列表中的"编辑"按钮,系统会弹出"Library Component Properties"对话框。

在"Default Designator"文本框内输入元件的默认编号"U?",在"注释"栏内输入元件型号"PIC16C58B",如图 6.1.12 所示。

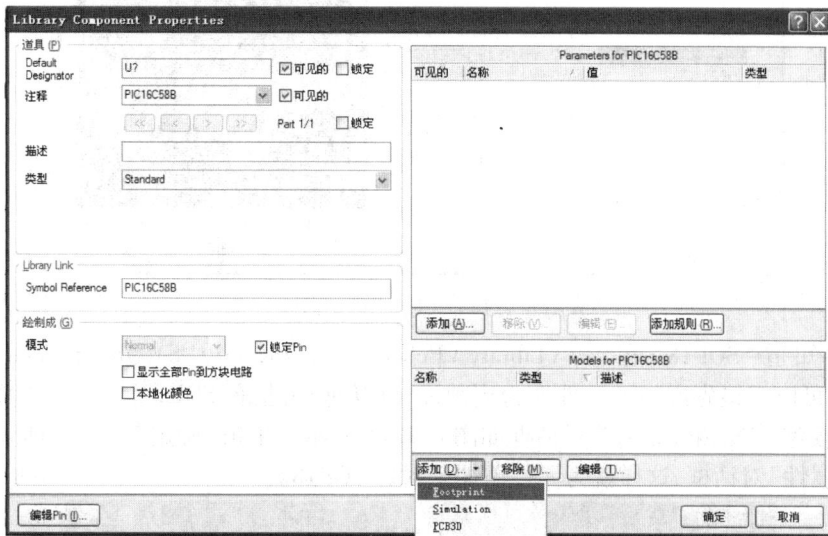

图 6.1.12 "Library Component Properties"对话框

接下来为元件添加封装。单击元件属性对话框"Models for PIC16C58B"区的"添加"按钮,可以进行新模型的添加。可添加的模型种类有四种:"Footprint"(封装)、"Simulation"(仿真)、"PCB3D"(PCB3D 显示模型)、"Signal Integrity"(信号完整性)。在这里选择"Footprint"(封装),进入"PCB 模型"对话框,如图 6.1.13 所示。

图 6.1.13 "PCB 模型"对话框

单击 浏览 (B)... 按钮,进入"浏览库"对话框,如图 6.1.14 所示。

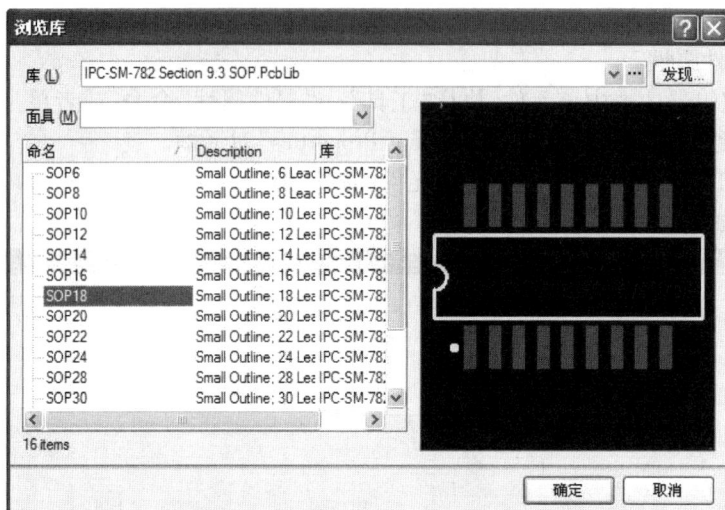

图 6.1.14　"浏览库"对话框

①如果知道"SOP18"在"...\Library\Pcb\Inc-sm-782\IPC-SM-782 Section 9.3 SOP. PcbLib"中,可以直接先添加该元件库为当前库,并从库中选择"SOP18"。单击"确定"按钮, 回到"PCB 模型"对话框,此刻该对话框如图 6.1.15 所示。单击"确定"按钮后即可将封装添加到"元件属性"对话框,这样就为元件添加了封装 SOP18。

图 6.1.15　添加 PCB 模型后的"PCB 模型"对话框

②如果不知道要添加的模型在哪个库,即可在如图 6.1.14 所示的"浏览库"对话框中单击"发现"按钮,进入如图 6.1.16 所示的"搜索库"对话框。

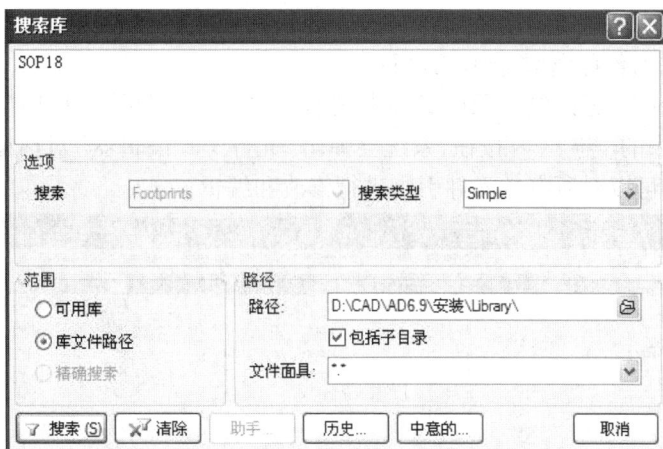

图 6.1.16 　"搜索库"对话框

在"范围"区域选择"库文件路径",勾选"包含子目录"复选框,在名字栏输入"SOP18",单击"搜索"按钮,进入搜索状态。查找到 SOP18 以后单击"确定"按钮,系统会弹出如图 6.1.17 所示的确认是否加载元件库的对话框。单击"是"按钮,加载该封装库,弹出如图 6.1.15 所示添加了封装模型的"PCB 模型"对话框。单击"确认"按钮即为上述元件加载了 SOP18 的封装。

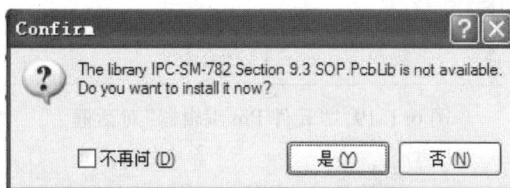

图 6.1.17 　确认是否加载元件库的对话框

③如果稍后会自己创建这个封装模型,那么在如图 6.1.13 所示的名称栏输入封装名称即可。PIC16C58B 元件属性设置后的对话框如图 6.1.18 所示。

图 6.1.18 　PIC16C58B 元件属性设置

另一种为元件添加封装的途径是在"SCH Library"面板的模块窗口"模型"区内单击"添加"按钮,为元件添加各种模型,操作方法同上。

Altium Designer 15 还提供了元件引脚集成编辑功能。单击图 6.1.18"Library Component Properties"对话框中的 编辑Pin(i)... 按钮,系统会弹出"元件 Pin 编辑器"对话框,如图 6.1.19 所示。在该对话框中可以对所有的元件引脚进行修改和编辑。

设计者	命名	Desc	SOP18	类型	所有者	展示	数量	命名
1	RA2		1	IO	1	✓	✓	✓
2	RA3		2	IO	1	✓	✓	✓
3	T0CKI		3	Input	1	✓	✓	✓
4	M\C\L\R		4	Input	1	✓	✓	✓
5	VSS		5	Power	1	✓	✓	✓
6	RB0		6	IO	1	✓	✓	✓
7	RB1		7	IO	1	✓	✓	✓
8	RB2		8	IO	1	✓	✓	✓
9	RB3		9	IO	1	✓	✓	✓
10	RB4		10	IO	1	✓	✓	✓
11	RB5		11	IO	1	✓	✓	✓
12	RB6		12	IO	1	✓	✓	✓
13	RB7		13	IO	1	✓	✓	✓
14	VDD		14	Power	1	✓	✓	✓
15	OSC2/CL		15	Output	1	✓	✓	✓
16	OSC1/CL		16	Input	1	✓	✓	✓
17	RA0		17	IO	1	✓	✓	✓
18	RA1		18	IO	1	✓	✓	✓

添加 (A)...　移除 (R)...　编辑 (E)...　　　　　确定　取消

图 6.1.19　"元件 Pin 编辑器"对话框

(4)保存元件

执行"文件"→"保存"命令可保存元件。元件重命名和保存的操作可在绘制元件的过程中随时进行。

(5)元件规则检查

元件规则检查主要用于检查元件库中的元件是否有错,并且将有错的元件以报表形式显示出来,指明错误原因等。

执行"报告"→"器件规则检查"菜单命令,系统弹出如图 6.1.20 所示的"库元件规则检测"对话框,可以设置检查项目。

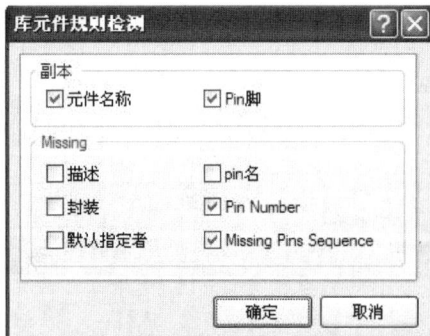

库元件规则检测

副本
☑ 元件名称　　☑ Pin脚

Missing
☐ 描述　　　　☐ pin名
☐ 封装　　　　☑ Pin Number
☐ 默认指定者　☑ Missing Pins Sequence

确定　取消

图 6.1.20　"库元件规则检测"对话框

单击"确认"按钮,系统生成扩展名为".ERP"的报告文档,如图 6.1.21 所示。该报告文档内容空白,说明当前库文件 MySchLib. SchLib 中的所有元件都没有错误。如果有错,系统会在虚线下方列出出错的对象和错误原因。

```
Component Rule Check Report for : D:\教材电路\6-1\MySchlib.SchLib


Name                    Errors
-----------------------------------------------------------------
```

图 6.1.21　元件规则检查报告

1.3.6　利用已有的元件绘制新元件

在元件形状较复杂不易画出且与库中已有元件形状相似的情况下,可以从已有的原理图库中找出形状相似的元件,经选定、复制后,粘贴到新元件的编辑区内,然后经过适当修改,即可获得新元件,从而节省原理图元件的制作时间。

下面以制作含有 4 个子件的元件 74F08 为例,如图 6.1.22 所示,介绍操作步骤。

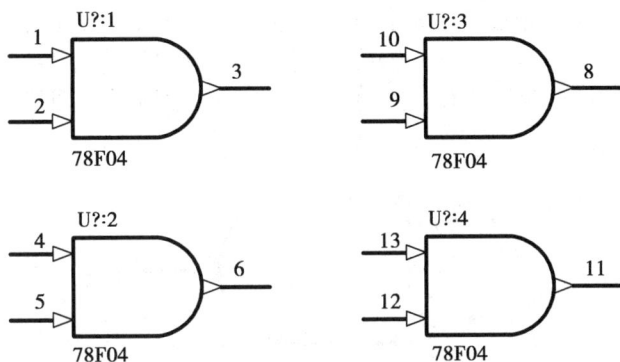

图 6.1.22　含四个子件的元件 74F08

①首先找到与其形状相似的元件,例如美国半导体库"NSC Logic Gate"中的元件"74F00PC"或元件"74F08 *"。

②复制已有的元件图形。执行"文件"→"打开"菜单命令,打开库文件"Library"→"National Semiconductor→NSC Logic Gate",系统会弹出"吸收源或安装"对话框,如图 6.1.23 所示,单击"摘录源信息(E)"按钮。

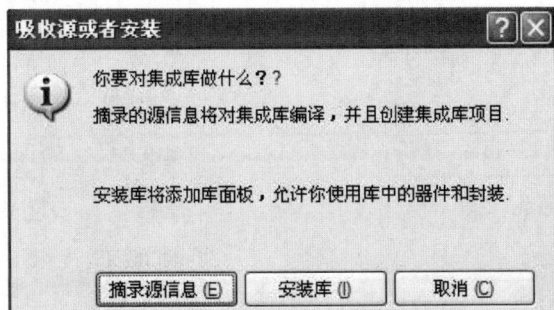

图 6.1.23　"吸收源或安装"对话框

这时左侧的工程管理区内显示出抽取的"NSC Logic Gate"库,如图 6.1.24 所示。

图 6.1.24　抽取的"NSC Logic Gate.SchLib"库

在工程管理区里选定"NSC Logic Gate.SchLib"库名,双击打开它(由于这个库比较大,打开的过程可能会慢些,工程管理器下方会有进度条提示打开文件的速度)。

单击工程管理区的"SCH Library"选项,找到与本案例中相似的 74F08PC,如图 6.1.25 所示。这时编辑区内显示了 74F08PC 的原理图库元件,选中该子件图形,然后执行"编辑"→"复制"命令。

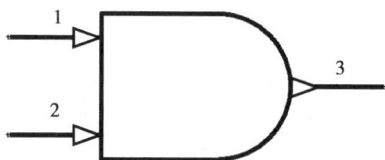

图 6.1.25　相似元件 74F08PC

③粘贴子件图形。回到元件库编辑界面,建立新元件 74F08,将刚才复制的子件粘贴到元件 74F08 的编辑区中坐标原点附近。

④添加隐藏引脚电源、地。为第一个子件添加电源线和地线引脚。执行"放置"→"引脚"命令,将引脚放置在合适的位置,双击引脚修改其属性,如图 6.1.26、图 6.1.27 所示。

图 6.1.26　地线引脚属性设置　　　　　　　图 6.1.27　电源线引脚属性设置

⑤显示隐藏引脚。将电源、地引脚设置为隐藏引脚后,在编辑区将看不到这两个引脚。执行"察看"→"显示隐藏管脚"菜单命令,使隐藏引脚显示出来,但并没有改变引脚的隐藏属

性。操作后则得到元件 74F08 的第一个子件,如图 6.1.28 所示。在元件放置到原理图之前再次执行上述命令取消显示,使隐藏属性的引脚不可见。

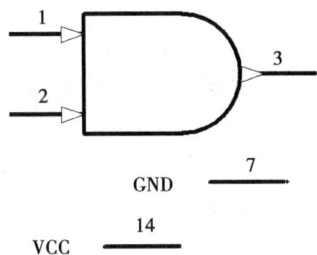

图 6.1.28　元件 74F08 的第一个子件

⑥新建其余 3 个子件。执行"工具"→"新部件"菜单命令,新建一个子件,此时展开左边面板中的 74F08 元件,就可以看到这个元件有 Part 1 和 Part 2 两个子件。将第一个子件的全部图形(包括隐藏引脚)复制到该子件编辑区中,修改引脚属性,即可得到第二个子件。同法得到第三、第四个子件。

⑦添加元件属性。将元件默认编号(Default Designator)设为"U?",将元件"注释"设为"74F08"。

⑧添加封装,名称为"N14A"。

⑨最后进行元件规则检查,检查无误后保存文件。编辑完成后,使隐藏引脚不可见。

注意事项:

①元件属性标注文字,如 U?、74F08 等,在库文件编辑区是看不到的,只有元件放到原理图中才能看到。

②不能将元件默认编号设为"U? A"或"U?:1",只能设为"U?"。"A"或"1"是系统默认的第一个子件的编号。同理"B"、"C"、"D"或"2"、"3"、"4"分别代表第二、三、四个子件。

③当隐藏属性的引脚在编辑区不可见时,可通过引脚列表观察和修改它。

④元件编辑完成后要使隐藏引脚不可见。

1.4　任务实施

1.4.1　建立名为"MySchlib.SchLib"的原理图库文件

执行"文件"→"新建"→"库"→"原理图库"菜单命令建立元件库文件,默认的文件名为"Schlib1.Schlib",在存储管理器对话框下将该库文件重新命名为"MySchLib.SchLib"。

1.4.2　创建"TLP521"

打开"SCH Library"面板,可以看见元件列表中已经存在一个默认添加的名为"COMPONET_1"的元件。首先修改元件名称,执行"工具"→"重新命名器件"命令,打开"Rename Component"对话框,将元件命名为"TLP521"。

1.4.3　复制已有元件

(1) 寻找相似元件

首先找到与其形状相似的元件,"Miscellaneous Devices. IntLib"元件库中"Optoisolator1"与要创建的"TLP521"比较相似,如图 6.1.29 所示。

执行"文件"→"打开"菜单命令,打开库文件"Library"→"Miscellaneous Devices",系统会弹出"吸收源或安装"对话框,单击"摘录源信息(E)"按钮。

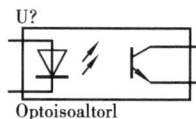

图 6.1.29　相似元件 Optoisolator1

(2) 复制已有元件

在工程管理区里选定"Miscellaneous Devices.SchLib"库名,双击打开它(由于这个库比较大,打开的过程可能会慢些,工程管理器下方会有进度条提示打开文件的速度)。

单击工程管理区的"SCH Library"选项,找到与本案例中新建元件相似的 Optoisolator1 元件,如图 6.1.29 所示。这时编辑区内显示了 Optoisolator1 的原理图库元件。选中该图形,然后执行菜单命令"编辑"→"复制"命令。

1.4.4　粘贴图形

回到元件库编辑界面,将刚才复制的子件粘贴到元件 TLP521 的编辑区中的坐标原点附近。从图 6.1.1 看出,TLP521 基本由 4 个 Optoisolator 元件组成,于是继续粘贴,完成后如图 6.1.30 所示。

1.4.5　修改引脚特性

双击引脚,弹出"引脚特性"对话框,按照图 6.1.1 要求修改各引脚特性。修改完成后,对照元件 TLP521,删除多余线条。

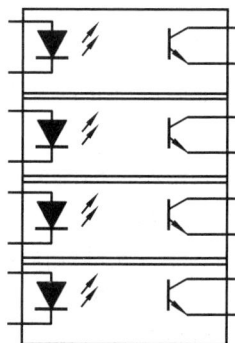

图 6.1.30　粘贴后的新元件

1.4.6　添加元件属性

执行菜单命令"工具"→"器件属性"命令,或者单击元件列表中的"编辑"按钮,系统弹出"Library Component Properties"对话框。将元件默认编号(Default Designator)设为"U?",将元件"注释"设为"TLP521",添加封装"DIP16"。

1.4.7　进行元件规则检查

执行"报告"→"器件规则检查"菜单命令,系统弹出"库元件规则检测"对话框,单击"确认"按钮,系统生成扩展名为.ERP 的报告文档。

该报告文档内容空白,说明当前库文件 MySchLib. SchLib 中的所有元件都没有错误。如果有错,应找出原因并改正。

1.4.8　保存并退出

保存文件,退出操作环境。

1.5 实训练习

1.5.1 实训一

在 Altium Designer 15 窗口中创建一个名为"P89V51RD2BN"的新元件,如图 6.1.31 所示。要求:

①建立名为"NewSchlib.SchLib"的原理图库文件;

②在该库中创建名为"P89V51RD2BN"的新元件;

③设置元件默认编号为"U?",元件型号为"P89V51RD2BN",封装为"DIP40B";

④进行元件规则检查;

⑤保存文件,退出操作环境。

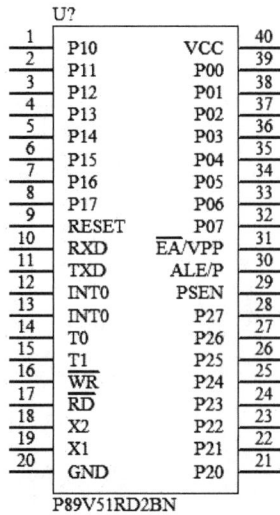

图 6.1.31 元件"P89V51RD2BN"

1.5.2 实训二

在 Altium Designer 15 窗口中创建一个名为"LED8"的新元件,如图 6.1.32 所示。要求:

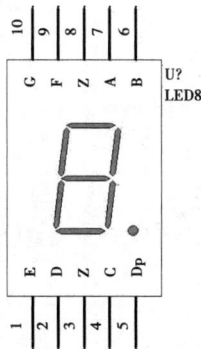

图 6.1.32 元件"LED8"

①建立名为"NewSchlib.SchLib"的原理图库文件;

②在该库中创建名为"LED8"的新元件;

③设置元件默认编号为"U?",元件型号为"LED8",封装为"LEDDIP-10";

④在栅格大小为默认值(10 mil)的环境下以步长 10 mil 创建该元件,引脚间隔为 10 mil。

⑤进行元件规则检查;

⑥保存文件,退出操作环境。

项目 **2**
制作 PCB 元件

2.1 学习目标

2.1.1 最终目标

会用 Altium Designer 15 软件创建 PCB 元件。

2.1.2 促成目标

①会创建 PCB 元件库文件;
②会利用创建向导以及手动创建两种方式进行元件封装设计;
③会制作常用的直插型及表面贴装型元件封装;
④会调用自制的 PCB 元器件封装。

2.2 工作任务

①利用新建 PCB 封装编辑器的方法制作三端调压元件的 PCB 封装(包括直插型与表面贴装型两种);
②利用 PCB 元件封装制作向导设计制作双列直插元件的封装。

2.3 知识准备

Altium Designer 的元件库已经很庞大,并且一直在不断地扩充,但由于电子技术发展迅速,在设计过程中可能仍有一些元器件在其元件库中找不到,此时利用 Altium Designer 工具建立自己的元件库就显得十分必要。尽管 Altium Designer 中 PCB 元件库的库文件(PCBLib)

是封装于设计数据库文件之中,而自己的 PCB 元件库是创建在某一个设计数据库文件中的,但都能被 Altium Designer 所找到。为了便于文件组织、管理,应将自己的元件库单独创建设计数据库文件,至少应在 Altium Designer 提供的专门存储 PCB 元件的数据库文件中添加自己的 PCBLib 文件。最好直接把创建好的 PCBLib 文件直接添加进 SchLib 文件,这样就可以直接使用,避免使用时元器件没有对应封装这样的错误出现。

要进行元器件封装的设计,就必须启动 PCB 元件库编辑器,要启动 PCB 元件库编辑器就必须先创建 PCB 元件库文件。下面先介绍如何创建 PCB 元件库文件,然后再具体介绍 PCB 元件库编辑器的使用。

2.3.1 创建一个 PCB 元件库文件

执行"文件"→"新建"→"库"→"PCB 元件库"菜单命令,则系统打开一个空白的 PCB 库文件,文件默认名为"pcbLib1.PcbLib",同时进入 PCB 元件库编辑器环境中,如图 6.2.1 所示。

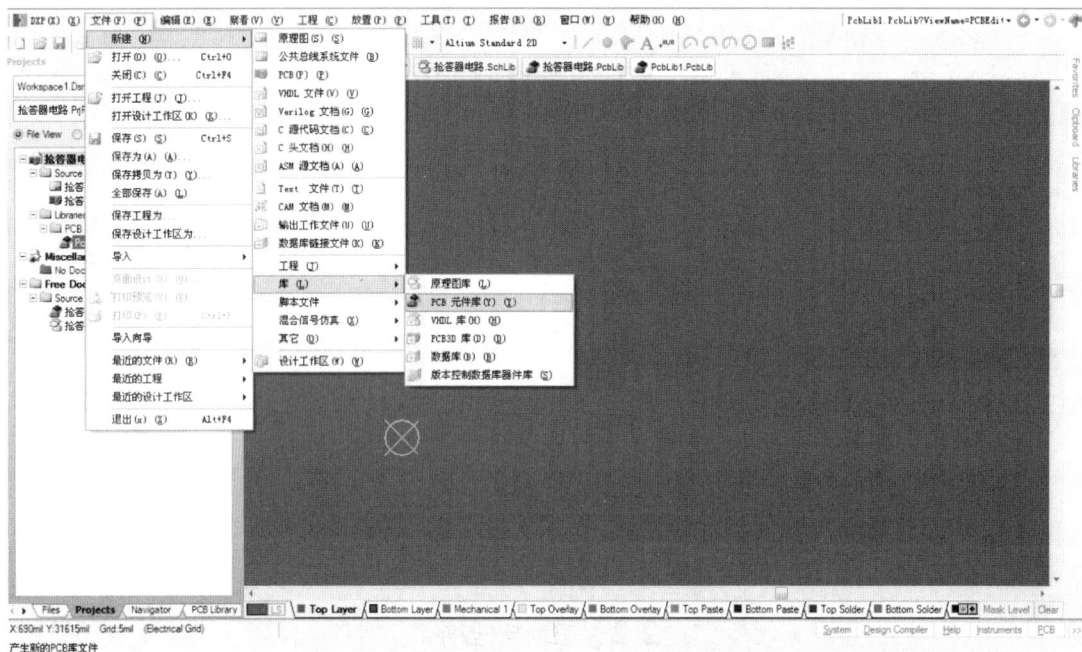

图 6.2.1 PCB 元件库编辑器环境

2.3.2 给新建的 PCB 元件库编辑器命名

在左侧"Project"栏中找到新建的 PCB 库编辑器图标 ![myPcbLib.PcbLib],右键单击将其另存为"mypcbLib1.PcbLib",在 PCB 编辑界面上同时出现 ⊠ 表示坐标原点,可以帮助用户快速确定坐标位置,如图 6.2.2 所示。

2.3.3 PCB 元件库编辑器设计界面

PCB 元件库编辑器的设计界面和 PCB 编辑器相似,这里简要介绍 PCB 元件库编辑器设计界面的组成及各项命令的功能,以便下一步 PCB 元件的创建。在图 6.2.1 中,可以看到整个 PCB 元件库编辑器大体上可以分为:主菜单、元件库编辑浏览器、主工具栏、PCB 元件库放

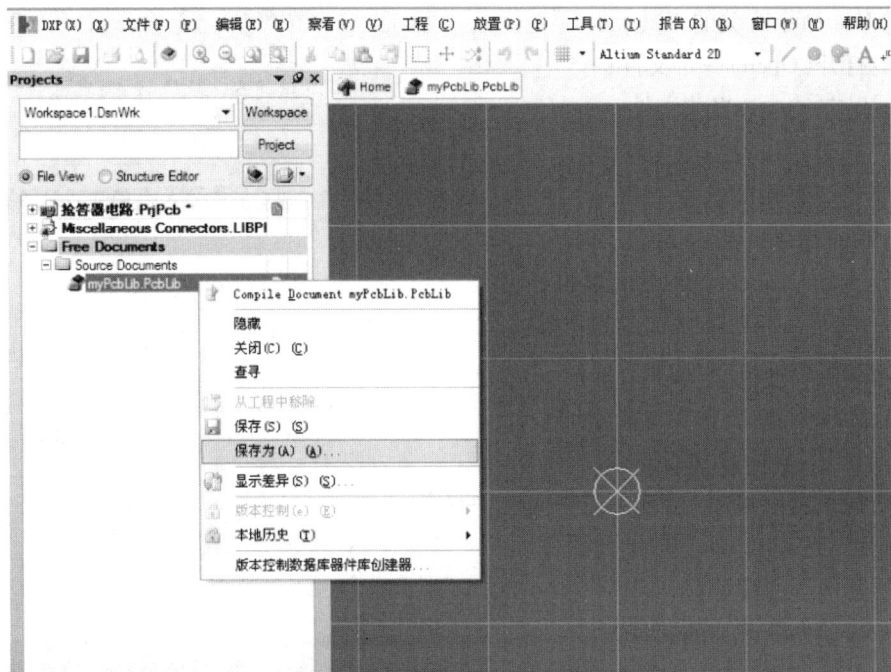

图 6.2.2 PCB 元件库编辑器重命名

置工具栏、状态栏、命令行,下面分别对各部分进行介绍。

（1）主菜单

主菜单用于执行各种操作,凡是在 PCB 元件库编辑器中进行的操作,都可在主菜单中找到相应的菜单命令,如图 6.2.3 所示。

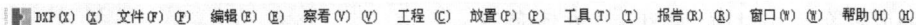

图 6.2.3 PCB 元件库编辑器的主菜单

①文件:用于存盘、读盘等有关文件存取的操作。

②编辑:用于完成各项编辑操作,如复制、粘贴、移动等。

③察看:用于调整工作区的画面,如放大、缩小画面及各种工具栏的打开与关闭等。

④工程:用于文件编译、显示差异、存档等。

⑤放置:用于新建 PCB 封装元件、元件封装向导的使用、属性设置、移除元件等操作。

⑥工具:提供绘制元器件封装的各种工具。

⑦报告:用于产生各种报表。

⑧窗口:用于对操作界面各种窗口排列的选择。

⑨帮助:为用户提供各种帮助信息。

（2）元件库编辑浏览器（PCB Library）

程序窗口左侧长方形窗口即是元件库编辑浏览器,如图 6.2.4 所示。用户可以通过它对元件库的编辑进行方便有效的管理,可进行新建元器件封装、重命名新建封装等各项操作。

（3）主工具栏

主工具栏一般在主菜单的下方,为用户提供快捷的图标操作方式,使用户能够迅速执行一些常用操作,如图 6.2.5 所示。

1) 与 File 命令有关的工具

① ：打开(Open) 一个文件；

② ：保存(Save) 当前文件；

③ ：打印(Print) 当前文件；

④ ：打开器件阅览页。

2) 与 Edit 命令有关的工具

① ：剪切(Cut) 所选取的元器件；

② ：拷贝(copy) 所选取的元器件；

③ ：粘贴(Paste) 所选取的元器件；

④ ：橡皮图章,可快速复制、粘贴元件；

⑤ ：框选(Select) 元器件；

⑥ ：撤销(DeSelect) 已选元器件的选中状态；

⑦ ：移动(Move) 所选取的元器件；

⑧ ：栅格点的设置。

3) 与 View 命令有关的工具

① ：放大(Zoom In) 工作区画面；

② ：缩小(Zoom Out) 工作区画面；

③ ：显示整个元件(Fit Document) ；

④ ：选择预放大的区域(Area) 。

(4) PCB 元件库放置工具栏

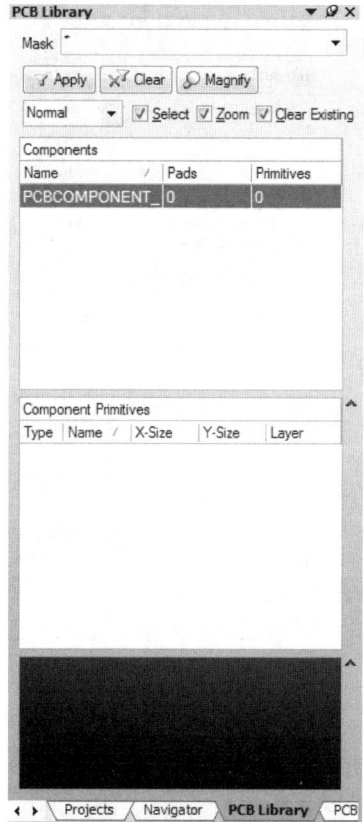

图 6.2.4　元件库编辑浏览器

该工具栏提供绘制 PCB 元件所必需的各种命令,如在绘制焊点、线段等。它基本上与主菜单中的放置命令相对应,如图 6.2.6 所示。

图 6.2.5　主工具栏

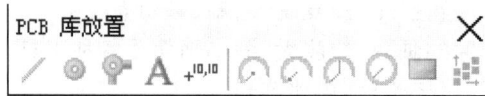

图 6.2.6　库放置工具栏

其中包括的放置绘制工具从左向右依次为放置走线、放置焊盘、放置过孔、放置文字标识、放置位置坐标、从中心放置圆弧、通过边沿放置圆弧、通过边沿放置圆弧(任意角度) 、放置圆环、放置填充、阵列式粘贴。

(5) 状态栏与命令行

状态栏与命令行在屏幕的左面最下方,用于提供各种状态信息,如图 6.2.7 所示。

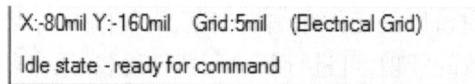

图 6.2.7　状态栏与命令行

2.4　任务实施

对于那些在 PCB 中找不见的元件封装,需要用户对元件精确测量后自己动手制作出封装。制作元件的封装一般来讲有两种方法,下面将以具体创建过程为例介绍两种方法的使用。

2.4.1　新建一个 PCB 元件封装

下面介绍如何用 PCB 元件库编辑器创建自己的 PCB 元件。在制作 PCB 元件的过程中必须注意,PCB 元件的各种尺寸必须与实物完全一致,因为它与制作原理图元件有很大的不同。原理图元件是能说明元件基本特征的示意性图形,而 PCB 元件是直接与印制电路板相联系的。

(1)设置制作三端元件的 PCB 封装

①名称:X78L09 系列三端 0.1A 正电源电压调节器。X78L09 系列三端正电源电压调节器是单片双极型线性集成电路,它的元器件封装主要有两种形式:一种是直插型 TO-92;另一种是表面贴装型 SOT-89-3,如图 6.2.8 所示。

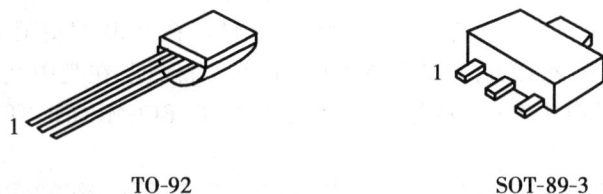

TO-92　　　　　　　　　　　SOT-89-3

图 6.2.8　X78L09 系列元件封装形式

②物理尺寸如图 6.2.9 与图 6.2.10 所示。

封装外形图

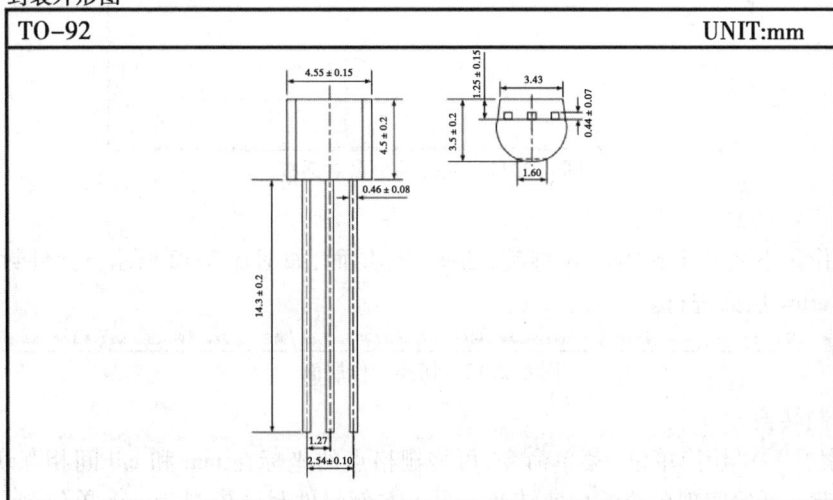

图 6.2.9　物理尺寸——直插型

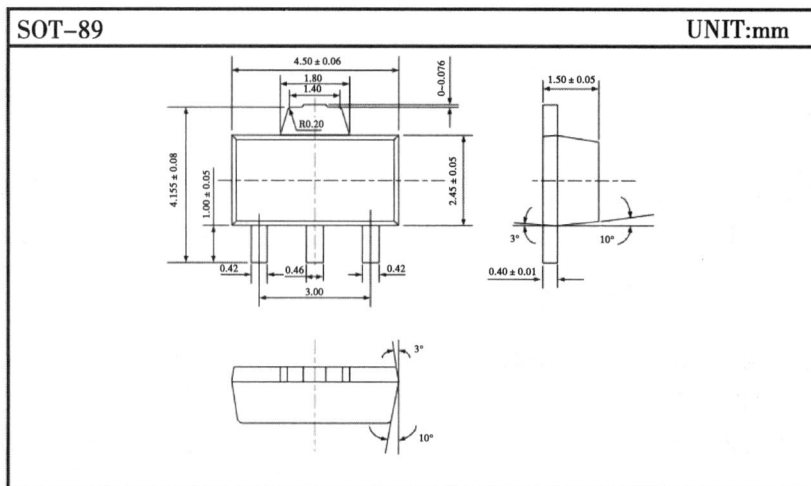

图 6.2.10　物理尺寸——表面贴装型

（2）制作步骤

首先对三端电源调节器的直插型封装（TO-92）进行封装制作。

1）元件封装重命名

在新建的 PCB 元件库编辑器中查看 PCB 编辑浏览器"Components"项,有一个名为"PCB-COMPONENT_1"的 PCB 元件。这就是将要制作的元件。在 PCB 编辑浏览器中右键单击,选择"Component Properties"按钮,弹出如图 6.2.11 所示的对话框,在其中文本栏内键入本元件的名称"TO-92",然后单击"OK"按钮。此时原来的"PCBCOMPONENT_1"被"TO-92"所代替。

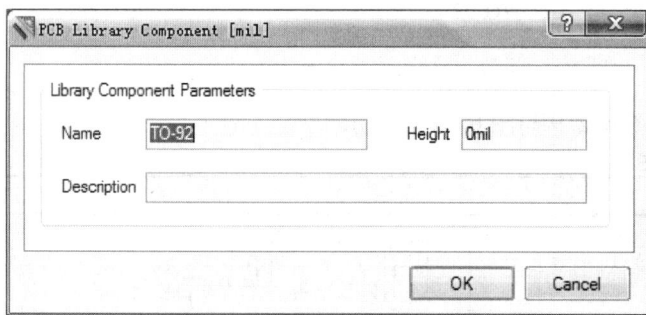

图 6.2.11　元件的更名对话框

2）切换工作层面

单击工作区下面的 Top Overlay 标签,切换工作层面,如图 6.2.12 所示。元件封装外框必须在 Top Overlay 层面进行。

图 6.2.12　切换工作层面

3）单位制转换

执行"察看"→"切换单位"菜单命令,可将栅格点的坐标在 mm 和 mil 间相互切换,或者直接按"Q"键也开始实现单位的快速转换。由于本例元件封装资料为 mm 单位制,故将单位切换至 mm。

4）绘制元件外框

在 PCB 编辑器中找到坐标原点,然后按照元器件资料说明开始绘制元件外框。单击 PCB 元件库放置工具栏中的 ╱ 按钮,光标将变为十字形状,即可执行画线命令,默认的布线宽度为0.254 mm,本设计线宽均采用默认值。边移动光标,边注意屏幕左下角状态栏显示的坐标值,在坐标(0,0)位置处单击确定起始点,然后右移鼠标,同样要注意坐标值,在坐标(3.5,0)位置处单击鼠标确定元件外框上半部分位置。圆弧形通过放置圆弧工具进行绘制,以此类推画好整个外框。画好的外框可用测量尺工具进行测量确定,测量尺可通过执行“报告”→“测量距离”命令打开,如图 6.2.13 所示,可看到绘制的线段的距离长度信息。后面绘制焊盘时,也要进行距离测定。

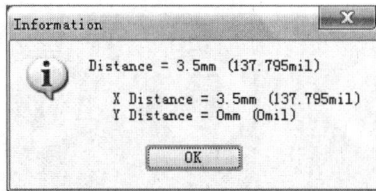

图 6.2.13　测量信息

5）放置焊盘

单击 PCB 元件库放置工具栏的 ◎ 按钮,光标变为十字形状。按键盘上的“Tab”键弹出如图 6.2.14 所示对话框,根据设计将焊盘 X-Size、Y-Size 都设为“0.66 mm”,将焊孔的直径(Hole Size)设为“0.44 mm”。

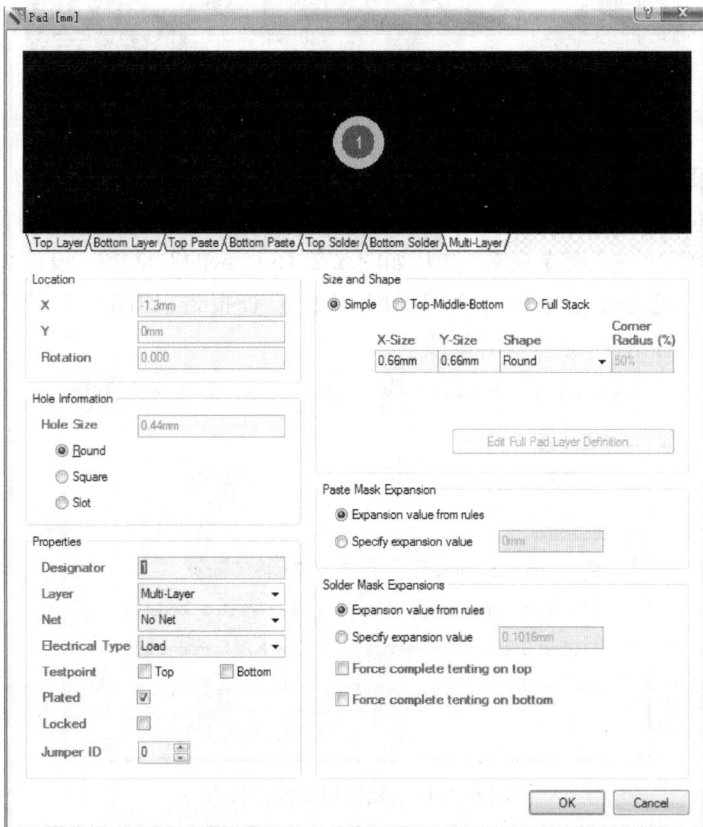

图 6.2.14　焊盘属性对话框

注意:在一般的设计中,焊盘的直径通常为焊盘内径的 1.5~2 倍。将焊盘的标号(Designator)设为"1"。设置完毕后,单击"OK"按钮确定。可以看到光标带着设置好的焊盘随着鼠标移动。根据元件物理尺寸可以算出焊盘距离两侧边界的距离约为 0.7 mm,距离上边界约为 1.3 mm,移动光标使焊盘放置在对应坐标值,单击左键,第一个焊盘就放置好了。用同样的方法算出其余两个个焊盘的准确位置,然后放置相应焊盘,则该元件就制作好了,结果如图 6.2.15 所示。

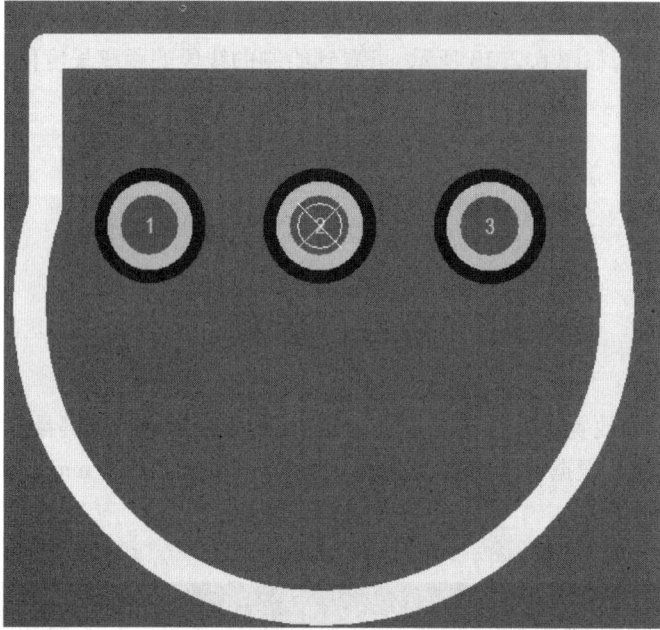

图 6.2.15　TO-92 元件封装

(3)元器件设计规则检查及相关报表的生成

对设计制作完成的元器件封装还应该进行元件规则检查,避免使用时发生错误。执行"报告"→"元件规则检查"菜单命令,打开如图 6.2.16 所示的对话框。设计规则采用默认值,单击"OK"按钮,生成文件名为"mypcbLib1.ERR"的检查报告,如图 6.2.17 所示。如果无错误,则为空白;如果有错误,应该及时修改。

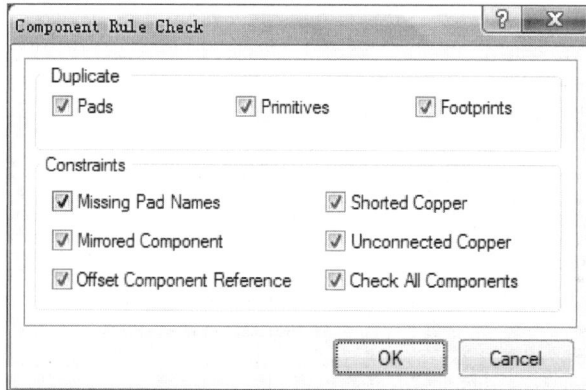

图 6.2.16　元件规则设计检查

```
Altium Designer System: Library Component Rule Check
PCB File : myPcbLib
Date     : 2013-11-3
Time     : 21:52:04


Name              Warnings
-----------------------------------------------------------------
```

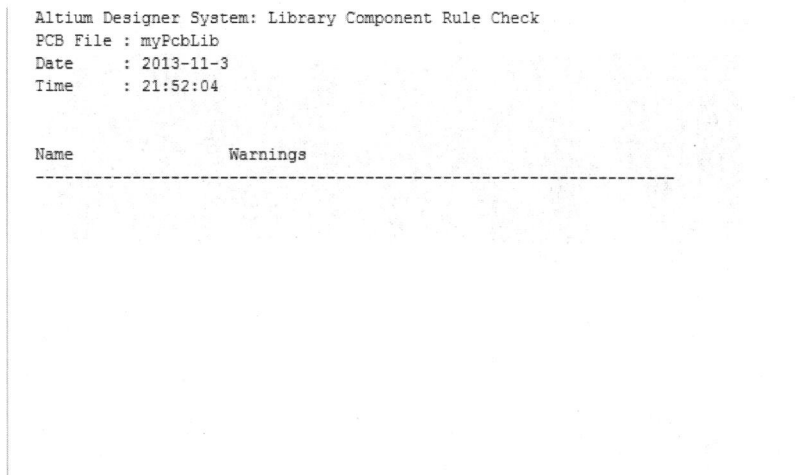

图 6.2.17　检查报告

编辑制作完成的元器件封装可以生成器件详细说明文件。执行"报告"→"器件"菜单命令,就可以生成文件名为"mypcbLib1.CMP"文件,如图 6.2.18 所示。

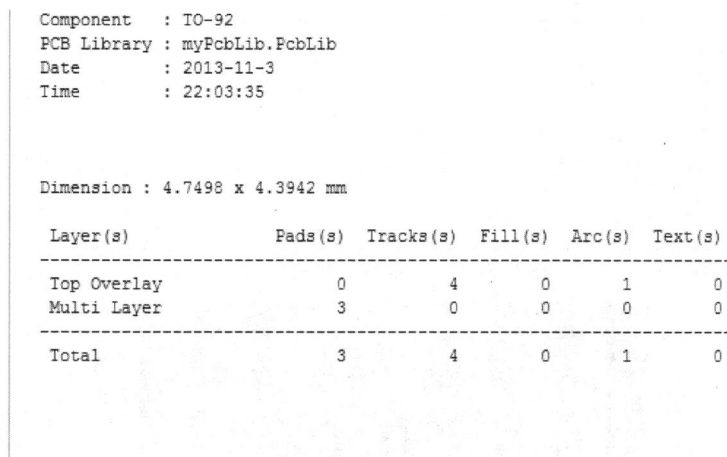

```
Component   : TO-92
PCB Library : myPcbLib.PcbLib
Date        : 2013-11-3
Time        : 22:03:35



Dimension : 4.7498 x 4.3942 mm

Layer(s)          Pads(s)   Tracks(s)  Fill(s)  Arc(s)  Text(s)
-----------------------------------------------------------------
Top Overlay          0         4          0        1        0
Multi Layer          3         0          0        0        0
-----------------------------------------------------------------
Total                3         4          0        1        0
```

图 6.2.18　器件详细说明文件

(4)保存文件

执行"File"→"save"菜单命令,或单击主工具栏的 █ 图标,然后对三端电源调节器的表面贴装型封装(SOT-89)进行封装制作。具体过程和上面的类似,下面着重对不同的地方进行讲解。

在"mypcbLib1.PcbLib"中添加封装新元件的方法是在 Components 中空白处右键单击,然后选择"New Blank Component"项,即可打开新元件 PCB 封装编辑窗口。按照前述方法,将元件重命名为"SOT-89"。其他过程参照直插型元件进行,这里需要对表面贴装元件焊盘的绘制过程进行说明。如图 6.2.19 所示,打开焊盘设置对话框,在"Layer"一栏应该选择"Top Layer",表示此元件为表面贴装焊盘封装形式,焊盘大小在"Size and Shape"中进行设置,本例设置为 [X-Size: 0.42mm Y-Size: 1mm Shape: Rectangular Corner Radius (%): 50%]。最终绘制好的表面型贴装形式如图 6.2.20 所示。

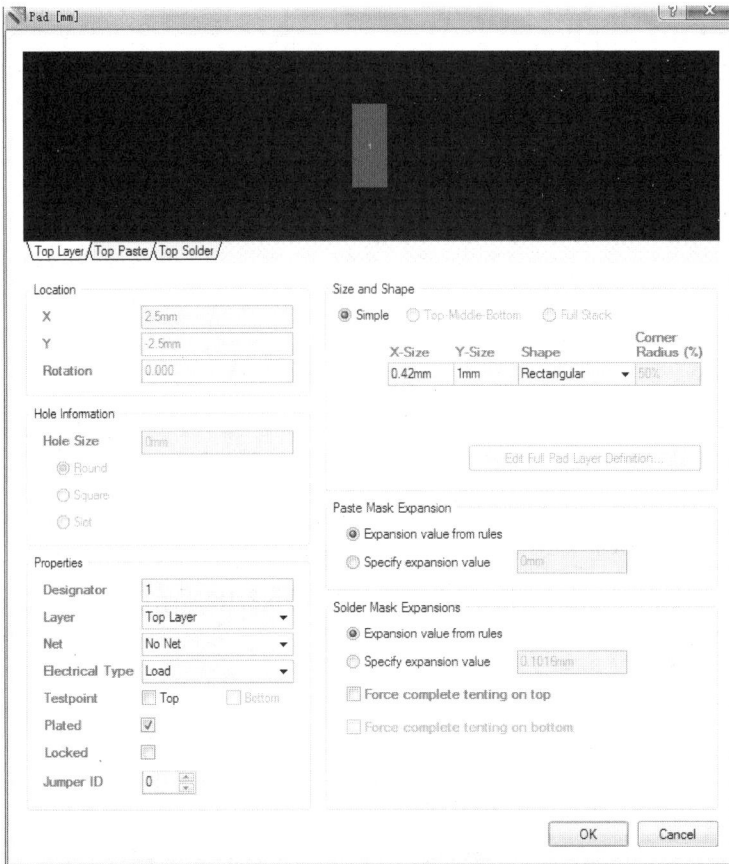

图 6.2.19　表面封装焊盘设置

图 6.2.20　SOT-89 元件封装

2.4.2　使用 PCB 元器件向导制作元器件封装

前面提到的创建新元件的方法是纯手工的方法,适用于新元件相当特殊的场合。实际上,用户碰到更多的情况是所要创建的新元件在很多方面符合某些通用的标准,在这种情况下,Altium Designer 提供的 PCB 元件向导(PCB Component Wizard)就显示出了优越性。用户只需要按照向导给出的提示,逐步输入元器件的尺寸参数,即可完成封装的制作。PCB 元件向导允许用户预先定义设计规则,在这些设计规则设定完成之后,PCB 元件编辑器会自动生成新元件。下面以管脚数为 20 的双列直插型元件,如图 6.2.21 所示,具体介绍使用 PCB 元件向导创建新元件的方法。

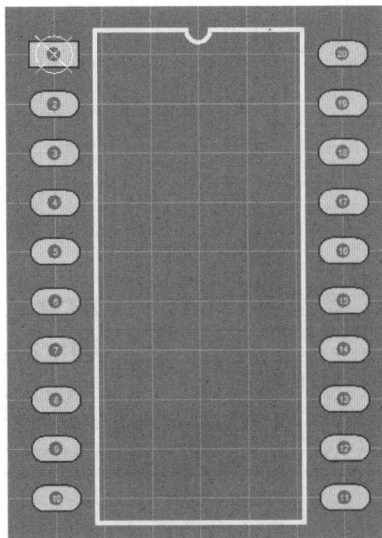

图 6.2.21　双列直插型元件封装

执行"文件"→"新建"→"库"→"PCB 元件库"菜单命令,则系统打开一个空白的 PCB 库文件,将其另存为"newpcbLib.PcbLib",同时进入 PCB 库文件编辑环境中,如图 6.2.22 所示。

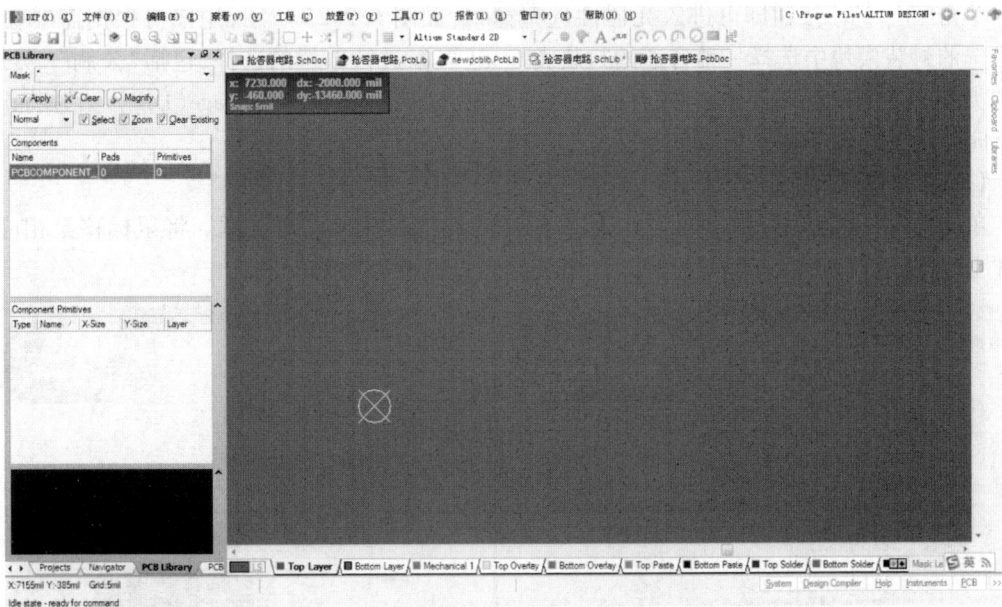

图 6.2.22　PCB 库文件编辑器

(1)启动 PCB 元器件封装向导

在新文件中执行"工具"→"元器件向导"菜单命令或者在"PCB Librar"中右键单击,如图 6.2.23 所示,执行"元器件向导"命令,均可打开如图 6.2.24 所示的元器件向导对话框。同时 PCB 编辑浏览器"Components"项出现名为"PCBCOMPONENT_1"的 PCB 元件处于激活状态,这就是将要制作的元件。如单击图 6.2.24 中的"Cancel"按钮,程序将放弃 PCB 元件向导,但新元件仍旧创建出来了,只是该元件将完全由手工设计完成。

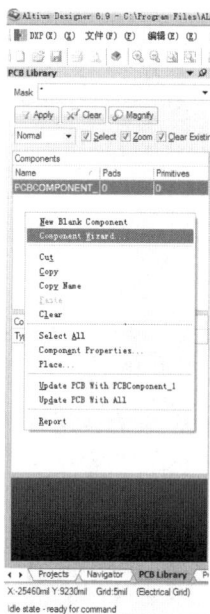

图 6.2.23　打开元件向导

图 6.2.24　元器件向导对话框

(2)设定元件外形

单击"下一步"按钮即可进入元器件选型窗口,如图 6.2.25 所示,用户可根据需要在 12 种可选的封装模块中选择一种合适的封装类型,还可以进行单位的选择,包括"公制""英制"两种类型。本例以双列直插元件为例,故选择类型为"Dual In-line Package(DIP)",并将设计元件时使用的长度单位设为"mil"。

(3)设定焊盘尺寸

单击"下一步"按钮,弹出如图 6.2.26 所示的设定焊盘尺寸对话框。将鼠标移至相应的尺寸上,单击就能输入新的焊盘尺寸,这里将焊孔直径改为"30 mil"。

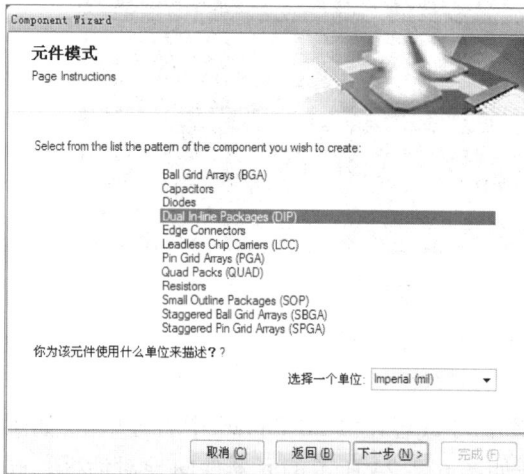

图 6.2.25　设定元件封装类型

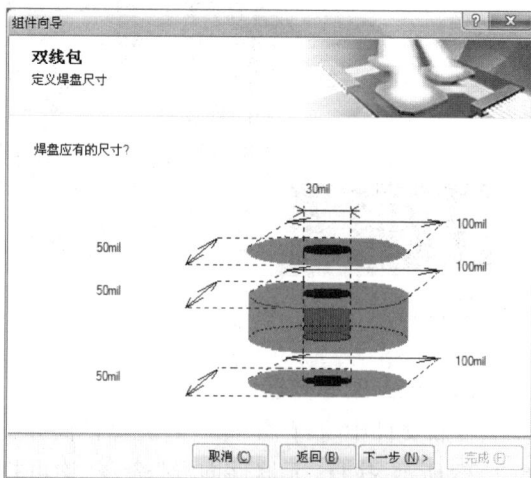

图 6.2.26　焊盘尺寸设置

(4) 设定引脚属性

单击"下一步"按钮，弹出如图 6.2.27 所示的设置元件引脚相对位置与间距的对话框。将鼠标移至相应的尺寸上，单击就能键入新的尺寸。本例中保持缺省值不变，即两排引脚相距"600 mil"，相邻引脚相距"100 mil"。

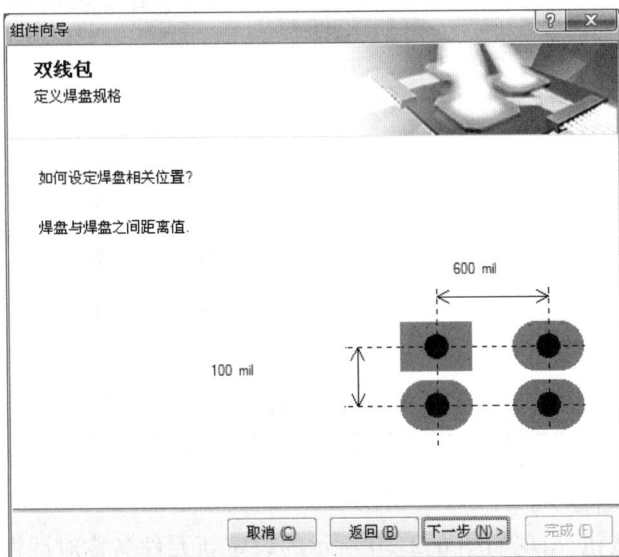

图 6.2.27　设定引脚属性

(5) 设定外框线宽

单击"下一步"按钮继续进行，程序弹出如图 6.2.28 所示的设定线宽对话框，将鼠标移至相应的尺寸上，单击就能键入新的尺寸。本例保持缺省值不变。

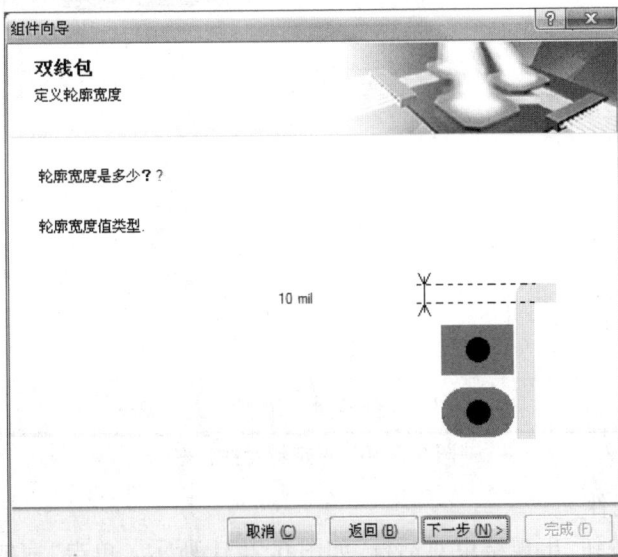

图 6.2.28　设定外框线宽

(6) 设定引脚数目

单击"下一步"按钮进入如图 6.2.29 所示的设定引脚数目对话框。单击文本框右边的增减按钮就能改变引脚的数目，此例中将引脚数目设定为"20"。

注意:管脚数目输入一般均为偶数,若输入奇数,则输出默认为偶数数目。

图 6.2.29　设定引脚数目

(7)设定新元件名称

单击"下一步"按钮,出现如图 6.2.30 所示的设定新元件名称对话框。此例中保留新元件的缺省名称"DIP20"。

图 6.2.30　设定新元件名称

(8)生成 PCB 元件

单击"下一步"按钮,出现结束对话框,如图 6.2.31 所示。单击"完成"按钮确认所有设置,系统将自动产生如图 6.2.21 所示的 PCB 元件。如果在设置过程中想更改以前的设定,可以随时单击"返回"按钮回到之前的步骤。

(9)元器件设计规则检查

设置制作完成元器件封装需要进行设计规则检查,以防止出现设计规则错误。执行"报

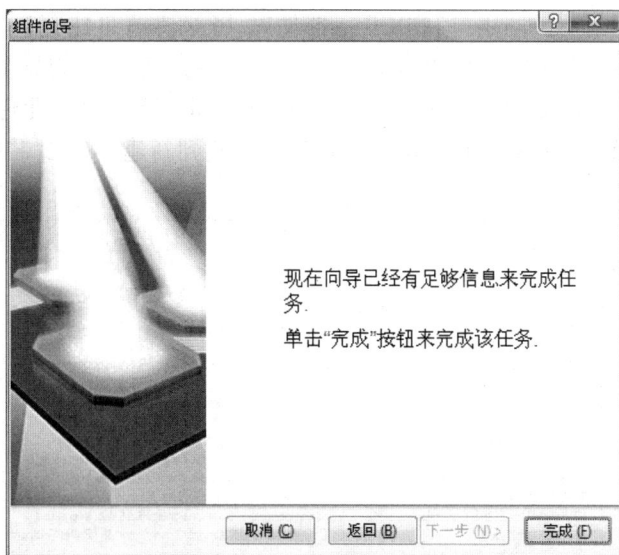

图 6.2.31   结束对话框

告"→"元器件规则检查"命令,打开如图 6.2.32 所示组件规则检查对话框,单击"确定"按钮可以生成检查报告,如图 6.2.33 所示。

图 6.2.32   组件规则检查对话框

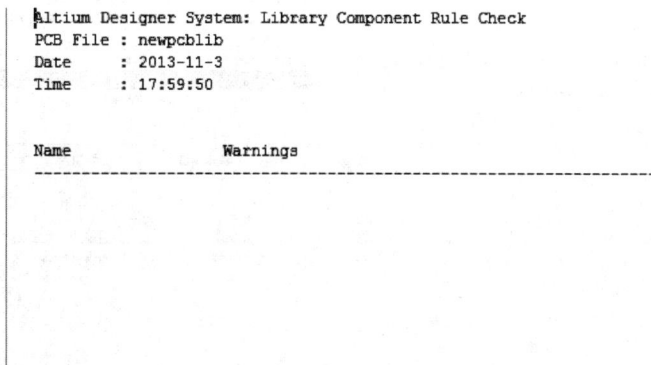

```
Altium Designer System: Library Component Rule Check
PCB File : newpcblib
Date     : 2013-11-3
Time     : 17:59:50

Name              Warnings
-----------------------------------------------------------------
```

图 6.2.33   组件规则检查报告

2.4.3   调用自制的 PCB 元器件封装

对于已经新建完成的 PCB 元器件,需要添加到对应的元件库中才能使用,通常把这个过程叫做元器件封装库调用。调用自制 PCB 元器件库,务必弄清自建库存放的路径,以便加载封装库到当前库文件列表下。本例以 ADC0803CN 元件更新添加新的封装为例进行介绍。

　　首先,加载新建的 PCB 元器件封装库"newpcblib.Lib"至当前库元件列表,执行"库"→"Libranies"命令,如图 6.2.34 所示,单击"安装"按钮,找到新建 PCB 封装库的位置,然后添加进入库。

图 6.2.34　添加新建 PCB 封装库"newpcblib.Lib"

然后,打开原理图找出 ADC0803CN 元件,并双击元件,弹出属性设置对话框,如图 6.2.35 所

图 6.2.35　属性设置对话框

示。在右下角选中"Footprint"一栏,单击"编辑"按钮,打开如图 6.2.36 所示的 PCB 模型对话框,选择"库路径"项,再选择新建的 PCB 库文件,然后单击"浏览"按钮,即可打开库文件中所有封装形式。选择需要更新的封装类型,单击"确定"按钮完成元件封装更新添加的过程。对于新建元件的封装添加可参照本过程进行,不再赘述。

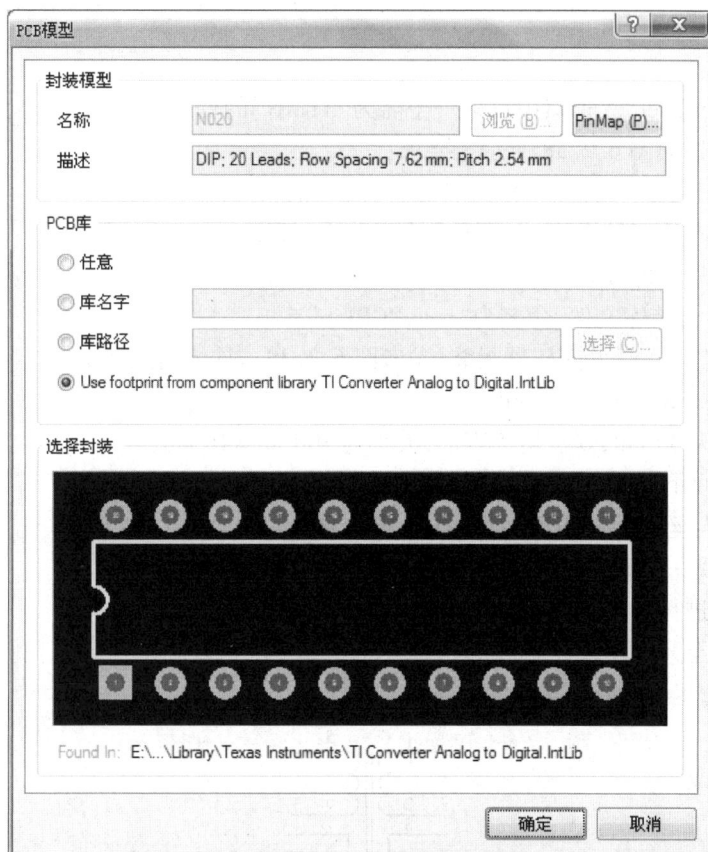

图 6.2.36　已有 PCB 封装模型

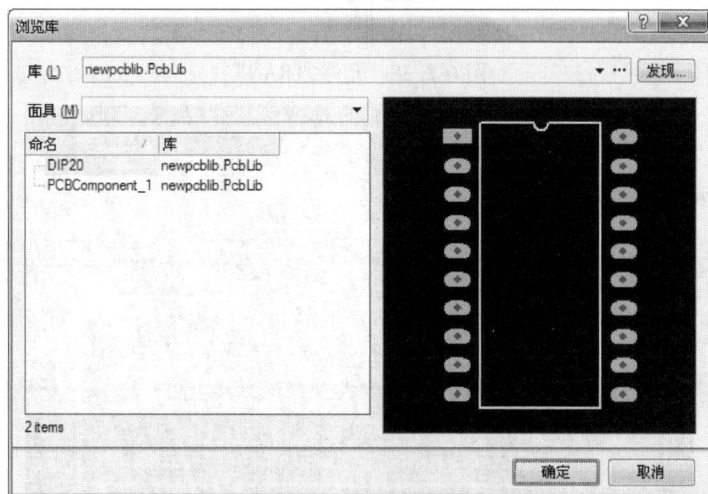

图 6.2.37　更新 PCB 模型

2.5 　实训练习

2.5.1 　实训一

在 Altium Designer 15 窗口中创建一个名为"TRAN"的变压器新元件(本元件在第 5 篇项目 3 实训中使用),如图 6.2.38 所示。要求:

①在开关电源电路元件库中添加名为"TRAN"的新元件。

②设置元件默认编号为"T?",元件型号为"TRAN"。

③进行元件规则检查。

④新建 PCB 封装库文件,命名为"new.PCBLib"。

⑤绘制名为"TRAN"的变压器封装,参考图 6.2.39。具体信息如下:

a.外框大小:1 200 mil×710 mil;

b.通孔尺寸为 30 mil,焊盘均为矩形,大小为 100 mil×48 mil;

c.焊盘纵向间距为 150 mil,横向间距为 1 000 mil;

d.边缘焊盘与丝印层的距离为 50~100 mil。

e.丝印层线宽采用默认的 10 mil。

⑥设计完成进行规则检查。

⑦添加封装至元件库属性。

⑧保存文件,退出操作环境。

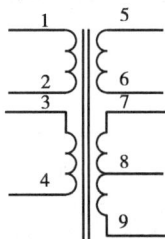

图 6.2.38 　元件"TRAN"

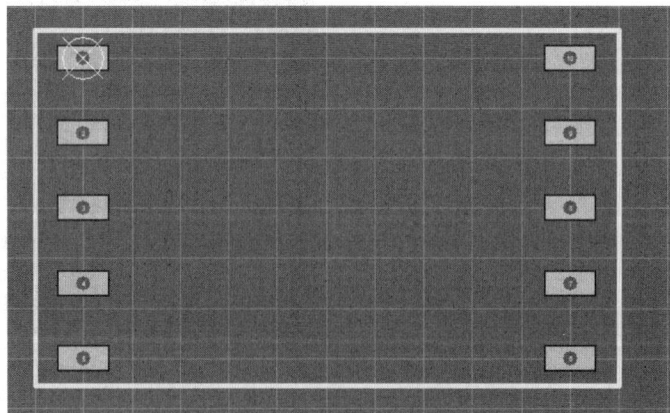

图 6.2.39 　元件"TRAN"封装

2.5.2　实训二

在 Altium Designer 15 窗口中创建自制元器件及其封装。要求：
①建立名为"mySchlib.SchLib"的原理图库文件与"mypcblib.PcbLib"封装库文件；
②在对应的库中分别按照器件结构及封装类型创建下列新元件。
a.PC817。元件符号、结构及封装尺寸如图 6.2.40 所示。

PC817

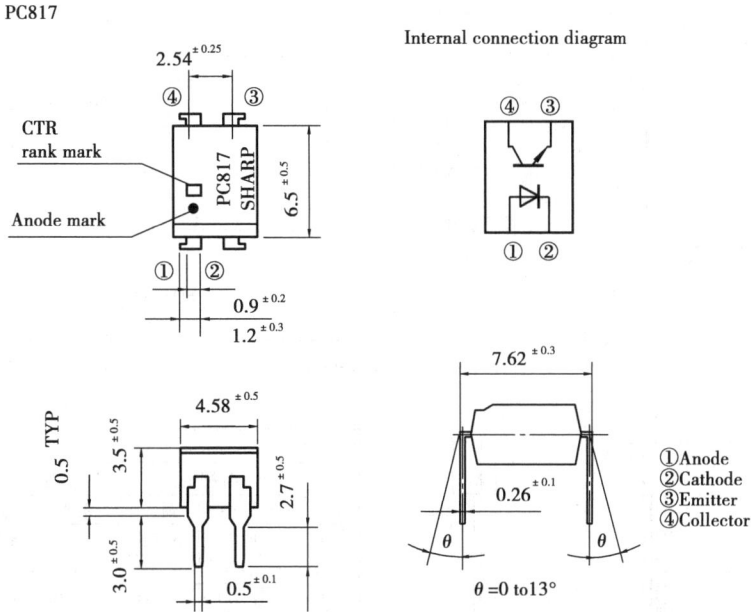

图 6.2.40　PC817

b.TL431。元件符号如图 6.2.41 所示，4 种封装结构如图 6.2.42 所示。元件封装脚位如图 6.2.43 所示。元件封装尺寸图如图 6.2.44 至图 6.2.47 所示。

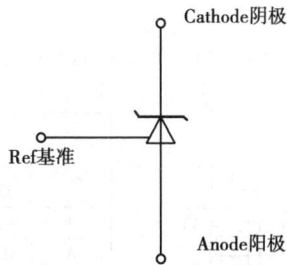

图 6.2.41　PC817 元件符号图

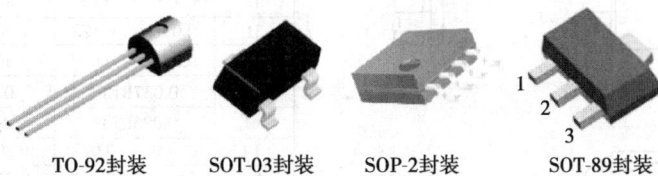

TO-92封装　　SOT-03封装　　SOP-2封装　　SOT-89封装

图 6.2.42　PC817 封装结构

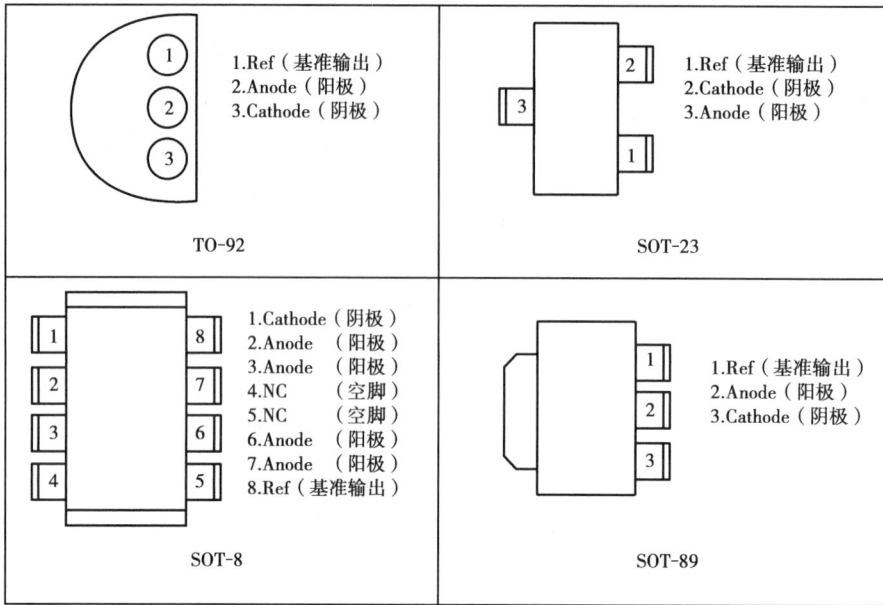

图 6.2.43　元件封装脚位图

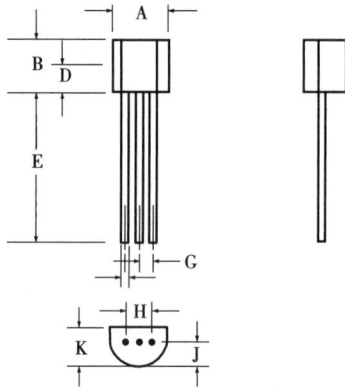

图 6.2.44　TO-92 元件封装尺寸图

编号	英制/in		公制/mm	
	最小	最大	最小	最大
A	0.175	0.205	4.445	5.207
B	0.170	0.210	4.318	5.334
E	0.500	0.610	12.70	15.50
F	0.016	0.021	0.407	0.533
G	0.045	0.055	1.143	1.397
H	0.095	0.105	2.413	2.667
J	0.080	0.105	2.032	2.667
K	0.125	0.165	3.175	4.191

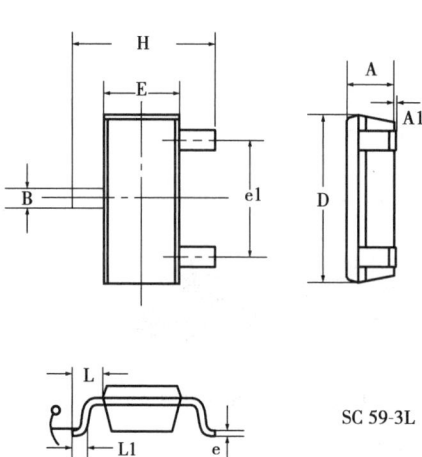

编号	英制/in		公制/mm	
	最小	最大	最小	最大
A	0.035	0.043	0.90	1.10
A1	0.0004	0.005	0.01	0.13
B	0.012	0.020	0.30	0.50
C	0.004	0.008	0.09	0.20
D	0.110	0.122	2.80	3.10
H	0.098	0.122	2.50	3.10
E	0.059	0.067	1.50	1.70
e	0.037REF		0.095REF	
e1	0.075REF		1.90REF	
L1	0.008	0.022	0.20	0.55
L	0.014	0.031	0.35	0.80
Q	0 ℃	0 ℃	0 ℃	10 ℃

图 6.2.45　SOT-23(SC 59-3L)元件封装尺寸图

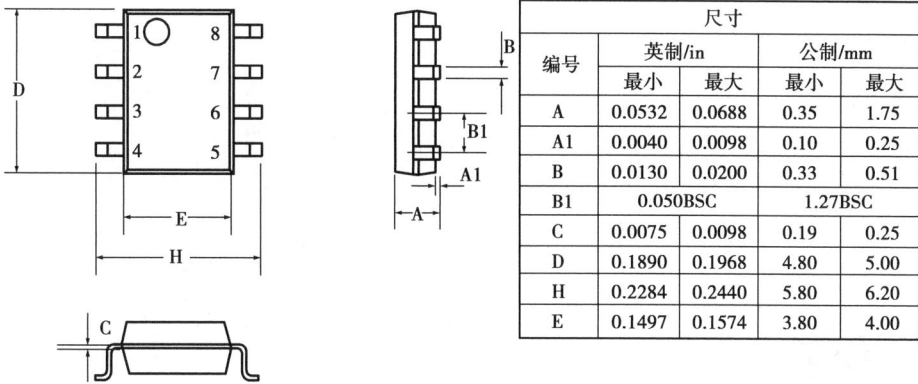

图 6.2.46　SOP-8 元件封装尺寸图

尺寸				
编号	英制/in		公制/mm	
	最小	最大	最小	最大
A	0.0532	0.0688	0.35	1.75
A1	0.0040	0.0098	0.10	0.25
B	0.0130	0.0200	0.33	0.51
B1	0.050BSC		1.27BSC	
C	0.0075	0.0098	0.19	0.25
D	0.1890	0.1968	4.80	5.00
H	0.2284	0.2440	5.80	6.20
E	0.1497	0.1574	3.80	4.00

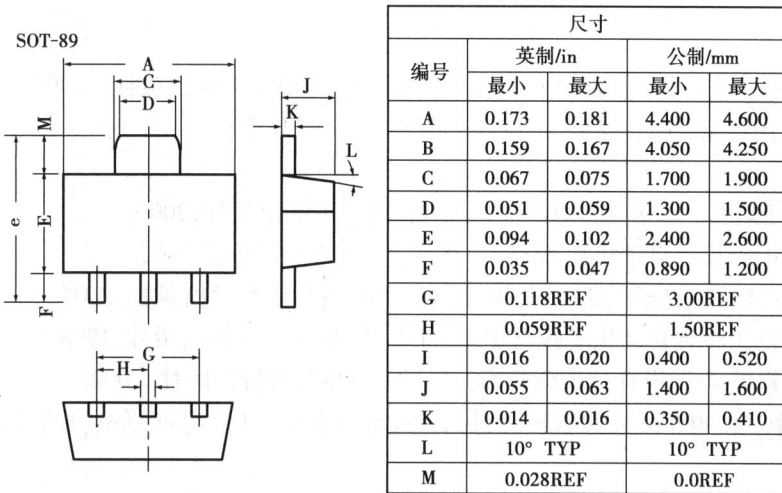

图 6.2.47　SOT-89 元件封装尺寸图

尺寸				
编号	英制/in		公制/mm	
	最小	最大	最小	最大
A	0.173	0.181	4.400	4.600
B	0.159	0.167	4.050	4.250
C	0.067	0.075	1.700	1.900
D	0.051	0.059	1.300	1.500
E	0.094	0.102	2.400	2.600
F	0.035	0.047	0.890	1.200
G	0.118REF		3.00REF	
H	0.059REF		1.50REF	
I	0.016	0.020	0.400	0.520
J	0.055	0.063	1.400	1.600
K	0.014	0.016	0.350	0.410
L	10° TYP		10° TYP	
M	0.028REF		0.0REF	

③设计完成后分别进行元件规则检查。

④把对应的元器件封装添加进元件库中。

⑤进行自制元件调用练习。

参考文献

［1］钱金法,章彬宏. 电子设计自动化技术［M］. 北京:机械工业出版社,2009.

［2］周润景,张丽敏,王伟. Altium Design 原理图与 PCB 设计［M］. 北京:电子工业出版社, 2011.

［3］刘豫东,王晓虹,等. 电路 CAD［M］. 北京:电子工业出版社,2000.

［4］唐亚平. 电子设计自动化技术［M］. 北京:化学工业出版社,2002.

［5］卢庆林,郑晓红. 电子线路 CAD 设计［M］. 重庆:重庆大学出版社,2004.

［6］周政新. 电子设计自动化实践与训练［M］. 北京:中国民航出版社,1998.

［7］李新平,郭勇.电子设计自动化技术［M］.北京:高等教育出版社,2002.

［8］华永平,陈松. 电子线路课程设计:仿真、设计与制作［M］. 南京:东南大学出版社,2002.